国家“十二五”规划重点图书
中国地质调查局
青藏高原1:25万区域地质调查成果系列

中华人民共和国
区域地质调查报告

比例尺1:250 000

叶亦克幅

(J44C004004)

项目名称: 1:25万叶亦克幅区域地质调查

项目编号: 19991300009091

项目负责: 张振福　魏荣珠

图幅负责: 魏荣珠　董挨管

报告编写: 张振福　魏荣珠　王　权　王致山　武俊高
董挨管　段春森　杨月生　杨五宝　田志勇
柴金钟　魏云峰　潘永胜　吴仲华

编写单位: 山西省地质调查院

单位负责: 李德胜(院长)
李德胜(总工程师)

中国地质大学出版社
ZHONGGUO DIZHI DAXUE CHUBANSHE

内容简介

叶亦克幅位于青藏高原北缘，北部为塔里木盆地，中南部属昆仑山脉。通过调查，厘定了测区大地构造格架和构造-地区分区，建立了测区构造-地区系统。发现和划分出其曼于特-纳赤台结合带和苏巴什-鲸鱼湖结合带；对花岗岩进行了“四期三带”的划分，从同位素测年资料结果反映岩浆活动与结合带在时间和构造环境上密切相关；研究认为库牙克断裂是阿尔金断裂的西南延伸，晚古生代以来经历了韧性右行走滑、脆性左行走滑和堑垒式正断层系统三个演化阶段，总体造成80km的左行位移。本报告共7章，插图146幅，插表89个，图版4个。报告对测区地层及沉积环境、岩浆岩、变质岩、构造地质及地质发展史等进行了全面系统的论述与总结。

本书可供从事地层古生物、构造地质和区域地质矿产、油气调查的生产、科研人员及高等院校相关专业师生参考使用。

图书在版编目(CIP)数据

中华人民共和国区域地质调查报告·叶亦克幅(J44C004004)：比例尺 1：250 000/张振福，魏荣珠，董挨管等著.—武汉：中国地质大学出版社，2013.10

ISBN 978-7-5625-2967-5

Ⅰ.①中…
Ⅱ.①张…②魏…③董…
Ⅲ.①区域地质-地质调查-调查报告-中国 ②区域地质-地质调查-调查报告-新疆
Ⅳ.①P562

中国版本图书馆 CIP 数据核字(2012)第 232011 号

中华人民共和国区域地质调查报告
叶亦克幅(J44C004004)　比例尺 1：250 000　　**张振福　魏荣珠　董挨管　等著**

责任编辑：徐润英　刘桂涛　　责任校对：代　莹

出版发行：中国地质大学出版社(武汉市洪山区鲁磨路 388 号)　　邮政编码：430074
电　话：(027)67883511　　传真：67883580　　E-mail：cbb @ cug.edu.cn
经　销：全国新华书店　　http://www.cugp.cug.edu.cn

开本：880 毫米×1 230 毫米 1/16　　字数：440 千字　印张：13.375　图版：4　插页：2　附图：1
版次：2013 年 10 月第 1 版　　印次：2013 年 10 月第 1 次印刷
印刷：武汉中远印务有限公司　　印数：1—1 500 册

ISBN 978-7-5625-2967-5　　定价：450.00 元

前　言

青藏高原包括西藏自治区、青海省及新疆维吾尔自治区南部、甘肃省南部、四川省西部和云南省西北部，面积达 260 万 km^2，是我国藏民族聚居地区，平均海拔 4 500m 以上，被誉为“地球第三极”。青藏高原是全球最年轻、最高的高原，记录着地球演化最新历史，是研究岩石圈形成演化过程和动力学的理想区域，是“打开地球动力学大门的金钥匙”。

青藏高原蕴藏着丰富的矿产资源，是我国重要的战略资源后备基地。青藏高原是地球表面的一道天然屏障，影响着中国乃至全球的气候变化。青藏高原也是我国主要大江大河和一些重要国际河流的发源地，孕育着中华民族的繁生和发展。开展青藏高原地质调查与研究，对于推动地球科学研究、保障我国资源战略储备、促进边疆经济发展、维护民族团结、巩固国防建设具有非常重要的现实意义和深远的历史意义。

1999 年国家启动了“新一轮国土资源大调查”专项，按照温家宝总理“新一轮国土资源大调查要围绕填补和更新一批基础地质图件”的指示精神，中国地质调查局组织开展了青藏高原空白区 1∶25 万区域地质调查攻坚战，历时 6 年多，投入 3 亿多元，调集来自全国 25 个省(自治区)的地质调查院、研究所、大专院校等单位组成的精干区域地质调查队伍，每年近千名地质工作者奋战在世界屋脊，脚步遍及雪域高原，实测完成了全部空白区 158 万 km^2 共 112 个图幅的区域地质调查工作，实现了我国陆域中比例尺区域地质调查的全面覆盖，在中国地质工作历史上树立了新的丰碑。

1∶25 万 J44C004004(叶亦克幅)区域地质调查项目，由山西省地质调查院承担，工作区北部为塔里木盆地，中南部属昆仑山脉。目的是通过对调查区进行全面的区域地质调查，合理划分测区的构造单元，对测区不同地质单元、不同构造-地层单位采用不同的填图方法进行全面的区域地质调查。最终通过对沉积建造、变质变形、岩浆作用的综合分析，反演区域地质演化史，建立构造模式。

J44C004004(叶亦克幅)地质调查工作时间为 2000—2002 年，累计完成地质填图面积为 14 928.5km^2，实测地质剖面 85.7km，采集种类样品 1 481 件，全面完成了设计工作量。主要成果有：①发现和充实了其曼于特-纳赤台结合带和苏巴什-鲸鱼湖结合带有关物质组成和特征资料，对与其配套的两侧地层、侵入岩和火山岩建造进行了对比和分析，探讨了它们的形成、演化规律与动力学特征，并对其基底形成、古特提斯、特提斯到新构造运动转换过程进行了分析研究。②对花岗岩进行了“四期三带”的划分，从同位素测年资料结果反映岩浆活动与结合带在时间和构造环境上密切相关。③研究表明，库牙克断裂是阿尔金断裂的西南延伸，晚古生代以来经历了韧性右行走滑、脆性左行走滑和堑垒式正断层系统三个演化阶段，总体造成 80km 的左行位移。

2003 年 4 月，中国地质调查局组织专家对项目进行最终成果验收，专家组由张良臣、王根宝、杨永成、张二朋、张克信、苗培森、张雪亭、刘世伟、李荣社组成，评审认为：项目较好地完成了区调任务，工作量达到（或超过）设计规定，技术手段、方法、测试样品质量符合有关规范、规定。报告章节齐全，内容较丰富，论证有据，经评审委员会认真评议，一致建议项目报告通过评审，叶亦克幅成果报告被评为优良级。

参加报告编写的人员主要有张振福、魏荣珠、王权、王致山、武俊高、董挨管、段春森、杨月生、杨五宝、田志勇、柴金钟、魏云峰、潘永胜、吴仲华，最后由张振福、魏荣珠总纂定稿。

先后参加野外工作的还有续世朝、刘慧文、白海军、胡少华、张建中、米广尧、惠义亮、王根根、康元顺、张作功、郭建忠、杨晋锋、刘文明、潘建国、魏海伟、续子超、蒲泽峰、张东亮、郭敏春（女）。在整个项目实施和报告编写过程中，得益于许多单位和领导的大力协助、支持，尤其要感谢的是中国地质调查局、西安地质矿产研究所、乌鲁木齐工作总站、拉萨工作总站、成都地质矿产研究所、新疆维吾尔自治区第一区调大队、贵州省地质调查院、陕西省地质调查院；始终得到了张良臣、王克卓、潘桂棠、李荣社、王根宝、武胜、李德胜、薛克勤、潘永胜、续世朝等多方指导和帮助，地质报告排版工作由王延威完成，地质图和报告插图计算机清绘由贺文莲、吕建萍、李嫣、杜艳伟等完成。

为了充分发挥青藏高原 1∶25 万区域地质调查成果的作用，全面向社会提供使用，中国地质调查局组织开展了青藏高原 1∶25 万地质图的公开出版工作，由中国地质调查局成都地调中心与项目完成单位共同组织实施。出版编辑工作得到了国家测绘局孔金辉、翟义青及陈克强、王保良等一批专家的指导和帮助，在此表示诚挚的谢意。

鉴于本次区调成果出版工作时间紧、参加单位较多、项目组织协调任务重以及工作经验和水平所限，成果出版中可能存在不足与疏漏之处，敬请读者批评指正。

“青藏高原 1∶25 万区调成果总结”项目组

2010 年 9 月

目　　录

第一章 绪 论

第一节 目的与任务

根据中国地质调查局中地调函(2000)27 号文《关于发送二〇〇〇年度第一批国土资源大调查地质调查项目任务书的通知》精神，山西省地质调查院承担了 J44C004004(叶亦克幅)(南部 2/3)、I44C001004(黑石北湖幅)两个 1∶25 万图幅区域地质调查项目。任务书编号为 0100114078，项目编号为 19991300009091。地理坐标：东经 82°30′～84°00′，北纬 36°00′～37°00′，总面积(基岩区)24 984km²。叶亦克幅是该项目两幅图的北侧一幅，基岩区总面积 9 863.0km²，塔里木盆地南缘新生界松散堆积物分布区约 5 060.5km²。

目标任务：按照《1∶25 万区域地质调查技术要求(暂行)》及其他有关规范、指南，参照造山带填图的新方法，应用遥感等新技术手段，以区域构造调查与研究为先导，合理划分测区的构造单元，对测区不同地质单元、不同构造-地层单位采用不同的填图方法进行全面的区域地质调查。最终通过对沉积建造、变质变形、岩浆作用的综合分析，反演区域地质演化史，建立构造模式。本着图幅带专题的原则，选择区内重大地质问题进行专题研究。

工作年限：1999 年 12 月至 2002 年 12 月，周期 3 年。

第二节 位置、交通

测区位于新疆维吾尔自治区南部和西藏自治区北部接壤地带，地理坐标：东经 82°30′～84°00′，北纬 36°00′～37°00′，总面积 14 923.5km²。行政区划属新疆维吾尔自治区和田地区民丰县、于田县、巴音郭楞蒙古自治州且末县以及西藏自治区阿里地区改则县、那曲地区申扎县管辖。

测区交通极为不便。民丰县向西经和田市至喀什市，向北至库尔勒市，向东经若羌至青海省德令哈市，均有国道或省级公路相通，其中喀什市和库尔勒市有铁路直通新疆首府乌鲁木齐市，德令哈市有火车直达青海省省会西宁市。测区中部库牙克至克孜勒阿特达坂有小路相通，可供人、骆驼、马、毛驴通行。民丰—叶亦克公路可通行汽车，直达测区北部边缘(图 1-1)。区内北部山前维族牧民居民点寥寥无几，中南部为无人区。

第三节 自然地理及经济概况

一、自然地理环境

依据《喀喇昆仑山—昆仑山地区自然地理》中的划分方案，工作区可划分为 4 个一级地貌单元：塔里木盆地地貌区、昆仑山北翼地貌区(东部亚区)、西昆仑山东段南翼和腹地地貌区、中昆仑山南翼和腹地地貌区。其中塔里木盆地地貌区位于工作区的北部，是塔里木盆地的南缘，地势较平坦，海拔 1 530～2 700m，南高北低，主要由砾漠、沙漠及少量的河流地貌构成，植被稀疏。沙漠区包括流动沙丘、半固结沙丘和固结

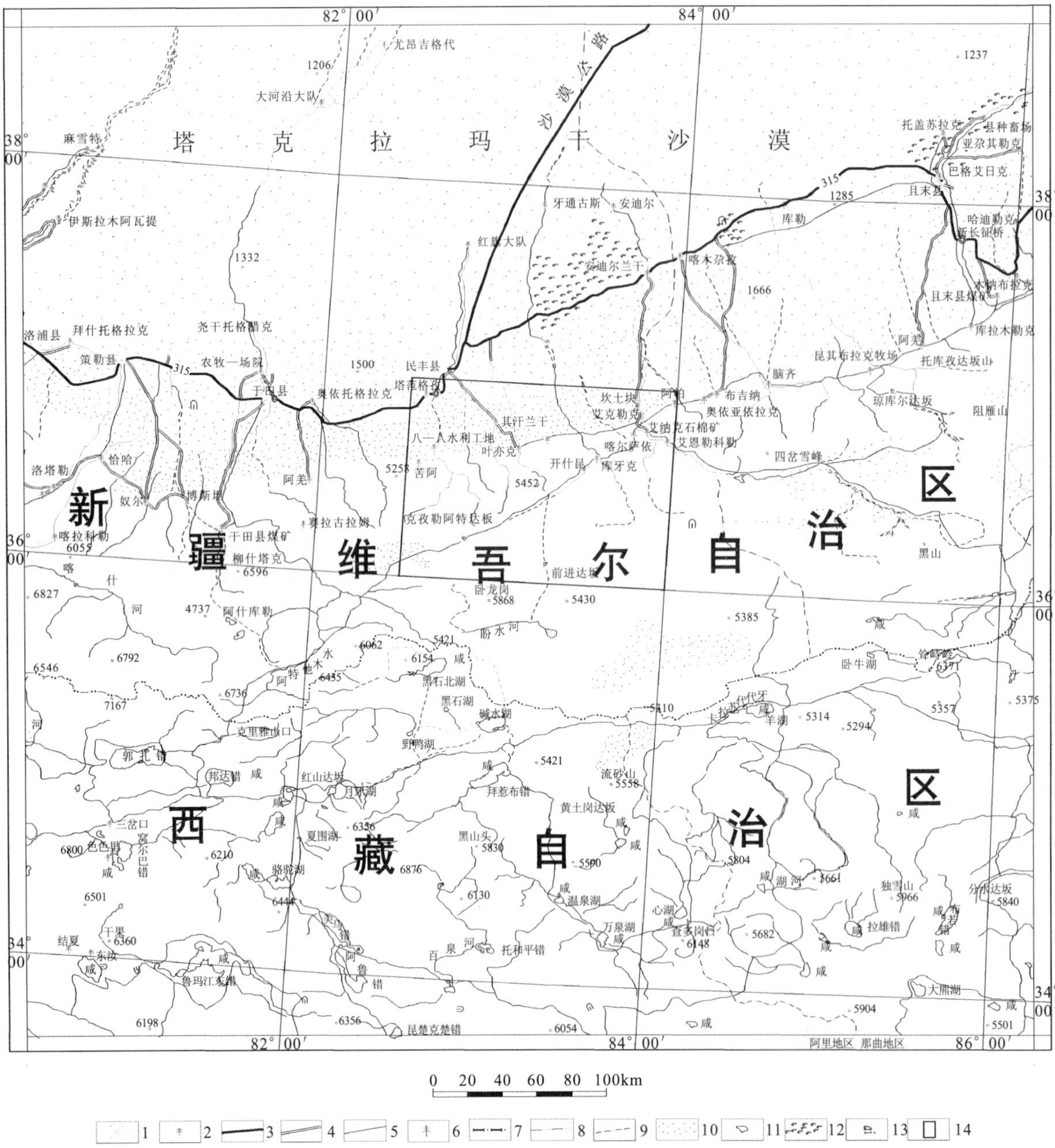

图1-1　交通位置图

1. 县城；2. 居民地；3. 国家级、省级公路；4. 县级公路；5. 大车路；6. 飞机场；7. 国界；
8. 省界；9. 地区界；10. 沙漠；11. 湖泊及水系；12. 沼泽；13. 隘口；14. 测区范围

沙丘。河流延其流向切割深度逐渐减小。在河流出山口一带，河谷的形态多呈梯坡谷，阶地极为发育，最多可达十余级(尼雅河)。昆仑山北翼地貌区(东部亚区)：由柳什塔格和乌孜塔格山组成高山地带，地势险峻，切割剧烈，比高为 1 000～1 500m，最高处喀什塔什山海拔 6 254m，为终年积雪山峰，最低处塔里木盆地南部边缘约 2 700m，平均海拔高度为 4 000～4 500m。河谷形态"V"形，有隘谷、嶂谷和峡谷，阶地不发育。由于河谷狭窄、地势险要，所以通行十分困难，难以开展地质调查工作。西昆仑山东段南翼和腹地地貌区：仅出露在图幅西南角。中昆仑山南翼和腹地地貌区：主要表现为高位低山丘陵，由于干燥剥蚀作用异常强盛，山丘低缓。这里没有冰川和多年积雪发育，地表缺乏径流。海拔多在 4 700～5 000m 之间，高原特征较明显，基岩裸露较好。

区内属典型荒漠寒漠大陆性气候，全年降水量极少，日照时间特长，蒸发量大。自然条件除高寒、缺氧、低气压、干旱等特点外，尚有雷暴、冰雹及沙暴之患。

工作区内的年平均气温由西北向东南递减，西北角上年平均气温约为10℃，东南部一带年平均气温仅有－2℃。降水量的分布极为复杂，不仅与水汽输送路径有关，还受天气和地形的制约。工作区南面受昆仑山和青藏高原的阻挡，使低纬度的暖空气不易进入，水汽来源很少，形成大陆性沙漠气候，各季节气温变化大，年平均气温变化较稳定，中部西昆仑山东段年降水量最大，平均为200mm左右，向两侧递减，图幅东南角一带年降水量约100mm，图幅西北角一带年降水量约50mm。区内冰川不很发育，仅分布在喀什塔什山主峰一带，面积较小，属山岳冰川。

区内河流均属内流水系，主要有尼雅河、其其干萨依、叶亦克萨依、吐兰胡加河、安的尔河等。河水的流量主要受大气降水和气温控制，河水季节性较强，夏季炎热，冰雪消融，洪水暴涨，泄洪量占全年的73％，春秋水量减少，冬季干涸。尼雅河是区内也是民丰县最大的河流，河流的源头是柳什塔格山主峰的冰川分布区。据资料统计，尼雅河上游有冰川60条，其面积为73.06km^2，该河年径流量为1.8亿m^3，尼雅河上建有水力发电站一座，是民丰县的唯一电力来源。区内湖泊不发育，仅有面积不大的硕尔湖，位于图幅的西南部。

二、经济概况

区内人烟稀少，分布极为不均，主要分布于沙漠绿洲区，居民98％以上为维吾尔族。昆仑山区为无人区。

区内粮食作物有小麦、玉米、高粱，经济作物有棉花、葡萄、哈密瓜、梨、杏等。除绿洲外，还有丰富的野生植物、动物和矿产资源。植被以高山垫状矮半灌木、草木植被为主，分布于山前，有天然胡杨林、天然灌木林和天然牧场。在这些天然丛林和草原中，还主生和混生着大量中药材，有主生甘草、混生甘草、主生麻黄、混生黄芪，开发前景广阔。野生动物有珍稀动物野马、野驴、野牛，有珍贵皮毛动物雪豹、金猢、旱獭、草狼，还有黄羊、青羊、雪鸡、大雁、野鸭、呱呱鸡等。矿产资源有金、银、铜、铁、镍、石油、煤、石棉、云母、宝石、玉石、冰洲石、芒硝、岩盐、石膏、石英、石灰石等品种，矿点较多，没有形成规模开采。

第四节 研究程度概况

区内地质研究程度较低(图1-2)。

20世纪60年代，新疆地质局、石油管理局和建工部等所属单位在测区部分地段进行过不同比例尺的地质简测和矿点普查、检查及勘探工作。1960—1961年由和田地质大队(十大队)对康赛音—卡尔赛一带的黄铁矿、铜、砂金、白云岩进行了矿点检查，对上其汗黄铁矿进行了初步勘探，对硕尔湖矿区的硼、芒硝进行了普查，认为其工业意义不大。1964年新疆地质局喀什大队(二大队)在前人研究成果的基础上进行了比较系统的研究、整理，编绘了“和田地区1∶50万地质矿产图”及其说明书，对出露地层与邻区对比，进行了年代地层单位划分，这是测区最早的较为系统的地质资料。

1971年新疆地质局区测队在测区北部一带进行了1∶20万皮什盖幅、库牙克幅两幅(不完整)区域地质测量及矿产普查工作。地质填图范围仅限于图幅北部库牙克断裂两侧及山前交通便利地段，填图面积约5 000km^2。将山前片岩、片麻岩划归寒武系—奥陶系，绿泥片岩、绢云母片岩、绢云母粉砂岩划归为志留系，紫色岩系划归为泥盆系奇自拉夫组。

1982年开始，历时6年，新疆维吾尔自治区地质矿产局编制了《新疆维吾尔自治区区域地质志》。该书以1∶20万、1∶100万区域地质调查资料为基础，并较全面地收集了其他区内外有关地质资料和科研成果，从地层、火山岩及火山作用、侵入岩及侵入作用、变质岩及变质作用、地质构造及地质发展史6个方面全面系统地论述了新疆维吾尔自治区的区域地质特征。

1989年新疆地质局第十地质调查队在前人工作基础上结合自己的工作成果重新编制了“和田地区1∶50万地质图、矿产图”及其说明书，这是测区内迄今最为全面系统的基础资料，该说明书以区内喀拉米兰大断裂为界，南北分为两大地层区，北部为昆仑地层区，南部为喀喇昆仑地层区。片岩、片麻岩组合确定为长城系桑株塔格群，各种浅色片岩划分为蓟县系塔昔达坂群，同时对区内泥盆系、石炭系—二叠系进行

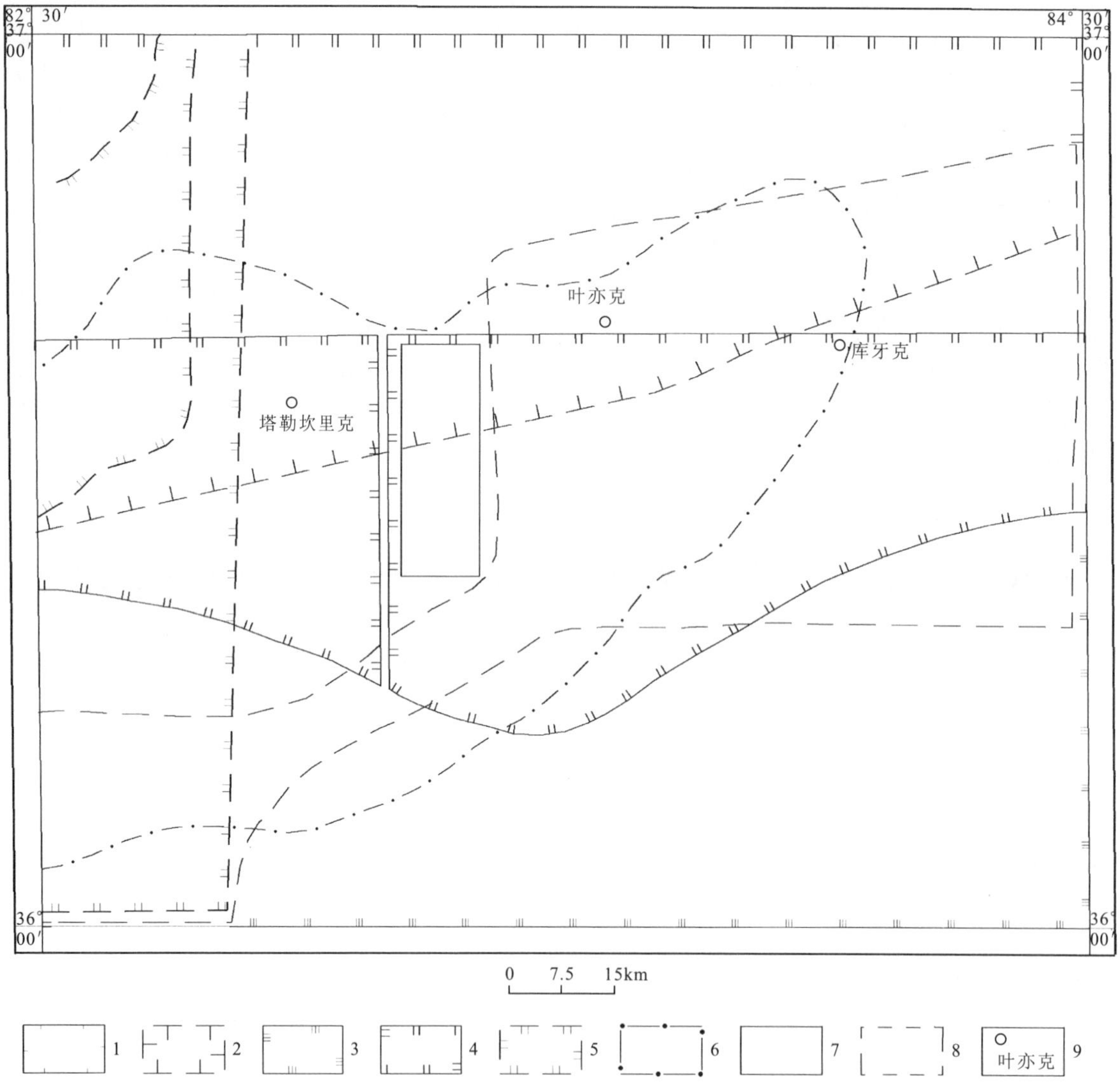

图 1-2　地质研究程度图

1. 1：100 万区域地质调查范围；2. 1：100 万区域地质矿产调查范围；3. 1：50 万区域地质矿产调查范围；4. 1：20 万区域地质调查范围；5. 1：20 万区域地质矿产调查范围；6. Ⅳ级矿产区划范围；7. 金矿初步普查区；8. 金矿点检查区；9. 地名

了划分。报告中将二叠系划归为黄羊岭群上、中、下三个亚群，三叠系划归为云雾岭群。对区内岩浆岩的产状、性质、地球化学特征、成生时代及演化规律进行了初步探讨。

1995 年，新疆维吾尔自治区地质矿产局编著了《新疆维吾尔自治区岩石地层》一书，书中详细叙述了新疆从中、晚元古代—第三纪（古近纪＋新近纪）共 413 个岩石地层单位的创名、原始定义、划分沿革、现在定义、层型、地质特征及区域变化等内容。

除上述成果外，中国地质科学院等科研单位及院校也相继在区内进行了一些专题研究，其成果均不同程度地提高了区内基础地质研究程度。1990 年刘增乾等编写的《青藏高原大地构造与形成演化》，以板块构造理论为指导，划分了高原内不同级别的大地构造单元，总结了高原内沉积建造（复理石建造、磨拉石建造）、岩浆活动及其与蛇绿岩的关系以及变质作用特点，并对高原地质发展过程进行了论述。1992 年姜春发等著的《昆仑开合构造》提出开合旋回的理论，在此基础上据构造分区论述了各分区的地层层序、岩浆演化及蛇绿岩带的特征。1996 年崔军文、康哲民等编著的《阿尔金断裂系》，运用新的扩展构造活动论观点，系统阐明了阿尔金断裂的几何学和运动学特征、形成机制及其演化过程。上述成果为本次开展 1：25 万区域地质调查提供了珍贵的基础地质资料。

第五节 完成任务情况

一、项目实施过程

1999 年项目任务书下达后，山西省地质调查院随即着手组队、进行资料收集并编写初步设计。1999 年 12 月向中国地质调查局提交了项目初步设计。2000 年进行了野外踏勘、部分地层剖面的测制工作，当年 10 月提交了项目总体设计，12 月份中国地质调查局予以认定。

2001 年 3～10 月，开展了大面积的地质填图工作和剖面测制工作。完成了区内除东南角外全区的地质填图工作，测制了蓟县系、下古生界、石炭系和岩体剖面。

2002 年 6 月，中国地质调查局委托西安地质矿产研究所对图幅进行了野外验收，叶亦克幅野外地质成果被评为良好级。

2002 年 7～12 月，系统整理原始资料，完善地质图，编写地质报告和专题研究报告。

2003 年 4 月，中国地质调查局对该项目进行了最终成果验收，叶亦克幅被评为良好级。

二、工作方法

对区内大面积分布的蓟县纪和早古生代、石炭纪和侏罗纪地层，以板块构造和多旋回造山带理论为基础，以岩石地层划分、填图为手段，填制 1∶25 万地质图。对蛇绿混杂岩通过多条地质剖面进行详细解剖，查明其物质组成、时空关系。对昆仑山一带的各类岩体，利用传统的侵入岩工作方法进行研究，并在地质图上用时代加岩性予以表示。对塔里木盆地边缘新生界覆盖区利用编测结合的方法进行成图。

遥感解译：本次工作应用目视解译的方法对区内的 1∶25 万 TM 图像、1∶10 万 TM 图像和航空像片进行解译，编制了中南部基岩区的 1∶10 万遥感地质解译图。对活动断裂、区域性的褶皱构造解译效果极佳。

三、完成主要工作量

此次调查针对地质情况的复杂程度、存在问题等，分别投入了不同的工作量，总体完成了设计工作量（表 1-1）。

表 1-1 完成主要实物工作量表

项目	单位	设计工作量（叶亦克幅、黑石北湖幅）		完成工作量（叶亦克幅、黑石北湖幅）		完成工作量（叶亦克幅）		备注
1∶25 万地质填图	km^2	基岩区	24 984	基岩区	24 984	基岩区	9 863.0	
		沙漠区		沙漠区	5 065.5	沙漠区	5 065.5	据 2001 年任务书
1∶5 万地质填图	km^2			200				解剖沿碎石山断裂出露的蛇绿混杂岩
实测地质剖面	km	137		176.8		85.7		
简测地质剖面	km			25.5				
岩石薄片	件	3 000		2 144		820		
岩石光薄片	件	100						
定向薄片	件			20		10		
硅酸盐全分析	件	280		489		289		两幅图共测试 322 个，其中叶亦克幅 180 个
碳酸盐分析	件	150		77		38		
金属矿化学分析	件	150		34		30		
微量元素分析	件	100		115		60		

续表 1-1

项目	单位	设计工作量（叶亦克幅、黑石北湖幅）	完成工作量（叶亦克幅、黑石北湖幅）	完成工作量（叶亦克幅）	备注
稀土元素分析	件	100	127	70	
煤质分析	件	10	2		未测试
人工重砂	件	100	56	29	
电子探针分析	点	200	33	32	
粒度分析	件	200	80	40	
同位素年龄测定	件	23	19	11	两幅图共测试 13 件，其中叶亦克幅 8 件
同位素示踪	点		9	5	
光释光	件		13	13	
化石	块	500	46	20	
微体化石	件	32	32	14	

昆仑山区通行条件极差，经常有悬崖绝壁挡道，所有地质路线的长度和间距往往难以保证，对于无法通行的地段利用少量地质解译路线进行控制。通行条件较好的地段，基岩区的地质路线间距一般为 5km 左右，大面积的新生界松散堆积物分布区，路线间距放宽到 15km 左右。

第六节　地质调查报告编写说明

区域地质调查报告是在综合分析研究此次调查取得的大量原始资料、各项野外地质成果、测试数据的基础上，并充分吸纳了近年来的专题科研成果和应用了造山带新理论、新方法而编写的。报告共分七章，第一章绪论，概述了项目总体目标任务、工作区位置交通、自然地理概况、以往地质矿产研究评述和本次工作概况等。第二章地层，以年代地层单位为主线，分地层区对各岩石地层单位地层特征、岩石特征进行叙述，并对其沉积环境、构造环境进行分析，对地层时代进行讨论。第三章岩浆岩，第一、二节分别为基性-超基性侵入岩和中酸性侵入岩，按时代从早到晚叙述，对其形成时代及其产出的大地构造环境进行了探讨；在第一节中，对区内出露的蛇绿混杂岩的地质特征、岩石特征、地球化学特征等进行了研究；第三节火山岩，重点对下古生界上其汗岩组、石炭系阿羌岩组中火山岩进行了总结。第四章变质岩，对区内不同时代的各类变质岩石和变质矿物特征进行了系统的总结，依据特征变质矿物的共生组合、温压条件进行了变质相带和变质期次的划分，讨论了变质作用的演化历史。第五章地质构造及构造演化史，根据本区所处的大地构造位置进行构造单元的划分，总结了各构造单元的基本特征，在此基础上通过对各构造单元内各类构造形迹特征及其序次详细的分析、研究，总结了各构造单元的地壳演化历史。第六章经济地质，总结了此次工作所发现的各种矿化线索。第七章结束语，总结了本次工作所取得的主要地质成果及存在的问题。

在整个项目实施和报告编写过程中，得益于许多单位和领导的大力协助、支持，尤其要感谢的是：中国地质调查局、西安地质矿产研究所、乌鲁木齐工作总站、拉萨工作总站、成都地质矿产研究所、新疆维吾尔自治区第一区调大队、贵州省地质调查院、陕西省地质调查院；始终得到了张良臣、王克卓、潘桂棠、李荣社、王根宝、武胜、李德胜、薛克勤、潘永胜、续世朝等多方指导和帮助，地质图和报告插图计算机清绘由贺文莲、吕建萍、李嫣、杜艳伟等完成，在此对他们表示诚挚的谢意。由于作者认识能力、技术水平有限，该报告中可能存在不少谬误之处，恳请各位专家、同仁不吝指正。

第二章　地　层

第一节　概　述

区内出露地层单位较多，主要有中元古界蓟县系、下古生界、上古生界、中生界及大面积的新生界，其沉积类型多样，岩性岩相复杂，厚度变化甚大。根据区内地层特点，参照《西北区区域地层》、《1∶50 万日土幅区域地质报告》和 2002 年西北项目办组织的昆明成果汇报会上所提供的地层区划分方案，对本区地层进行了划分(图 2－1，表 2－1)。

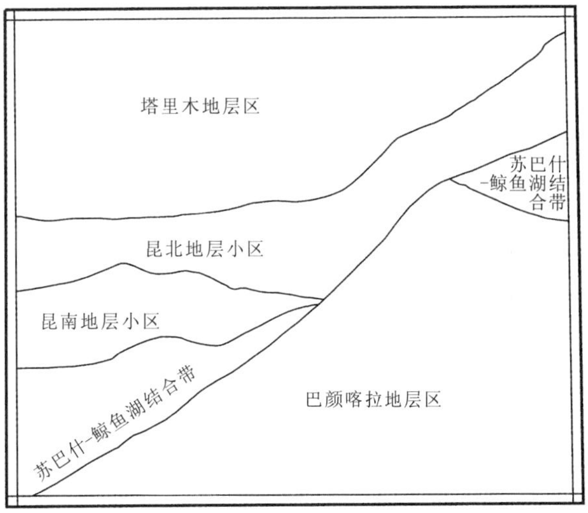

图 2－1　地层分区图

一、塔里木地层区

位于测区北部，主要为大面积出露的新生界松散堆积物，仅在塔里木盆地南部边缘断裂带中有少量的侏罗系叶尔羌群出露。

二、昆北地层小区

南以其曼于特-纳赤台结合带为界，南东以库牙克断裂为界，北至塔里木地层区南缘。出露地层主要为中元古界蓟县系阿拉玛斯岩群、下古生界上其汗岩组、上古生界泥盆系奇自拉夫组和石炭系阿羌岩组。

三、其曼于特-纳赤台结合带

在区内不构成一地层区，主要表现为一近东西向的断裂带——布拉克断裂，在布拉克附近有呈岩片出露的基性-超基性岩。

四、昆南地层小区

北以其曼于特-纳赤台结合带为界，南以苏巴什-鲸鱼湖结合带为界。出露地层主要有中元古界蓟县系阿拉玛斯岩群、上古生界石炭系哈拉米兰河岩群、中生界三叠系卧龙岗组及侏罗系叶尔羌群、白垩系双伍山组。

五、苏巴什-鲸鱼湖结合带

苏巴什-鲸鱼湖结合带中广泛发育特殊岩石地层单位，有正式地层单位哈拉米兰河岩群和非正式地层单位蛇绿混杂岩，蛇绿混杂岩岩石类型多样。

六、巴颜喀拉地层区

北以苏巴什-鲸鱼湖结合带为界，南以西金乌兰-金沙江结合带(区外)为界，并与羌塘地层区相邻。出露地层主要有上古生界二叠系中统黄羊岭组、中生界三叠系上统卧龙岗组、侏罗系中统叶尔羌群、白垩系双伍山组及新生界。

表 2-1 地层分区表

年代地层单位			塔里木地层区	昆北地层小区	其曼于特-纳赤台结合带	昆南地层小区	苏巴什-鲸鱼湖结合带			巴颜喀拉地层区
界	系	统								
新生界	第四系	全新统	冲积(Q_h^{al})、湖积(Q_h^{fl})、冲洪积(Q_h^{apl})、风积(Q_h^{eol})、冰碛(Q_h^{gl})							
		更新统	洪积(Q_p^{2pl})、冲洪积(Q_p^{3apl})、风积(Q_p^{eol})							
			西域组(Q_p^{1apl})							
	新近系	中新统								唢纳湖组(N_1s)
	古近系									喀什群(Ek)
中生界	白垩系	下统				双伍山组(K_1s)				双伍山组(K_1s)
	侏罗系	中统	叶尔羌群(J_2Y)			叶尔羌群(J_2Y)				叶尔羌群(J_2Y)
	三叠系	上统				卧龙岗组(T_3w)				卧龙岗组(T_3w)
上古生界	二叠系	中统						蛇绿混杂岩	碳酸盐岩(Ca) 复理石(fw) 硅泥质岩(Sa) 硅质岩(Si) 基性岩(β) 基性—超基性岩(β—Σ)	黄羊岭组(P_2h)：二段(P_2h^2)；一段(P_2h^1)
	石炭系	上统		阿羌岩组(Ca.)		哈拉米兰河岩群($C_2H.$)	哈拉米兰河岩群($C_2H.$)			西长沟组(Cx)
	泥盆系	上统		奇自拉夫组(D_3q)						
下古生界				上其汗岩组($Pz_1\hat{s}.$)	基性—超基性岩(β—Σ)					
中元古界	蓟县系			阿拉玛斯岩群(JxA.)		阿拉玛斯岩群(JxA.)				

第二节 中元古界

中元古界区内仅为蓟县系阿拉玛斯岩群(JxA.)。

阿拉玛斯岩群 1993 年创名于新疆于田县，创名地为一套碎屑岩-碳酸盐岩建造。幅内阿拉玛斯岩群为一套角闪岩相变质的杂岩，混合岩化、糜棱岩化较强。其主要出露于昆北地层小区。在昆北地层小区呈东西向的带状出露于中西部，即昆仑山前的麻特-穷萨依以南一带，另外在喀尔萨依南、喀什塔什山西北部亦有出露，面积约 350km²；昆南地层小区仅零星出露于区内西部的断裂带中，面积不足 10km²，岩性、岩性组合特征、变形和变质特征与昆北地层小区基本相同。

1. 剖面介绍

新疆民丰县苦阿中元古界蓟县系阿拉玛斯岩群实测剖面(图 2-2)。

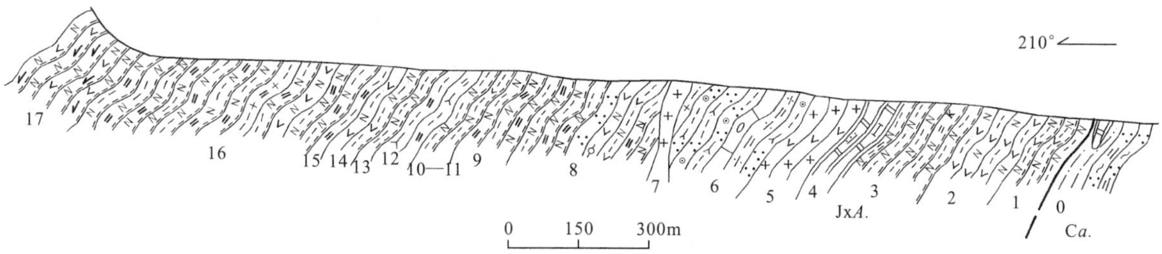

图 2-2 苦阿中元古界蓟县系阿拉玛斯岩群实测剖面
（图例与剖面描述层号对应）

（未见顶）

阿拉玛斯岩群(JxA.)	**叠置厚度＞1 338.4m**
17. 深灰色条带状细粒含辉石角闪斜长片麻岩	128.5m
16. 灰绿色细粒二云斜长片麻岩夹斜长角闪岩	370.9m
15. 浅灰色二云片岩	6.7m
14. 深灰色条带状黑云角闪斜长片麻岩夹含黑云斜长角闪岩	36.8m
13. 浅灰色细粒黑云斜长片麻岩	23.0m
12. 深灰色矽线二云片岩	37.0m
11. 浅灰绿色细粒黑云斜长片麻岩	9.9m
10. 深灰色条带状角闪黑云斜长片麻岩	21.2m
9. 浅灰色细粒二云斜长片麻岩	74.6m
8. 灰色细粒二云斜长片麻岩夹石英片岩、条带状黑云斜长角闪岩、黝帘斜长角闪岩	185.1m
7. 灰白色花岗质初糜棱岩(脉)	21.3m
6. 深灰色糜棱岩化石榴矽线黑云石英片岩夹金云母透闪石岩、含砾微晶灰岩及花岗质糜棱岩(脉)	145.5m
5. 灰色糜棱岩化角闪辉长岩	13.7m
4. 灰白、灰绿色糜棱岩化透辉石大理岩、含铁镁闪石大理岩及花岗岩(脉)	33.7m
3. 灰色条带状糜棱岩化黑云斜长片麻岩夹细粒二云二长片麻岩	195.9m
2. 灰黑色含黑云斜长角闪岩	57.4m
1. 深灰色黑云角闪斜长片麻岩、糜棱岩化黑云斜长片麻岩	12.6m

~~~~~~~~~~韧性剪切带(断层)接触~~~~~~~~~~

石炭系阿羌岩组(*Ca.*)：浅灰绿色绢云石英片岩夹含绢云方解斜长绿泥片岩

2. 地层特征

阿拉玛斯岩群未见顶、底，四周多被断层截切而呈断片出露，分别与下古生界上其汗岩组、泥盆系奇自拉夫组、石炭系哈拉米兰河岩群、石炭系阿羌岩组呈韧性断层接触，叠置厚度大于 1 338.4m。

阿拉玛斯岩群以经历了角闪岩相变质的各种片岩、片麻岩为主，局部夹石英岩、黑云变粒岩及大理岩。片麻岩以含矽线石、石榴石为特征，片岩主要为二云母片岩和二云石英片岩，大理岩则以透辉大理岩、含铁镁闪石大理岩为主。阿拉玛斯岩群主要为碎屑岩-碳酸盐岩-基性火山岩沉积建造，地层层序基本不很清楚，其中常侵入有花岗岩类岩石，但在填图尺度上难以区分，故将其与变质地层划归一起，统称阿拉玛斯岩群。

岩石特征详见第四章变质岩中的有关内容。

碳酸盐岩主要为方解石大理岩，原岩为灰岩，部分质不纯，含 5%左右的陆源物石英和长石，以及其他变质矿物；部分质纯，几乎不含陆源物，化学成分(表 2-2)中 K_2O 含量很低，且 Na_2O 远大于 K_2O，为较深的浅海沉积。在苦阿剖面中部见一层厚度为 0.2m 的含砾微晶灰岩，砾石呈椭圆状，大小(2.5～18)mm×45mm 悬殊，定向排列，成分为闪长岩和钾长石晶屑，含量 10%，砂含量＜5%。
~~~~~~~~~~

表 2-2　阿拉玛斯岩群部分碳酸盐岩化学成分特征表

岩石名称	化学成分(%)													
	SiO_2	Al_2O_3	Fe_2O_3	TiO_2	CaO	MgO	K_2O	Na_2O	MnO	P_2O_5	CO_2	S	H_2O^-	LOI	合计
方解石大理岩	1.04	0.70	0.05	0.00	54.47	0.57	0.00	0.02	0.01	0.05	43.11	0.012	0.16	43.16	100.07
方解石大理岩	0.67	0.68	0.05	0.05	54.38	0.30	0.00	0.00	0.01	0.02	43.29	0.027	0.05	43.35	99.51
含砾灰岩	13.68	3.99	2.35	0.10	42.24	1.79	0.80	0.40	0.03	0.15	33.42	0.059	0.18	33.43	98.74

该套沉积地层为活动大陆边缘浅海陆棚沉积。

2002 年我们对苦阿一带侵入于阿拉玛斯岩群的变质花岗岩做 U-Pb 法年龄测定，获得(683±75)Ma，时代为震旦纪，说明沉积地层时代为前震旦纪。同期陕西省地质调查院在于田幅该岩群变质基性火山岩中采集了 Sm-Nd 同位素等时线样品，经中国科学院地质与地球物理研究所分析，其年龄值 $t=$ 1 036Ma，其时代应置于中元古界蓟县系。

第三节　下古生界

区内仅在昆北地层小区中出露下古生界上其汗岩组($Pz_1s.$)，总体为火山岩-碎屑岩建造，构造环境为火山弧。

1. 地层沿革、分布及划分依据

区域上早古生代钙碱性火山岩南以康西瓦断裂为界，北与公格尔—柳什塔格中间地块为邻，北东以库牙克断裂为界，向西到苏巴什一带，空间上大体呈东宽西窄的楔形展布。该套地层总体工作程度较差，由于不含化石，所以地层时代争议也较大。地质部十三大队(1957)把该套地层划分为下古生界；原和田地质队(1959)依据区域地层对比，认为属志留系，但在 1964 年 1∶100 万编图时，将其划分为寒武—奥陶系；新疆第一区调队(1971)在进行 1∶20 万区域地质测量与普查(1∶20 万)时，厘定为志留系；20 世纪 80 年代以后一直把其作为前寒武纪地层处理，归为塔昔达坂群。新疆地矿局第十地质大队(1994)在进行 1∶50 万区划时，根据变质程度低于蓟县系以及火山岩特征与东部泥盆系相似，定为志留系—中泥盆统。

1999 年贾群子等在研究西昆仑块状硫化物矿床成矿条件和成矿预测时，对上其汗(区内其其干萨依、下马里克一带)火山岩进行了岩石 Rb-Sr 及矿石 Pb 同位素年代学研究，根据石英角斑岩 Rb-Sr 同位素测定，获得等时年龄为 353.66Ma+16.82Ma，相当于泥盆纪末期。因岩石均发生绿片岩相变质，其 Rb-Sr 等时年龄代表变质年龄，该岩系曾经经历两期变质热事件的影响。因此，该火山岩在形成时代上应在晚泥盆世之前形成。再根据 Pb 同位素进行的 R-F-C 和 R-S-F 法计算获得一组年龄数据，集中在 462.74～480.45Ma 之间，相当于早奥陶世。考虑到同位素结果受影响的因素较多，因此把上其汗一带的火山岩定为早古生代。

由于该套地层以往未进行过岩石地层单位的命名，所以本次工作把位于昆北地层小区最南端呈东西向展布的经历了绿片岩相变质、韧性剪切变形的一套海相火山岩-沉积岩系命名为上其汗岩组。

2. 剖面介绍

上其汗岩组分布于昆仑山主峰的北坡，地形切割强烈，通行条件极差，本次工作在巴西其其干上游(图 2-3)和下马里克上游(图 2-4)对该套地层进行了地质路线控制，在开什昆一带，利用实测剖面重点对发育于其中的褶皱和韧性剪切带进行了控制。

新疆地质局第十地质队《和田 1∶50 万地质图、矿产图说明书》在民丰县八一大队大沟(塔勒克勒格萨依上游)测制剖面较完整，其剖面如下。

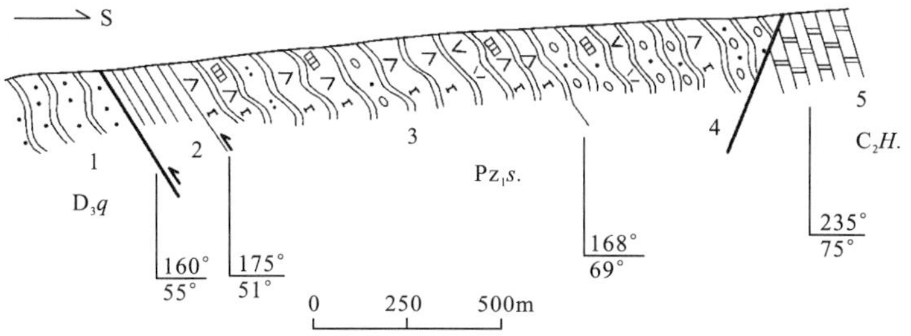

图 2-3　巴西其其干下古生界路线剖面

1. 紫红色变质砂岩；2. 黑色页岩；3. 灰绿色条纹状变质中酸性火山岩夹砂砾岩；4. 浅灰绿色变质砂砾岩夹灰白色石英岩；5. 白云岩

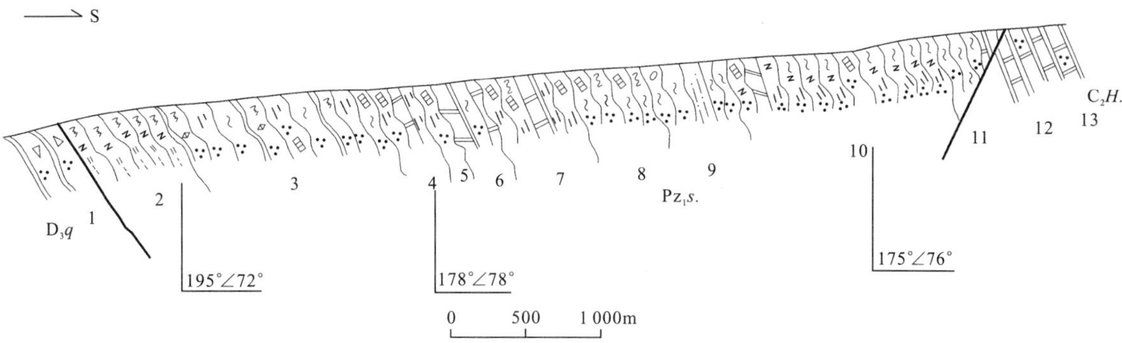

图 2-4　下马里克下古生界上其汗岩组路线剖面图

1. 灰绿色变质岩屑石英砂岩；2. 灰黑色条带、条纹状斜长二云石英片岩；3. 灰白色微粒含白云石石英岩、绢云母片岩、绿色绿泥石英片岩；4. 灰白色绢云石英片岩、绢云片岩、绿泥石英片岩夹灰白—灰黑条纹状片状石英大理岩；5. 灰白色黄铁矿绢云石英片岩；6. 灰白—灰黑色条带状大理岩夹绿泥石英片岩；7. 浅灰色条纹—条带状白云母片岩夹灰白、灰黑色条带状大理岩；8. 灰绿色条纹状黄铁矿绿泥石英片岩；9. 灰绿色含砾绿泥石英片岩，局部呈糜棱岩；10. 灰绿色绿泥斜白云母石英片岩；11. 灰绿色条带—条纹状绿泥石英片岩；12. 灰白—灰黑色条带状片状大理岩夹绿泥石英片岩；13. 灰白色片状含石英大理岩

石炭系哈拉米兰河岩群($C_2H.$)

══════断层接触══════

上其汗岩组($Pz_1\hat{s}.$)	**叠置厚度 4 669m**
26. 绿灰色绢云绿泥片岩与含石墨绿泥钙质斜长片岩互层夹钙质绢云片岩及大理岩透镜体	217m
25. 灰绿夹灰白色绢云绿泥片岩与片理化霏细斑岩互层	69m
24. 灰白夹灰黑色绢云绿泥片岩与绢云绿泥斜长片岩互层，偶夹大理岩透镜体	57m
23. 白色条带状大理岩与绿色薄层状绿泥斜长片岩互层，横向变为中厚层状大理岩	149m
22. 绿灰色中薄层状、块状残斑变岩(英安斑岩)夹少量绿泥石英片岩	515m
21. 绿灰色绢云绿泥片岩	89m
20. 绿灰色薄—中薄状残斑变岩夹绿泥石英片岩	122m
19. 灰绿夹灰黑色含砾砂质千枚岩与绿泥石英片岩互层，中部为乳白色大理岩夹黑色绢云母片岩条带	305m
18. 灰绿色绢云母粉砂岩夹含铁阳起石岩	253m
17. 灰绿夹灰黑色黑云母片岩与绢云母粉砂岩互层，夹一层 3m 厚含砾砂质千枚岩，砾石成分为硅质岩	100m
16. 灰绿夹灰黑色绢云绿泥片岩，局部夹砂质千枚岩	201m
15. 灰绿、绿灰色夹白色残斑变岩(英安斑岩)	913m
══════断层接触══════	
14. 灰白色斑点状云母石英片岩夹灰绿色斑点状粉砂质片岩	365m
13. 灰绿色泥质千枚岩夹砂质千枚岩	173m
12. 灰绿夹黑灰色绢云母粉砂岩	42m
11. 乳白色及灰色条带大理岩夹粉砂质千枚岩	13m
10. 灰黑色泥岩与粉砂岩互层夹褐黄色绢云母片岩	46m

9. 灰绿色绢云母绿泥石片岩	17m
8. 灰黑色砂质千枚岩，偶夹绢云母片岩透镜体	134m
7. 浅灰白、褐黄色绢云绿泥片岩与灰黑色泥质粉砂质千枚岩不均匀互层	219m
6. 灰黑色泥质粉砂岩夹绿灰色粗砂岩，局部夹炭质千枚岩	149m
5. 灰绿色片理化粗砂岩与黑灰色绢云母粉砂岩互层	119m
4. 灰黑色绿泥绢云石英片岩夹薄层状砾岩透镜体	60m
3. 绿灰色片理化绢云母粉砂岩夹褐灰色、白色含绢云母斜长片岩	97m
2. 灰绿色片理化巨粒—粗砂岩夹灰黑色片理化绢云粉砂岩透镜体	139m
1. 灰黑色夹绿灰色薄板状片理化绢云母粉砂岩	106m

═══════断层接触═══════

泥盆系奇自拉夫组(D_3q)

3. 地层特征

下古生界分布于昆北地层小区的阿克苏塔格—其其干萨依上游(上其汗)—布拉克一带，呈中部凸向北的近东西向展布，在库牙克断裂北西侧牙拉克—库牙克一带受库牙克断裂影响，呈北东向分布。下古生界整体东部出露较窄，宽度小于1.8km，向西侧逐渐变宽，约11km。南与石炭系哈拉米兰河岩群、北与泥盆系奇自拉夫组均呈断层接触，东侧受库牙克断裂围限，西侧延伸出图幅。

该组系由一套海相火山岩—碎屑岩和碳酸盐岩组成，普遍遭受了低绿片岩相变质。区域上火山岩为多次喷发的细碧角斑岩系，岩石类型主要为玄武岩(细碧岩)、安山岩(角斑岩)、英安岩、流纹岩(石英角斑岩)组成的钙碱性系列。区内靠近西侧的下马里克沟中北部(图2-4，2～3层)以变质碎屑岩为主，为灰黑色条带条纹状斜长二云石英片岩、灰白色条带条纹状含白云石石英岩、绢云石英片岩、浅绿色绿泥石英片岩；中部(图2-4，4～8层)为变质酸性火山岩夹碳酸盐岩、碎屑岩，有富含黄铁矿的变质酸性火山岩，灰黑、灰白色条带条纹状片状大理岩及灰白色绢云石英片岩、浅绿色绿泥石英片岩、白云母片岩；南部(图2-4，9～12层)为灰绿色条带条纹状绿泥石英片岩、绿泥斜长白云母片岩、灰白灰黑色条带条纹状大理岩、片状含石英大理岩、青灰色块状细晶白云岩，夹含黄铁矿的酸性火山岩。区内中部其其干萨依上游出露较窄(图2-3)，岩性主要为灰绿色条纹状片理化变质英安岩及大量变质中酸性火山岩夹灰绿色变质砂砾岩及灰黑色页岩、少量透镜状碳酸盐岩。区内东部布拉克附近以火山岩为主。北侧主要为灰绿色变质安山岩，南侧则为肉红色变质流纹岩、浅绿色变质英安岩，夹少量灰白色绢云石英片岩、黑色绢云片岩、斜长黑云母石英片岩。地层从东到西横向上均有灰白色变质砂砾岩、含砾绢云石英片岩断续出露。

牙拉克—库牙克一带，岩性较为复杂，主要有灰黑色、灰绿色中基性火山岩，深灰色中酸性火山岩，及灰绿色碳酸盐化绢云石英片岩、灰黑色方解石绢云片岩、灰黄色菱铁质绢英片岩、灰黑色条带状砾屑大理岩。开什昆一带，以变质砂砾岩为主，具有强烈的韧性变形，砾石拉长定向，呈透镜状、条带状，砾石成分以石英岩为主。库牙克附近出现若干层透镜状大理岩，见有灰蓝色条带状细粒方解石白云石大理岩、灰白色条带状碎裂岩化粗粒大理岩、翠绿色条带状蛇纹石片状大理岩。大理岩与粉砂质板岩、变质粉砂岩呈互层状产出。

整套地层经历了低绿片岩相变质，经受了较强韧性剪切变形，形成了以各类片岩为主的变质岩，并普遍具有条带、条纹状、眼球状构造。透入性的片理与原始层理产状总体一致，向南陡倾，倾角60°～80°，呈单斜产出，片理面上矿物生长线理发育。

4. 岩石特征及沉积环境、构造环境分析

岩石均为浅变质岩类，其原岩有火山岩类及沉积岩类，其特征分别在火山岩及变质岩中论述。沉积岩中有碎屑岩类、泥质岩类、碳酸盐岩类，矿物碎屑中微量重矿物很单一，仅为锆石及金属矿物，另有极少量榍石、电气石、磷灰石，表明其母岩可能为花岗岩类。

上其汗岩组为火山岩-碎屑岩-碳酸盐岩建造，火山岩其岩石、岩石组合特征、地球化学特征，均说明其形成于岛弧环境(见火山岩有关内容)，与上面重矿物母岩来源于花岗岩相吻合。与火山岩同沉积的碎屑岩及碳酸盐岩为海相沉积环境下的产物。总体为岛弧环境下一套海相火山沉积岩系。

5. 时代依据

这套地层一直未取得古生物资料，时代归属一直存在争议。1999 年由贾群子等著的《西昆仑块状硫化物矿床成矿条件和成矿预测》中对区内其其干萨依上游(上其汗)火山岩进行了岩石同位素化学研究，取得了 462.74～480.45Ma 年龄值。此次工作，我们在包斯塘一带的变质闪长岩中获得了奥陶纪的 U－Pb 同位素年龄，该岩体的岩石化学具有岩浆弧的特征，所以通过区域地质构造分析，将该套地层定为早古生代。

第四节 上古生界

上古生界主要分布于图幅中南部，昆北地层小区有泥盆系奇自拉夫组、石炭系阿羌岩组，昆南地层小区及苏巴什—鲸鱼湖结合带中有石炭系哈拉米兰河岩群，巴颜喀拉地层区有石炭系西长沟组、二叠系黄羊岭组。

一、昆北地层小区

(一)奇自拉夫组(D_3q)

1. 地层沿革、分布及划分依据

1932 年，德·泰拉在中亚考察队于奇自拉夫河及桑株河一带，将一套紫红色长石砂岩、砾岩及喷出岩地层创名为提士纳夫统。原始定义为不整合在老地层之上一套无化石的正常碎屑岩，未见顶。1942 年，别良耶夫斯基划为早石炭世；1956 年《中国区域地层表》划为下石炭统；苏联十三航测大队(1957 年)划归晚泥盆世—早石炭世；新疆地质局喀什地质大队(1964 年)将其时代缩小到泥盆纪。“奇自拉夫”与“提士纳夫(甫)”属译音之差，应统一为奇自拉夫组。

现在定义该组为一套滨海—陆相正常沉积的碎屑岩，由紫红色、灰绿色石英岩、粉砂岩和砾岩组成，与上覆克里塔格组、下伏克孜勒陶组(与东昆仑布拉克巴什组对比)以沉积物变细、生物碎屑灰岩出现为界，皆为整合接触，局部为断层接触，含少量植物化石。

该组地层出露零星，可视厚度 500～6 500m，古生物贫乏，研究程度低。主要分布于新疆的库兹达万、奇自拉夫河谷、叶尔羌河上游、南土木牙——库牙克等地。岩石组合特征变化不大，岩性较单一，展布稳定。目前依据玉龙塔格分区的奇自拉夫组中产植物 *Leptophloeum rhombicum* Dawson，定为晚泥盆世。

《新疆维吾尔自治区岩石地层》指定层型为新疆地质局区测队三连三排(1972 年)测制的民丰县大沙勒沟剖面(东经 82°59′15″，北纬 36°31′30″)，参考剖面为阿克陶县柯克亚剖面。据上述层型剖面提供的经纬度，大致相当于测区叶亦克幅民丰县叶亦克乡八一大队之南塔勒克勒格萨依中。本次工作沿用奇自拉夫组名。

2. 剖面介绍

该组地层东西两侧出露较窄，中间较宽，与南北两侧地层均呈断层接触，故未见顶和底。靠近西侧的塔勒克勒格 22 号剖面由于地理条件所限也未能控制全部地层，仅在中部的其其干萨依路线剖面中比较完整地控制了全套地层(图 2－5)。

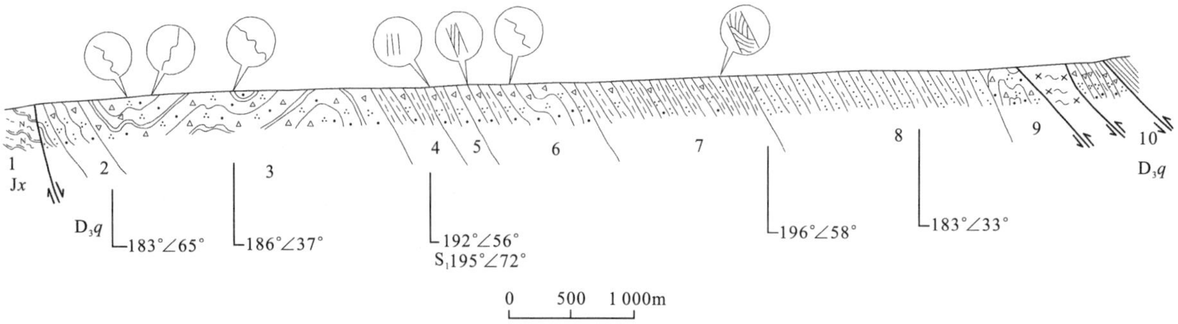

图 2－5　民丰县其其干萨依泥盆系奇自拉夫组路线剖面
（图例与剖面描述层号对应）

下古生界上其汗岩组（$Pz_1\hat{s}$.）

═══════断层接触═══════

奇自拉夫组（D_3q）　　**总厚度＞6 552m**

10. 紫红色变质岩屑石英砂岩夹紫红色泥岩　220m

═══════断层接触═══════

灰黑色细粒黑云苏长岩，局部绿泥石化，含较多黑色细粒斜长岩包体，呈浑圆状，边界模糊

═══════断层接触═══════

9. 紫红色变质岩屑石英砂岩夹紫红色变质泥岩　120m
8. 紫红色薄板状泥质粉砂岩、粉砂岩夹灰绿色粉砂岩、泥质粉砂岩　1 660m
7. 紫红色变质泥质粉砂岩夹紫红色变质粉砂岩，零星可见夹灰绿色粉砂岩，粉砂岩常发育小型直线状不对称波痕、双向低角度斜层理及水平层理　1 160m
6. 灰绿色中厚层状细粒岩屑石英砂岩夹灰绿色粉砂岩、泥质粉砂岩，夹有少量紫红色砂岩，砂岩中发育低角度斜层理和弯曲状不对称波痕　800m
5. 紫红色中厚层状中细粒砂岩夹紫红色粉砂岩、泥岩，砂岩中发育低角度斜层理　236m
4. 紫红色泥岩夹薄层状岩屑石英砂岩、粉砂岩　376m
3. 紫红色厚层状岩屑石英砂岩、紫红色泥岩，砂岩中发育低角度斜层理，顶面发育小型直线状不对称波痕　460m
2. 灰绿色变质中细粒岩屑石英砂岩夹紫红色板岩，构成灰绿色砂岩→紫红色板岩层序，砂岩底面发育冲刷印模，砂岩中发育低角度斜层理，砂岩顶面有时发育小型直线状不对称波痕　80m
1. 紫红色板岩（变质泥岩）夹浅红色粉砂质板岩　80m

═══════断层接触═══════

蓟县系阿拉玛斯岩群（JxA.）

3. 地层特征

奇自拉夫组仅出露于昆北地层小区库牙克、柳什塔格、喀特里西帕西木等地，呈东西向展布，两侧出露宽度较窄小于 1km，中间较宽约 8～10km。东端受库牙克断裂围限，西端延伸出图幅；南北两侧分别与下古生界上其汗岩组、蓟县系阿拉玛斯岩群呈断层接触。

该组岩性较单一，以紫红色、灰紫红色厚层状岩屑石英砂岩、细粒长石石英砂岩、（变质）含钙质中细粒岩屑石英砂岩、粉砂岩、粉砂质泥岩、粉砂质板岩为主，夹灰绿色（变质）含钙质中细粒岩屑石英砂岩、泥岩，少量灰红色、灰绿色砂砾岩（呈透镜状，出露不均，叶亦克沟中分布较多）、绢云阳起片岩、灰蓝色—灰白色、翠绿色条带状大理岩、蛇纹石片状大理岩（仅出露于库牙克附近）。

沉积构造（图 2－6）以块状构造为主，其次为低角度斜层理、双向斜层理，少量平行层理，层面多见小型不对称直线状波痕（波长 1～6cm，波高 0.1～1cm），亦见少量对称型波痕，呈弯曲状—链状（图版Ⅰ－1、2、3、4）。砂岩底面见冲刷印模，并含有紫红色泥岩砾。灰紫红色粉砂质板岩、粉砂岩、泥岩中，普遍发育一组雁行式排列的灰白色方解石脉。

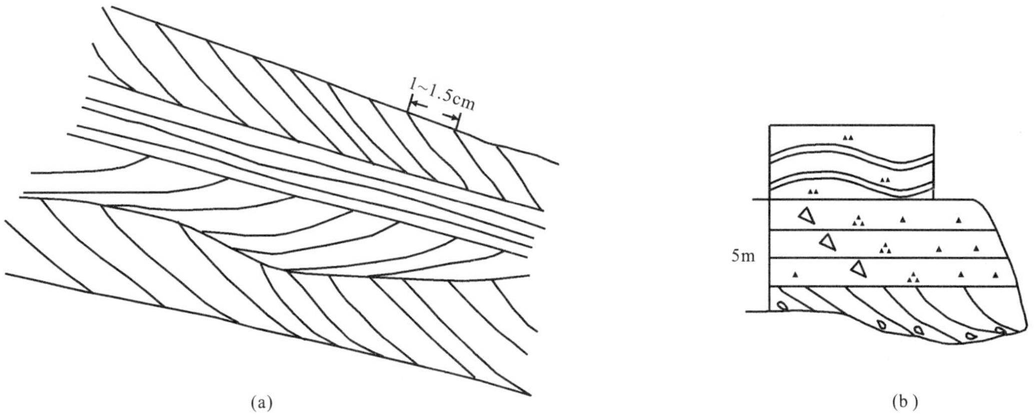

图 2-6　奇自拉夫组沉积构造素描图

(a)紫红色粉砂岩中双向斜层理素描;(b)砂岩底面含砾,并形成底冲刷面

地层走向近东西向,倾向南,倾角 65°～75°,从地层结构、层面构造及层片关系分析,总体呈单斜产出,局部地层由于紧闭褶皱而出现倒转现象。

库牙克附近出现灰紫红色变质砂砾岩,横向上塔勒克勒格、尼雅河、叶亦克萨依等地呈透镜状、层状断续出露。

奇自拉夫组地层结构特征主要表现为砂泥韵律,紫红色变质中细粒岩屑(长石)石英砂岩与变质粉砂岩、粉砂质泥岩(板岩)、泥岩构成韵律,夹有灰绿色砂岩、泥岩[图 2-7(a)],砂岩一般呈中层、厚层状,而泥岩多为小于 10cm 的薄层状,局部有厚层泥岩,多数地段砂、泥岩互为消长关系。出现砾岩、砂砾岩的地段,则形成砂砾岩(砾岩)→砂岩→泥岩的基本层序[图 2-7(b)、(c)],砾岩横向露头范围内呈透镜状,厚度从十几厘米到几米不等,砾石成分较复杂,分选性差,磨圆度较差,此种基本层序类型多见于图幅中部叶亦克萨依沟中,东西两侧逐渐减少。图 2-7(d)为其其干萨依路线剖面中第二层较完整的基本层序,由灰、灰绿色(含砾)变质中细粒岩屑石英砂岩→紫红色粉砂质板岩(泥岩)组成,砂岩底面具底冲刷构造,并含有紫红色泥岩砾,砂岩以块状构造为主,亦见斜层理及双向斜层理,砂岩顶面具小型不对称波痕。总体由下向上有砂岩减少、泥岩增厚(多)的趋势。

4. 岩石特征及沉积环境、构造环境分析

本组沉积岩石类型较为齐全,有碎屑岩、泥质岩,部分地段经历了低级变质作用,形成变质砂岩、变质粉砂岩、板岩。

(1)岩石特征

1)碎屑岩

①砾岩。见灰绿色钙质砾岩、杂色铁质钙质胶结砾岩,主要分布于中部的叶亦克萨依沟中,呈厚层状、巨厚层状、块状产出,横向上呈透镜体,向东西两侧逐渐减少、减薄。砾石含量从大于 50%到大于 70%不等,砾石成分复杂,有紫红色—灰绿色砂岩、粉砂岩、灰白色石英岩、泥岩、灰岩、砂屑灰岩、硅质岩、绿泥片岩、千枚岩、安山岩、酸性火山岩,砾径一般2～8mm、3～10cm,大者几十厘米。砾石分选性差,磨圆度中等,呈次棱角状—次圆状,表面不光滑,颗粒支撑,孔隙式胶结。砾岩中见粒序层理,砾石具一定定向性,长轴方向具平行层理。受后期构造影响局部砾石形成眼球状。

②砂岩。为本组中主要岩性,含量大于 70%,多数为紫红色,少量灰绿色、灰红色、灰色,砂状结构,中厚层状构造,砂岩岩石特征如表 2-3 所示。砂岩由石英、长石、岩屑等碎屑组成。

石英碎屑:几乎所有的砂岩中均以单晶石英为主,少量硅质岩、石英岩。

长石碎屑:仅个别长石砂岩中含量达到 30%,长石参加的命名者可达到 10%～15%,大多数砂岩含量较低,小于 5%,以斜长石为主,钾长石少量,推测母岩区局部有片麻岩或花岗岩。

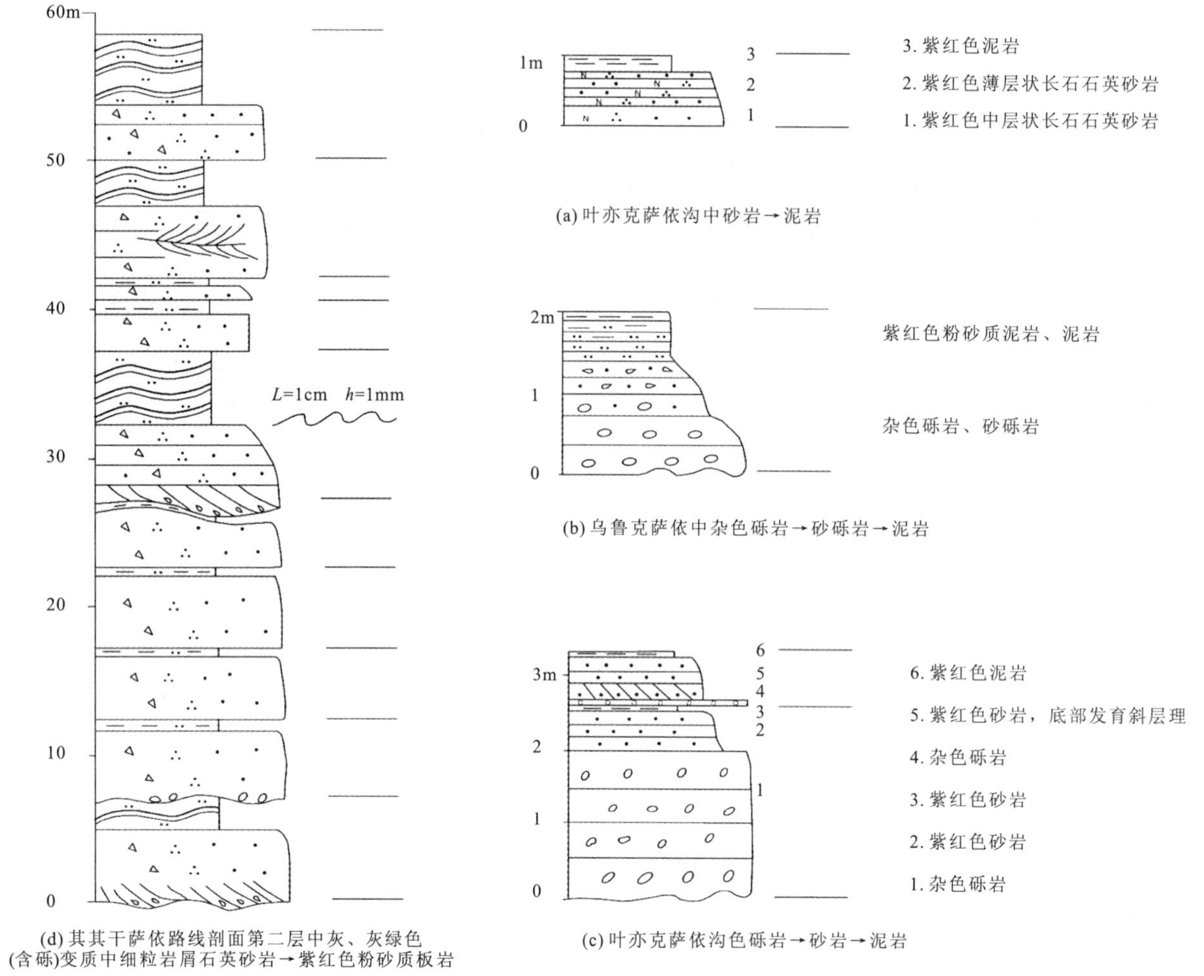

图 2-7　奇自拉夫组基本层序特征

表 2-3　砂岩岩石特征

岩石名称	颗粒含量(%)			杂基含量(%)	粒径(mm)	结构	
	石英	长石	岩屑			颗粒结构	胶结组构
细粒岩屑石英砂岩	80	5	15	5	0.06～0.25	次棱角状 次圆状	孔隙式胶结
白云质中细粒岩屑石英砂岩	75～84	5	10～20	2～5	0.05～0.3	次棱角状	孔隙式胶结
钙质细粒岩屑石英砂岩	80～85	1～5	15～16	5	0.1～0.25	次棱角状	孔隙式胶结—接触式胶结
长石石英砂岩	80～85	10～15	5	5	0.05～0.25 0.3～0.8	次棱角状 次圆状	孔隙式胶结—接触式胶结
(变质)岩屑长石砂岩	65～70	20～25	5～10	10	0.04～1.5	次棱角状	孔隙式胶结
白云质含砾长石砂岩	48	30	10	少量	0.05～1.8	次棱角状 次圆状	基底式胶结
变质中粒长石石英杂砂岩	80	10	5	15	0.2～0.7	次棱角状	接触式胶结
细粒岩屑石英杂砂岩	85	5	5～10	15	0.06～0.3	棱角状、次棱角状	基底式胶结

云母碎屑：主要出现于细粒砂岩中，以白云母为主，偶见黑云母，少量水云母、绿泥石、绢云母(伊利石)成为杂基产出。

重矿物碎屑：重矿物含量通常不超过1%，种类也较少，普通常见者仅为电气石、锆石及金属矿物，其中电气石为粒柱状呈黄绿色、绿色，锆石为粒柱状呈淡黄色，而金属矿物多为粒状。其次为磷灰石、绿帘石，偶见榍石、金红石。锆石主要来自花岗岩，电气石来自变质岩。

岩石碎屑：岩石中主要岩屑为泥岩、火山岩、千枚岩、片岩，其次为碳酸盐岩、变质粉砂岩和少量的花岗岩。推测剥蚀区母岩以沉积岩、火山岩及浅变质的片岩、千枚岩为主，少量花岗岩、片麻岩。而沉积岩中以泥质岩含量较高，其次为粉砂岩、碳酸盐岩、砂岩。又据岩石中结构成熟度均较差，剥蚀区距本沉积区搬运距离不太远。

③粉砂岩。岩石呈紫红色、灰绿色、灰红色，普遍经历了绿片岩相变质。矿物碎屑中石英含量为40%～48%，表面洁净，长条形者定向排列；斜长石含量为10%，表面粗糙，绢云母化较强。重矿物含量较少，有锆石、电气石、金属矿物，填隙物主要为绢云母、方解石、泥铁质，含量为40%～50%，呈基底式胶结。碎屑粒径0.03～0.1mm，以粗粒粉砂为主，常含长石、石英颗粒，呈棱角状、次棱角状，磨圆度差。但分选性较好，具变余粉砂状结构（显微鳞片粒状变晶结构），板状构造、显微层状构造。其岩石化学成分如表2－4所示。

2）泥质岩

该类岩石区内单一，为泥岩、粉砂质泥岩，呈紫红色、灰绿色，多呈极薄层状，局部为厚层状，多经变质而成为片岩、板岩。矿物可见石英、斜长石、方解石、铁质等非粘土性矿物及变质矿物绢云母等，具粉砂状结构，细粒粒状纤状变晶结构，板状、片状、层状、块状构造。

表2－4 岩石化学特征

岩石名称	岩石化学成分（%）												
	SiO_2	Al_2O_3	Fe_2O_3	FeO	TiO_2	CaO	MgO	K_2O	Na_2O	MnO	P_2O_5	CO_2	H_2O^+
变质粗粉砂岩（粉砂岩）	65.83	9.58	2.49	1.23	0.50	6.21	1.85	2.11	2.50	0.057	0.11	5.28	2.02

（2）沉积环境及构造环境分析

据奇自拉夫组中近20个砂岩样品的薄片鉴定结果进行统计，石英碎屑含量多数达到80%，长石碎屑含量为5%～10%，其他岩石碎屑含量为10%～15%，在图2－8迪金森的Q－F－L图解中几乎落在Ⅱ区的上部，为大陆组份较高的再旋回造山带物源区。又据粉砂岩化学分析结果，在图2－9K_2O/Na_2O－SiO_2图解中落在ACM，即活动大陆边缘区内。结合区域上陆块活动演化趋势，其构造环境为弧后前陆盆地。又据前面岩石特征的分析，奇自拉夫组各类岩石的母岩主要为含泥质较高的沉积岩，其次为浅变质的变质岩、火山岩及少量的侵入岩，并且具风化、剥蚀、搬运堆积较快的特点。

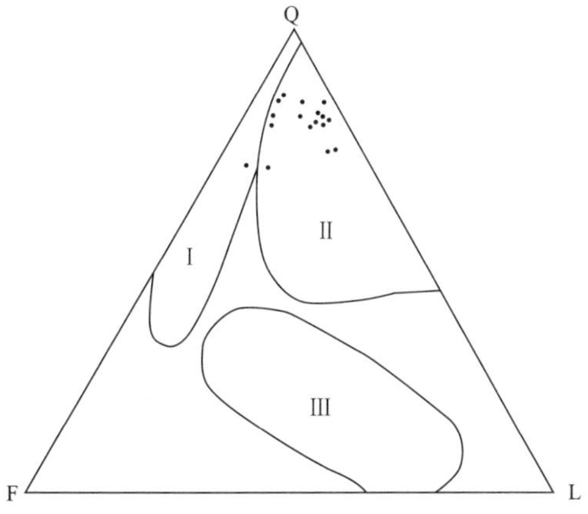

图2－8 Q－F－L图解

（据迪金森，1979简化）

Q. 石英颗粒；F. 长石颗粒；L. 岩屑；Ⅰ. 优地槽；Ⅱ. 准地槽；Ⅲ. 断裂地槽

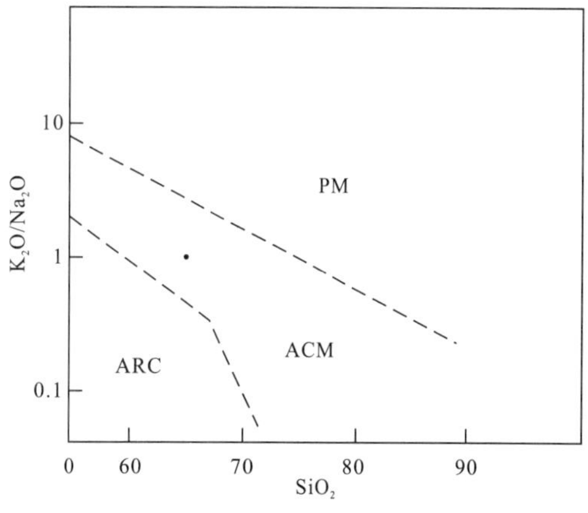

图2－9 粉砂岩和泥岩K_2O/Na_2O－SiO_2图解

（据Rose等，1986）

PM. 被动大陆边缘；ACM. 活动大陆边缘；ARC. 岛弧

本组岩石色调以紫红色为主，夹灰绿色，说明当时处于氧化作用强较和干旱的环境中，古生物贫乏，仅在玉龙塔格分区及塔里木西南缘的相同地层中零星采到过菱形薄皮木化石，显示为陆相沉积环境。

岩石中局部地段(叶亦克沟中)砾岩、砂砾岩含量较多，并形成砾岩→砂砾岩→泥岩的韵律，厚度几十米到几米不等。东西两侧以砂岩、粉砂岩、泥岩为主，组成砂岩→粉砂岩→泥岩结构，其中砂岩呈厚层状，占70%，泥岩呈薄层状。沉积构造以块状构造为主，亦可见到小型斜层理，砂岩底面可见底冲刷构造，层面上发育小型不对称波痕。砂岩的粒度分布累计概率曲线图均为跳跃—悬浮两段式(图2-10)，跳跃部分大于84.72%，线陡斜率大，悬浮部分小于15.28%，线较水平斜率小，表明为高流态水动力条件。其标准偏差$\delta=1.0\sim1.3$，分选性差；偏态$SK=1.2\sim1.7$，为不对称正偏，主要粒级偏粗；峰态$K=3.8\sim6.0$，呈单峰形态，物源方向单一。展现为一个冲积环境，以叶亦克附近为冲积扇，两侧逐渐过渡为河流的沉积环境。

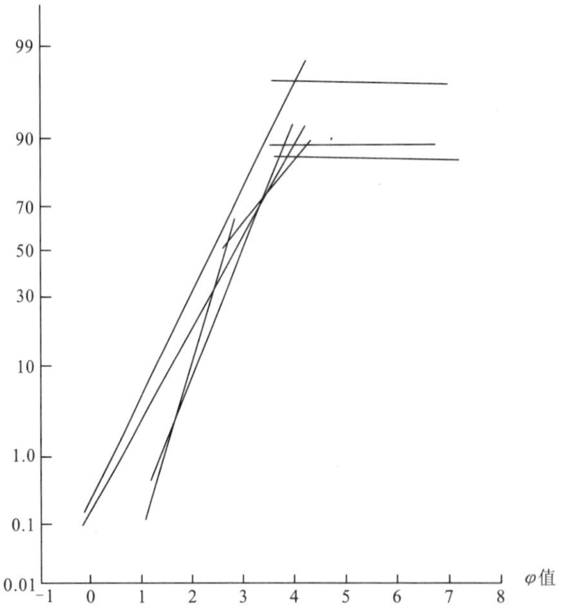

图2-10　粒度分布累计概率曲线图

综上所述，泥盆系奇自拉夫组为一套紫红色夹灰绿色陆相碎屑岩为主的陆相磨拉石建造。

5. 时代依据

该组地层为一套化石贫乏的陆相杂色碎屑岩建造，前人及本次工作在本区一直未找到化石，而其岩性特征与周边完全可比的玉龙塔格分区奇自拉夫组中含如下化石：*Leptophloeum rhombicum* Dawson，*Lepidodendron*。前者属于晚泥盆世的标准分子，据此将区内的奇自拉夫组归属晚泥盆世。

(二)石炭系阿羌岩组(C*a*.)

陕西地调院(2001年)将测区西邻图幅(于田县幅)内昆仑山北麓一套以绿片岩相变质的火山岩为主的地层命名为阿羌火山岩组，我们将该套地层东延到本测区的碎屑岩-碳酸盐岩-火山岩沉积建造命名为阿羌岩组。其呈北东东向带状分布于昆仑山北缘，东西横贯测区，并分别延伸到图幅区外，东西长大于130km，南北宽1～10km，面积约310km^2。

1. 剖面介绍

新疆民丰县苫阿石炭系阿羌岩组实测剖面如图2-11所示。

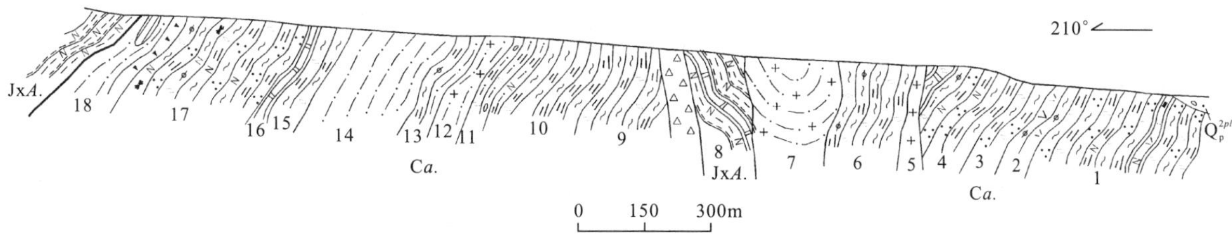

图 2-11　苦阿阿羌岩组实测地层剖面图

（图例与剖面描述层号对应）

蓟县系阿拉玛斯岩群(JxA.):黑云斜长片麻岩

~~~~~~~~~~~韧性剪切带(断层)接触~~~~~~~~~~~

阿羌岩组(Ca.)	**叠置厚度>1 354.2m**
18. 浅灰色微晶灰岩、糜棱岩	29.9m
17. 浅灰色绿泥绢云片岩夹灰绿色含绢云方解斜长绿泥片岩(糜棱岩)、方解绿泥绿帘斜长阳起片岩	301.4m
16. 灰黄、灰白色纹层状糜棱岩化大理岩	17.8m
15. 灰绿色方解绢云绿泥片岩	56.6m
14. 浅灰绿色糜棱岩	169.6m
13. 浅灰绿色糜棱岩夹绿帘绿泥绢云片岩	25.9m
12. 花岗质糜棱岩	82.6m
11. 灰绿色方解绢云片岩(构造千糜岩)	21.9m
10. 灰、灰白色绿泥绢云片岩、斜长绢云糜棱岩、绿泥方解绢云片岩	170.5m
9. 灰绿色方解绢云绿泥片岩	101.6m

══════断层接触══════

8. 蓟县系阿拉玛斯岩群:深灰色糜棱岩化黑云斜长片麻岩夹片状大理岩

~~~~~~~~~~~韧性剪切带(断层)接触~~~~~~~~~~~

阿羌岩组(Ca.)	
7. 浅灰色花岗质糜棱岩	
6. 灰绿色方解绢云绿泥片岩、绿帘方解绢云绿泥片岩	170.0m
5. 灰绿色花岗质糜棱岩	51.8m
4. 灰绿色绿泥绢云片岩夹浅肉红色绢云长石石英片岩及微晶状含绿泥方解石大理岩	155.8m
3. 浅灰色含绿泥方解石绢云石英片岩	56.6m
2. 灰绿色绿泥绿帘石化中酸性凝灰岩夹绿帘石化英安岩、变质英安岩	9.3m
1. 灰、灰白色含绿泥方解石绢云石英片岩夹变质长石晶屑凝灰岩、绿泥斜长绢云片岩	97.2m

（未见底）

2. 地层特征

阿羌岩组由于被断层截切、第四系覆盖、岩体蚕食，未见顶、底，为一套变质程度达绿片岩相的碎屑岩-火山岩-碳酸盐岩沉积建造，视厚度大于 2 036.2m。

阿羌岩组由一套经历了绿片岩相变质、强烈韧性剪切变形的岩石组成，岩石类型复杂，主要有绿片岩类(绢云绿泥片岩、斜长方解绿泥片岩、钠长绿泥片岩、绿泥片岩等)、云母片岩类(绿泥绢云片岩、绿泥斜长绢云片岩、方解二云白云石片岩)、石英片岩类(绢云石英片岩、二云石英片岩)、千枚岩、板岩、石英岩及大理岩。其下部以中酸性火山(碎屑)岩为主，有安山岩、英安岩及凝灰岩，在阿羌岩组与阿拉玛斯岩群接触带附近发育一套以动力变质作用为主的糜棱岩系列的岩石。

横向(东西向)上，该岩组在岩性、变质程度、变形强度有一定变化。

西部(图幅西边，格子布拉克西)火山岩发育，出露较齐全，除(变质)玄武岩、安山岩、英安岩外，还夹有火山碎屑岩—凝灰岩，在八一煤矿以南阿羌岩组均为变质玄武岩。而且南北岩性也明显不同，北部以火山岩和绿泥片岩为主，南部以火山岩和石英片岩为主，碳酸盐岩不甚发育，在塔勒克勒格剖面未见碳酸盐岩。

西部岩石片理发育，变形较强，均发生绿片岩相变质。

在西部地层中部见一层稳定出露的变质砾岩，其西端延伸出图幅，东端在叶亦克南东被第四系覆盖，断续(部分被变质闪长岩体蚕食，或被断层截切)出露长度达 50km。砾石变形，被拉长而呈长卵形、“S”形等，大小 0.3cm×3cm 至 5cm×15cm。苦阿剖面上岩性为砾质方解绢云片岩，厚度 21.9m，砾石成分为石英岩、硅质岩、砂岩等，含量 30%～50%；塔勒克勒格剖面上岩性为条带状含砾绿帘石绿泥石英片岩，厚度 99.3m，含砾钙质绿泥片岩，厚度 26.5m。砾石成分前者主要为硅质岩和石英砂岩，后者主要为灰岩，含量 20%左右。原岩可能为含砾泥岩、含砾钙质石英砂岩。

中东部格子布拉克-包斯塘岩石变形较强，并普遍发生绿片岩相变质，但有部分碳酸盐岩未变质。岩性主要为片岩和少量千枚岩及板岩、炭质板岩，夹大理岩和未变质的微晶灰岩，含白云质灰岩，未发现火山岩，碳酸盐岩较西部增多。原岩为(钙质)砂岩、粉砂岩与泥岩、钙质泥岩、砂质泥岩、粉砂质泥岩不等厚互层，并夹灰岩、白云质灰岩。在包斯塘剖面上有一层绿泥绢云片岩(变质泥岩)中见变余石盐假晶。

东部包斯塘以东为低绿片岩相变质，变质程度较低，变形也较弱。岩性主要为变质细粒长石石英(杂)砂岩、变质粉砂岩，夹少量变质泥岩、石英岩、变质玄武岩和未变质的灰岩、白云岩。

3. 岩石特征及沉积环境分析

岩石特征主要见变质岩岩石部分和火山岩部分。

碳酸盐岩：阿羌岩组碳酸盐岩化学特征如表 2-5 所示。从表中可知，东部部分碳酸盐岩 CaO 含量高，而且 K_2O 含量远远大于 Na_2O，陆源物含量很低，可能为离海岸较远的较深浅海沉积。西部和东部部分碳酸盐岩 CaO 含量较低，K_2O/Na_2O 值及陆源物含量较高，为离海岸较近的浅海沉积。

表 2-5 阿羌岩组碳酸盐岩化学成分表

产地	岩石名称	化学成分(%)													
		SiO_2	Al_2O_3	Fe_2O_3	TiO_2	CaO	MgO	K_2O	Na_2O	MnO	P_2O_5	CO_2	S	H_2O^-	LOI
苦阿	大理岩	6.60	2.48	1.30	0.05	48.82	0.75	0.68	0.16	0.040	0.08	38.75	0.020	0.14	38.94
	大理岩	8.14	2.73	1.60	0.10	46.05	1.23	0.6	0.04	0.180	0.04	37.7	0.039	0.08	38.4
包斯塘	粉砂质灰岩	38.30	6.98	4.61	0.30	23.92	0.26	1.32	1.04	1.000	0.15	20.47		0.27	
	含白云母石英大理岩	38.61	12.07	2.16	0.40	25.29	1.22	2.00	0.22	0.320	0.5	16.27		0.13	
	大理岩	0.92	0.83	0.07	0.05	53.19	0.69	0.00	0.02	0.030	0.05	43.39		0.12	
	大理岩	1.36	0.23	0.12	0.05	54.55	0.68	0.00	0.14	0.010	0.06	43.10		0.14	
	大理岩	0.80	0.22	0.27	0.05	55.01	0.05	0.00	0.12	0.007	0.06	43.10		0.13	
	粉晶灰岩	0.92	0.20	0.27	0.05	54.76	0.29	0.00	0.14	0.012	0.05	43.02		0.10	
	粉晶灰岩	0.60	0.30	0.24	0.05	54.42	0.49	0.00	0.16	0.022	0.05	43.02		0.11	
阿依耐克	灰岩	1.02	0.57	0.25	0.10	53.69	0.35	0.05	0.05	0.000	0.02	43.22		0.13	

碎屑岩：东部阿依耐克一带浅变质细粒长石石英杂砂岩之砂粒磨圆度较低到中等，分选性较差，石英类砂以单晶石英为主，次为石英岩屑和燧石岩屑，含量 50%～70%，富含石英。长石为斜长石和少量钾长石，部分变成绢云母，含量大于 5%。杂基含量 15%～40%，普遍大于 20%，含量较高。石英普遍有次生加大边，为再旋回石英。杂砂岩化学成分(表 2-6)SiO_2 普遍大于 70%，最高 79.18%，K_2O/Na_2O 比值绝大多数大于 1，仅少数小于 1，经与 Bhatia(1993)的经验参数比较，具有被动大陆边缘的特征，反映源区为稳定陆壳。从北到南，Fe_2O_3(全铁)+MgO、Al_2O_3/SiO_2 总体增高，而 K_2O/Na_2O、$Al_2O_3/(CaO+Na_2O)$ 总体降低，说明从北往南构造环境有从次稳定型到非稳定型演化的趋势。在砂岩构造环境判别的主要化学成分分布图(图 2-12)中，投点多数落入被动大陆边缘区，少数落入活动大陆边缘区和大陆岛弧区，而且北部以被动大陆边缘为主，南部以活动大陆边缘和大陆岛弧为主。从杂砂岩的沉积构造背景图(图 2-13)上，也证明了这一点。阿依耐克一带浅变质细粒长石杂石英砂岩粒度分布曲线(图 2-14)普遍特点是粒度分布区间很宽，曲线斜率较低，悬移总体含量大且分选性很差。以 8 个杂砂岩的粒度分析资料做 C-

表 2-6 阿羌岩组部分浅变质碎屑岩硅酸盐分析结果表

岩石名称	样品编号	化学成分(%)													
		SiO_2	Al_2O_3	Fe_2O_3	FeO	TiO_2	CaO	MgO	K_2O	Na_2O	MnO	P_2O_5	CO_2	H_2O^+	H_2O^-
变质长石石英杂砂岩	ⅠGS—2	71.36	12.00	2.77	7.62	0.75	0.83	1.70	3.35	2.05	0.042	0.18	0.66	1.80	1.20
	ⅠGS—19	76.81	9.86	1.55	2.98	0.60	0.66	1.45	2.33	1.36	0.040	0.15	0.53	1.72	0.12
	ⅠGS—20	76.20	10.07	2.08	2.41	0.60	0.72	1.09	2.48	1.67	0.040	0.14	0.75	1.46	0.10
	ⅠGS—21	75.49	10.39	3.06	1.35	0.40	1.44	0.76	3.06	1.22	0.030	0.15	0.75	1.28	0.10
	ⅠGS—22	79.18	8.26	1.43	2.32	0.60	1.05	0.99	2.22	1.48	0.030	0.19	0.75	1.16	0.12
	ⅠGS—23	61.85	11.67	2.20	5.19	0.60	3.53	5.46	1.64	1.87	0.080	0.15	2.64	3.90	0.10
	ⅠGS—24	77.22	9.01	1.25	2.84	0.50	1.11	1.23	2.33	1.55	0.040	0.15	0.75	1.38	0.10
	ⅠGS—25	66.15	14.94	1.48	4.76	0.60	0.52	2.37	3.67	1.87	0.040	0.18	0.35	2.24	0.12
	ⅠGS—81	59.31	10.77	2.71	3.43	0.50	5.5	3.81	1.16	2.96	0.127	0.11	6.38	2.50	0.07
变质粉砂岩	ⅢGS—1	64.12	15.53	4.85	2.82	0.80	0.65	2.18	3.34	1.32	0.040	0.20	0.40	3.12	0.27
	ⅢGS—3	67.88	14.11	2.52	3.32	0.70	1.08	2.07	2.62	1.7	0.080	0.20	0.77	2.48	0.19
	ⅢGS—12	60.90	17.33	1.44	5.69	0.55	1.66	3.32	2.36	2.36	0.100	0.20	0.84	3.00	0.04
含黑云母石英岩	ⅢGS—19	76.28	10.72	1.33	3.11	0.50	2.17	1.59	1.27	1.7	0.052	0.20	0.77	0.82	0.04
细粒石英岩	ⅢGS—29	85.95	0.00	5.35	3.54	0.00	1.88	0.42	0.05	0.15	0.058	0.08	1.32	0.46	0.10
微粒石英岩	ⅢGS—31	86.70	1.58	3.24	0.96	0.20	3.33	0.56	0.03	0.18	0.020	0.22	0.66	1.72	1.33

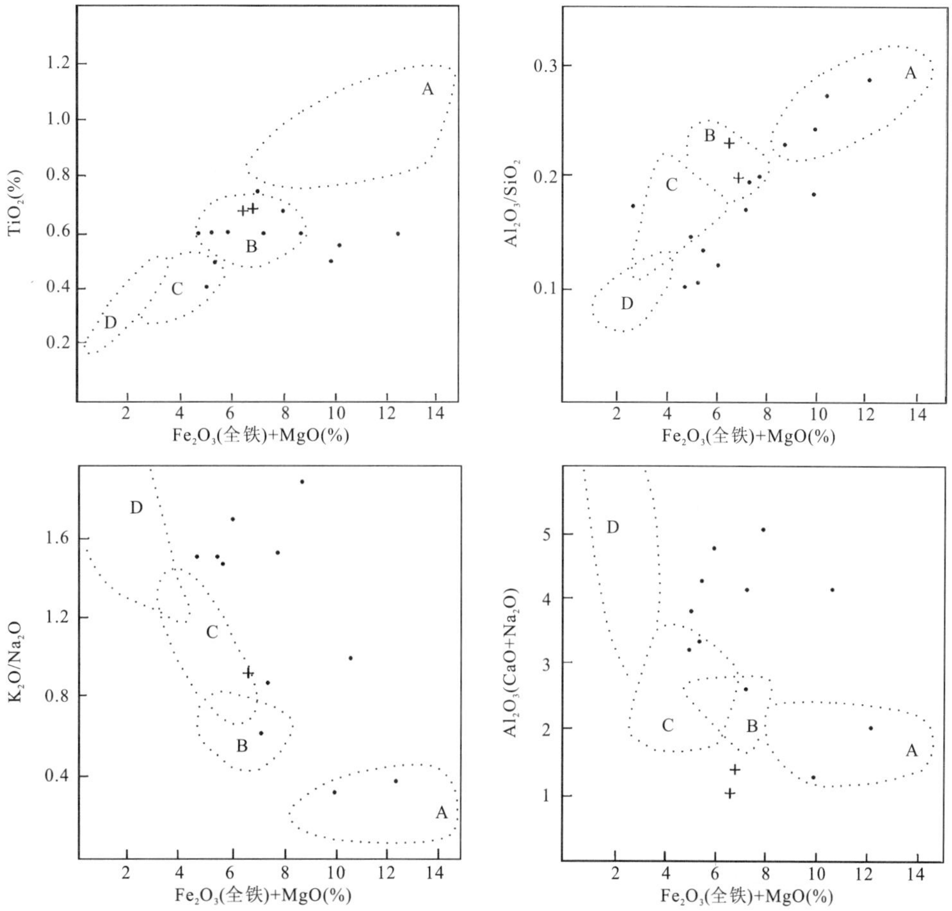

图 2-12 砂岩构造环境的主要化学成分分布图

(据 Bhatia,1983)

A. 大洋岛弧;B. 大陆岛弧;C. 安第斯型大陆边缘;D. 被动大陆边缘

· 为阿羌岩组砂岩投点;+ 为哈拉米兰河岩群砂岩投点

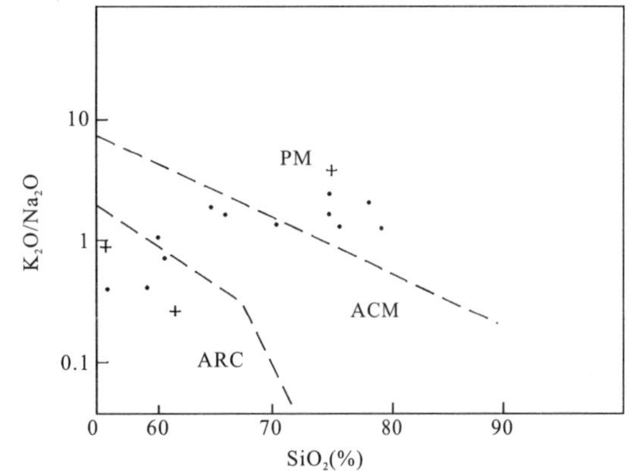

图 2-13 阿羌岩组(圆点)和哈拉米兰河岩群(十字)杂砂岩的沉积构造背景图

PM. 被动大陆边缘;ACM. 活动大陆边缘;ARC. 岛弧

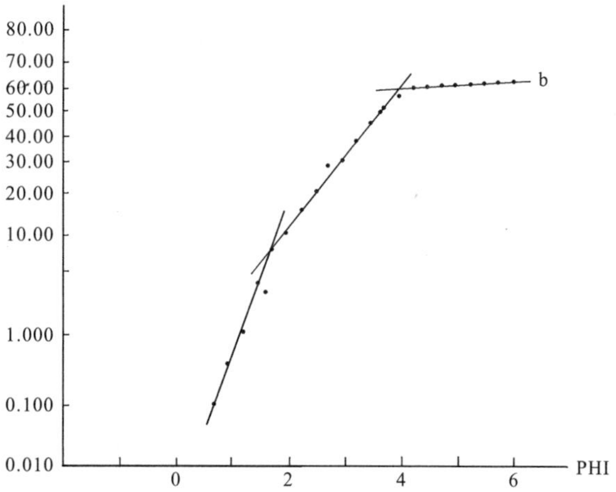

图 2-14 粒度分布累计概率曲线图

M 图解(图 2-15),该图基本上接近于浊流的 C-M 图解。从直方图(图 2-16)上看出,曲线具双峰或多峰状马鞍形,且峰值较低,反映粗细两种或两种以上物质未经改造、分选而直接混合而成,具浊流沉积的特征。区内阿羌岩组火山岩形成于陆源火山弧构造环境(见火山岩部分),而区域上火山岩具双峰式、裂谷型火山岩特征。总之,阿羌岩组为裂谷背景下的次稳定型被动大陆边缘到非稳定型活动大陆边缘火山弧和浅海-次深海沉积,微粒石英岩原岩可能为硅质岩,说明裂谷盆地具有准洋盆的特征。

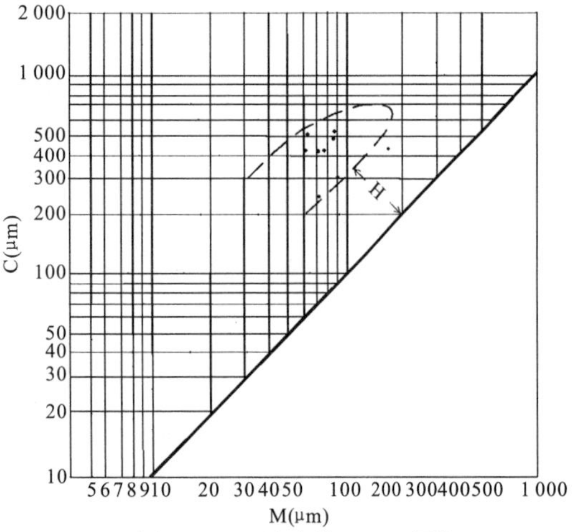

图 2-15 浊流的 C-M 图解

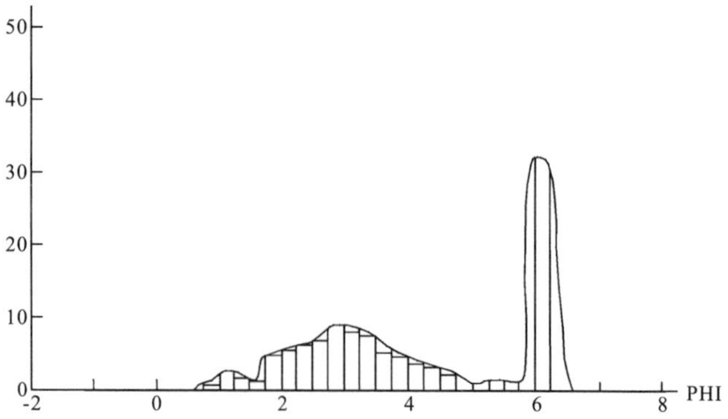

图 2-16 粒度分布百分频率直方图

4. 时代依据

主要根据邻区采到较多石炭纪放射虫化石而厘定为石炭系。

二、昆南地层小区

(一)上石炭统哈拉米兰河岩群($C_2H.$)

哈拉米兰河岩群一名,系新疆地矿局区测大队张玉谦等(1972 年)在且末县阿昌南部哈拉米兰河流域创立,《新疆岩石地层》将其定义为碳酸盐岩-碎屑岩建造,局部尚夹有玄武岩和凝灰岩。

区内该群以断片出露,未见顶、底,且内部层序也难以厘定,故命名为哈拉米兰河岩群,前人认为的玄武岩夹层区产于蛇绿混杂岩带中,将其划入蛇绿混杂岩。哈拉米兰河岩群主要为碳酸盐岩-碎屑岩沉积建造,局部夹中酸性火山岩和火山碎屑岩。在昆南地层小区其分布于喀什塔什山,面积约 1 535km^2。

1. 地层特征

喀什塔什山北部下马里克一带，该岩群岩性为灰黑、灰绿色白云石绢云千枚岩、绿泥绢云千枚岩、绢云石英千枚岩、绢云黝帘石千枚岩、千枚岩，夹大理岩、变质粉砂岩、变质粉砂质泥岩、变质玄武安山岩[图 2－17(b)]，地层全部发生绿片岩相变质。向东其其汗萨依一带，岩性为千枚岩夹大理岩、微—中细晶白云岩，岩石大部分发生绿片岩相变质。可能为哈拉米兰河岩群中下部地层。

喀什塔什山中南部由于靠近混杂岩带，断层发育[图 2－18(a)]。岩性为青灰、灰绿色薄—中厚层亮晶白云质砂屑生物屑灰岩、泥岩、泥质粉砂岩、粉砂岩、白云质含砾中粗粒岩屑砂岩，生物屑有海百合茎、棘皮。地层仅局部发生变质，可能为中部地层。

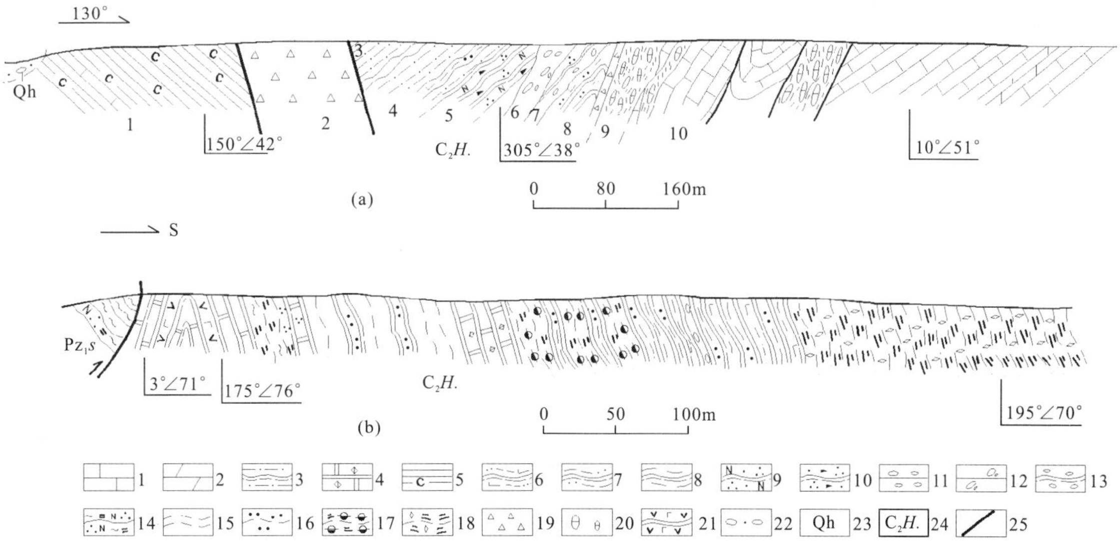

图 2－17　哈拉米兰河岩群萨那拉克实测剖面(a)及下马里克路线剖面(b)图

1. 微晶灰岩；2. 泥灰岩；3. 糜棱岩夹钙质板岩；4. 大理岩及白云石方解石大理岩；5. 炭质石岩；6. 变质钙质泥质粉砂岩；7. 变质粉砂质泥岩；8. 变质泥岩；9. 长石石英砂岩；10. 岩屑石英砂岩；11. 砾岩；12. 复成分砾岩；13. 变质砾岩；14. 绿泥斜长白云母石英片岩；15. 千枚岩；16. 粉砂质千枚岩；17. 绢云黝帘石千枚岩；18. 白云石绢云母千枚岩；19. 断层角砾岩；20.(灰岩)角砾岩；21. 变质玄武安山岩；22. 砂砾石层；23. 第四系；24. 哈拉米兰河岩群；25. 断层

由于区内哈拉米兰河岩群均以不连续的断片出露，地层层序难以厘定，但根据区域石炭纪沉积环境演化规律及区内地层特征，初步厘定为哈拉米兰河岩群下中部地层，为一套碎屑岩-碳酸盐岩-中酸性火山岩建造，地层总厚度大于 1 500m。

2. 岩石特征及沉积环境分析

(1)碳酸盐岩

颗粒灰岩特征如表 2－7 所示。砂砾屑灰岩呈中厚层，砂砾屑磨圆度较好，常含浅海相生物碎屑和鲕粒，亮晶胶结者沉积于浅海潮间带-潮下带上部高能浅滩。碳酸盐岩化学特征如表 2－8 所示。

(2)碎屑岩

主要为变质粉砂岩和岩屑砂岩。粉砂岩呈薄层状，成分成熟度、结构成熟度较低，常与泥岩呈韵律产出。岩屑砂岩仅见白云质含砾中粗粒岩屑砂岩(表 2－9)，从表中可知，碎屑贫石英，富含火山岩屑。

哈拉米兰河岩群中所夹火山岩为岛弧型火山岩。

综上所述，哈拉米兰河岩群沉积于弧前盆地的次深海—浅海环境。

3. 时代依据

新疆地矿局杨万志 2000 年在喀什塔什山西南部厚层状灰岩中采到石炭纪—二叠纪化石：*Linoproductus* sp.(线纹长身贝)，*Aviculopecten* sp.(燕海扇)，并结合区域上的地层对比，将该套地层初步厘定为石炭系上统。

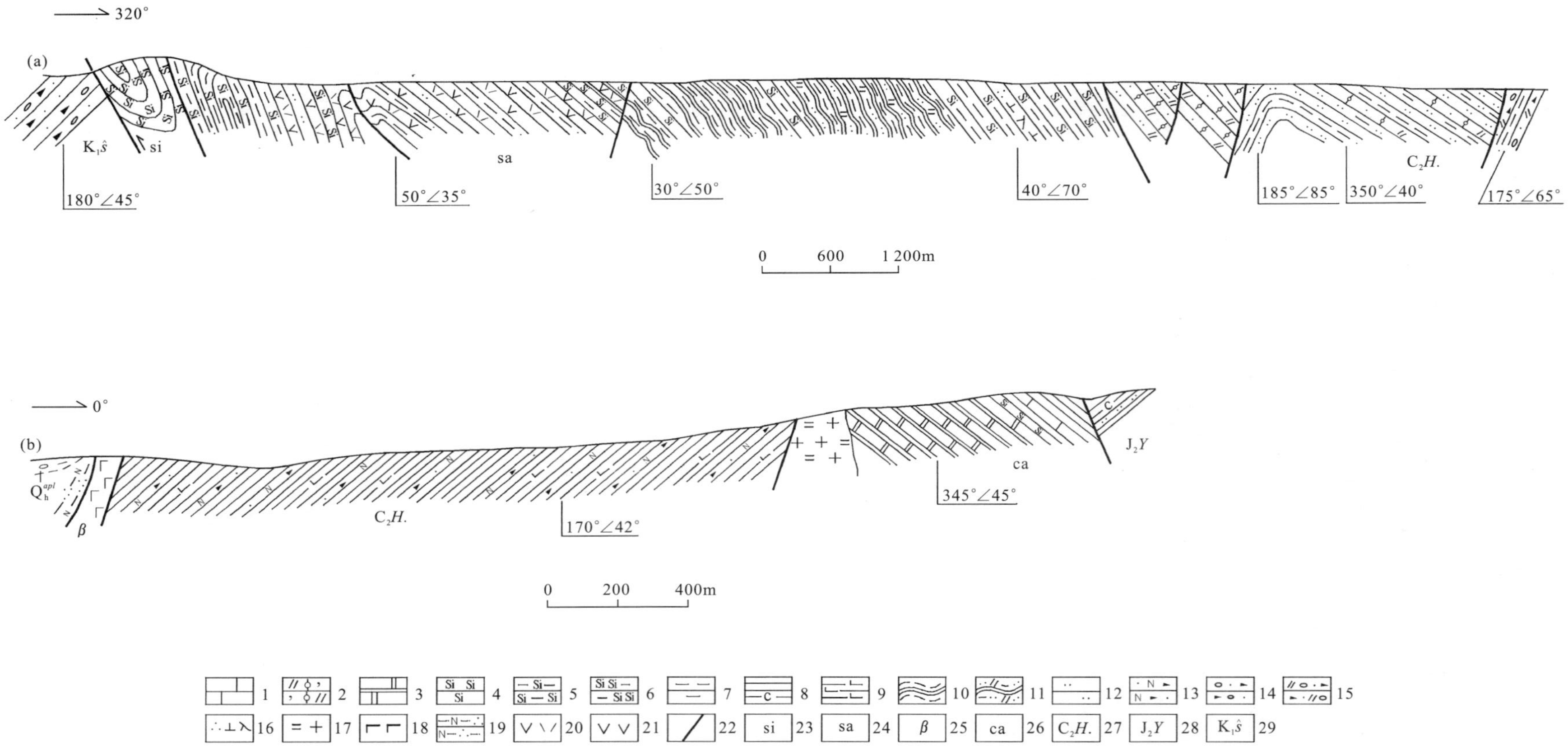

图 2-18　喀什塔什山中南部(a)和硝尔库勒东(b)混杂岩带哈拉米兰河岩群剖面图

1.灰岩;2.亮晶白云质砂屑灰岩;3.大理岩;4.硅质岩;5.硅质泥岩;6.泥质硅质岩;7.泥岩;8.页岩及炭质页岩;9.钙质页岩;10.变质泥岩;11.白云质泥质粉砂岩;12.粉砂岩;13.长石岩屑砂岩;14.岩屑砂砾岩;15.含砾白云质岩屑砂岩;16.石英闪长玢岩;17.白云母花岗岩;18.拉斑玄武岩;19.长英质糜棱岩;20.英安岩;21.安山岩;22.断层;23.硅质岩岩片;24.硅泥岩岩片;25.玄武岩岩片;26.碳酸盐岩片;27.石炭系哈拉米兰河岩群;28.侏罗系叶尔羌群;29.白垩系双伍山组

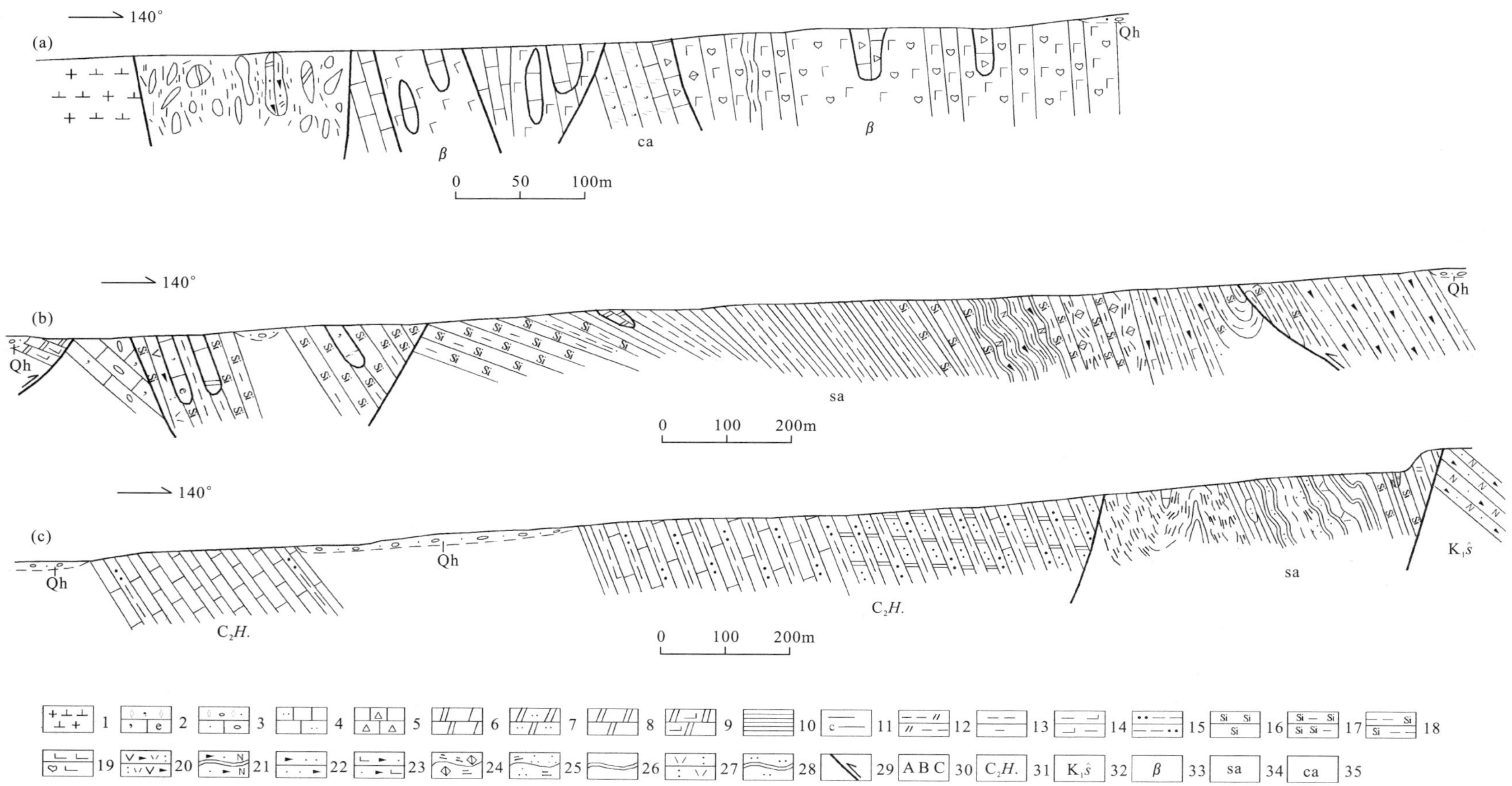

图 2-19 民丰县赛勒果勒石炭系哈拉米兰河岩群及蛇绿混杂岩剖面图

1.花岗闪长岩;2.亮晶砂屑灰岩及微粉晶砂屑生物屑灰岩;3.亮晶—微晶砂砾屑灰岩;4.粉砂质灰岩;5.角砾状灰岩;6.灰质白云岩;7.粉砂质白云岩;8.白云岩;9.灰质白云岩;10.页岩;11.炭质页岩;12.白云质泥岩;13.泥岩;14.钙质泥岩;15.含粉砂质泥岩;16.硅质岩;17.泥质硅质岩;18.硅质泥岩;19.(杏仁状)玄武岩;20.安山质岩屑凝灰岩;21.变质岩屑长石砂岩;22.岩屑砂岩;23.钙质岩屑砂岩;24.白云石绢云千枚岩;25.绢云石英片岩;26.板岩;27.凝灰岩;28.变质粉砂岩;29.断层及断盘运动方向;30.a、b为赛勒果勒北蛇绿混杂岩,c为哈拉米兰河岩群及赛勒果勒南蛇绿混杂岩;31.哈拉米兰河岩群;32.白垩系双伍山组;33.基性岩;34.硅泥质岩;35.碳酸盐岩

表 2-7　哈拉米兰河岩群颗粒灰岩特征表

地层分区	产地	岩石名称	颗粒特征			胶结物特征	
			成分	形状及大小(mm)	含量(%)	成分	含量(%)
昆南地层小区	喀什塔什山中南部	亮晶含砂白云质砂屑灰岩	由白云石组成的海百合茎、棘皮;鲕	棱角状,圆状	30	亮晶方解石	45
			泥岩屑	0.02~0.2	25		
苏巴什-鲸鱼湖结合带	萨那拉克	泥晶生物屑灰岩	以海百合茎为主,含少量蜓、苔藓虫、介形虫、三叶虫、腕足类、藻类		45~50	泥晶方解石	50~55
		含砂砾屑泥亮晶生物屑灰岩	以棘皮为主,次为腕足类、介形虫、苔藓虫、藻类		45	泥亮晶方解石	25
			同心鲕、复鲕	0.2~0.8	5		
			砂砾屑-粉晶灰岩、粉屑灰岩	次棱角状 0.15~0.8	25		
	赛勒果勒	粉砂质白云岩	石英及少量斜长石、白云母	次棱角状	35~44	微粉晶白云石	55~60
		泥晶砾屑灰岩	泥晶灰岩	圆状、次圆状	35	泥晶方解石	65

表 2-8　哈拉米兰河岩群碳酸盐岩化学特征表

地层分区	产地	岩性	化学成分(%)													
			SiO_2	Al_2O_3	Fe_2O_3	TiO_2	CaO	MgO	K_2O	Na_2O	MnO	P_2O_5	CO_2	S	HO^-	LOI
昆南地层小区	下马里克	白云石方解石大理岩	13.5	0.63	0.30	0.00	51.32	2.69	0.02	0.01	0.01	0.045	43.00	0.074	0.12	43.15
苏巴什-鲸鱼湖结合带	赛勒果勒	粉砂质微晶灰岩	24.02	5 084	1.55	0.20	35.19	0.60	0.90	1.43	0.22	0.020	28.18	0.023	0.23	29.48
		粉砂质泥晶灰岩	15.55	2 043	0.90	0.10	43.39	0.55	0.10	0.50	0.11	0.020	34.43	0.031	0.20	35.56
		粉砂质灰岩	20.61	2.46	0.65	0.15	40.29	0.60	0.00	0.92	0.51	0.050	32.68	0.043	0.11	33.09
	硝尔库勒	结晶灰岩	1.48	0.70	0.30	0.00	54.28	0.05	0.04	0.10	0.05	0.030	42.88	0.035	0.16	42.97
		大理岩	0.65	0.42	0.10	0.00	54.21	0.47	0.00	0.40	0.01	0.020	43.18	0.008	0.10	43.18
		大理岩	0.42	0.56	0.35	0.00	54.74	0.19	0.00	0.04	0.01	0.050	43.41	0.008	0.16	43.49

(二)苏巴什-鲸鱼湖结合带

结合带内石炭系哈拉米兰河岩群分布于萨那拉克—赛勒果勒及硝尔库勒等地。

1. 剖面介绍

民丰县萨那拉克石炭系哈拉米兰河岩群实测剖面[图 2-17(a)]:

上覆地层:第四系砂砾石层

~~~~~~~~~~不整合接触~~~~~~~~~~

哈拉米兰河岩群($C_2H.$)	**叠置厚度>559.8m**
10. 灰色厚层微晶灰岩夹碎裂状灰岩透镜体及灰黑色薄层泥灰岩	274.5m
9. 灰色构造角砾岩	45.5m
8. 灰黑色中厚层变质钙质泥质粉砂岩	58.6m
7. 灰紫色中厚层变质碳酸盐化含砾中细粒岩屑石英砂岩夹细砾岩	5.2m
6. 冰碛砾岩	32.9m
5. 灰紫色中厚层变质细粒长石石英砂岩	20.9m
4. 灰黑色初糜棱岩夹钙质板岩	121.9m
3. 深灰色结晶灰岩	2.3m
2. 构造角砾岩	30.8m
1. 灰黑色炭质页岩夹少量微晶灰岩	42.5m

(未见底)
~~~~~~~~~~

表 2-9 哈拉米兰河岩群碎屑岩特征表

地层分区	产地	岩石名称	碎屑特征			填隙物及胶结物特征		
			成分	形状及大小(mm)	含量(%)	成分	含量(%)	胶结组构
苏巴什-鲸鱼湖结合带	硝尔库勒	中细粒岩屑杂砂岩	石英	尖棱角状，0.2～0.7	40	杂基 铁质	>15 <5	颗粒支撑接触式胶结
			长石、花岗岩	0.2～0.7	16			
			岩屑—火山岩为主、次为变质岩	次棱角状—次圆状，0.5	24			
		变质中细粒岩屑石英杂砂岩	石英类—石英、石英岩	次棱角状，0.05～0.25	55	杂基 铁质	20 <5	
			长石	0.1～0.3	5			
			岩屑—火山岩、泥岩、变质岩	0.2	15			
		含砾长石杂砂岩	石英、石英岩	次棱角状，0.05～0.25	14	杂基 铁质	25 <5	颗粒支撑，接触式—基底式胶结
			长石	0.2～1.5	35			
			岩屑—变质岩、火山岩	次棱角状，0.6～1.5	10.5			
			砾—变质岩、碎屑、长石	次棱角状，2～7.5	10.5			
		凝灰岩质砂岩	石英	次棱角状，0.05～0.5	20	方解石 铁质 凝灰质 泥质	12 17	颗粒支撑，接触式胶结
			长石	粒状 0.1～0.3	20			
			岩屑—火山岩为主，次为泥岩和变质岩	棱角—次棱角状，0.1～0.5	36			
			晶屑—长石、石英	尖棱角状、撕裂状	4			
		灰质细粒长石岩屑砂岩	石英、硅质岩、石英岩	次棱角状 0.05～0.35	33	粒状方解石	35	基底式胶结
			斜长石、钾长石	0.06～0.3	6			
			岩屑—泥岩、千枚岩、中酸性火山岩、碳酸盐岩	0.1～0.5	26			
	萨那拉克	砂砾岩	砾—石英岩、石英片岩、石英砂岩、泥岩、火山岩、泥粉晶灰岩	次棱角状—次圆状，2～100	60	粒状方解石	10	杂基支撑基底式胶结
			石英、石英岩、石英片岩、石英粉砂岩	次棱角状—次圆状，0.006～1.5	10	杂基	10	
			岩屑—泥粉晶灰岩、火山岩	次棱角状，0.3～1.5	10			
昆南地层小区	喀什塔什山中南部	含砾中粗粒白云质岩屑砂岩	石英、石英岩	次棱角状 0.1～0.5	32	白云石 杂基	16 5	颗粒支撑，接触式胶结
			长石	0.2～0.7	8			
			岩屑—千枚岩、中酸性火山岩、泥岩、生物屑灰岩	0.5	39			

2. 地层特征

结合带内的哈拉米兰河岩群中断层发育，使地层常以断片出露，连续性差，层序难以厘定。为一套碎屑岩-碳酸盐岩沉积建造，地层厚度大于 1 000m。

最北部即萨那拉克以北[见图 2-17(a)]，岩性为灰黑色炭质页岩、页岩夹微晶灰岩、含砾屑生物屑灰岩、粉砂岩，生物屑有海百合茎、棘皮、䗴 、苔藓虫、介形虫、三叶虫、腕足类、藻类等，可能为上部地层；向南即断层以南为灰黑色页岩、变质钙质泥岩夹变质含钙质泥质粉砂岩、变质细粒长石石英砂岩、变质岩屑石英砂岩、砂砾岩、冰碛砾岩，可能为下部地层；萨那拉克-赛勒果勒一带[见图 2-19(c)]，岩性为灰黑—灰色薄—中厚层微晶灰岩、结晶灰岩、泥晶-亮晶砂屑灰岩、含粉砂质白云质灰岩、粉砂质白云岩，夹粉砂质泥岩、页岩和泥灰岩。可能为中部地层。

硝尔库勒一带，岩性为灰黑—灰绿色泥(页)岩、炭质页岩、钙质泥岩、结晶灰岩、大理岩，夹中细粒岩屑杂砂岩、含砾中粗粒长石杂砂岩、灰质细粒长石岩屑砂岩、变质细粒岩屑石英杂砂岩、凝灰质砂岩。硝尔库勒东地层如图 2-18(b)所示。由于靠近混杂岩带、断层发育，可能从下部到上部的地层以不连续的断片出露。

总之，区内哈拉米兰河岩群均以断片出露，地层层序难以厘定，初步认为：下部为泥（页）岩夹成熟度较低的砂岩；中部为碳酸盐岩夹泥（页）岩；上部为泥岩、炭质页岩夹成熟度较高的砂岩及碳酸盐岩。

3. 岩石特征

（1）碳酸盐岩

颗粒灰岩特征如表 2－7 所示，砂砾屑灰岩呈中厚层状，砂砾屑磨圆度较高，常含浅海相生物化石，有时含鲕粒，亮晶方解石胶结者沉积于浅海潮间带—潮下带高能浅滩环境，泥晶方解石胶结者沉积于潮下低能环境。富含陆源石英砂的薄层状微晶灰岩、白云岩一般沉积于潮下带浅海潮坪环境。从碳酸盐岩化学特征（表 2－8）可知，硝尔库勒一带碳酸盐岩质较纯，CaO 含量达 54%以上，陆源物含量很低；而赛勒果勒一带含有较多陆源物。区内哈拉米兰河岩群中部碳酸盐岩质纯，向上陆源物增多，向下泥质增多。

（2）碎屑岩

冰碛砾岩与两侧地层呈侵蚀接触关系，走向北东东，长大于 10km，宽 5～10m。呈块状构造，砾石根据大小及磨圆度、成分等分为两类：第一类砾石磨圆度较高，主要为长椭圆状、次圆状、卵状等，少数为次棱角状，个体较小，一般小于 10cm，表面较光滑，具压坑、压裂纹及挤压变形现象，以高角度倾斜水平面排列，成分复杂，有石英岩、石英砂岩、石英片岩、泥岩、灰岩、火山岩等，含量 60 %；另一类砾石呈棱角—尖棱角状，大小悬殊，大者达漂砾级，成分较单一，主要来自冰碛砾岩两侧围岩地层中的变质细粒长石石英砂岩、灰黑色泥岩，含量 5 %。砂有单晶石英、石英岩、石英砂岩，含量 10%，碳酸盐岩、火山岩含量 10 %。杂基支撑、基底式胶结。

成熟度较低的未变质或极浅变质的碎屑岩特征如表 2－9 所示，这类砂岩主要产于中下部。砂（砾）岩成分成熟度、结构成熟度较低，磨圆度较低，分选性较差。砂岩与泥岩常组成沉积韵律，填隙物主要为杂基者浊流沉积，碳酸盐岩胶结者为颗粒流沉积。砂（砾）中长石为斜长石和少量钾长石，常含变质岩屑，说明母岩有较古老基底的稳定陆壳，石英部分有次生加大边，反映为再旋回石英。中酸性火山岩屑的出现，说明部分源于陆缘岛弧。砂岩构造环境的主要化学成分分布图（图 2－12）上，投点主要落入大陆岛弧，仅一个点落入活动大陆边缘；杂砂岩的沉积构造背景图（图 2－13）上，两个点都落入岛弧。说明砂（砾）来源于活动大陆边缘和岛弧。

哈拉米兰河岩群上部产于炭质页岩中的变质粉砂岩，石英、长石碎屑含量较高，SiO_2 含量为 75.81%，K_2O 含量大于 Na_2O，杂砂岩的沉积构造背景图（图 2－13）上，落入被动大陆边缘。沉积于滨海潮坪环境。

综上所述，哈拉米兰河岩群沉积于弧前盆地环境，其中下部沉积于次深海，中部沉积于浅海，上部沉积于滨海—海陆交互的三角洲环境，从下而上为一套海退沉积序列。

三、巴颜喀拉地层区

（一）西长沟组（C*x*）

该组是贵州地调院开展 1∶25 万区调时新命名的地层单位，区内呈北东向带状出露于图幅中南部的硝尔库勒—革命达坂一带，分别与石炭系哈拉米兰河岩群、蛇绿混杂岩带中的基性岩岩片、二叠系黄羊岭组、白垩系双伍山组呈断层接触关系，出露厚度大于 4 000m。

该组地层在横向上变化较大，本次工作在硝尔库勒南和库牙克南分别简测和实测了两条地层剖面，其中硝尔库勒南部剖面起点坐标为：X＝3 985 863，Y＝14 666 358，H＝5 018m，现将该剖面介绍如下（图 2－20）。

上覆地层：新生界冲积物

～～～～～～～～～不整合接触～～～～～～～～～

西长沟组（C*x*）	**厚度＞4 000m**
6. 灰绿色薄层状变质凝灰质砂岩	500m
5. 灰绿色变质沉凝灰岩和变质泥质粉砂岩互层	300m

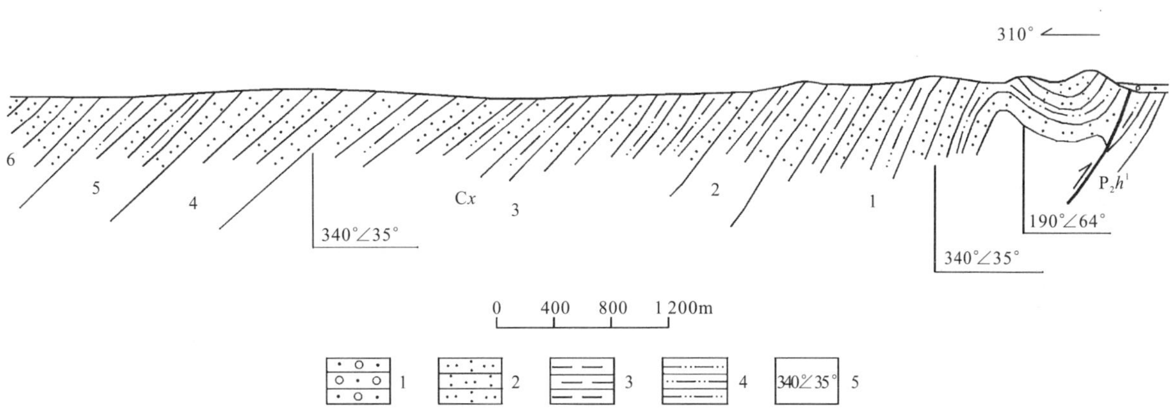

图 2-20　西长沟组简测剖面图

1. 砂砾岩；2. 凝灰质砂岩；3. 泥岩；4. 粉砂质泥岩；5. 地层产状

4. 灰绿色中粒、中粗粒变质凝灰质砂岩，风化面呈褐黑色	400m
3. 灰绿色薄层状变质凝灰质砂岩夹紫红色薄层状泥质粉砂岩	1 500m
2. 暗绿色变质凝灰质砂岩夹页片状泥岩	300m
1. 灰绿色薄层状变质凝灰质砂岩夹紫红色薄层状泥质粉砂岩	1 000m

═══════断层接触═══════

二叠系黄羊岭组一段(P_2h^1)

库牙克南剖面起点坐标为：X＝4 050 063，Y＝14 744 252，现将该剖面介绍如下。

（未见顶）	**厚度＞1 982.2m**
9. 灰绿色—绿色巨厚层状变质石英细砂岩，偶见发育有灰岩团块、结核及条带	450m
8. 灰黄色—浅黄色厚层状变质泥质粉砂岩，片理发育	100m
7. 灰黄色—浅黄色泥质粉砂岩夹灰黑色中薄层状微晶灰岩	25m
6. 灰黑色变质泥质粉砂岩	68m
5. 灰黑色中薄层状变质石英细砂岩与灰黑色泥质粉砂岩互层	21m
4. 灰白色—浅灰色厚—巨厚层状变质石英砂岩	105m
3. 灰白色—浅绿色厚—巨厚层状变质石英砂岩，单层厚 1.5～3m	180m
2. 灰白色—浅绿色变质泥质粉砂岩，片理发育	232.2m
1. 灰绿色—浅绿色变质石英砂岩，其中发育有较多的黄铁矿晶体	792m

═══════断层接触═══════

白垩系双伍山组($K_1\hat{s}$)

西长沟组上述两条剖面的岩性，基本上反映了该组在横向上由西向东岩性的变化。

西部该地层主要岩性为暗绿色—浅绿色变质凝灰质砂岩夹黄绿色泥岩或紫红色薄层状泥岩、泥质粉砂岩，总体上从南向北地层中的泥质含量减少，但其中的紫红色薄层状泥岩、泥质粉砂岩的含量有所增加。凝灰质砂岩在地层中的含量较多，占60%～70%，其岩石中石英含量30%～50%，长石含量15%～25%，以斜长石为主，含少量钾长石；岩屑含量35%～60%，主要成分为中酸性火山岩岩屑，另含有少量的千枚岩、云母等，重矿物的含量一般小于5%，其中可见锆石、磷灰石、电气石及金属矿物；杂基含量约为15%，主要成分为泥质、灰质、火山质及变质粘土矿物、绿泥石、绢云母等。

东部该地层主要岩性为灰绿色厚—巨厚层状变质石英砂岩及变质泥质粉砂岩夹少量的微晶灰岩及灰岩团块等。其中变质石英砂岩在地层中的含量较多，为70%～80%，其中石英占颗粒总量的90%～95%，长石占颗粒总量的5%～10%，重矿物微量。胶结物主要成分为高岭石、绢云母、绿泥石等。

该组地层前人无年龄及化石资料，1∶50万和田幅曾将其划为石炭系，2000年我们在革命达坂以南砾岩胶结物中采到䗴化石，因此此次工作仍将其划为石炭系，并接受了野外验收专家组的意见，使用贵州地调院新命名的“西长沟组”。

(二)黄羊岭组(P_2h)

1. 地层沿革、分布及划分依据

该地层由新疆地矿局第一区调大队一分队齐德义等(1986)在木孜塔格以西独高山、黄羊岭一带创建黄羊岭群,并分为上、中、下三个亚群。新疆地矿局第一区调大队孙巧缡(1993)在《新疆昆仑山黄羊岭-木孜塔格一带早二叠世的䗴》一文中将黄羊岭组分为上、下两个亚群。在新疆维吾尔自治区岩石地层对比研究时,将黄羊岭群改为黄羊岭组,并分为上、下亚组。本次工作延用黄羊岭组,并依据宏观岩性特征及岩石地层划分原则,将其进一步划分为一、二段。

该组呈北东向展布于区内东南部红山顶-黄羊岭一带,以一套海相的陆源碎屑岩为主,夹有碳酸盐岩、硅质岩、硅质云(灰)岩透镜体及凝灰质砂岩。

2. 地层剖面介绍

本次工作实测了黄羊岭组剖面,其中黄羊岭组一段实测剖面位于新疆多梁地北,起点坐标为:$X=3\ 998\ 085$,$Y=14\ 728\ 969$,$H=5\ 303$m;黄羊岭组二段实测剖面位于新疆双带梁北,起点坐标为 $X=3\ 917\ 020$,$Y=14\ 733\ 058$,$H=5\ 024$m。现将该剖面介绍如下:

上覆地层:侏罗系叶尔羌群(J_2Y)

~~~~~~~~~~~不整合接触~~~~~~~~~~~

黄羊岭组二段(P_2h^2)	**厚度>1 160m**
28. 灰色厚层白云质砂砾岩-岩屑石英砂岩	1.5m
27. 灰黑色泥质页岩夹泥晶白云岩及白云质细粒岩屑砂岩	32.4m
26. 青灰色薄层白云质细粒岩屑砂岩夹粉砂岩	35.4m
25. 灰黑色泥质页岩夹两层泥晶白云岩	17.8m
24. 灰黑色泥质页岩夹细粒岩屑砂岩透镜体	27.4m
23. 灰黑色泥质页岩夹细粒岩屑长石砂岩	2.5m
22. 灰黑色泥质页岩	13.5m
21. 青灰色薄层白云质细粒岩屑砂岩与粉砂岩互层	22.4m
20. 灰黑色粉砂岩夹细粒岩屑砂岩透镜体	16.4m
19. 青灰色薄层白云质细粒岩屑砂岩与粉砂岩互层	43.0m
18. 灰黑色泥质页岩夹岩屑长石砂岩	93.1m
17. 青灰色薄层白云质细粒岩屑砂岩、砂岩夹粉砂岩、黑色泥岩	47.2m
16. 灰黑色泥质页岩夹粉砂岩透镜体	10.6m
15. 青灰色中细粒白云质细粒长石岩屑砂岩与粉砂岩互层	8.8m
14. 灰黑色页岩夹粉砂岩	19.5m
13. 灰黑色薄层细粒岩屑长石砂岩夹粉砂岩	6.7m
12. 灰黑色页岩夹白云质细粒长石岩屑砂岩	32.3m
11. 深灰—灰黑色薄层细粒白云质岩屑长石砂岩夹粉砂岩	5.9m
10. 灰绿—灰黑色中厚—中薄层状岩屑砂岩夹灰黑色泥岩及灰黑色粉砂岩	62.3m
9. 灰黄色泥质粉砂岩夹灰黄色泥岩	47.1m
8. 灰黄色泥质粉砂岩夹灰黄色泥岩及钙质中细粒岩屑砂岩	52.9m
7. 灰黄—黄褐色铁质细粒岩屑砂岩和灰黄—灰黑色泥岩互层,夹有泥晶白云岩结核	107.5m
6. 灰黄色泥岩,下部夹灰黄—黄褐色铁质细粒岩屑砂岩	12.1m
5. 灰黄—黄褐色铁质细粒岩屑砂岩和灰黄—灰黑色泥岩互层	22.8m
4. 灰黄—黄褐色泥质粉砂岩和灰黄—灰黑色泥岩互层	50.3m
3. 灰黑色—灰绿色泥质页岩夹黄绿—黄褐色中厚层状含砾含钙质、白云质中细粒岩屑砂岩及硅质岩条带和微晶白云岩,局部夹沉凝灰岩,含海百合茎化石	92.6m
2. 灰黑色—灰绿色泥质页岩夹硅质岩条带	202.9m
~~~~~~~~~~~

1.灰黑色泥岩和浅灰色页岩互层夹灰黑色硅质云灰岩和灰绿色钙质砂岩透镜体 26.1m

——————整合接触——————

黄羊岭组一段(P_2h^1) **厚度>4 295.3m**

66.灰黑色泥质页岩夹铁质硅质岩条带及中—泥晶白云岩,含海百合茎化石 15.7m
65.黄褐色中薄—薄层状岩屑砂岩 58.6m
64.灰黑色泥岩夹黄褐色细砾岩、含砾中粗粒岩屑砂岩及薄层状岩屑砂岩 76.3m
63.灰绿色中薄—薄层状中细粒长石岩屑砂岩含砾粗粒岩屑石英砂岩 101.9m
62.灰黑色泥质页岩夹铁质硅质岩条带及中—泥晶白云岩,含海百合茎化石 131.2m
61.灰绿—灰黑色泥质页岩夹黄褐色中细粒长石岩屑砂岩 182.4m
60.灰白色含砾中粗粒含白云质中粗粒岩屑砂岩 14.4m
59.灰黄色—黄褐色中薄层状含白云质中粗粒岩屑砂岩 105.4m
58.灰黑色泥质页岩,偶夹灰岩、砂岩透镜体 72.5m
57.灰黄色—黄褐色泥质页岩夹黄褐色中粗粒岩屑砂岩及黄褐色泥质粉砂岩 60.3m
56.灰黄色—黄褐色泥岩 33.2m
55.灰黑—灰黄色泥质页岩夹中粗粒岩屑砂岩 15.6m
54.灰黑色砾岩及含砾粗砂岩 7.4m
53.灰黑色—灰黄色泥质页岩夹细粒长石岩屑砂岩 78.7m
52.灰白色中厚—厚层状细砾岩、岩屑砂岩及含砾中粗粒长石岩屑砂岩 204.8m
51.灰黄色泥岩夹黄褐色中薄层状岩屑砂岩 63.7m
50.灰白—灰黑色中薄—中厚层状含砾中粗粒长石岩屑砂岩 111.4m
49.灰黄色—灰紫色泥质粉砂岩夹灰黑色泥岩、含钙质粗粒长石岩屑砂岩 221.1m
48.灰黑色薄层—薄板状中细粒长石岩屑砂岩 27.7m
47.黄褐色泥质粉砂岩,偶夹灰黑色泥岩及细粒岩屑砂岩 234.3m
46.灰黄色—灰绿色含白云质中细粒长石岩屑砂岩,偶夹青灰色薄层状微晶灰岩 80.3m
45.灰黄色中厚层状含砾白云质中粒岩屑砂岩 47.3m
44.黄褐色中薄层状岩屑砂岩 17.9m
43.灰绿色—灰黑色中薄层状含白云质岩屑石英粗粉砂岩 13.9m
42.灰黑色细粒长石岩屑砂岩夹白云质细粒长石岩屑砂岩和含泥质硅质微晶灰岩透镜体 33.4m
41.黄褐色岩屑砂岩夹灰黑色白云质中细粒长石岩屑砂岩、白云质中细粒长石岩屑砂岩 350.0m
40.灰黄色泥(页)岩夹灰黑色泥(页)岩和黄褐色岩屑砂岩 47.2m
39.灰黑色泥岩 21.3m
38.灰黄色—黄褐色泥(页)岩夹灰黑色泥(页)岩和中薄层状岩屑砂岩 90.5m
37.黄褐色中薄层状中粒长石岩屑砂岩 35.9m
36.灰黑色—灰黄色厚层状中—含白云质砂砾岩 66.7m
35.灰黄色—灰黑色泥岩夹灰黄色钙质细粒长石岩屑砂岩、细砾岩、灰岩 141.8m
34.灰黄色泥岩、灰黄色—灰黑色泥岩夹灰黄色钙质细粒长石岩屑砂岩、细砾岩、灰岩 51.3m
33.灰黑色—灰黄色厚层状中粗粒含白云质砂砾岩 21.3m
32.灰绿色中厚—中薄层状白云质中细粒岩屑砂岩、白云质砾质岩屑砂岩和灰黑—灰黄色泥岩互层,夹灰黑色石英岩屑质细晶灰岩透镜体 126.4m
31.灰黄色泥质粉砂岩夹灰黑色泥岩 41.5m
30.青灰色—灰黑色白云质细粒长石岩屑砂岩夹灰黄色中薄层状白云质细粒岩屑砂岩 104.8m
29.灰绿色白云质中细粒长石岩屑砂岩和灰黄色泥岩互层 58.2m
28.灰黄色泥岩夹含砾中粒长石岩屑砂岩 38.0m
27.灰黄色中粒长石岩屑砂岩夹灰黑色泥岩 33.0m
26.灰黑色泥岩夹钙质细粒长石岩屑砂岩及凝灰质砂岩透镜体 18.7m
25.灰黄色含砾钙质粗粒岩屑长石砂岩夹灰绿色中薄层状岩屑砂岩及钙质细粒长石岩屑砂岩透镜体 47.7m
24.灰绿色中细粒长石岩屑砂岩 3.8m
23.灰黄色泥岩和灰黑色泥岩互层,夹灰白色长石岩屑砂岩 113.4m
22.灰黄色中薄—中厚层状长石岩屑砂岩夹灰色硅质泥岩 23.5m

21. 灰黑色泥质页岩	12.8m
20. 灰黄色中薄—薄层状中细粒长石岩屑砂岩夹灰黄—灰黑色泥岩	60.7m
19. 灰绿色—灰黑色中厚—厚层状细粒长石岩屑杂砂岩	40.7m
18. 灰黑色钙质砂岩，偶夹灰绿色白云质中细粒长石岩屑砂岩	44.4m
17. 灰黑色砾岩	2.5m
16. 灰白色中粒含长石岩屑砂岩	19.8m
15. 灰黄—灰绿色泥岩夹岩屑砂岩及硅质细晶白云岩透镜体	49.7m
14. 灰黄色泥岩夹灰绿色含白云质细粒长石岩屑砂岩及灰黑色粉晶白云岩	43.0m
13. 灰黄色泥岩夹灰绿色含白云质细粒长石岩屑砂岩	99.8m
12. 灰褐色含铁质中细粒长石岩屑砂岩	26.0m
11. 灰黄色泥(页)岩夹灰黑色泥(页)岩及少量的灰黄色含铁质细粒长石岩屑砂岩	61.7m
10. 灰黄色含砾长石石英砂岩	7.8m
9. 灰黑色含硅质泥岩	2.6m
8. 灰绿色中厚—中薄层状白云质中细粒长石岩屑砂岩夹灰黄泥岩	32.3m
7. 灰绿色中厚—中薄层状含铁质中细粒长石岩屑砂岩	57.4m
6. 灰黄色页岩夹青灰色硅质岩、硅质白云岩透镜体	41.7m
5. 灰绿—灰黑色钙质泥页岩	101.9m
4. 灰红—灰褐色含砾长石岩屑砂岩	24.7m
3. 灰绿—灰黑色泥岩	59.3m
2. 灰绿色—灰黄色中薄—中厚层状细粒长石岩屑砂岩	21.5m
1. 灰黑色泥岩夹薄层—中薄层状灰绿色长石岩屑砂岩	40.6m

══════断层接触══════

古近系喀什群(EK)

3. 地层特征

黄羊岭组一段：呈北东向展布于硝尔库勒南-赛羊滩一带，与北侧卧龙岗组呈断层接触，与黄羊岭组二段整合接触，地层厚度大于 4 295m。该段地层岩性组合较为简单，可分上、中、下三部分，特征较为明显(图 2 - 21)。

下部主要岩性为泥岩、钙质泥岩夹含砾长石岩屑砂岩、砾岩，泥岩中偶夹有青灰色硅质岩、硅质云(灰)岩透镜体及凝灰质砂岩。硅质岩及硅质云(灰)岩厚十几厘米至几十厘米，延伸多在几十至几百米；长石岩屑砂岩多含铁质或白云质；钙质泥岩多为灰黑色，在该段地层中所占比例较大，最大单层厚度在 100m 以上，页理不太发育；砾岩以灰黑色—灰白色为主，砾石成分复杂，主要有脉石英、砂岩、灰岩、泥岩等，其分选、磨圆较差，多为砂质胶结，胶结程度较好。凝灰质砂岩夹层在该段地层中较为特殊，其中火山物质占 20%左右，单层厚度为十几厘米。

中部岩性以含白云质长石岩屑砂岩夹灰黄色泥岩、泥质粉砂岩为主，局部发育厚十几至几十厘米的中薄—中厚层状灰岩及少量的灰黑色硅质泥岩。该地层的结构较为简单，白云质长石岩屑砂岩在地层中占很大比例；泥岩和泥质粉砂岩在地层中的含量较少，但单层厚度较大，少数可达 200m 以上，泥岩中发育有长石岩屑砂岩及硅质泥岩透镜体，局部发育有一层厚约 30cm 的青灰色薄层状灰岩，横向延伸较为稳定。

上部岩性以灰黄间灰黑色泥岩夹灰岩、砂岩透镜体及长石岩屑砂岩和砾岩、砂砾岩为主。灰黄色间灰黑色泥岩在该段地层中占有较大的比例，一般页理较发育，偶含粉砂质，局部发育长石岩屑砂岩和灰岩透镜体；长石岩屑砂岩在该部分地层中所占比例较小，发育层数也不多，但单层厚度较大，多在 100m 左右；砾岩、砂砾岩在该部分地层中的含量明显多于中下部，发育层数不多，但单层厚度较大，砂砾岩单层厚度可达 204m，砾岩单层厚度可达 7.4m；砾岩以灰黑色为主，砾石主要成分为石英及硅质岩，磨圆度较差，多为次棱角状—次圆状，分选一般，多为砂质胶结，胶结程度一般，砾岩及含砾砂岩在横向上总体呈透镜状产出。

该段地层中含有大量的动物化石，据前人资料，主要的化石有：*Misellina claudiae*，*Schwagerina* sp.，

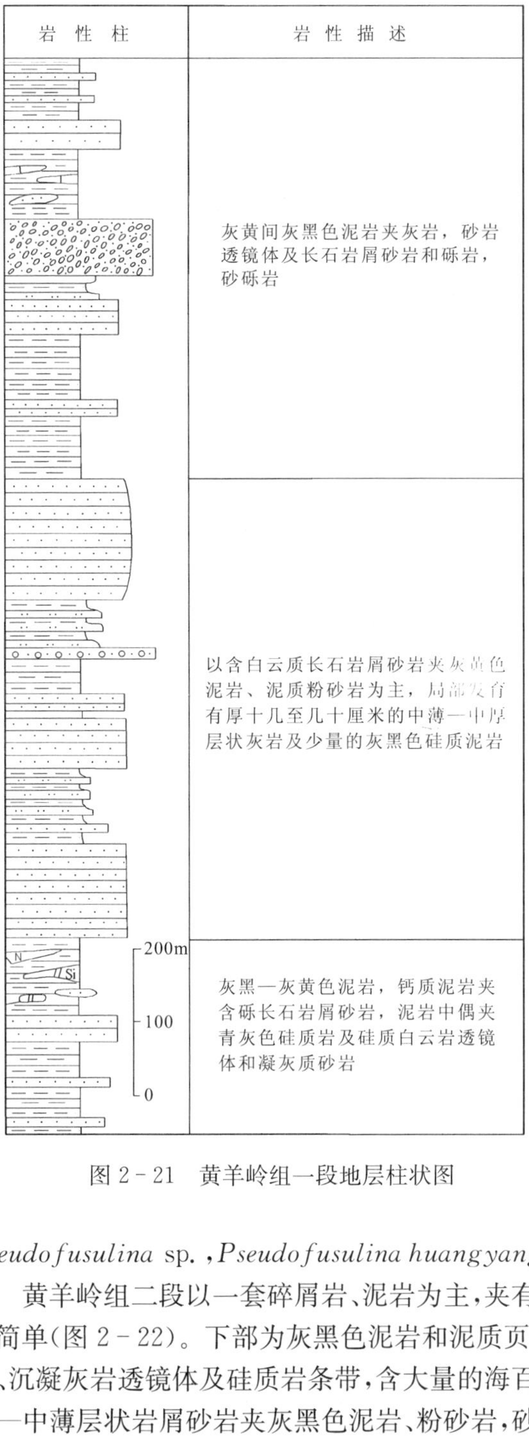

图 2-21 黄羊岭组一段地层柱状图

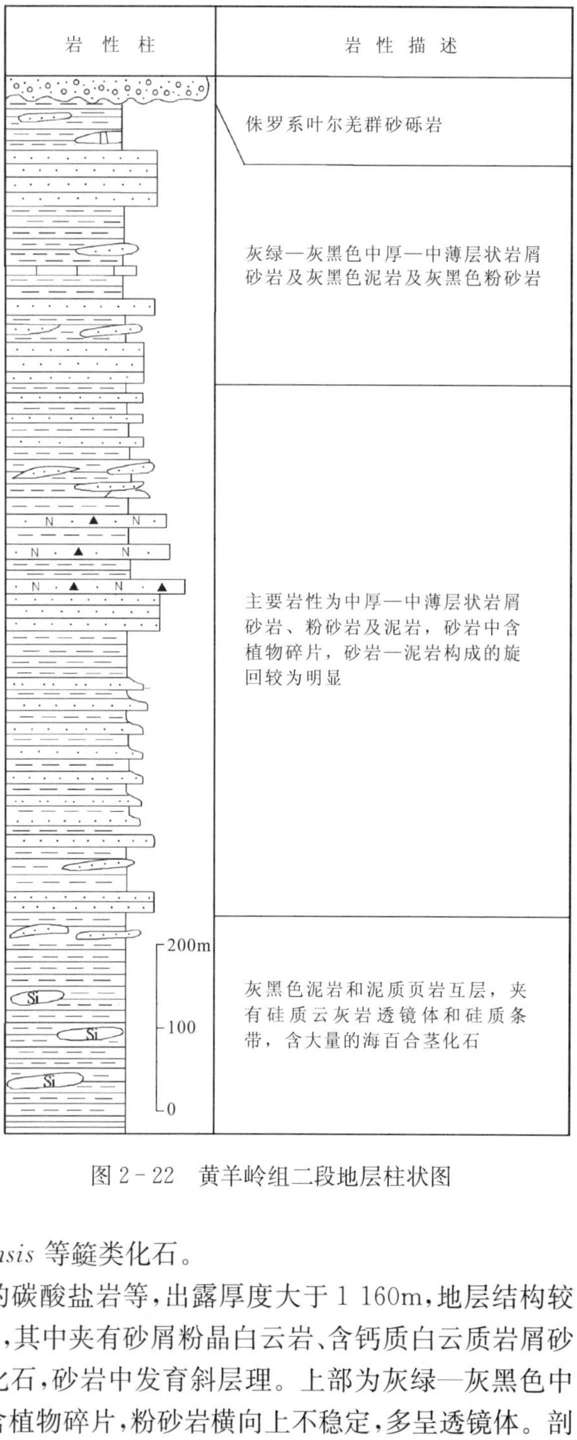

图 2-22 黄羊岭组二段地层柱状图

Pseudofusulina sp.，*Pseudofusulina huangyanglingensis* 等䗴类化石。

黄羊岭组二段以一套碎屑岩、泥岩为主，夹有少量的碳酸盐岩等，出露厚度大于 1 160m，地层结构较为简单(图 2-22)。下部为灰黑色泥岩和泥质页岩互层，其中夹有砂屑粉晶白云岩、含钙质白云质岩屑砂岩、沉凝灰岩透镜体及硅质岩条带，含大量的海百合茎化石，砂岩中发育斜层理。上部为灰绿—灰黑色中厚—中薄层状岩屑砂岩夹灰黑色泥岩、粉砂岩，砂岩中含植物碎片，粉砂岩横向上不稳定，多呈透镜体。剖面第 15、19 层中由青灰色中—细粒白云质细粒长石岩屑砂岩与粉砂岩构成纵向上叠加的沉积旋回，由下向上，该沉积旋回总厚度变小。该段泥岩中常夹泥晶白云岩、泥晶灰岩等碳酸盐岩透镜体，其厚度一般为 10～30cm，长度数米至数十米。

在盼水河以南一带，该组地层中发育有大量的碳酸盐岩岩隆，其分布面积有的仅数十平方米，有的则大到数平方千米，地貌上均为正向隆起，形态有面包状、穹状、透镜状等，层理不清，较破碎，岩隆中含有大量的腕足、腹足、䗴、水螅、苔藓、珊瑚、藻、核形石等动物化石，本次工作采集的动物化石主要有：*Stenoscisma purdoni* Varvgigenta Diener（帕登窄体贝巨大变种），*Punctospirfer alpheus* Hnuang（阿尔发疹石燕），*Stenoscisma shanhsiensis* (Ozaki)（山西狭体贝），*Terebratuloidea* cf. *depressa* Wagen（扁平拟穿孔贝），*Stenoscisma* cf. *purdoni* Diener。

4. 岩石特征、沉积环境及构造环境分析

(1)岩石特征

该组的岩石类型较为简单，主要类型为碎屑岩及泥质岩，另发育有少量的碳酸盐岩等，现分述如下：

1)碎屑岩

碎屑岩主要岩石特征如表 2-10 所示，主要岩类岩石化学特征如表 2-11 所示。

表 2-10　碎屑岩主要岩石特征表

岩石名称	颗粒成分含量(%)			支撑类型	胶结类型	备　注
	石英	长石	岩屑			
长石岩屑砂岩	40	15～20	40	颗粒支撑	接触-孔隙式	
岩屑长石砂岩	25	40	35		接触-孔隙式	
岩屑砂岩	35	5	60		接触-孔隙式	
岩屑石英砂岩	75		25		接触-孔隙式	
含白云质岩屑石英粗粉砂岩	75	10	15		接触-孔隙式	
白云质含砾屑石英砂岩	80	5	15		接触-孔隙式	
白云质砂砾岩	20	5	20		接触-孔隙式	砾屑占碎屑总量的 50%
凝灰质砂岩	40	20	40		接触-孔隙式	火山碎屑物占碎屑的 50%
沉凝灰岩	35	25	40		接触-孔隙式	

表 2-11　主要岩类岩石化学特征表

岩　性	氧化物的百分含量(w_B%)													
	SiO_2	Al_2O_3	Fe_2O_3	FeO	MgO	CaO	Na_2O	K_2O	MnO	TiO_2	P_2O_5	CO_2	H_2O^+	H_2O^-
细粒长石岩屑砂岩	73.06	11.51	1.70	2.43	1.34	1.52	3.74	1.1	0.13	0.42	0.11	1.50	1.86	0.5
中细粒长石岩屑砂岩	76.36	8.45	1.33	2.25	0.84	3.07	2.50	0.88	0.08	0.33	0.08	1.96	1.43	0.44
硅质泥岩	60.52	17.99	1.03	5.30	2.27	0.92	1.79	3.40	0.10	0.75	0.17	1.36	4.30	0.90
泥质粉砂岩	77.32	7.60	0.69	1.38	1.76	2.81	0.51	1.62	0.15	0.24	0.06	3.97	2.01	0.70
硅质泥岩	64.37	16.17	2.37	3.40	2.04	0.73	1.59	3.38	0.06	0.72	0.17	1.02	3.85	1.19
泥质硅质岩	84.12	3.56	1.31	2.50	0.92	1.91	0.44	0.51	0.24	0.13	0.06	1.91	1.43	0.53
含云铁质硅质岩	42.59	4.49	2.8	20.98	2.86	5.69	0.10	0.08	0.86	0.13	2.95	14.05	2.64	0.40

①长石岩屑砂岩。岩石多呈灰色，岩屑约占碎屑总量的 40%，岩屑成分主要为火山岩、片岩、千枚岩、泥岩等，粒径为 0.3～0.7mm；长石占碎屑总量的 15%～20%；石英约占碎屑总量的 40%；长石、石英的粒径为 0.1～0.7mm。岩石中颗粒以次棱角状为主，颗粒表面一般不光滑，岩石中另含少量的重矿物，主要有锆石、磷灰石、海绿石、电气石等。胶结物主要为钙质，少量为铁质、白云质等，杂基有绢云母、绿泥石等，岩石的结构成熟度和成分成熟度均差。

②岩屑长石砂岩。岩石多呈浅褐黄色，其中石英＋石英岩含量约占碎屑总量的 25%；长石约占碎屑总量的 40%；岩屑的成分主要为中酸性火山岩，其含量占碎屑总量的 35%；胶结物成分为方解石和铁质，杂基为绿泥石等，重矿物有锆石、海绿石及金属矿物等。颗粒粒径多为 0.15～0.5mm，少量可达 1.5mm。颗粒为次棱角状，表面一般不光滑，成分成熟度和结构成熟度均较差。

③岩屑砂岩。岩石为灰黄色，其中石英＋石英岩含量约占碎屑总量的 35%；长石约占碎屑总量的 5%；岩屑的成分主要由千枚岩、玉髓、泥岩、中酸性火山岩等组成，其含量约占碎屑总量的 60%。胶结物含量为 40%左右，主要有方解石、白云石、钙质、铁质等。岩石中石英、长石的粒径为 0.05～0.3mm，岩屑的粒径为 0.15～0.7mm，颗粒为次棱角状，表面一般不光滑，岩石的成分成熟度和结构成熟度均较差。

④岩屑石英砂岩。岩石多为灰白色、深灰色，少量为紫红色，具砂状结构，块状构造，部分砂屑具次生加大边。其中石英+石英岩含量约占碎屑总量的75%，粒径为0.15～0.5mm；岩屑成分主要为酸性火山岩、千枚岩、泥岩、变质砂岩等，含量约占碎屑总量的25%；岩石中另含有少量的重矿物，主要有磷灰石、锆石、电气石等。颗粒多为次棱角状—次圆状，颗粒表面一般不光滑，岩石的成分成熟度和结构成熟度均较差。

⑤含白云质岩屑石英粗粉砂岩。岩石多为灰黄色，其中石英+石英岩含量约占碎屑总量的75%，长石含量约占碎屑总量的10%，石英、长石粒径为0.03～0.1mm；岩屑成分主要为火山岩、千枚岩、泥岩、硅质岩等，含量约占碎屑总量的15%，粒径为0.05～0.1mm；胶结物为白云质及少量方解石，杂基为泥质，颗粒多为次棱角状，颗粒表面不光滑，岩石的成分成熟度和结构成熟度均差或较差。

⑥白云质含砾屑石英砂岩。岩石多为灰色，含砾砂状结构，块状构造，部分砂屑碳酸盐化，具次生加大。砾石主要成分为泥岩、石英岩、单晶石英等，其中石英+石英岩+硅质岩含量占碎屑总量的80%左右；长石含量占碎屑总量的5%左右；岩屑含量占碎屑总量的15%左右。颗粒多为次棱角状，颗粒表面不光滑，岩石的成分成熟度和结构成熟度均差或较差。

⑦白云质砂砾岩。岩石多为浅紫红色或浅灰黑色，砾石主要由砾屑白云岩、岩屑白云岩、石英岩、砂岩、酸性火山岩、泥岩、硅质岩、砂屑石英等组成。砾径为2～6mm，岩屑粒径为0.35～1.5mm，砂屑粒径为0.25～1mm。其中石英+石英岩+硅质岩含量占碎屑总量的20%左右；长石含量占碎屑总量的5%左右；岩屑含量占碎屑总量的20%左右；砾屑含量占碎屑总量的50%左右。胶结物为钙质，岩石中砾屑、岩屑为次棱角状—次圆状，颗粒表面比较光滑。

⑧凝灰质砂岩。岩石一般为灰黄色，其中石英+石英岩+硅质岩含量占碎屑总量的40%左右；长石含量占碎屑总量的20%左右；岩屑含量占碎屑总量的40%左右，岩屑成分主要为中酸性火山岩、泥岩、千枚岩、侵入岩等，其中火山碎屑物占50%左右。长石、石英的粒径为0.2～0.7mm，岩屑粒径为0.2～1.2mm。胶结物为钙质、硅质，杂基为泥质，重矿物有磷灰石、金属矿物等。颗粒多为次棱角状，颗粒表面粗糙，岩石的成分成熟度和结构成熟度均差。

⑨沉凝灰岩。岩石主要由火山碎屑、正常沉积物、胶结物组成，火山碎屑成分主要有火山岩岩屑、安山岩、英安岩、流纹岩等；正常沉积物成分主要有石英、长石、云母、泥岩、变质岩等；胶结物为铁质，杂基为泥质、凝灰质、变晶绿泥石等。岩石中石英+石英岩+硅质岩含量占碎屑总量的35%左右；长石含量占碎屑总量的25%左右；岩屑含量占碎屑总量的40%左右。颗粒多为次棱角状，少量石英晶屑为尖棱角状并有熔蚀现象，颗粒表面不光滑，岩石的成分成熟度和结构成熟度较差至很差。

2)泥岩

岩石一般灰黄—灰黑色，页理较发育，主要由粘土矿物、玉髓等组成，另有少量的铁质、长石石英砂屑等，岩石多含硅质、白云质等，粘土矿物含量一般在90%左右。岩石多具显微鳞片结构，隐晶质玉髓多呈条带状分布。

3)碳酸盐岩

①灰岩。可分为粉晶灰岩、微晶灰岩、泥晶灰岩、含泥质硅质微晶灰岩、石英岩屑质细晶灰岩等，岩石为块状构造。多为深灰—青灰色，主要成分为微晶方解石及少量的泥质、铁质、硅质、藻、陆源碎屑石英。

②白云岩。可分为中晶白云岩、粉晶白云岩、泥晶白云岩、硅质细晶白云岩、砂屑粉晶白云岩等，岩石为块状构造。多为灰褐色，主要由粉晶白云石及少量的粉砂屑长石石英组成，另有微量金属矿物等，其中白云石含量大于90%。

4)铁质硅质岩

岩石为灰褐色，微晶结构，块状构造，主要由玉髓及少量的自生长石、铁质组成。岩石中玉髓含量75%，铁质含量20%，长石+石英含量5%。

(2) 沉积环境分析

该组的沉积相为浅水浊流相，主要成分为陆源浊积岩，夹少量的碳酸盐岩等。其主要沉积特征如下：

该组碎屑岩的成分成熟度和结构成熟度均较差，碎屑岩主要类型为长石岩屑砂岩和岩屑砂岩，颗粒形态多呈棱角状—次棱角状，岩石多含砾。地层中发育有较多的灰黄—灰黑色含炭质泥岩。

岩石的分选性很差至较好，在C-M图上的分布区平行于C=M线(图2-23)。岩石中颗粒/杂基比值低。页岩与砂岩呈韵律状互层。

地层中发育的碳酸岩岩隆为浅海的正常沉积物，含有大量的腕足、腹足、䗴、水螅、苔藓等动物化石。在大量陆源浊积岩形成的同时，较先期沉积的碳酸盐岩发生了较短距离的整体滑动，之后与陆源浊积岩同时沉积。

(3)构造环境分析

通过对该地层砂岩中碎屑岩成分的统计和砂岩Q-F-L三角图解(Dickinson，1979)上的投点(图2-24)，黄羊岭组一段有62件样品，二段有41件样品，根据Q、F、L的含量特征值，可以推断黄羊岭组一、二段的构造环境为被动大陆边缘区。根据岩石化学特征，所提出的判别图(图2-25)上，也可以得出类似结论。

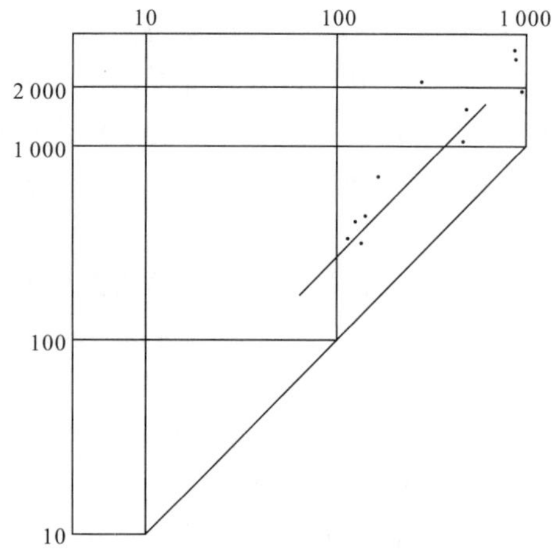

图2-23　黄羊岭组砂岩C-M图

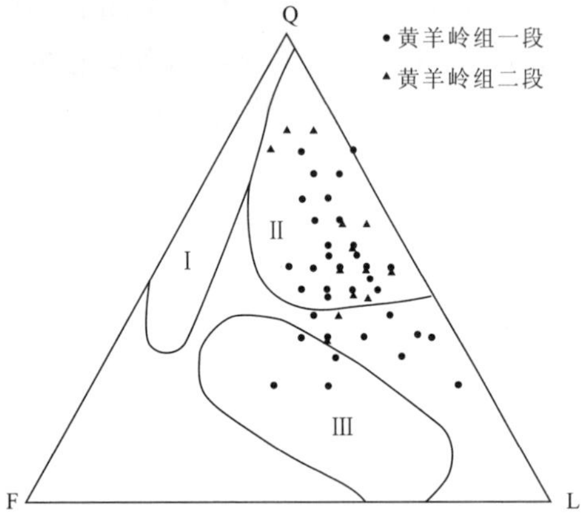

图2-24　Q-F-L图解

(据Dickinson，1979)

Q.石英颗粒；F.长石颗粒；L.岩屑

Ⅰ.优地槽；Ⅱ.准地槽；Ⅲ.断裂地槽

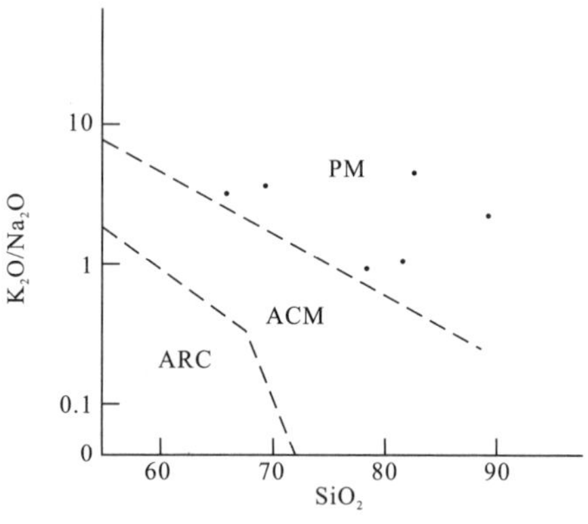

图2-25　粉砂岩和泥岩化学图解

(据Rose等，1986)

PM.被动大陆边缘；ACM.活动大陆边缘；ARC.岛弧

5.时代依据

据前人资料，在黄羊岭组一段中含有：*Misellina claudiae*，*Schwagerina* sp.，*Pseudofusulina* sp.，*Pseudofusulina huangyanglingensis* 等䗴类化石；在黄羊岭组二段中含有：*Sumatrina annae*，*Lantschichites kalamulunica*，*Neoschwagerina margaritae*，*N. leei* 及 *N. haydeni*，*V. verbeeki*，*Polydiexodina* cf. *ruoqiangensis*，*Dunbarrula nana*，*D. pusilla*，*Afghanella schencki* var. *magaspherica*，*A. kunlun*，*Nankinella* sp.，*Yangchienia compressa*，*Y. iniqua*，*Ozawainella* sp.，*Parafusulina* sp.，*Schwagerina yematanensis*，*S. huagyanglingensis*，*Pseudofusulina nelsoni opima*，*Chusenella mimuta* 等。

黄羊岭组一段所含䗴类化石属 *Misellina* 类，时代为二叠世。黄羊岭组二段所含䗴类化石可称为 *Neoschwagerina-Polydiexodina* 䗴类动物群，其与中国南方、青海、西藏北部和东部二叠世茅口组及帕米尔地区的层位所含化石类似。黄羊岭组所产 *Neoschwagerina-Polydiexodina* 䗴类动物群的层位大致相当于我国南方茅口期的 *Neoschwagerina* 带及 *Yabeinagkp* 带。黄羊岭组所含化石属典型的特提斯海暖水䗴类，生物地理分区属特提斯大区的华夏-特提斯区，时代为中二叠世。

第五节 中生界

中生界主要出露地层为三叠系上统卧龙岗组、侏罗系中统叶尔羌群和白垩系双伍山组，分别分布于塔里木地层区、昆南地层小区及巴颜喀拉地层区。

一、塔里木地层区

该区中生界仅出露侏罗系叶尔羌群。其呈零星的断块分布于山前民丰县煤矿一带，为一套碎屑岩夹碳酸盐岩及煤层的岩性组合。据其岩性、岩相组合特征，划归下—中侏罗统叶尔羌群，其创名、沿革同巴颜喀拉地层区。

侏罗系叶尔羌群(J_2Y)

1. 剖面介绍

据路线观测，其地质剖面(图 2－26)位于新疆民丰县尼亚河帕西木南东，起点坐标为 X＝4 050 709，Y＝14 656 060。路线观测由南往北，地层如下：

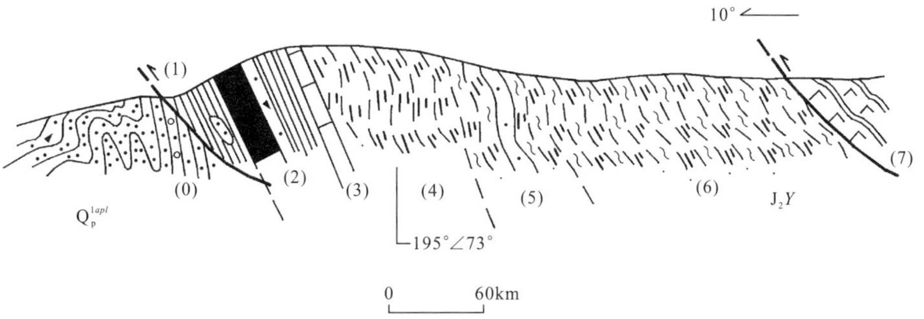

图 2－26 叶尔羌群路线剖面图

(图例与剖面描述层号对应)

石炭系阿羌岩组：灰绿色—黑色变质基性火山岩

══════断层接触══════

叶尔羌群(J_2Y)	**厚度 401.2m**
6. 灰绿—灰紫色绿泥绢云千枚岩	210.0m
5. 灰—灰绿色绢云千枚岩夹变质砂岩	50.0m
4. 灰色绢云千枚岩	80.0m
3. 灰色中厚层条带状泥晶灰岩、钙质糜棱岩	4.2m
2. 灰黑色炭质页岩夹 3m 厚变质岩屑砂岩及煤层。煤层厚 20m，约夹 20％的矸石，且已浅变质	50.0m
1. 灰黑色页岩夹变质中粒岩屑砂岩透镜体	7.0m

══════断层接触══════

第四系(下)更新统西域组

2. 地层特征

该组主要分布于山前塔勒克勒格至帕西木一带，出露范围很小。北界大多被新生界覆盖，局部被断层截切，南界与石炭系阿羌岩组呈断层接触关系。出露宽度 200～700m，地层走向近东西向，倾角一般大于 60 °，倾向南。以民丰县煤矿一带出露较好，受构造影响靠南侧岩石已浅变质，岩性为灰、灰绿色绿泥绢云千枚岩、绢云千枚岩夹变质粉砂岩，靠北为灰黑色炭质页岩、黑色页岩夹变质岩屑砂岩、灰岩和煤层，煤层厚 20m，已开采。横向上，在塔勒克勒格八一大队一带，该组上下均被断层围限，岩性为黑色炭质页岩、泥岩、砂砾岩夹灰黑色灰岩及1～2cm厚的煤线，地层产状较乱，岩石破碎，原始沉积层理均已破坏，地层厚度约100m。在帕西木南西至苦阿间，岩性为灰黑色微晶灰岩、大理岩化灰岩夹黑色炭质泥岩及煤层，灰岩厚0.2～1.5m，局部糜棱岩化，煤层厚0.4m，地层厚度约50m。

3. 岩石特征及沉积环境分析

该小区内侏罗系叶尔羌群的分布明显受构造控制，岩石大多为浅变质的绢云千枚岩、绿泥绢云千枚岩，原岩均为粉砂岩或泥质粉砂岩。部分极浅变质的岩石类型及特征如下：

(1)变质岩屑砂岩。呈灰色，变余细粒砂状结构。成分由石英(60%)、斜长石(小于5%)、绢云母(30%)、碳酸盐矿物(约5%)组成。其中石英、斜长石呈粒状，大小0.01～0.2mm，绢云母呈磷片状，碳酸盐矿物为菱铁矿，呈自形粒状，大小0.02mm。粘土杂基全部或部分重结晶为绢云母。

(2)微晶灰岩。呈灰、灰白色，具初糜棱结构。成分主要为微晶方解石，含量大于65%，略具定向排列，其次为陆源碎屑石英、长石约5%，糜棱岩化方解石占30%。

其岩性组合及岩石特征与巴颜喀拉地层区叶尔羌群的底部岩相组合一致，应为湖沼沉积。

二、昆南地层小区

该区内中生界出露地层为三叠系卧龙岗组、侏罗系叶尔羌群、白垩系双伍山组。

(一)三叠系卧龙岗组(T_3w)

1. 地层沿革、分布及划分依据

该组为新疆地矿局第一区调大队一分队齐德义等(1985)在昆仑山卧龙岗创名。《新疆维吾尔自治区区域地质志》(1993)及《全国地层多重划分对比研究新疆维吾尔自治区岩石地层》(1999)均沿用了这一划分方案，将出露于昆仑山野马滩以北至卧龙岗一带，不整合覆盖于二叠系黄羊岭组之上(未见顶)，岩性为灰黑色—灰色—褐灰色砂岩、粉砂岩、炭质泥岩夹粗砂岩及煤线的一套陆相碎屑岩，划归上三叠统卧龙岗组。本次调查仍沿用这一划分方案。

2. 地层特征

该组主要分布于硝尔库勒南西的图边一带，不整合覆盖于石炭系哈拉米兰河岩群之上，其上被侏罗系叶尔羌群不整合覆盖，出露面积约10km²。岩性主要为砖红—灰紫红色中粒长石石英砂岩、灰黄—浅黄色中细粒岩屑长石石英砂岩夹黑色粉砂质泥(页)岩、灰绿—灰紫色泥(页)岩。砂岩中发育楔状交错层理、大型板状交错层，粉砂质泥(页)岩单层厚10～20cm，常呈夹层产出，页理较发育，多呈页片状。地层厚度300m，为河流相沉积(沉积环境可参见巴颜喀拉地层区的三叠系卧龙岗组)。

(二)侏罗系叶尔羌群(J_2Y)

1. 剖面描述

剖面位于新疆民丰县硝尔库勒北，剖面起点坐标为X=4 009 721，Y=14 647 765，H=5 138m。由北往南测制，岩性自上而下为：

叶尔羌群(J_2Y)	**厚度>372.5m**
(未见顶)	
23. 下部为厚度7.0m的黄绿色中薄—中厚层状细粒长石砂岩；上部为厚度4.0m的灰黑色泥岩	11.0m
22. 下部为厚度4.0m的黄绿色中薄—中厚层状细粒长石砂岩；上部为灰黑色泥岩	8.0m
21. 灰—灰黑色泥岩	5.0m
20. 灰绿色中薄—厚层状中细粒长石石英砂岩夹灰黑色含粉砂泥岩	15.0m

19. 下部为灰绿色中薄层状长石石英砂岩夹灰—浅灰色泥岩，厚3.0m；上部为灰色泥岩夹一层砂岩	5.0m
18. 灰黑色泥岩夹灰绿色砂岩，所夹砂岩含量较17层明显减少	50.0m
17. 黄绿色泥岩夹灰绿色砂岩	30.0m
16. 灰绿色中薄层中细粒长石石英砂岩夹黄绿色、灰黑色泥岩	40.0m
15. 下部为厚度1.5m的砂岩；上部为厚度5.0m的泥岩夹砂岩	6.5m
14. 下部为厚度1.0m的灰绿色中薄层状砂岩；上部为厚度2.0m的黄绿色泥岩夹砂岩	3.0m
13. 黄绿色泥岩夹灰黑色泥岩及灰绿色中薄层中细粒长石石英砂岩	60.0m
12. 灰绿色中—厚层中粒长石石英杂砂岩	50.0m
11. 灰绿色中薄—中厚层长石石英杂砂岩和黄绿色泥岩互层，砂岩中夹数层黄绿—灰黑色泥岩	8.5m
10. 灰绿色中薄—中厚层状细粒长石石英杂砂岩与黄绿色泥岩互层	20.0m
9. 灰绿色中薄—厚层状细粒长石石英砂岩	6.0m
8. 下部为厚度1.5m的灰绿色中薄层状长石石英砂岩；上部为厚度2.0m的灰绿色中薄层状长石石英砂岩夹泥岩	3.5m
7. 下部为厚度1.5m的灰绿色中薄—中厚层状长石石英砂岩，中夹数层厚约10cm的黄绿色泥岩；上部为厚度3.5m的黄绿色泥岩，中夹两层灰绿色砂岩	6.0m
6. 下部为厚度5m的灰绿色中厚层状长石石英砂岩，中夹两层厚约10cm的黄绿色泥岩；上部为厚度5m的沙泥岩互层	10.0m
5. 灰绿色中厚层长石石英砂岩与黄褐色泥岩互层，构成两个较大的砂泥沉积旋回	10.0m
4. 下部为灰绿色中厚层细粒长石石英砂岩，厚5m；上部为黄褐色泥岩	8.0m
3. 灰绿色中厚层钙质细粒长石石英砂岩与黄褐色泥岩互层	6.0m
2. 灰绿色中厚层钙质细粒长石石英砂岩夹黄褐色泥岩	4.5m
1. 下部为黄绿色中厚层钙质细粒长石石英砂岩；上部为黄绿色泥岩	6.5m

══════断层接触══════

白垩系双伍山组(K_1s)

2. 地层特征

分布于硝尔库勒至柳什塔格南一带，与白垩系双伍山组、蛇绿混杂岩中的碳酸盐岩岩片呈断层接触关系，受构造影响岩层较破碎，产状较乱，但其原始层理仍可辨认，总体走向为南东东，大致倾向南，倾角一般为50°～70°；而分布于西南角的叶尔羌群，其底不整合覆盖于三叠系卧龙岗组之上。该组下部岩性为灰黄—灰绿色中厚层钙质细粒长石石英砂岩、长石石英杂砂岩、中细粒长石石英砂岩与黄褐色—黄绿色泥岩不均匀互层；上部岩性为灰黑色—黄绿色泥岩夹灰绿色薄层细粒长石石英砂岩、长石砂岩。实测地层厚度为372.5m。横向上岩性、厚度变化较大，在柳什塔格南麓一带(剖面以西)，下部为褐红色、青灰色泥岩与灰绿色泥岩互层，上部为灰黄、灰紫色，新鲜面为紫灰色中—厚层白云质细粒岩屑石英砂岩、长石岩屑砂岩、粉砂岩夹灰绿色—灰黑色砂质泥岩，发育小型交错层理、平行层理。目估出露厚度600～700m。在硝尔库勒北东至克孜勒达坂一带，由北往南大致分为三部分：①灰黑色泥岩、炭质泥岩夹灰黄色长石石英砂岩、灰绿色泥质粉砂岩、深灰色微晶白云岩、灰绿色含粉砂质泥质白云岩及煤线，局部泥岩呈杂色。②灰黄色长石石英砂岩与鲜绿色泥岩互层，夹紫红、灰黑色泥岩及砖红色细砂岩。③紫红、深紫红、砖红色中细粒长石岩屑砂岩夹灰色泥岩，局部夹砾岩、含砾粗粒长石岩屑砂岩。出露厚度1 000～1 500m。

3. 岩石特征及沉积环境分析

按其碎屑成分和粒度分为砾岩、砂岩、泥质岩和碳酸盐岩类，砂岩岩石特征如表2-12所示。

碳酸盐岩为微晶白云岩、含粉砂质泥质白云岩。

微晶白云岩呈深灰色，微晶结构。成分主要由微晶白云石组成，白云石较自形，彼此镶嵌分布，含量92%。其次含少量石英、砂屑、介形虫生物碎屑，呈棱角状散布于白云石颗粒间。岩石后期裂隙发育，被亮晶方解石充填。

表 2-12　叶尔羌群不同类型砂岩岩石特征表

特征 名称	组分及含量(%)						胶结物		杂基		胶结组构			成分成熟度	结构成熟度
	石英	长石	岩屑	重矿物	粒度(mm)	形态	含量(%)	成分	含量(%)	成分	支撑类型	胶结类型	粒间关系		
钙质细粒长石石英砂岩	75～80	15	5～10	少量	0.06～0.3	次棱角棱角	10～25	方解石铁质	5～10	粘土质绢云母	颗粒支撑	孔隙式	点接触	较差	较差
细粒长石石英杂砂岩	75	15	10	少量	0.15～0.3	次棱角棱角	2	钙质	15	粘土质绢云母	颗粒支撑	接触式	点-线接触	较差	较差
中粒长石石英砂岩	75	15～20	10～5		0.25～0.35	次棱角	1～10	钙质	10	粘土质	颗粒支撑	接触式	线接触	差	较差
细粒长石砂岩	65	25	10		0.1～0.25	次棱角棱角	6	铁质钙质	10	粘土质	颗粒支撑	接触式	线接触	较差	较差
钙质细粒长石岩屑砂岩	69	15	15	1	0.05～0.3	次棱角	10	白云石	3	粘土质	颗粒支撑	孔隙式	颗粒支撑	较低	较低
中细粒长石岩屑砂岩	65～75	15	10～20	微量	0.15～0.5	次棱角	15～23	白云石铁质	2～5	泥质	颗粒支撑	基底式	点-漂浮	较差	差
铁泥质石英粗粉砂岩	60	10			0.02～0.06	尖棱角状	15	铁质	15	泥质	颗粒支撑	接触式	点-漂浮	较差	差

含粉砂质泥质白云岩呈灰绿色，粉砂质泥晶结构。成分为白云石（约 70%），泥质约 25%，石英、白云母、斜长石含量小于 5%。白云石呈粒状，石英碎屑呈棱角状。

沉积环境分析：该组岩性、岩相组合及沉积构造特征表明其为一套河流或湖泊三角洲相的碎屑岩-碳酸盐岩建造。

（三）白垩系双伍山组（$K_1\hat{s}$）

呈东西向分布于区内西南部柳什塔格至克孜勒达坂一带，分别与侏罗系叶尔羌群、蛇绿混杂岩带中的硅泥质岩岩片、硅质岩岩片呈断层接触关系，出露面积约 150km²。地层倾向南，倾角 40°～60°，北老南新，与巴颜喀拉地层区中的白垩系双伍山组地层特征、岩性组合特征等基本相同。

1. 地层特征

其创名、沿革及地层剖面可参见巴颜喀拉地层区的白垩系双伍山组。该地层区内双伍山组岩性主要为：紫红色中厚层细粒长石岩屑砂岩、长石砂岩、绿—灰绿色细粒长石石英砂岩，夹灰黑色泥岩、粉砂质泥（页）岩。平行层理、楔状交错层理、大型板状交错层理发育。

横向上岩性、岩相组合及沉积特征变化较大，在克孜勒达坂一带，下部为灰绿、灰紫色砾岩夹浅紫红色含砾粗砂岩，厚度约 700m；中部为紫红色中厚层中粗粒长石岩屑砂岩夹灰绿色薄层细砂岩，厚度约 400m；上部为紫红色条纹状细粒长石砂岩夹灰色泥岩及两层 20m 厚的炭质页岩，厚度 200m，总体由下往上粒度由粗变细。往西在克孜勒达坂至柳什塔格一带，岩性为紫红色中细粒长石石英砂岩、浅灰色细粒长石石英砂岩夹黑色泥岩，平行层理、交错层理发育。而在柳什塔格南麓一带，该组因处于雪盖区未见底，出露部分岩性由下往上依次为：①砖红色、浅黄色岩屑长石石英砂，发育楔状交错层理、大型板状交错层理，厚约 400m；②灰黑色粉砂质泥（页）岩，厚约 15m；③浅黄、灰黄、砖红色中粒砂长石石英砂岩夹灰黑色泥（页）岩，厚约 300m；④砖红色砂岩、灰黄色中细粒岩屑石英砂岩夹灰绿—灰紫色泥（页）岩、灰黑色粉砂质泥页岩，厚约 300m。总之，该地层小区内，双伍山组在克孜勒达坂一带以砾岩、砂砾岩等粗碎屑岩为主，向西至柳什塔格主要以紫红色中细粒长石石英砂岩、长石岩屑砂岩夹泥岩为主。地层厚度大于 1 400m。

2. 岩石特征及沉积环境分析

（1）岩石特征

①砾岩。呈灰绿色、紫红色，砾状结构，块状构造。砾石含量 70%左右，成分为脉石英、砂岩、细砂岩，呈次棱角状、次圆状，大小 1～8cm，一般为 0.5～2cm。磨圆度中等，分选性差。钙质、铁质胶结，成分成熟

度及结构成熟度低。

②砂岩。细粒长石石英砂岩：呈灰色、紫红色，细粒砂状结构，条纹状构造。碎屑成分为石英（>75%）、长石（15%）、岩屑（<10%），含少量重矿物。其中岩屑由千枚岩、变质粉砂岩、泥岩等组成，碎屑磨圆度差，分选性中等。铁质、白云质胶结，成分成熟度较高，结构成熟度低。

中粒长石石英砂岩：呈灰、灰白、紫红色，中粒砂状结构。碎屑含量 85%左右，由石英、长石、岩屑组成，其中石英以单晶为主，占碎屑总含量的 85%；长石以钾长石为主，含量大于 10%。钙质、铁质胶结，颗粒支撑，胶结物（杂基）部分重结晶成高岭石及绢云母。

细粒长石砂岩：呈紫红色，细粒砂状结构，条纹状构造。成分由碎屑石英（60%）、长石（35%）、岩屑（5%）组成。其中石英以单晶为主，岩屑为千枚岩、泥岩及云母，胶结物为铁质、硅质及白云质，颗粒支撑，孔隙式接触。成分成熟度及结构成熟度低。

细粒长石岩屑砂岩：呈紫红色、浅灰褐色，细粒砂状结构，块状构造，碎屑由石英（55%～60%）、长石（5%～10%）、岩屑（25%～40%）组成，其中石英以单晶为主，岩屑成分为泥岩、千枚岩、中酸性火山岩、白云母等，碎屑大小 0.05～0.25mm，以 0.06～0.2mm 为主，呈次棱角状，分选性中等。铁质、白云质胶结，颗粒支撑。

（2）沉积环境分析

从上述岩性、岩相组合及岩石特征来看，双伍山组为一套河流沉积的碎屑岩建造，并以河底滞留沉积、曲流沙坝沉积为主。从粒度分布累积概率曲线图（图 2－27）可见，为典型的两段式，即由跳跃和悬浮两个次总体组成，而且跳跃总体占到 95%以上，线段倾斜度为 72°左右，分选较好；悬浮总体占 0～5%，倾斜度小于 30°，分选差，*S* 截点突变，在 3.75～4.0 之间，属典型的曲流河概率曲线图型。由弗里德曼（1962）粒度分析参数计算结果可知，长石岩屑砂岩的平均粒度 $M=3.137$，标准偏差 $S_d=0.603$，偏度 $S_k=0.888$，峰态 $K=6.040$。据弗里德曼（1962）用标准偏差值划分的分选性等级，S_d 在 0.50～0.80 之间，分选性较好，属河流砂；偏度与沉积环境的关系，偏度 $S_k<1$，属正偏，表明沉积物中悬浮物被大量带向下游，以粗碎屑组分（沉积）为主，含少量细组分，其特征属河道滞留沉积或河流边滩沉积。

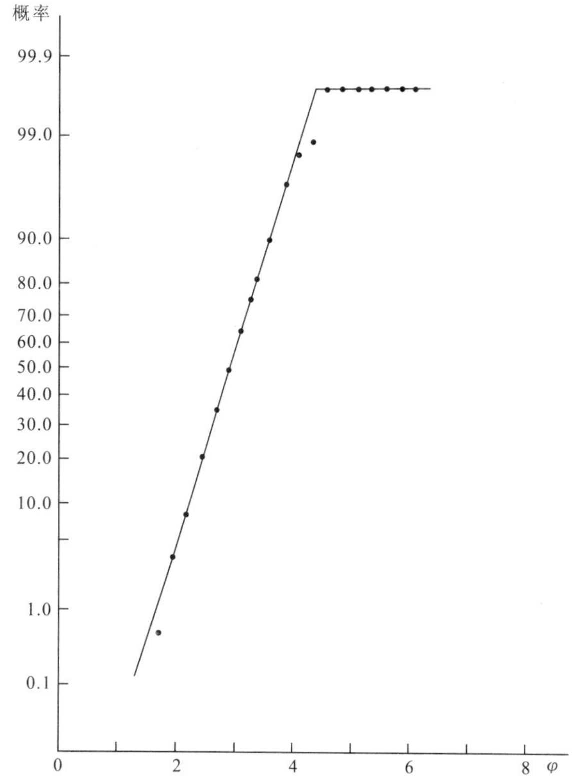

图 2－27　粒度分布累积概率曲线图

3. 时代依据

分布于赛勒果勒一带的双伍山组，在东部相邻（奥依亚依拉克幅 J45C004001）的对应地层中采获以 *Cicatricosisporites*（无突肋纹孢），*Gleicheniidites*（黑白孢），*Toroispora*（具唇孢）为主的一套孢粉组合，无突肋纹孢是早白垩世的特征分子。因此将区内分布于赛勒果勒至库牙克、牙拉克南一带以曲流河成因为主的一套碎屑岩建造确定为双伍山组，其时代定为早白垩世。

三、巴颜喀拉地层区

该区中主要出露三叠系卧龙岗组、侏罗系叶尔羌群、白垩系双伍山组。

(一)三叠系卧龙岗组(T_3w)

1. 地层沿革、分布及划分依据

该组为新疆地矿局第一区调大队一分队齐德义等(1985)在昆仑山卧龙岗处创名。《新疆维吾尔自治区区域地质志》(1993)及《全国地层多重划分对比研究新疆维吾尔自治区岩石地层》(1999)均沿用了这一划分方案,将出露于昆仑山野马滩以北至卧龙岗一带,不整合覆盖于二叠系黄羊岭组之上(未见顶),岩性为灰黑色—灰色—褐灰色砂岩、粉砂岩、炭质泥岩夹粗砂岩及煤线的一套陆相碎屑岩,划归上三叠统卧龙岗组。本次调查仍沿用这一划分方案。

2. 剖面介绍

剖面位于新疆维吾尔自治区民丰县黄羊岭 51°方向 12.25km。起点坐标为 $X=4\ 009\ 398$,$Y=14\ 766\ 805$,$H=5\ 145$m;终点坐标为 $X=4\ 016\ 190$,$Y=14\ 766\ 890$,$H=4\ 925$m。由南往北测制,岩性自上而下为:

上覆地层:侏罗系叶尔羌群(J_2Y)

~~~~~~~~~~~角度不整合接触~~~~~~~~~~~

卧龙岗组(T_3w)	**厚度 3 880m**
38. 灰黑色页岩夹灰色薄层中细粒长石岩屑,局部砂岩与页岩互层,砂岩中含砂岩球	275.4m
37. 灰绿色薄层细粒长石岩屑砂岩,上部为灰黑色泥岩	114.4m
36. 灰黑色页岩夹灰—灰绿色中—薄层细粒长石岩屑砂岩,斜层理发育	98.1m
35. 灰黑色、灰绿色页岩与灰—灰绿色薄层细粒长石岩屑砂岩、条纹状粉砂岩互层,砂泥韵律层理发育	56.1m
34. 灰黑色页岩夹灰—灰绿色薄层细粒云质长石岩屑砂岩,砂泥比为 1∶4,见三层砂岩含砂岩球,砂岩球大小 20～40cm	155.6m
33. 灰色薄层细粒长石岩屑砂岩与灰黑色页岩互层,构成四个较大的砂互泥层,自下而上粒度由粗变细,砂岩由厚变薄,以平行层理为主	69.6m
32. 灰黑色页岩夹灰—灰绿色薄层含硅质页岩,毫米级水平纹层发育,亦见细小波状纹层理	61.4m
31. 灰—灰绿色薄层细粒岩屑长石砂岩与灰—灰绿色页岩互层	24.5m
30. 灰黑色页岩夹灰色—浅灰绿色薄层细粒白云质长石岩屑砂岩,及两层 1m 厚的紫红色粉砂质页岩、灰—灰绿色硅质页岩。平行层理发育	276.1m
29. 灰—灰绿色薄层细粒长石岩屑砂岩夹灰黑色泥岩,砂泥比为 4∶1,砂岩风化面呈褐红色,局部含砂岩球	190.5m
28. 灰色页岩夹灰—灰绿色薄层中细粒长石岩屑砂岩,中部两者互层,页岩中夹透镜状黑色含泥质微晶灰岩	113.9m
27. 灰绿色薄层粉砂质细粒长石岩屑砂岩与灰绿色页片状粉砂岩互层,夹灰色薄层钙质中细粒长石岩屑砂岩	219.4m
26. 灰色页岩夹灰—灰绿色薄层不等粒长石岩屑砂岩、粉砂质细粒长石岩屑砂岩,平行层理、小型斜层理发育	190.9m
25. 灰绿色页岩夹灰绿色薄层含砂岩球细粒长石岩屑砂岩。平行层理,砂泥韵律层理	272.7m
24. 灰绿色薄层细粒长石岩屑砂岩与灰绿色页岩互层,砂岩中夹两层砂岩球,其大小一般为 15～20cm	38.3m
23. 灰绿色页岩夹灰绿色薄层粘土质砂质长石岩屑粉砂岩,局部两者互层,并含砂岩球,由下往上砂岩—泥岩构成由粗到细、由厚到薄的正层序,发育小型鱼鳞状干涉波痕	148.1m
22. 灰绿色薄层粘土质砂质长石岩屑砂岩与灰绿色页岩互层,夹少量黑色页岩及紫红色页岩。砂岩局部含砂岩球	102.5m
21. 灰绿色页岩夹灰绿色薄层细粒长石岩屑砂岩、灰黑色页岩。砂岩中含两层灰色(风化面呈褐色)的砂岩球	83.5m
20. 浅灰绿色、灰黑色薄层细粒长石岩屑砂岩夹粉砂岩及黑色泥岩,中间夹一层紫红色页岩。粉砂岩和泥岩占 30%,砂岩发育平行层理、中型斜层理	72.7m
~~~~~~~~~~~

19. 灰黑色页岩夹灰绿色薄层细粒长石岩屑砂岩，页岩占90%，砂岩层厚5～10cm 52.0m
18. 灰黑色页岩与灰绿色白云质细粒长石岩屑砂岩互层，页岩厚1.5m，砂岩厚1.0m 60.4m
17. 灰绿色页岩夹灰绿色薄层中细粒长石岩屑砂岩、粉砂岩，上部夹黑色泥岩。粉砂岩层中含植物化石碎片。砂泥比为1∶4 262.9m
16. 灰绿色页岩与灰—灰绿色薄层细粒长石岩屑砂岩互层，夹少量黑色页岩 130.2m
15. 灰绿色薄层—厚层细粒长石岩屑砂岩与页片状粉砂岩、灰绿色页岩呈韵律，由下往上砂岩、粉砂岩减少，页岩增多 59.2m
14. 灰绿色页岩夹灰绿色薄层中细粒长石岩屑砂岩，砂岩占10%，具平行层理 53.7m
13. 灰绿色薄层中细粒长石岩屑砂岩—页片状粉砂岩—页岩构成三个较大的砂泥旋回，由下往上粒度由粗变细，砂岩变薄，泥岩变厚。韵律性层理 55.8m
12. 灰绿色页岩夹灰绿色薄层中细粒长石岩屑砂岩，中部砂岩与页岩互层，且砂岩中夹有两层砂岩球，粒度由粗变细，层理由厚变薄。发育小型直线—弯曲状干涉不对称波痕 160.4m
11. 灰绿色薄层中细粒长石岩屑砂岩夹灰绿色页岩，砂泥韵律层理发育 9.4m
10. 灰绿色中薄层不等粒长石岩屑砂岩夹灰黑色页岩，中部为灰绿色薄层钙质含粒不等粒岩屑石英砂岩与灰黑色泥岩互层，上部为灰绿—灰黑色页岩夹灰绿色钙质细粒岩屑长石砂岩及透镜状砾岩。块状层理，平行层理，板状斜层理发育 125.0m
9. 灰绿色页岩夹灰绿色中—薄层细粒长石岩屑砂岩。底部夹两层灰色薄层钙质细粒岩屑石英砂岩，上部砂岩与灰黑色页岩互层，砂泥韵律层理发育 116.4m
8. 由两个灰红色砾岩—灰绿色粗粒不等粒长石岩屑砂岩—灰黑色页岩韵律构成，由下往上粒度变细，砂砾岩变薄变少，页岩变厚变多。正粒序 16.2m
7. 灰黑色页岩夹灰绿色薄层中细粒长石岩屑砂岩，及一层透镜状砾岩 65.1m
6. 灰绿色厚层不等粒长石岩屑砂岩夹灰红色砾岩、灰黑色页岩。正粒序 80.7m
5. 灰黑色页岩夹灰绿色薄层状细粒长石岩屑石英砂岩 165.7m
4. 灰黄绿色、浅灰红色中薄层白云质含砾中粗粒长石岩屑石英砂岩夹灰黑色页岩、炭质页岩，顶部为1.5m厚砂质砾岩 41.8m
3. 灰绿色钙质页岩与灰绿色薄层细粒长石岩屑砂岩互层，平行层理 68.5m
2. 灰绿色中—薄层细粒长石岩屑砂岩夹灰绿色页片状粉砂岩。韵律层理 42.2m
1. 灰黑色粉砂质页岩夹灰黑色钙质泥岩、灰绿色细粒长石岩屑砂岩。钙质泥岩呈透镜状，砂岩斜层理发育 8.4m

══════断层接触══════

二叠系黄羊岭组(P_2h)

3. 地层特征

该组主要分布于东南部黄羊岭至前进达坂一带，呈北东向带状展布，南西、北东两端分别延伸到区外。地层整体向南倾，倾角较陡，一般40°～60°。地貌特征表现为突出的带状山脊，与两侧其他地层地貌截然不同。底部与二叠系黄羊岭组断层接触，上未见顶，局部被侏罗系叶尔羌群不整合覆盖，主要为一套河湖相碎屑岩建造。底部岩性为灰绿色薄层—中厚层细粒长石岩屑砂岩、钙质细粒岩屑石英砂岩、灰绿色厚层不等粒长石岩屑砂岩、白云质含砾中粗粒长石岩屑石英砂岩、钙质含砾不等粒岩屑石英砂岩、灰红色中薄层砾岩、砂砾岩夹灰黑色页岩、炭质泥岩、灰绿色页片状粉砂岩及透镜状钙质泥岩。块状层理、板状斜层理、水平层理发育，具正粒序。下部岩性为灰绿色薄层细粒长石岩屑砂岩、中细粒长石岩屑砂岩、黄绿色页片状粉砂岩与灰绿色页岩不均匀互层，砂泥比为1∶1～1∶2。以砂泥韵律层理、平行层理为主，砂岩层面发育小型直线—弯曲状不对称波痕；中下部为灰绿色页岩、灰—灰黑色页岩夹灰绿色薄层白云质细粒长石岩屑砂岩、粉砂质细粒长石岩屑砂岩、粘土质砂质长石岩屑粉砂岩，偶夹紫红色泥（页）岩、深灰色薄层不等粒长石岩屑砂岩。砂泥比为1∶4～1∶8，粉砂岩中含植物化石碎片，大多为宽3mm、长约2cm的（芦木）叶片。砂岩中含较多的砂岩球（图版Ⅰ-5），其大小一般为15～20cm，大者40～50cm，成分与砂岩基本一致，多顺层产出，且由下往上，砂岩球含量由少到多。平行层理、斜层理发育，局部粉砂岩层面发育小型鱼鳞状干涉波痕；中上部为灰—灰绿色薄层钙质中细粒长石岩屑砂岩、细粒长石岩屑砂岩、白云质细粒长石岩屑砂岩与灰绿色页片状粉砂岩互层，夹灰色页岩及透镜状黑色含泥质微晶灰岩。砂岩风化面呈褐红色，页岩多呈灰黄色。由下往上砂岩颜色由灰绿色渐变为灰—深灰色，并偶含砂岩球。以块状层理、平行层理为主，粉砂岩层理较发育，砂泥比为 4∶1。上部为灰黑色页岩夹灰—灰绿色薄层细粒长石岩屑砂岩、中细粒长石岩屑砂岩、灰绿色含硅质页岩及紫红色泥质粉砂岩，局部砂泥互层。顶部砂岩中含少量砂岩球，粉砂岩具水平纹层理、细小波状纹层理，砂岩发育小型楔状层理(图版Ⅰ-6)、平行层理及砂泥韵律层理。

该组地层结构及沉积层序如图 2-28 所示，从底到顶为灰红色砾岩-砾质粗粒长石岩屑石英砂岩-不等粒长石岩屑砂岩-灰黑色页岩组成由粗到细的沉积层序，砾岩厚度较小，一般 0.5～1.5m，呈扁平透镜体状，具正粒序，砾石杂乱排列，成分以硅质岩、石英岩为主，磨圆度中等，分选一般。砾质砂岩的成分成熟度较高，而结构成熟度低。不等粒长石岩屑砂岩，厚一般 0.8～1.0m，碎屑磨圆度、分选性差，成分成熟度、结构成熟度均低，发育板状斜层理，其特征属河道滞留沉积。下部沉积层序由中细粒砂岩-粉砂岩-页岩组成，单个沉积层序厚 3～20m，其层序的下部主要由粉砂岩组成，上部为泥岩。粉砂中含植物化石碎片，层面见小型直线状不对称波痕。层序由下往上粒度变细，砂岩厚度由厚变薄，页岩则由薄变厚，属河岸边滩或天然堤沉积。中下部及上部沉积由砂岩-页岩组成，砂岩单层厚 0.2～1.0m，页岩单层厚 1.5～6m，砂泥比为 1∶4～1∶5。砂岩主要为细粒长石岩屑砂岩、粘土质砂质长石岩屑粉砂岩及粘土质砂质长石岩屑砂岩，呈灰绿色、灰黑色条纹状，发育平行层理、水平纹层理、微波状纹层理，及小型斜层理、砂泥韵律层理，成分成熟度、结构成熟度均很低。由下往上页岩由灰绿色过渡为灰黑色，局部呈紫红色，属漫滩湖泊及岸后沼泽沉积。中上部沉积层序由细粒砂岩-粉砂岩组成，砂岩呈小于 10cm 的薄层状，粉砂岩呈 1～2cm 的页片状，其间夹黑色泥页岩及透镜状黑色含泥质微晶灰岩，砂泥比为 4∶1，块状层理、平行层理。由下往上沉积层序由薄变厚，粒度由粗变细，砂岩由灰绿色渐变为灰—深灰色，属河岸边滩或砂坝沉积。

横向上岩性、厚度变化较大，黄羊岭北一带实测地层厚度为 4 028.7m。剖面以西，白沙岭东至三道河子南西一带，底部岩性为灰—深灰色白云质不等粒长石岩屑砂岩、细粒岩屑砂岩、长石岩屑石英砂岩夹极不稳定的透镜体状砾岩；下部为灰紫色中粗粒长石岩屑砂岩夹灰色薄层粉砂质泥岩；中部及上部为灰—浅灰绿色砂质泥岩夹细粒长石岩屑砂岩，局部泥岩呈灰黑色，且砂泥互层。一般砂岩单层厚 30cm，泥岩单层厚 60cm，砂泥比为 1∶2，出露宽度 2～4km。在三道河子南—前进达坂间，下部和中部岩性为灰黑色泥岩夹灰绿色含砾不等粒长石岩屑砂岩、细粒长石岩屑砂岩，局部呈不均匀互层，上部为黄褐色中薄层长石岩屑砂岩夹黑色泥岩，碎屑磨圆度较差，分选性差，砂岩成分成熟度、结构成熟度均很低，目估地层厚度约 2 300m。前进达坂一带岩性主要以灰—灰黑色页岩、炭质页岩与细粒岩屑长石砂岩互层为特征，局部夹紫红色砂岩、泥岩。前进达坂往西至黑石北湖幅卧龙岗，岩性为灰—灰黑色粉砂质粗粒长石岩屑砂岩、中—细粒岩屑长石砂岩、岩屑砂岩、泥岩夹砾岩、砂砾岩及劣质煤层、煤线，含植物化石 *Bernozllin* sp.，*Sinozamites leeiana*，*Glossophyllum shansiensis*。地层厚度约 2 523.0m。

4. 岩石特征及沉积环境分析

(1)岩石特征

按其碎屑成分和粒度分为砾岩类、砂岩类、泥质岩类，不同类型砂岩的岩石特征如表 2-13 所示。

①砾岩类。岩石类型有细砾岩、砂砾岩、含砂质硅质砾岩，多呈灰红色，砂砾状结构，块状构造，主要由砂质和砾质组成，砾石含量 60%～80%，成分为硅质岩、燧石、石英，其次含少量泥岩、粉砂质泥岩砾。砾径 2～30mm，次棱角—次圆状，磨圆度较差，分选性中等，具正粒序。均呈透镜体状，出现于该组底部及下部。

②砂岩类。又可分为石英砂岩、长石砂岩、岩屑砂岩和粉砂岩。石英砂岩类有含砾中粗粒长石岩屑石英砂岩、钙质细粒岩屑石英砂岩、钙质含砾不等粒岩屑石英砂岩，主要出现于该组底部及下部，以灰绿色为主，碎屑成分石英以单晶为主，石英岩、硅质岩、石英砂岩少量；长石砂岩以斜长石为主；岩屑砂岩由泥质岩、千枚岩、中酸性火山岩、碳酸盐岩组成。碎屑总含量为 80%～87%，胶结物含量 10%，杂基含量小于 2%。成分成熟度较高，结构成熟度低。

表 2－13 卧龙岗组不同类型的砂岩岩石特征表

特征 / 名称	组分及含量(%)						胶结物		杂基		胶结组构			成分成熟度	结构成熟度
	石英	长石	岩屑	重矿物	粒度(mm)	形态	含量(%)	成分	含量(%)	成分	支撑类型	胶结类型	粒间关系		
白云质含砾中粗粒长石岩屑石英砂岩	75	10	15	少量	0.02～0.3	次棱角	13	白云质铁质	2	粘土矿物	颗粒支撑	孔隙式	点-线接触	较高	低
钙质细粒岩屑石英砂岩	80	5	15		0.02～0.3	棱角次棱角	40	方解石、铁质	少量		微晶支撑	基底式	漂浮状	较高	低
钙质含砾不等粒岩屑石英砂岩	84	5	10	1	0.05～1.2	次棱角	10	方解石铁质	3	粘土矿物	颗粒支撑	孔隙式	点接触	较高	低
钙质细粒岩屑长石砂岩	74	15	10	1	0.03～0.25	棱角次棱角	20	方解石铁质	5	粘土矿物	粉晶支撑	基底式	点-漂浮状	低	低
不等粒长石岩屑砂岩	44～57	10～15	30～40	少量～3	0.06～1.2	棱角次棱角	3	方解石铁质	10	粘土矿物绿泥石	颗粒支撑	孔隙式	点-线接触	低	低
中细粒长石岩屑砂岩	43～49	10～20	35～40	1～2	0.05～0.7	次棱角	1～5	铁质硅质	10	粘土矿物绢云母	颗粒支撑	孔隙式	点-线接触	低	低
钙质中细粒长石岩屑砂岩	49	10	40	1	0.03～0.6	次棱角	15	方解石铁质	3	方解石铁质	颗粒支撑	孔隙式	点接触	低	低
细粒长石岩屑砂岩	39～59	10～20	30～45	1	0.03～0.25	次棱角	2～5	方解石白云石	10	粘土矿物绢云母	颗粒支撑	孔隙式	点-线接触	低	低
钙质细粒长石岩屑砂岩	60	10	30	少量	0.03～0.3	棱角次棱角	40	方解石铁质	少量		粉晶支撑	基底式	漂浮状	低	低
白云质细粒长石岩屑砂岩	45	15	40	少量	0.03～0.3	次棱角	15	白云石铁质	3	粘土矿物	颗粒支撑	孔隙式	点-线接触	低	低
粉砂质细粒长石岩屑砂岩	54	10	35	1	0.01～0.3	棱角次棱角	1	方解石铁质	15	粘土矿物	杂基支撑	基底式	点-漂浮状	低	低
粘土质砂质长石岩屑粉砂岩	69	10	20	1	0.01～0.45	棱角次棱角	1	碳酸盐岩	25	高岭石水云母	杂基支撑	基底式	漂浮状	低	低

长石砂岩类为钙质细粒岩屑长石砂岩，出现于该组中部及上部。碎屑含量 60%～70%，胶结物含量 30%～40%，碎屑磨圆度较差，分选性中等，基底式胶结，成分成熟度、结构成熟度均低。

岩屑砂岩类有不等粒长石岩屑砂岩、中—细粒长石岩屑砂岩、钙质中细粒长石岩屑砂岩、细粒长石岩屑砂岩、钙质细粒长石岩屑砂岩、白云质细粒长石岩屑砂岩、粉砂质细粒长石岩屑砂岩。其中不等粒和中细粒长石岩屑砂岩主要出现于该组下部，粉砂质细粒长石岩屑砂岩出现于该组上部。该类砂岩以灰、深灰色、灰绿色为主，不等粒砂状结构或细粒砂状结构，层状构造，碎屑由石英、长石、岩屑及重矿物组成，含量 85%～89%；胶结物成分为铁质、硅质，含量 1%～5%；杂基为粘土矿物，含量小于 10%，且部分重结晶；重矿物有绿帘石、石榴石、锆石、磷灰石、电气石，含量小于 1%。成分成熟度、结构成熟度均低。

③泥质岩类。主要为页岩、硅质页岩、炭质泥岩。以黑色、灰黑色为主，局部呈紫红色，页理构造发育，成分主要由针状、鳞片状粘土矿物组成，含量约 85%，其次为炭质或硅质。

(2)沉积环境分析

综上所述，卧龙岗组据其岩性、岩相组合、沉积构造，并结合沉积层序和岩矿特征，总体为一套河流沉积的碎屑岩建造。从下往上，其亚环境大致分为河道、河岸、河漫滩(图 2－28)。

河道：以河底残留沉积、曲流沙坝沉积为主，沉积物主要为砾岩、砂砾岩、含砾不等粒岩屑石英砂岩、含砾中粗粒长石岩屑石英砂岩、细粒—不等粒长石岩屑砂岩石，其次为粉砂岩、泥质岩。砾岩呈不连续的厚度不大的扁平透镜体状，具正粒序。砂岩发育板状斜层理、平行层理。成分成熟度较高，结构成熟度较低。

河岸：为天然堤或边滩沉积，沉积层序如图 2－28 所示。沉积物为细粒长石岩屑砂岩石、钙质细粒长石岩屑砂岩、白云质细粒长石岩屑砂岩、粉砂岩、泥(页)岩，砂岩中含有大量植物化石碎片及有机质，层面见小型直线状不对称干涉波痕，平行层理发育。砂岩成分复杂，岩屑含量达 35%～40%，成分成熟度、结构成熟度均低。

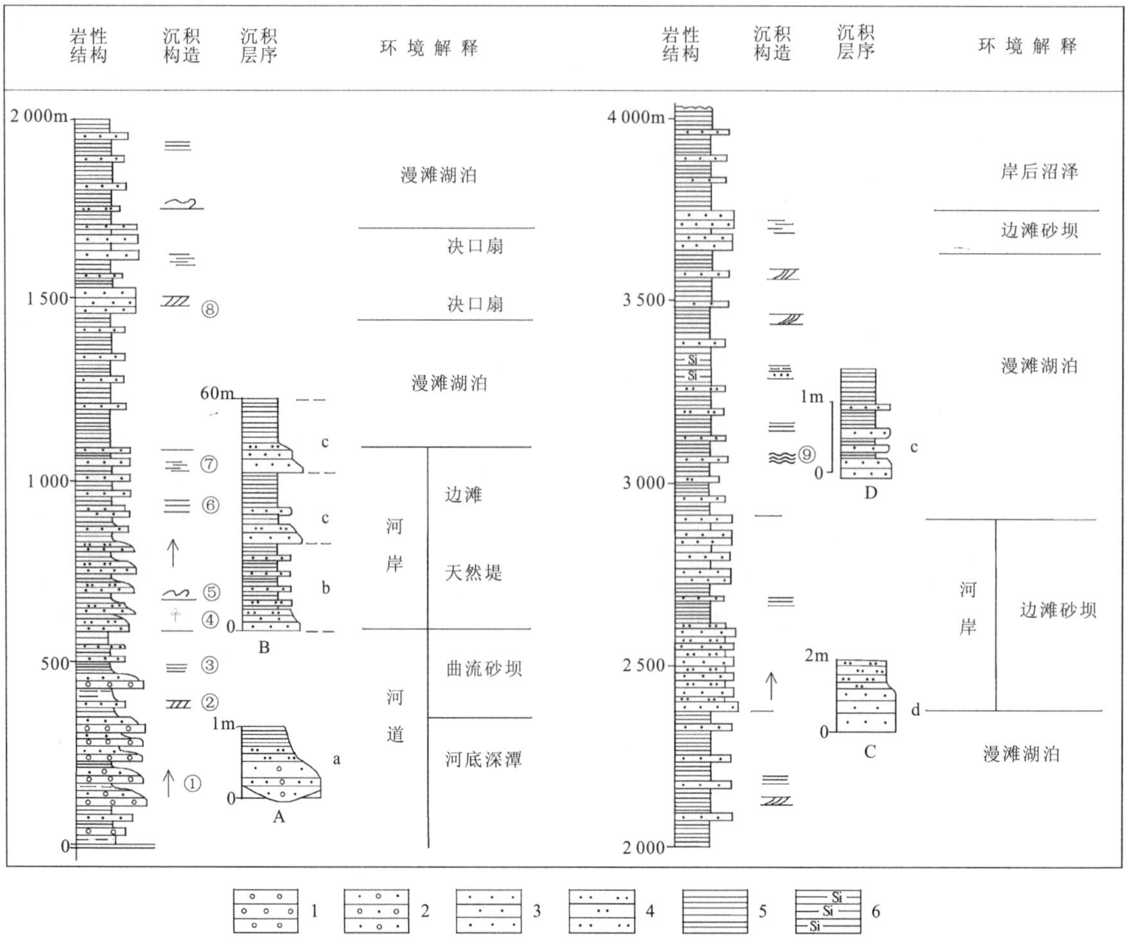

图 2-28　卧龙岗组地层结构、基本层序及沉积环境分析

1. 砾岩；2. 砂砾岩；3. 细砂岩；4. 粉砂岩；5. 泥（页）岩；6. 硅质面岩；

①正粒序；②板状斜层理；③水平层理；④植物化石；⑤不对称波痕；⑥砂泥韵律层理；

⑦平行层理；⑧低角度斜层理；⑨波状水平纹层

河漫滩：以漫滩湖泊和河漫沼泽沉积为特征，沉积物以黑色页岩、炭质泥岩、硅质页岩为主，夹薄层细粒长石岩屑砂岩、粘土质砂质细粒长石岩屑砂岩、粘土质砂质长石岩屑粉砂岩及煤层、煤线。砂岩呈灰、灰绿、黑色条纹状，发育水平纹层理、微波状纹层理及小型低角度斜层理，层面构造见小型鱼鳞状干涉波痕。单层厚度一般 0.2～0.5m，粒度较细，成分复杂，成熟度低。砂泥比极小，主要是决口扇沉积的薄的砂质层延伸至河漫湖泊之中的结果。砂泥质岩多呈黑色、灰黑色，页理构造发育，局部炭质或硅质含量较高，形成炭质页岩和硅质页岩。表明当时气候温暖潮湿，利于植物生长，局部形成河漫沼泽，横向上沉积形成不连续的劣质煤层、煤线。

5. 时代划分依据

据新疆地矿局第一区调大队一分队所测卧龙岗组剖面资料，在灰黑色粉砂岩中采集到大量植物化石：*Nelcalamites carrel*，*Drepanozamites* sp.，*Bernozllin* sp.，*Sinozamites leeiana*，*Glossophyllum shansiensis*。所采植物化石 *Bernozllin* sp.，*Sinozamites leeiana*，*Glossophyllum shansiensis* 常见于天山南北的晚三叠世。*Drepanozamites* sp. 在江西、湖南等地的上三叠统中常见。因此将卧龙岗组的时代划归晚三叠世。

(二)侏罗系叶尔羌群(J_2Y)

1. 地层沿革、分布及划分依据

叶尔羌群为德·泰拉(1932)在塔里木盆地西至昆仑山进行地质考察所创立。H·A·别良耶夫斯基(1946)又将该套沉积命名为含煤岩系。地质部第十大队(1957)在艾格留姆河工作时,将该套地层划为艾格留姆岩系。西北煤田地质局156队(1962)又将艾格留姆岩系划为叶尔羌群。新疆区域地层表编写组(1981)将出露于托云、昆仑山、阿尔金山等地的一套湖沼相含煤碎屑岩划为叶尔羌群,其时代划归早—中侏罗世。本次对比研究认为分布于图幅南东黄羊岭、白沙梁东一带,岩性为暗紫红—紫红—灰黄等杂色泥岩、黑色泥岩夹紫红色—灰黄绿色砂岩、粉砂岩、砾岩及介屑砂岩、泥晶介屑灰岩和煤(线)层的一套地层,与叶尔羌群上部黑色泥岩、杂色碎屑岩为主的岩性组合一致,时代为中侏罗世。

2. 剖面描述

剖面位于新疆民丰县黄羊岭北、白沙岭东一带,起点坐标:$X=4\ 016\ 190$,$Y=14\ 766\ 890$,$H=4\ 925$m;终点坐标:$X=4\ 021\ 631$,$Y=14\ 765\ 300$,$H=4\ 975$m。

叶尔羌群(J_2Y)　　　　厚度>557.3m

(未见顶)

16. 暗紫红色泥岩夹紫红色、灰黄绿色厚层细长石岩屑砂岩。发育楔状交错层理　13.6m
15. 灰黑色页岩夹灰黄绿色中层细粒长石砂岩及黑色介壳砂岩层　12.2m
14. 灰黑色页岩与灰黄绿色页片状粉砂岩互层,夹三层灰黄绿色中薄层中细粒岩屑长石砂岩,砂岩风化面呈褐色。水平层理、脉状层理发育　28.4m
13. 灰黑色页岩与灰黄绿色中薄层细粒长石岩屑砂岩呈不均匀互层。下部夹3m厚介壳泥质粉砂岩。水平层理、脉状层理发育　48.1m
12. 灰黑色页岩夹灰黄绿色页片状粉砂岩,及三层10~40cm厚的褐红色钙质细粒介壳砂岩。波状水平层理、脉状斜层理发育　29.2m
11. 灰黑、灰黄绿色中薄层中粒长石岩屑砂岩与黑色泥(页)岩互层,构成5个砂泥韵律　6.5m
10. 黑色炭质页岩、杂色泥页岩夹灰黄绿色中薄层白云质细粒长石岩屑砂岩、钙质细粒介壳粉砂岩。底部砂岩含砾,层面上往往构成3~5cm厚的细粒介壳砂岩,可见5~6层。中间一层为介壳泥晶灰岩。平行层理、斜层理发育。含丰富的双壳类:*Nucinella* sp.(果核贝未定种)　62.9m
9. 暗紫红色泥岩、杂色(灰黄绿色、紫红色)泥岩夹灰黄绿色薄层细粒岩屑石英砂岩,局部泥岩页理发育。水平层理、小型斜层理发育　125.4m
8. 灰黑色、灰黄绿色泥页岩夹黄绿色中薄层细粒长石砂岩　17.7m
7. 暗紫红、灰黄等杂色泥岩夹紫红、暗紫红色中层白云质细粒长石岩屑砂岩。中下部砂岩中夹4cm厚的暗紫红色介壳砂岩,低角度交错层理、水平层理发育。砂泥比为1∶4。含丰富的双壳类 *Aucella mosguensis*(*Rouillier*)(莫斯科奥赛贝)　86.4m
6. 灰色泥页岩夹灰、灰白色中薄层白云质细粒长石岩屑砂岩。平行层理　12.0m
5. 紫红、暗紫红泥岩夹灰黄绿色中薄层中细粒岩屑石英砂岩。夹层厚0.6~0.8m,中部夹0.5m厚含白云质泥晶灰岩　5.3m
4. 灰色页岩、泥岩夹灰白色中薄层中粗粒岩屑石英砂岩。平行层理、斜层理发育　15.1m
3. 灰黑色中厚层砾岩。砾石成分单一,为燧石、脉石英,砾径0.2~2cm,分选、磨圆度中等,钙质胶结,颗粒支撑。具正粒序　34.9m
2. 灰、灰黑色页岩夹灰、灰黄色页片状薄层细粒岩屑石英砂岩　5.6m
1. 黑色页岩、灰黑色薄层细粒岩屑石英砂岩夹粉砂质泥晶灰岩、叠锥灰岩及煤(线)层　54.2m

~~~~~~~~~~角度不整合接触~~~~~~~~~~

下伏地层:三叠系上统卧龙岗组
~~~~~~~~~~

3. 地层特征

叶尔羌群分布于图幅南东部黄羊岭北、白沙岭东至前进达坂一带，出露范围较小，呈窄条状零星分布，以角度不整合覆盖于三叠系上统卧龙岗组或二叠系黄羊岭组之上(图 2-29)。该组岩性底部为黑色页岩夹灰、灰黑色细粒岩屑石英砂岩、黑色叠锥灰岩及煤(线)层。叠锥灰岩共有 5 层，最下一层厚 30cm，其余为 3～5cm，叠锥在纵面上呈"V"字形，层面上呈同心包卷状，锥顶朝下(图版Ⅰ-7)。煤(线)层见有两层，由于出露较差，厚度不详；下部为灰色泥(页)岩、灰色中厚层砾岩夹灰—灰白色中薄层细粒长石岩屑砂岩、

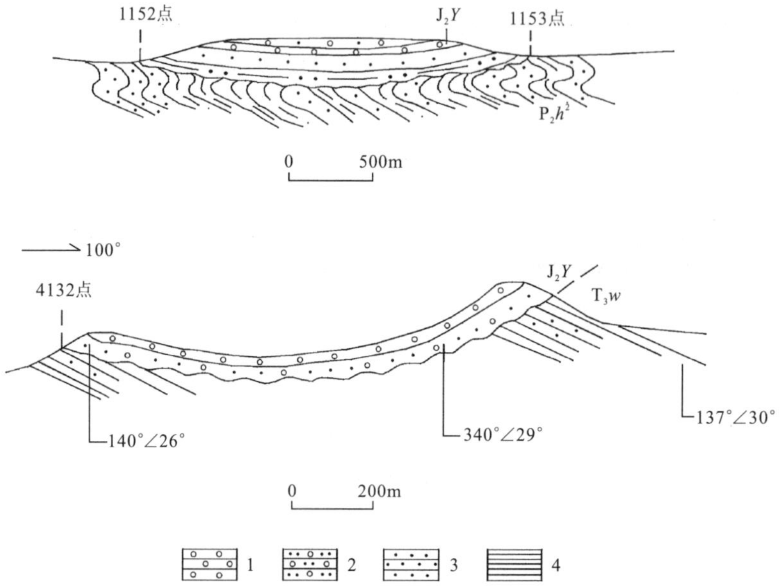

图 2-29　侏罗系叶尔羌群(J_2Y)与二叠系黄羊岭组(P_2h)及三叠系卧龙岗组(T_3w)接触关系图

1. 砾岩；2. 砂砾岩；3. 砂岩；4. 页岩

含砾粗粒岩屑石英砂岩及一层 0.5m 的灰白色白云质泥晶灰岩。砾岩中夹 0.6～0.8m 厚的透镜状或似层状含砾粗砂岩，层间冲刷-侵蚀构造发育。平行层理、单斜交错层理为主，泥岩局部页理发育。地层色调自下向上，由灰黑—灰黄绿色渐变为暗紫红色—紫红色；中部岩性为暗紫红色、紫红色、灰黄绿色等杂色泥岩夹紫红—灰黄绿色中层白云质细粒长石岩屑砂岩、粉砂岩，砂泥比为 1∶4。其中靠下一层砂岩层面见有 4cm 厚的深紫红色介壳层(图版Ⅰ-8)，低角度交错层理、水平层理发育；上部岩性为灰黑色页岩夹灰黄绿色页片状粉砂岩、薄层中细粒长石岩屑砂岩、褐红色钙质细粒介壳砂岩、泥晶介屑灰岩。砂岩厚度均小于 0.5m，底部有时含砾，粉砂岩层面多见 3～10cm 厚的褐色红钙质细粒介壳砂岩或泥晶介屑灰岩，发育平行层理、小型斜层理及脉状层理、大型楔状交错层理(图版Ⅱ-1、2)。含丰富的生物化石，以双壳类为主：*Inoperna perplicata*(Etallan)(多纹无盖贝)，*Aucella mosguensis*(Rouillier)(莫斯科奥赛贝)，*Nucinella* sp.(果核贝未定种)，*Isoarca* cf. *exata*(Munster)(编织等箱蛤)。据实测地层剖面资料，在黄羊岭北、白沙岭东一带该组厚度 557.3m，横向上岩性、厚度变化较大。剖面往西至白沙岭东一带，底部及下部岩性为黑色极薄层泥岩、灰黄色—褐色砾岩夹灰黑—灰绿色泥质粉砂岩。黑色泥岩页理发育，厚约 20m。砾岩层间夹透镜状粗砂岩，冲刷-侵蚀构造发育，自下向上砾石由大变小，磨圆度较差，分选性中等。中部岩性为灰绿、灰紫红色粉砂质泥岩与灰绿色长石岩屑砂岩不均匀互层，夹褐色薄层介壳层，砂岩表面呈褐红色。上部地层已剥蚀，出露厚度约 450m。在白沙岭东往西至三道河子南东一带，岩性为灰黑色含粉砂质泥页岩夹灰黑色细粒岩屑石英砂岩、灰白色粗粒岩屑石英砂岩及灰黑色砾岩。在灰黑色泥岩中见硅化木(图版Ⅱ-3)，直径约 60cm，顺层产出。镜下硅化木横切面具明显的年轮，宽 0.5～2.0mm，由管状细胞组成，管胞断面呈四方形或椭圆形，大小 0.02～0.04mm，硅质充填。管细胞壁厚约 0.002mm，许多同形木射线宽 0.02～0.03mm，切穿年轮。砂岩平行层理、板状交错层理发育，出露厚度 80～120m。在三道河子南西一带，岩性为灰黄色厚层砾岩、灰—灰绿色含砾粗粒岩屑石英砂岩夹灰黑色泥岩，中上部地层已剥蚀，厚度约

220m。在前进达坂北东一带，岩性为灰色厚层砾岩、砂砾岩、含砾粗粒岩屑长石石英砂岩，厚度 40～60m。以黑色页岩夹砂岩、灰岩及煤(线)层为组合的底部地层缺失(?)，砾岩、砂砾岩直接覆盖于三叠系上统卧龙岗组之上。总体由东往西，厚度变薄。

据岩性组合及纵向叠覆规律、冲刷-侵蚀间断面特征，该组可识别出 A、B、C 三种类型的基本层序，其地层结构及基本层序类型如图 2-30 所示。A 型基本层序：发育于下部，由砾岩(a)—砂岩(b)—泥页岩(c)组成，层序厚 0.2～3.0m，层序间为冲刷-侵蚀接触，层序内为沉积渐变过渡关系。由下向上，粒度由粗变细，层序厚度由厚变薄。其中 a 层向上变薄或缺失，b 层、c 层向上由薄变厚，砂岩发育水平层理或板状交错层理。B 型基本层序：发育于中部，主要由砂岩(b)—泥岩(c)组成，其厚度一般 2～8m，平均厚 5m。由下向上，粒度由粗变细，其中 b 层厚 0.3～1.0m，发育低角交错层理，c 层厚 2～5m，发育水平纹层理或

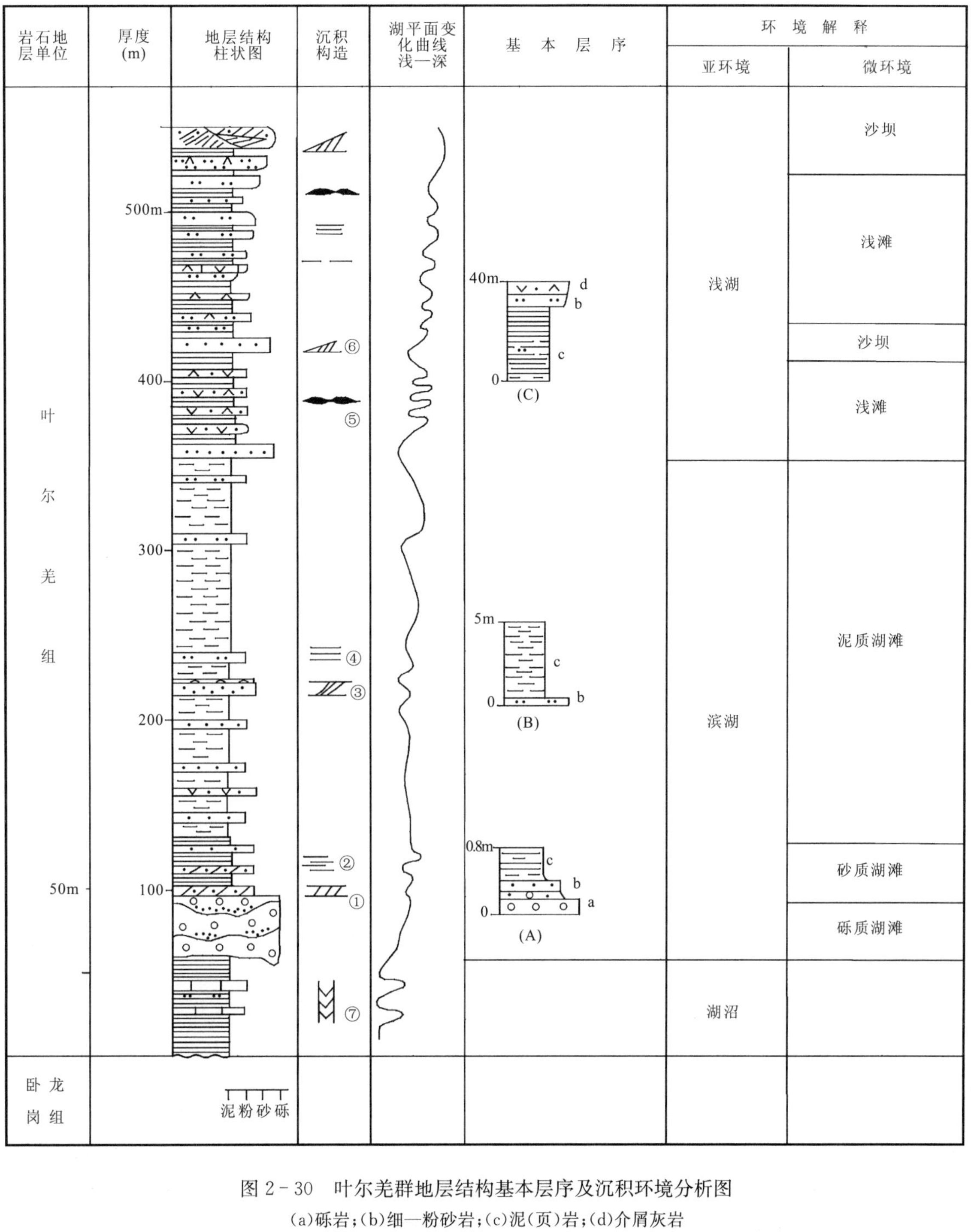

图 2-30 叶尔羌群地层结构基本层序及沉积环境分析图

(a)砾岩；(b)细—粉砂岩；(c)泥(页)岩；(d)介屑灰岩

①板状交错层理；②平行层理；③低角度交错层理；④水平层理；⑤脉状层理；⑥楔状交错层理；⑦叠锥

韵律性层理。C型基本层序：发育于上部，由泥岩(c)—砂岩(b)—灰岩(d)组成，厚一般3～10m。c层为灰黑色泥(页)岩，水平纹层理，厚3～5m。b层为粉砂岩、细粒长石岩屑砂岩，与c层渐变过渡，发育平行层理、脉状层理或大型平缓楔状交错层理，厚度一般0.5～0.7m。d层为褐红色薄层介壳砂岩、粉砂岩，与b层间为冲刷-侵蚀接触，厚1～3cm。由下向上，粒度由细变粗，层序厚度由薄变厚，其中b层变厚，c层变薄，d层经常缺失，色调自下向上由灰黑—灰黄绿色渐变为暗紫红色—紫红色。

4. 岩石特征及沉积环境分析

(1)岩石特征

该组以砂岩、泥岩为主，其次有少量砾岩、碳酸盐岩和煤。砂岩的岩石类型及特征如表2-14所示。

表2-14　叶尔羌群不同类型岩石特征表

特征/名称	组分及含量(%)						胶结物		杂基		胶结机构			成分成熟度	结构成熟度
	石英	长石	岩屑	生物屑	粒度(mm)	形态	含量(%)	成分	含量(%)	成分	支撑类型	胶结类型	粒间关系		
中粗粒岩屑石英砂岩	75	少量	25		0.2～1.0	次棱角	10	白云质铁质	5	粘土矿物绢云母	颗粒支撑	孔隙式	线接触	较高	较低
细粒岩屑石英砂岩	75	5	20		0.1～0.35	次棱角	10	铁质硅质	5	粘土矿物绢云母	颗粒支撑	孔隙式	线接触	较高	较低
细粒长石岩屑砂岩	69	10	20		0.03～0.3	次棱角	30	白云质铁质	少量	白云质铁质	亮晶支撑	基底式	点-漂浮状	低	低
钙质细粒介壳砂岩	50	少量	10	40	0.03～0.45	次棱角棱角	15～20	方解石铁质	少量		颗粒支撑	孔隙式	点-线接触	低	低
白云质介壳粉砂岩	65	少量	5	30	0.01～0.15	次棱角棱角	40	白云质铁质			泥质支撑	基底式	漂浮状	低	低
介壳砂岩	15	少量	少量	75	0.1～0.4	次棱角棱角	10	方解石			颗粒支撑	孔隙式	线接触	低	低

砂质硅质细粒砾岩：分布于叶尔羌群下部，呈灰、灰黑、灰黄绿色，中厚层状，砾状结构。成分由砂和砾组成，砾石含量60%～70%，砂质含量30%～40%。砾石成分以黑色燧石、灰绿色硅质岩、石英岩为主，约占80%；其次为泥岩和灰岩，约占10%。砾石大小一般2～8mm，大者1～2cm，形态呈次棱角状、次圆状，磨圆度较差，分选性中等。砂质由石英和岩屑组成，大小0.1～1.8mm，次棱角状、次圆状。杂基含量小于10%。孔隙式胶结，颗粒支撑，成分成熟度、结构成熟度较高。

细粒岩屑石英砂岩、中粗粒岩屑石英砂岩：分布于该组下部，呈灰、灰白色，细粒或粗粒砂状结构，层状构造。碎屑成分石英以单晶为主，占石英类的60%；硅质岩和石英岩约占40%。岩屑成分为泥岩、千枚岩、中酸性火山岩、碳酸盐矿物及白云母、黑云母。碎屑呈次棱角状，磨圆度较差，分选性中等。粘土杂基部分重结晶，成分成熟度较高，结构成熟度较低。长石岩屑砂岩主要分布于该组中上部，呈灰黄绿色、紫红、暗紫红色，砂屑磨圆度较差，分选性中等，部分次生加大，碳酸盐化。成分成熟度、结构成熟度均低。

钙质细粒介壳砂岩、介壳粉砂岩：分布于该组上部，呈褐红色，生物碎屑结构。成分由介壳和砂质组成，介壳呈长条状、弧状，长轴平行层面定向紧密排列，多具双层式或三层式，形态保存较完整，大小0.05mm×0.2mm～0.25mm×5.0mm。砂质成分主要为石英、岩屑，少量长石和重矿物。磨圆度差，分选性中等。成分成熟度、结构成熟度均低。

泥质岩类：是叶尔羌群的主要岩性之一，为泥岩和页岩，其碎屑成分均由粘土矿物和粉砂组成，下部和上部以黑色为主，页理发育；中部以紫红、暗紫红色及杂色为特征，发育块状层理或砂泥韵律层理、季节性水平纹层。

碳酸盐岩：类型为含白云质泥晶灰岩、粉砂质泥晶灰岩、叠锥灰岩。呈灰—灰黑色，泥晶结构，成分主要为泥晶方解石(含量70%～80%)，其次为白云石、粉砂、粘土质及铁质。叠锥灰岩较为特殊，以特有的叠锥构造为特征，由一连串的漏斗状锥体套叠在一起组成，层面上呈同心圈状，纵切面则呈“V”字形套锥，锥高一般为3～5cm，锥顶角为30°～60°。镜下由锥轴平行排列的纤维状方解石组成，锥层面中分布有褐色铁质。

(2)沉积环境分析

中侏罗世本区地貌形态高低起伏明显，在低洼处沉积了黑色泥岩、黑色粉砂岩、煤及黑色(藻)灰岩，黑色泥岩中见硅化木植物化石，岩石特征及岩相组合说明该区气候温暖潮湿，植物茂盛，盆地中湖沼发育。随着湖盆的下沉，由湖沼沉积演变为滨浅湖沉积，因碎屑物供应充足，在开阔的湖岸形成砂砾质湖滩和泥质湖滩。砂砾质湖滩沉积物主要为砾岩、含砾粗粒岩屑石英砂岩，夹少量粉砂岩和泥岩。砾石磨圆度较差，分选性中等，层间冲刷-侵蚀面发育，砂岩的成分成熟度和结构成熟度较高，具平行层理，低角度板状交错层理，其岩石特征、岩性组合及沉积构造充分体现了砂砾质湖滩的沉积特征，基本层序类型为A型，由下向上粒度由粗变细，砾岩变薄，砂岩-泥岩变厚，表明湖盆范围遂渐扩大，湖面升高。因后期供应物质的改变，以泥质物为主而形成泥质湖滩，沉积物以泥岩、粉砂质泥岩为主，偶夹细粒长石岩屑砂岩，发育水平层理、季节性韵律层理或低角度小型斜层理。泥岩颜色多为红、绿、灰和杂色，表明气候由温暖潮湿转为干旱型，为较强的氧化环境。所形成的基本层序类型为B型，其特征反映了该阶段湖盆的沉降速率与沉积物的充填速率大致相当，形成较厚的杂色泥岩段。中侏罗世后期湖盆沉降速率加快，湖水进一步加深，由滨湖相过渡为浅湖相，沉积物以黑色泥岩、灰绿色粉砂岩夹紫红色细粒长石岩屑砂岩和褐红色介壳砂岩为特征，发育平行层理、脉状层理或大型平缓楔状交错层，基本层序类型为下细上粗的反旋回型——C型，其岩相组合、沉积构造及沉积特征充分说明湖区地形平缓，沉积物质供应充足，在湖岸或湖中水下形成浅滩和沙坝，该时期气候温暖，河水注入的养料充分，介壳类生物极其繁盛，但由于环境间断性的改变，大量死亡的介壳被水流卷入沙坝或浅滩之上接受沉积，后又被较深水相的灰黑色泥岩覆盖。剖面中初步统计，可见介壳层有10～11层之多，壳体保存较完整，为准原地生物或生物碎屑，亦反映了当时地壳活动频繁或气候多变等地质现象。总体由下向上，该组粒度由粗变细，处于湖泊发育阶段的水进期。

5. 时代依据

实测剖面过程中，发现叶尔羌群上部粉砂岩层面上经常形成介壳富集层，均为双壳类：①双壳类贻贝科 *Inoperna perplicata* (Etallan)(多纹无盖贝)，该属 *Inoperna* 见于波兰、俄罗斯高家索上侏罗统；②双壳类海螂科 *Aucella mosguensis* (Rouillier)(莫斯科奥赛贝)，该种属见俄罗斯莫斯科区，也见于法国、波兰，属中上侏罗统；③小个体双壳类 *Nucinella* sp.(果核贝未定种)，见于俄罗斯地台顿巴斯，时代为侏罗纪；④*Isoarca* cf. *Texata* (Munster)(编织等箱蛤)，属 Ctenodontidae 科，见于德国上侏罗统。从上述古生物化石的时代来看，区内叶尔羌群的时代应划归中生代中侏罗世较合适。

(三)白垩系双伍山组($K_1\hat{s}$)

1. 地层沿革、分布及划分依据

双伍山组为贵州地调院2002年在新疆且末县双伍山一带创立。1∶50万和田幅曾将分布于赛勒果勒—库牙克一带以陆源碎屑岩建造为主的一套地层划归三叠系，但未命名。本次调查发现其岩性组合为灰、浅灰、灰绿色厚—薄层中细粒长石石英砂岩、含泥砾钙质岩屑石英杂砂岩、不等粒长石石英砂岩、长石岩屑砂岩夹粉砂岩、泥岩、砂质灰岩及砾岩，斜层理、板状交错层理、楔状交错层理发育，常见层面构造有波痕、泥裂、雹痕等。横向上与邻幅(1∶25万奥依亚依拉克幅)双伍山组西延部分相吻合，其岩性、岩相组合及沉积构造特征相似，因此将分布于赛勒果勒—库牙克—牙拉克以南的一套陆相碎屑岩建造厘定为白垩系双伍山组。

2. 剖面介绍

(1)赛勒果勒剖面

位于新疆民丰县赛勒果勒一带，剖面起点坐标为 $X=4\ 058\ 990$，$Y=14\ 748\ 900$，剖面总体由北西向南东测制，自上而下岩性为：

双伍山组($K_1\hat{s}$)　**厚度>2 246m**

（未见顶）

29. 灰绿色薄—中薄层细粒粘土质岩屑长石砂岩与灰红、紫红色中厚层粉砂岩，呈韵律状层理　107.4m
28. 灰色厚层粘土质含粉砂质细粒长石石英砂岩与紫红色薄层白云质粗粒石英粉砂岩互层。发育直线状对称波痕　13.1m
27. 灰绿色中薄层细粒粘土质岩屑长石砂岩夹灰绿色泥质粉砂岩　33.8m
26. 灰—灰紫色中层细粒长石石英砂岩夹少量粉砂质泥岩。局部砂岩含砾　18.0m
25. 灰绿色薄层粉砂质微晶灰岩夹薄层粉砂岩　7.5m
24. 灰绿色块状含粉砂粘土质微晶白云石。含5%左右的灰绿色钙质结核　18.7m

══════断层接触══════

23. 灰色中层—厚层细粒长石石英砂岩与灰—灰绿色白云质粗粒石英粉砂岩互层　134.3m
22. 紫红色薄层白云质粗粒石英粉砂岩与灰色中薄层含粉砂粘土质细粒长石石英砂岩互层，两者比为1∶1　37.2m
21. 灰—灰绿色粉砂岩、粉砂质泥岩与浅灰黄色中薄层细粒长石石英砂岩构成韵律性沉积层序　20.5m
20. 灰—深灰色薄层白云质石英粉砂岩与泥岩呈条纹条带状。波痕发育　18.1m
19. 浅灰黄色中—厚层细粒长石石英砂岩夹粉砂岩、粉砂质泥岩　5.5m
18. 灰黑色条纹状铁质白云质含砂质石英粉砂岩与灰色中层细粒石英砂岩互层。两者比为1∶1，发育直线状对称波痕　44.1m
17. 灰黄色中薄层细粒长石石英砂岩—灰色薄层粉砂岩—黑色粉砂质泥岩，组成由粗到细的沉积层序　14.7m
16. 灰白色中细粒含砂质石英质砾岩。具正粒序　5.4m
15. 灰白色中薄层中细粒岩屑长石砂岩。顶部为10m厚黑色泥岩　22.3m
14. 灰红—紫红色中薄层细粒岩屑长石砂岩与薄层泥质粉砂岩互层，顶部为10m厚的黑色薄层含云质泥岩夹云质粉砂岩。直线状、鱼鳞状不对称波痕发育　129.4m
13. 灰绿色中薄层细粒岩屑长石砂岩与灰色薄层泥质粉砂岩互层。中间夹一层1m厚的黑色粉砂质泥岩　77.8m
12. 紫红色、灰绿色中薄层细粒岩屑长石砂岩与薄层粉砂质泥岩互层，夹黑色泥质粉砂岩，发育弯曲状不对称波痕　312.6m
11. 灰紫红色中层—厚层细粒岩屑长石砂岩夹灰色薄层细粒长石砂岩。含微晶黄铁矿　8.6m
10. 灰绿色中层细粒白云质长石岩屑砂岩夹泥质粉砂岩。含微晶黄铁矿，水平层理、中型斜层理发育　186.5m
9. 浅灰黄色厚层中细粒长石石英砂岩　46.0m
8. 灰色薄—中薄层含白云质钙质粉砂岩与深灰色薄层泥质粉砂岩互层。钙质粉砂岩单层厚15cm，泥质粉砂岩单层厚1cm，两者比为2∶3　18.8m
7. 灰红色、灰绿色细粒长石岩屑砂岩夹灰绿色含白云质泥岩、粉砂质微晶白云岩。不对称波痕发育　171.0m

══════断层接触══════

6. 灰绿色中层细粒长石岩屑砂岩与灰绿色含白云质泥岩互层　36.7m

══════断层接触══════

5. 上部为灰红、深紫红色中厚层细粒长石岩屑砂岩、细粒岩屑石英砂岩夹灰绿色薄层粉砂质泥岩。砂岩中含5%的黄铁矿，单斜层理发育；下部为灰绿色—灰红色厚层硅质中细岩屑长石砂岩夹深灰—灰绿色泥质粉砂岩。砂岩单层厚0.8～2.0m，粉砂岩单层厚15cm，不对称波痕、泥裂发育　204.1m
4. 灰紫红色、灰绿色中—厚层中粒硅质岩屑长石砂岩夹薄层粉砂岩　24.7m
3. 灰绿色薄层中细粒岩屑长石砂岩与钙质粉砂岩呈韵律。砂岩层厚10～40cm，粉砂岩单层厚1～10cm，平行层理、中型斜层理发育　146.4m
2. 灰绿色中薄层白云质细粒长石石英粉砂岩与灰绿色含粉砂质白云质泥岩互层。粉砂岩、泥岩中含大量黄铁矿，块状层理、水平层理、不对称波痕发育　175.2m
1. 紫红色厚层细粒岩屑长石砂岩、含砾不等粒长石岩屑砂岩夹浅灰红色薄层砾岩、砂砾岩及泥质粉砂岩。正粒序。干涉波痕、对称波痕发育　209.6m

══════断层接触══════

石炭系哈拉米兰河岩群($C_2H.$)

(2)库牙克剖面

位于新疆民丰县库牙克南，剖面起点坐标为 $X=4\ 059\ 290$，$Y=14\ 738\ 410$，剖面由北往南测制，自上而下岩性为：

混杂岩带：硅泥质岩片

═══════断层接触═══════

白垩系双伍山组($K_1\hat{s}$) **厚度 2 465.4m**

41. 灰白色中层细粒长石石英砂岩夹灰黑色粉砂质泥岩，砂岩单层厚 30～50cm，泥岩单层厚 5～20cm，砂泥比为 8∶1，具斜层理、碟状泄水构造 11.5m
40. 黑色泥岩与青灰色薄层粉砂岩互层 52.8m
39. 灰黑色钙质粗粉砂岩与灰色薄层细粒长石石英砂岩互层，单层厚 5～15cm，两者比为 1∶1。泥裂发育 162.0m
38. 灰白色中厚层细粒长石石英砂岩夹灰黑色粉砂质泥岩。砂岩局部含砾 50.9m
37. 灰黑色含粉砂质泥灰岩夹灰白色薄层钙质粉砂岩 30.0m
36. 灰黑色泥岩、泥质粉砂岩夹钙质粉砂岩。低角度斜层理。层面波痕、雹痕等构造发育 46.1m
35. 灰白色中厚层不等粒长石石英砂岩夹灰黑色泥岩、泥质粉砂岩。鱼鳞状波痕、雹痕等发育 78.6m
34. 灰黑色粉砂质页岩、黑色泥岩—薄层灰岩构成三个沉积层序，由下向上粒度由粗变细，页岩变薄，泥岩、灰岩变厚。不对称波发育，波长 4.5cm，波高 0.7cm 13.6m
33. 灰白色中薄层细粒长石石英砂岩与黑色含泥质条带含钙质粉砂岩互层。砂泥比为 3.5∶1。波痕发育 101.4m
32. 灰白色中厚层细粒长石石英砂岩 40.8m
31. 灰色中薄层中粒长石石英砂岩与灰黑色粉砂质泥岩互层。夹含白云质泥晶灰岩。砂泥比为 1∶1，由下向上粒度由粗变细。楔状交错层发育，常见泥裂 50.0m
30. 灰色中薄层中细粒长石石英砂岩夹灰黑色薄层微粒长石石英砂岩。楔状交错层理 44.5m
29. 灰黑色泥岩夹灰色薄层细粒石英砂岩。泥岩页理发育，常见泥裂、波痕等层面构造 30.5m
28. 青灰色薄层中细粒石英砂岩与灰黑色泥岩互层。砂泥比为 1∶1。水平层理，泥裂发育 85.0m
27. 灰色厚层细粒长石石英砂岩夹灰黑色薄层粉砂质泥岩、泥质粉砂岩。砂泥比为 12∶5。波状层理 71.3m
26. 灰色中薄层含砾钙质细粒长石石英砂岩与灰黑色粉砂质泥岩互层。砂泥比为 2∶1。泥裂发育 63.6m
25. 灰色中厚层细粒长石石英砂岩夹灰黑色粉砂质泥岩、粉砂岩。砂泥比为 3∶1。波痕发育，波长 2.5cm，波高 0.5cm。具火焰状构造 145.3m
24. 灰色(风化面呈灰黄色)薄层细粒长石石英砂岩与灰黑色砂质泥岩互层。砂泥比为 1∶1 76.1m
23. 灰色中厚层细粒长石石英砂岩与灰黑色粉砂质泥岩构成五个沉积层序，泥岩厚 5cm～3m。泥裂发育 154.2m
22. 灰白色中薄层中粒长石石英砂岩，夹三层 0.3～0.5m 厚灰黑色泥岩透镜体(脉状层理) 90.4m
21. 灰白色厚层砾岩、含砾中粗粒长石石英砂岩，具五个砾岩-粗砂岩沉积层序。砾岩厚 0.5m 3.5m
20. 灰黑色钙质粉砂岩、含粉砂质泥晶灰岩 7.0m
19. 灰黑色页岩夹粉砂岩 9.1m
18. 灰黑色泥岩、钙质粉砂岩 13.7m
17. 灰白色中层中细粒石英砂岩与灰黑色粉砂质泥岩、粗粉砂岩互层。波痕发育 183.4m
16. 灰黑色泥岩、灰黄色薄层泥质粉砂岩夹钙质含铁质页岩 43.2m
15. 浅灰黄色中—薄层细粒岩屑石英砂岩与灰绿色粉砂质页岩互层。直线状不对称波发育，波长 2.0cm，波高 0.5cm 20.2m
14. 灰绿色、灰黄色薄层细粒岩屑石英砂岩 14.3m
13. 灰白色细粒长石石英砂岩 15.5m
12. 灰黑色泥岩夹中薄层粉砂岩 40.5m
11. 灰黄色细粒长石石英砂岩夹灰绿色粗粉砂岩、泥岩 138.2m
10. 灰紫色中粒长石石英砂岩 37.0m
9. 浅灰绿色含泥岩砾钙质细粒岩屑石英杂砂岩 12.3m
8. 灰色中薄层细粒长石石英砂岩。风化面呈浅灰黄色 68.1m

7. 黑色炭质页岩、钙质含粉砂质页岩夹钙质砂质泥岩。含头足类　1.3m
6. 灰白色中薄层钙质细粒岩屑长石石英砂岩夹灰绿色钙质页岩、泥灰岩。具五个砂-泥沉积层序，砂泥呈彼此消长关系　187.6m
5. 灰黄色中薄层细粒长石石英砂岩　228.5m
4. 黑色泥岩夹灰黑色细粒长石石英砂岩及两层煤。煤层厚分别为 0.2cm、0.3cm。泥岩中含大量黄铁矿　12.2m
3. 灰黄色中厚层细粒长石石英砂岩夹薄层泥质粉砂岩。楔状斜层理、水平层理发育　31.2m

══════断层接触══════

石炭系西长沟组(C*x*)

3. 地层特征

双伍山组主要分布于图幅库牙克断裂南侧，沿赛勒果勒—开什昆—牙拉克一带呈弧形展布，地层总体倾向南南东或南西，倾角一般 10°～45°，局部地段受构造影响褶皱、断裂发育，产状较乱。底界与石炭系哈拉米兰河岩群呈断层接触，未见顶，与石炭系西长沟组呈断层接触。底部岩性为紫红、浅灰红色厚层岩屑长石砂岩、含砾不等粒长石岩屑砂岩夹薄层砾岩、砂砾岩及泥质粉砂岩；下部岩性为灰—灰绿色中薄层白云质细粒长石石英粉砂岩、白云质含粉砂质泥岩、泥质粉砂岩夹灰绿、灰紫红色中厚层中细粒岩屑长石砂岩、中粒硅质岩屑长石砂岩、细粒岩屑石英砂岩，砂岩中含黄铁矿，平行层理、单斜交错层理(图版Ⅱ-4)，层面不对称波、泥裂构造发育；中部为灰红色—灰绿色细粒长石岩屑砂岩、中细粒长石石英砂岩、中层细粒白云质长石岩屑砂岩与灰红色薄层泥质粉砂岩不等厚互层，夹数层黑色粉砂质泥岩。以平行层理为主，偶见中型单斜层理。发育直线状、弯曲状、鱼鳞状波痕。上部以灰黑色条纹状铁质白云质含砂质石英粉砂岩、灰—深灰色薄层白云质石英粉砂岩、白云质粘土质石英粉砂岩及灰红—紫红色薄层白云质粗粒石英粉砂岩为主，夹灰绿色中薄层细粒粘土质岩屑长石砂岩、粘土质含粉砂细粒长石石英砂岩、粉砂质微晶灰岩、含粉砂粘土质微晶白云岩及黑色泥岩、灰白色含砂质石英质砾岩。平行层理、水平层理为主，直线状、弯曲状对称波痕发育(图版Ⅱ-5)。波长一般 3～8cm，波高一般 0.5～1cm，波痕指数 L/H 为 3～10。地层厚度大于 2 246m。

该组地层结构及沉积层序如图 2-31 所示，据岩性、岩相组合及纵向叠覆规律，可划分出五种基本层序。

A 型由砾岩或砂砾岩→含砾不等粒砂岩或中细粒砂岩组成向上变细的韵律沉积层序。砾岩或砂砾岩单层厚度小于 0.3m，砾石分选、磨圆差，成分成熟度及结构成熟度低，与上部单元呈渐变过渡；含砾不等粒砂岩或细粒砂岩单层厚 0.5～1.0m，单斜交错层理发育。每个基本层序底部常发育有底冲刷现象，此类型分布于该组底部及下部，属河道充填滞留沉积。

B 型由中细粒砂岩→粉砂岩→泥岩组成由粗到细的沉积层序，层序内为沉积渐变过渡，砂岩、粉砂岩、泥岩间无明显的沉积间断面，基本层序平均厚 0.5m，其中砂岩占 65%，粉砂岩占 5%，泥岩占 30%。层序间时常可见冲刷-侵蚀接触面，砂岩层面波痕、泥裂等构造发育。此类型占剖面总厚度的 80%以上，其特征属河流边滩沉积。

C 型由钙质粉砂岩—泥岩构成由粗到细的基本层序，钙质粉砂岩单层厚 5～25cm，泥岩单层厚 0.5～1.5m，泥岩层理不发育，偶见水平纹层理，含腹足类动物化石，层面泥裂、波痕、雨痕及雹痕等构造发育，其岩相组合及沉积特征属河漫湖沉积。

D 型、E 型基本层序为辅助剖面上所见。D 型由泥岩或细粒砂岩—煤组成，层序厚 1～1.3m，其中煤层厚小于 0.3m，属河漫沼泽或岸后沼泽沉积。E 型基本层序由黑色页岩或泥岩—钙质粉砂岩组成反旋回基本层序，单个层序厚度 4.2～6.8m，平均厚 5.5m。粉砂岩层面发育不对称波痕，波长 4.5cm，波高 0.7cm，迎水波与背水波比为 3.5∶1，波痕指数为 6.4。此类型所占比例较小，主要分布于该组中上部。

横向上岩性、岩相组合及厚度变化较大，库牙克剖面下部为灰黄—灰色中薄层细粒长石石英砂岩、岩屑长石石英砂岩夹灰绿色钙质页岩、钙质含粉质砂页岩、泥质粉砂岩、粗粉砂岩、黑色泥岩、钙质含粉质岩及炭质页岩、煤(线)层；中下部为灰黑色泥岩、粉砂质泥岩、钙质粉砂岩夹灰白色细粒长石石英砂岩、岩屑

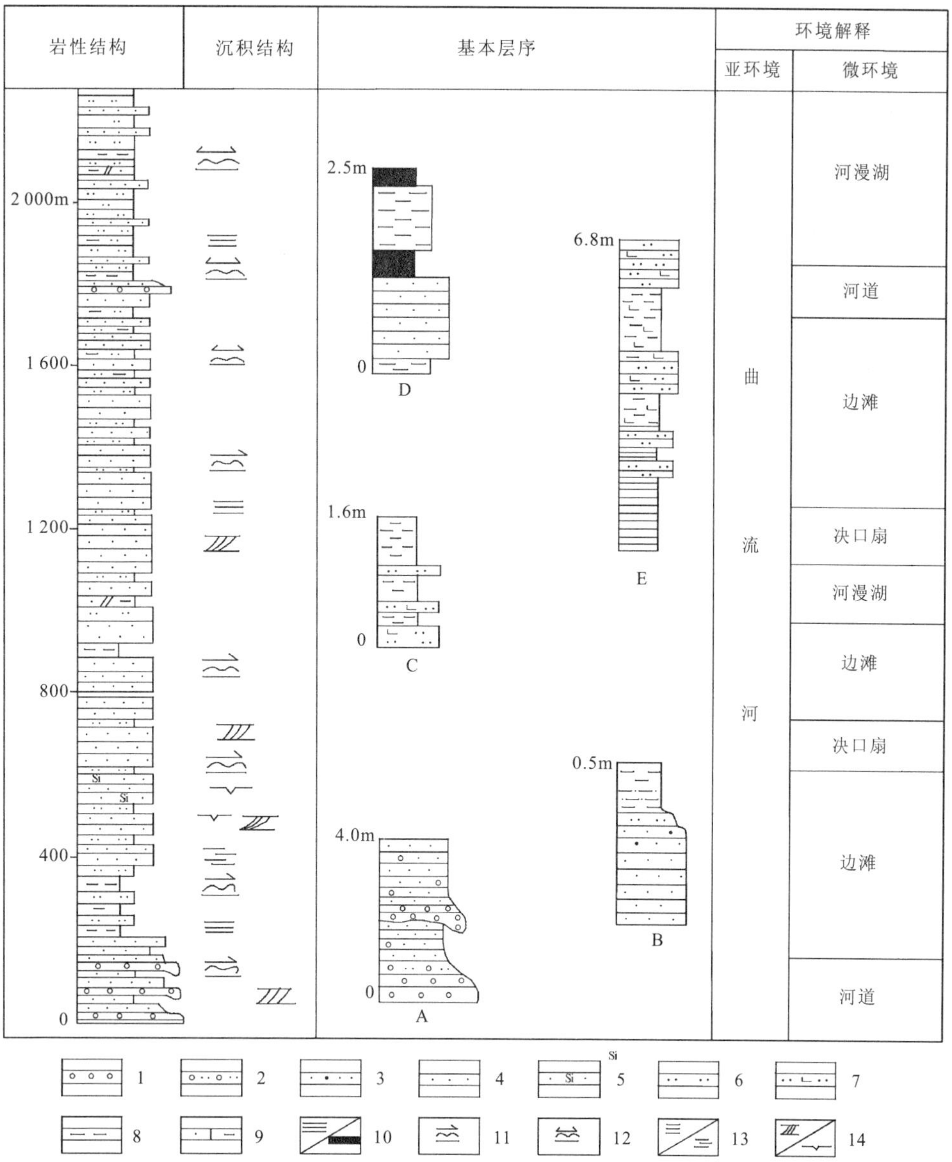

图 2-31 双伍山组地层结构、基本层序及沉积环境分析图

1. 砾岩;2. 砂砾岩;3. 不等粒砂岩;4. 细砂岩;5. 硅质细砂岩;6. 粉砂岩;7. 钙质粉砂岩;8. 泥岩;9. 含粉砂质微晶灰岩;10. 黑色页岩及煤;11. 不对称波;12. 对称波痕;13. 水平层理及平行层理;14. 板状交错层理及泥裂

石英砂岩。泥岩页理发育,常见直线状不对称波痕(图版Ⅱ-6);中上部为灰—青灰色中薄层中粒长石石英砂岩与灰黑色粉砂质泥岩、泥质粉砂岩互层,楔状斜层理、波状层理、平行层理、单斜层理发育,层面构造主要为波痕、泥裂,波长一般 2.5~3.5cm,波高一般为 0.3~0.5cm;上部为灰白色中层不等粒长石石英砂岩、薄层细粒长石石英砂岩、灰黑色钙质粉砂岩、粗粒粉砂岩、泥质粉砂岩夹粉砂质泥岩、含粉砂质泥灰岩,低角度斜层理、水平层理发育,层面构造常见鱼鳞状波痕、弯曲状波痕、泥裂、雹痕、雨痕等,该剖面实测地层出露厚度大于 2 465m。开什昆南一带,岩性为浅肉红色中细粒长石岩屑砂岩、含菱铁质细粒长石石英砂岩、中粗粒长石石英砂岩、杏黄色粉砂质泥岩、黑色炭质泥岩夹灰黑色泥质粉砂岩、铁质粉砂灰岩。板状交错层理、平行层理发育,常见泥裂、波痕等层面构造;上部为灰绿色变质粉砂岩、变质细粒岩屑石英砂岩、钙质泥岩夹灰绿色变质泥灰岩、杏黄色含粉砂质铁质灰岩,片理发育。往西至牙拉克一带岩性为灰—灰白色细粒长石石英砂岩、钙质中细粒石英砂岩、灰黑色含粉砂质细粒长石岩屑砂岩夹钙质粉砂岩、紫红色泥岩。看尔晒南一带岩性为灰—灰黄—灰绿—紫红色等杂色泥岩、含粉砂钙质泥岩、粉砂岩。泥岩中含大量黄铁矿,层面泥裂、波痕、雨痕等构造发育。总体由赛勒果勒以西至看尔晒南,该组出露厚度受构造影响变

小，砂岩变少且厚度变薄，岩石色调由灰、灰绿、灰黑色变为杂色。

4. 岩石特征及沉积环境分析

(1)岩石特征

该组主要为一套陆相碎屑岩建造，夹少量淡水碳酸盐岩。按其粒度碎屑岩又可分为砾岩类、砂岩类、粉砂岩类、泥质岩类。不同类型砂岩岩石特征、岩石化学特征如表 2-15 和表 2-16 所示。

表 2-15　双伍山组不同类型砂岩岩石特征表

特征 / 名称	组分及含量(%)						胶结物		杂基		胶结组构			成分成熟度	结构成熟度
	石英	长石	岩屑	重矿物	粒度(mm)	形态	含量(%)	成分	含量(%)	成分	支撑类型	胶结类型	粒间关系		
细粒长石石英砂岩	<79	15	>5	1	0.06~0.35	次棱角棱角	2	白云石	10	粘土矿物	颗粒支撑	接触式—孔隙式	点—线接触	较高	低
中细粒长石石英砂岩	<78	15	5	2	0.1~0.45	次棱角	5	硅质	5	粘土矿物	颗粒支撑	接触式—孔隙式	点—线接触	较高	低
细粒长石砂岩	68	25	5	2	0.04~0.3	棱角	5	白云石硅质	10	粘土矿物	颗粒支撑	接触式—孔隙式	点—线接触	较低	较低
细粒岩屑长石砂岩	64	25	>10	<1	0.03~0.4	次棱角棱角	3	白云石	<15	粘土矿物	颗粒支撑	接触式—孔隙式	点接触	低	较低
中细粒岩屑长石砂岩	65	>25	10	少量	0.05~0.7	次棱角	>2	硅质铁质	<10	粘土矿物	颗粒支撑	接触式—孔隙式	点—线接触	低	低
硅质中粒岩屑长石砂岩	<60	25	15	少量	0.1~0.55	次棱角	13	硅质	<5	粘土矿物	颗粒支撑	孔隙式	点—线接触	低	较低
含砾不等粒岩屑砂岩	65	5	>25	少量	0.05~1.9	次棱角	<5	白云石	<10	粘土矿物	颗粒支撑	接触式—孔隙式	点—线接触	较低	低
含砾不等粒长石岩屑砂岩	59	<10	>25	1	0.05~1.5	次棱角棱角			>10	粘土矿物	颗粒支撑	接触式—孔隙式	点—线接触	低	低
细粒长石岩屑砂岩	<65	10	>25	2	0.04~0.25	棱角	3	白云石	10	粘土矿物	颗粒支撑	孔隙式	点—线接触	低	较低
白云质石英粉砂岩	89	5	5	1	0.02~0.1	次棱角	40	白云石	3		粉晶支撑	基底式	漂浮状	较高	低
含砂质铁质石英粉砂岩	85	5	10	少量	0.01~0.06	次棱角	35	白云石	5		微晶支撑	基底式	漂浮状	较高	低

表 2-16　双伍山组不同类型岩石化学特征表

岩石名称	样品数	SiO_2	TiO_2	Al_2O_3	Fe_2O_3	FeO	MnO	MgO	CaO	Na_2O	K_2O	P_2O_5
岩屑长石石英砂岩	2	73.96	0.50	9.64	1.74	1.81	0.45	1.47	2.77	1.75	2.34	0.11
长石石英砂岩	4	76.96	0.32	8.18	1.27	1.93	0.04	1.24	2.68	1.72	1.81	0.15
石英砂岩	2	76.53	0.30	8.37	1.90	1.95	0.55	1.53	3.01	1.88	1.34	0.20
粉砂岩	1	81.96	0.20	6.18	0.65	1.21	0.04	0.41	3.09	1.32	2.18	0.17
粉砂质泥岩	3	56.80	0.75	17.45	1.76	7.58	0.07	2.79	3.85	1.54	4.21	0.15

①砾岩类。为含中细粒砂质石英质砾岩，呈灰白色，砾状结构，块状构造。由砾和砂质组成，砾占70%左右，成分为单晶石英、石英岩、硅质岩、泥质硅质岩及钾长石，形态圆状—次圆状，大小 2~20mm，以 7~15mm 为主。砂质含量 30%左右，主要由单晶石英、石英岩组成，含少量长石、岩屑及重矿物，大小 0.1~1.2mm。碎屑分选较好，磨圆度高。硅质胶结，成分成熟度高，结构成熟度较高。多呈透镜体分布于该组底部或中部。

②粉砂岩类。主要类型有白云质细粒长石石英粉砂岩、铁质白云质含砂质石英粉砂岩、白云质石英粉砂岩和白云质粘土质石英粉砂岩。主要分布于该组下部或上部，一般呈灰绿色、深灰色，粉砂状结构，条纹条带状构造。碎屑含量 55%~80%，成分以石英为主，长石、岩屑次之。胶结物约占 20%~35%，成分为

白云石、铁质，基底式胶结。成分成熟度较高，结构成熟度低。

③泥岩类。泥岩类型有含粉砂质白云质泥岩、白云质泥岩，多呈灰绿、灰黑色，泥状结构或泥状—粉砂状结构，层状构造，主要由粘土矿物组成，含量70%～80%，其次含少量石英、炭质、铁质、白云母。其间常夹0.3～1.0mm厚的粉砂岩微层。粘土矿物部分重结晶且定向排列。

④碳酸盐岩类。为粉砂质微晶灰岩、含灰质粉砂质白云岩、含粉砂质微晶白云岩、粘土质微晶白云岩。主要呈夹层出现于上部泥岩或粉砂岩中。粉砂质微晶灰岩，呈灰绿色，微晶结构，主要由方解石、石英、长石、白云母及铁质组成，方解石占63%，粒状他形；石英约占30%，呈粉砂粒状，大小0.01～0.08mm。白云岩，呈灰绿色，主要由微晶白云石和粘土矿物组成，含少量石英、炭质、铁质、白云母，白云石粒状较自形，大小0.005～0.05mm；铁质呈星点状、条纹状分布。粘土矿物部分重结晶呈鳞片状，部分砂屑碳酸盐化。与陆源沉积物互层，并含较多的粉砂及粘土，为准同生成因，就其色调及岩相组合、沉积特征，上述不同类型的碳酸盐岩均为水动力条件最弱或静水环境的产物，属洪泛盆地中的河漫湖沉积。

(2)沉积环境分析

据上述该组岩性、岩相组合及沉积构造、岩石特征等，总体为一套曲流河沉积，进一步划分出河道、边滩、决口扇及河漫湖等微环境(图2-31)，其识别标志及依据如下：

①沉积层序表现为下粗上细的正旋回性沉积，上述A型、B型、C型均表现为下粗上细的沉积特征，不同类型的基本层序反映出不同的微环境。

②沉积构造方面，层理以平行层理、水平层理、中型单斜层理、板状交错层理为主，层面构造有泥裂、雹痕、雨痕及流水波痕等。

③粒度分布特征C-M图解(图2-32)以QRS段为主，QR、RS段发育，PQ段不发育，属曲流河C-M图型；而累积概率曲线图上基本由两个次总体组成(滚动总体常不发育)(图2-33)，反映出其搬运方式以跳跃和悬浮为主的水动力条件。

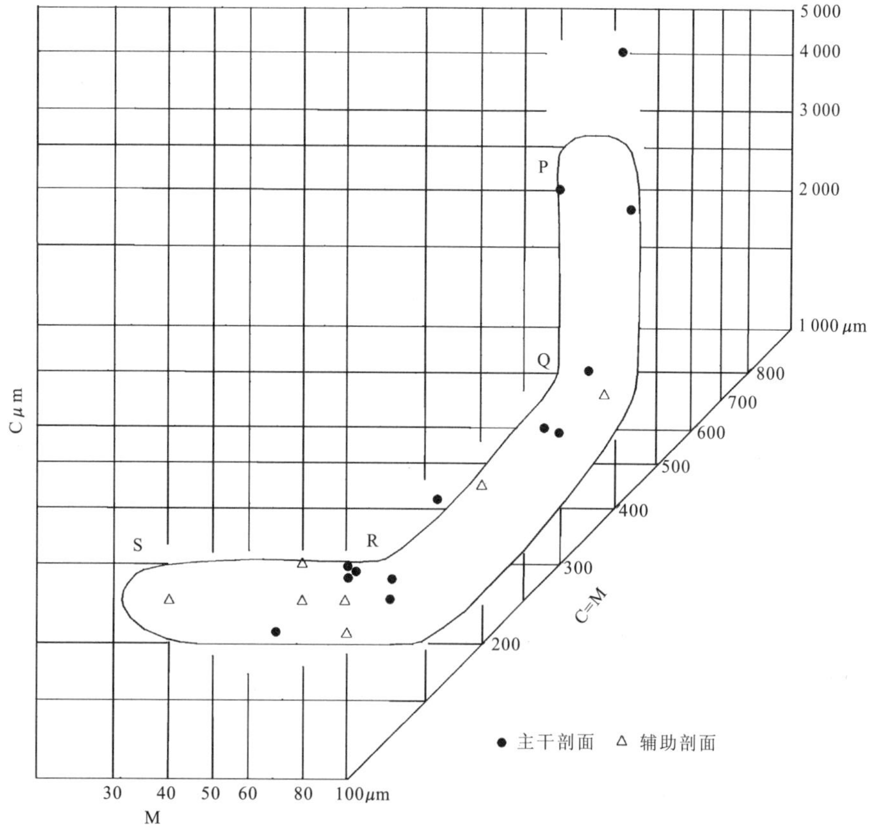

图2-32　粒度分析C-M图解

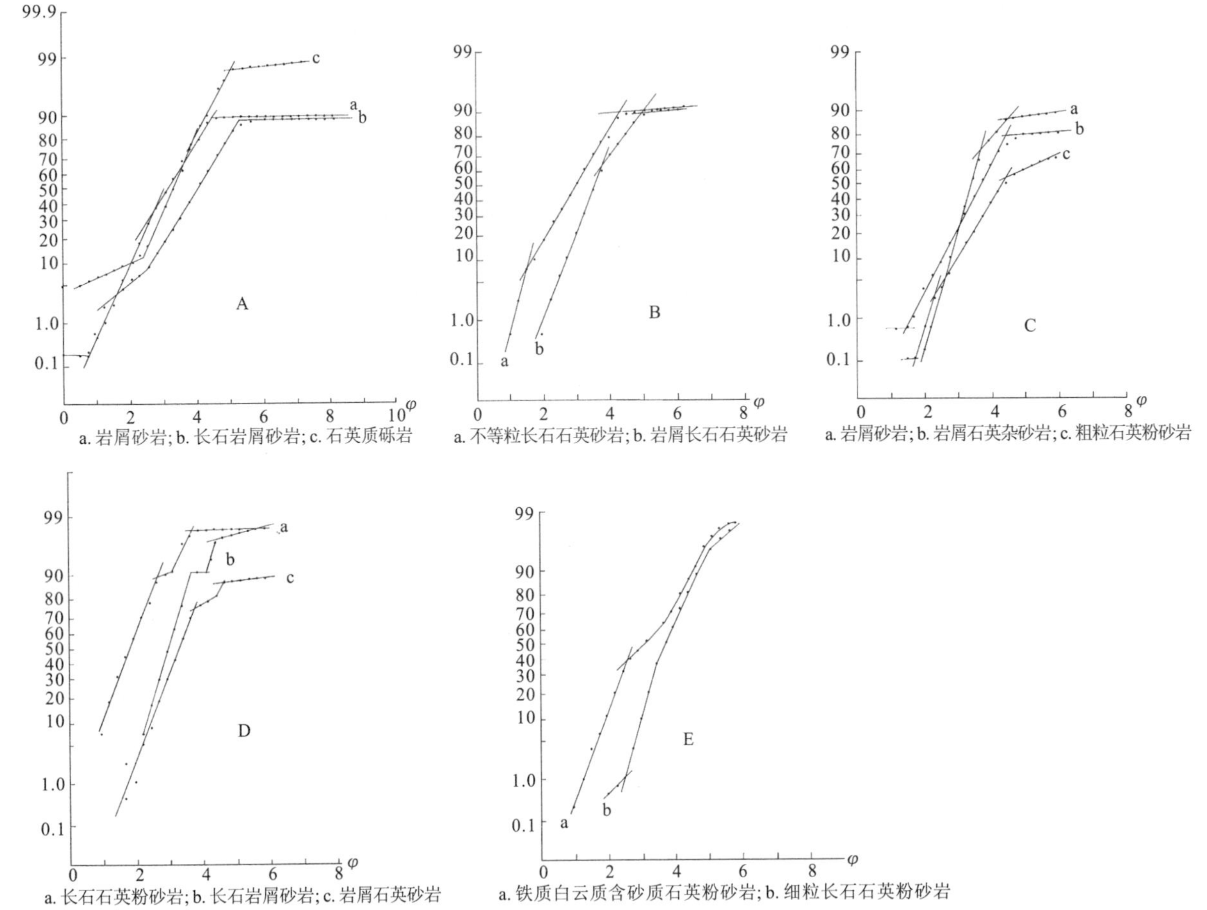

图 2-33　双伍山组不同环境砂岩粒度分布累积概率曲线图

④砂岩的成熟度低，主要砂岩类型为长石岩屑砂岩、岩屑长石砂岩及岩屑砂岩，分选、磨圆度一般中至较差。

⑤在古生物特征上，特别是河漫沼泽或河漫湖沉积中出现了煤和炭质泥岩、动物化石腹足类等，反映出大陆淡水环境的产物。

从上述不同方面均反映出该组为一套曲流河成因的碎屑岩建造，结合粒度分析结果，可知不同的微环境具有不同的岩相组合及粒度概率曲线图。

河道沉积：沉积物以粗碎屑岩为主，类型有石英质砾岩、砂砾岩、含砾不等粒岩屑砂岩、含砾不等粒长石岩屑砂岩及含砾细粒岩屑长石砂岩，沉积层序以 A 型为主。粒度概率曲线(图 2-33A)具有跳跃、悬浮和滚动三个总体，跳跃总体含量 80%以上，分布范围在 $-1\sim2.5\varphi$ 之间，斜率 65°左右，分选中等；滚动总体含量小于 10%，分布范围在 $-2\sim0.5\varphi$ 之间，斜率较低为 25°～30°，分选差；悬浮总体少量。S 和 T 截点均为突变，S 点在 $2.2\sim2.7\varphi$ 之间，T 点在 $-1.2\sim0.5\varphi$ 之间。

边滩沉积：沉积物为中细粒岩屑长石砂岩、长石岩屑砂岩、岩屑石英砂岩及岩屑石英杂砂岩、粉砂岩、泥质粗砂岩。岩屑或长石碎屑含量 25%～40%，成分成熟度、结构成熟度均低。平行层理，斜层理，层面构造泥裂、不对称波痕、雨痕、雹痕等发育，沉积层序以 B 型基本层序为主，C 型次之。粒度概率图型以跳跃总体和悬浮总体二段式为主，牵引总体不发育。跳跃总体含量在 75%以上，分布范围在 $2\sim4\varphi$ 之间，大多出现两个跳跃次总体，具较高至中等斜率，分选中等至较好；悬浮总体含量 10%～25%，分布范围在 $4\sim6\varphi$ 之间，具有低斜率、分选差，截点 S 是突变的，在 $4\sim4.3\varphi$ 之间(图 2-33B、C)。

决口扇沉积：沉积物由发育中型单斜层理、平行层理的细粒长石岩屑砂岩、泥质粉砂岩组成，厚度一般 30～50cm，常见有冲刷与充填构造，与上、下岩层间为冲刷-侵蚀接触。其累积概率曲线图型(图 2-33D)明显不同于边滩和河道概率曲线，跳跃总体占 50%～70%，跳跃总体和悬浮总体间存在极明显的过渡带，混合度大，反映了沉积速度快和分异差的特点。

河漫湖沉积：为铁质含砂质石英粉砂岩、粘土质石英粉砂岩、白云质石英粉砂岩、钙质粗粒石英粉砂岩与黑色泥岩、含粉砂粘土质微晶白云岩，夹少量薄层细粒粘土质岩屑长石砂岩，水平层理，层面构造泥裂、对称波痕发育。基本层序以C型为主，偶见D型，由细粉砂或泥质组成。粒度分析概率曲线（图2-33E）明显以悬浮总体为主，悬浮总体占60%以上，分选差，跳跃总体较少（0～5%），分选中等—较好。T点在1.0～2.1φ之间，S点在2.0～3.5φ之间，跳跃总体和悬浮总体间多呈混合过渡，截点不明显。反映出较弱的水动力条件。

5. 时代依据

分布于赛勒果勒一带的双伍山组，东延至邻区奥依亚依拉克幅（J45C004001），贵州地调院曾采获以*Cicatricosisporites*（无突肋纹孢），*Gleicheniidites*（黑白孢），*Toroispora*（具唇孢）为主的一套孢粉组合，无突肋纹孢是早白垩世的特征分子。因此将区内分布于赛勒果勒至库牙克、牙拉克南一带以曲流河成因的一套碎屑岩建造，确定为白垩系双伍山组，其时代定为早白垩世。

第六节 新生界

区内新生界分布面积大，成因类型较多。主要有古近系喀什群、新近系唢纳湖组，及第四系多种成因类型的松散堆积物。

一、古近系

本次工作基本上沿用《1∶100万日土幅区域地质调查报告》及《新疆维吾尔自治区区域地质志》的划分方案，将区内古近系划分为喀什群。

主要分布于区内东南部多梁地一带，分别不整合覆盖于二叠系黄羊岭组、三叠系卧龙岗组之上，部分地段与三叠系卧龙岗组为断层接触关系，明显受后期断层的改造。区内古近系的地层、岩性及厚度变化甚大，主要岩性为紫红色砂砾岩夹紫红色粉砂岩和紫红色泥岩。本次工作在新疆多梁地一带实测了喀什群剖面，剖面起点坐标为X=3 998 487，Y=14 728 819，H=5 381m。现将该剖面介绍如下：

三叠系卧龙岗组（T_3w）：灰绿色—灰黑色泥岩夹灰绿色中薄层状砂岩

══════断层接触══════

喀什群(EK)	**厚度>293.0m**
7. 紫红色厚层状—巨厚层状砾岩	78.4m
6. 紫红色泥岩夹紫红色砾岩及紫红色砂砾岩	20.3m
5. 砖红色泥岩	16.8m
4. 砖红色泥岩夹紫红色含砾砂岩及砾岩	12.6m
3. 紫红色砾岩、含砾砂岩、砂岩夹紫红色泥岩	39.9m
2. 紫红色泥岩夹紫红色砾岩及砂砾岩	35.0m
1. 紫红色泥岩	90.0m

══════断层接触══════

二叠系黄羊岭组一段（P_2h^1）：灰黑色泥岩夹中薄—薄层状灰绿色长石岩屑砂岩

该地层主要岩性为紫红色砂砾岩夹紫红色粉砂岩和紫红色泥岩，其砾岩的砾石成分复杂，多为脉石英和灰褐色砂岩，砾石磨圆度、分选性较差，一般为次棱角状—棱角状，大小不一，多在1cm×1cm至3cm×5cm之间，砾岩多为钙质胶结。地层厚度大于293.0m。为河流—湖泊沉积。

二、新近系

区内新近系的地层、岩性及厚度变化甚大，本次工作基本上沿用《1∶100万日土幅区域地质调查报告》及《新疆维吾尔自治区区域地质志》的划分方案，将区内新近系划分为喷纳湖组。

该地层以断夹块的形式分布于库牙克断裂带中，四周与白垩系双伍山组呈断层接触关系，出露面积很小。新疆地质局第十地质大队1985年在该处测制了剖面，现将该剖面介绍如下：

上覆地层：第四系坡积物

~~~~~~~~~~不整合接触~~~~~~~~~~

新近系喷纳湖组(N_1s)	**厚度>18.5m**
5. 含砾泥岩	9.0m
4. 盐溶角砾岩	2.2m
3. 含泥质团块石盐岩(矿层)	1.3m
2. 泥质盐岩与石盐岩互层	0.3m
1. 含泥质团块石盐岩(矿层)	5.7m

(未见底)

喷纳湖组下部岩性主要为灰黑色石盐岩，厚度7.3m；上部为灰白色含砾泥岩夹盐溶角砾岩，出露厚度约11.2m。地层总厚度大于18.5m，为蒸发作用较强的湖泊沉积。

三、第四系

区内第四系主要分布于塔里木盆地、山间凹地及沟谷中。由于区内地形复杂，各地区地貌发育史也不相同，因而第四系沉积物的成因类型、岩性、分布特征均有较大的差别。

(一)更新统(Qp)

1. 西域组

出露于塔里木盆地南缘大的河谷两侧，为山麓冲洪积堆积物，与南侧阿羌岩组、侵入岩体呈断层接触。主要由一套基本固结成岩的砾岩、砂砾岩夹砂岩组成。成分因地而异，砾石滚圆度良好，远离山区粒度变细。本次工作在格子布拉克一带实测有西域组剖面，剖面起点坐标为$X=4\ 058\ 161$，$Y=14\ 711\ 351$，$H=2\ 928$m。现将该剖面介绍如下：

上覆地层：全新统冲洪积物

~~~~~~~~~~不整合接触~~~~~~~~~~

西域组(Qp^{1apl})	**厚度>808.0m**
4. 灰黑色巨厚层—块状砾岩，砾石成分繁杂，主要为灰岩、砂岩，砾石多呈次棱角状—次圆状，砾石分选极差	600.0m
3. 灰红色—浅灰红色亚粘土，固结较好，横向上呈透镜体	8.0m
2. 灰黑色巨厚层—块状砾岩夹透镜状灰白—黄色砂岩、砂质泥岩，砾石成分繁杂，主要为灰岩、砂岩，砾石多呈次棱角状—次圆状，砾石分选极差	140.0m
1. 灰黄色—杏黄色中厚层状含砾粗砂岩夹透镜状灰白—黄色砂岩、砂质泥岩	60.0m

══════断层接触══════

灰白色块状斜长花岗岩

该组岩性以砾岩为主，夹有透镜状粗砂岩、砂岩及砂质泥岩，远离山区粒度变细。砾岩中发育有大型楔状、板状交错层理，局部砾石略具定向。地层出露不全，厚度大于808.0m。

该地层分布于塔里木盆地南缘，为青藏高原迅速隆升过程中在山前的沉积物。其砾石成分主要为灰岩、砂岩，而不见现在和其相邻、而且在地貌上处于山脊剥蚀位置的灰白色斜长花岗岩的砾石，说明其沉积时代早于斜长花岗岩出露地表的时代。

2. 洪积物(Qp^{2pl})

主要分布于塔里木盆地南缘丘陵地区,形成山前洪积扇,其顶面高出现代河床30～200m,主要由砾石组成,含少量砂、粉砂,偶夹粉砂质粘土,砾石成分复杂,以变质岩、花岗岩、闪长岩、砂岩等为主,磨圆度普遍较差,偶显层理,砾径大小不一,少数大者可达3m以上。地层厚度大于200m。

3. 冲洪积物(Qp^{3apl})

广泛分布于塔里本盆地,形成地形较平缓的戈壁滩。其底部不整合覆盖于更新统洪积物之上,主要由砂砾石层组成,夹少量砂层及粉砂土。砾石大小不一,但一般砾径在1m之内,少数达1～2m,砾石普遍为次棱角状,少部分为次圆状,可见叠瓦状排列。地层厚度60～100m。

4. 风积物(Qp^{eol})

主要分布于塔里木盆地南缘丘陵地区,岩性为亚砂土、粉砂土,可见小的比较固定的平缓砂丘,并有稀疏植被覆盖,厚度为0～50m,多覆盖于更新统西域组、洪积物之上。

(二)全新统

1. 冰碛物(Qh^{gl})

区内柳什塔格海拔5 700m以上的山峰周围分布大量的冰川,本次工作未能做实地调查,但从影像图上可以明显看出:山峰终年积雪,发育角峰、刃脊、冰川,大多数冰舌前缘发育有冰碛物。据前人资料,冰碛物主要为冰碛转石、砂砾、砂土,冰碛和冰水堆积物常间互出现,冰碛物在地貌上多形成冰舌前缘的侧碛、终碛和垅岗等。

2. 风积物(Qh^{eol})

分布于塔里木盆地,即区内东北部博孜也尔—孙孜克勒克一带和西北角塔民格孜,其覆盖于更新统冲洪积物之上。风积物包括风积砂和黄土,成分主要为长石、石英,分选性及磨圆度均较好,常形成移动的沙山、沙丘、沙垄。在东北部博孜也尔—孙孜克勒克一带形成波状沙丘,一般比高1～20m,长数米至数千米;西北角塔民格孜为金字塔形沙丘,比高5～30m。

3. 冲洪积物(Qh^{apl})

分布于高原低洼地带和库牙克—硝尔库勒断陷谷地及塔里木断陷盆地南缘。

高原上的冲洪积物主要由砂砾石层组成,偶夹砂层。砾石可见叠瓦状排列,粒径较小,绝大多数小于20cm,成分与物源区基岩有关,地层厚度约50m。一般构成1～3级阶地,3级阶地的夷平面高出现代河床5～10m,反映全新世至近现代以来河流侵蚀作用不太强烈,高原以整体升降为主、相对升降幅度较小。

库牙克—硝尔库勒断陷谷地中堆积了较厚的冲洪积物,主要为砂砾层,偶夹砂层。砾石排列杂乱、大小不一,大者达3m以上,且分选性及磨圆度均差,成分与源区基岩有关。地层厚度大于80m。可构成2～4级阶地,4级阶地的夷平面高出现代河床70m,反映全新世近现代以来河流侵蚀作用较强烈,昆仑基岩山区与库牙克—硝尔库勒断陷谷地(或塔里木断陷盆地)相对升降幅度较大。

塔里木盆地南缘全新统冲洪积物多被覆盖,仅在塔拉克勒格一带出露,地层出露不全,未见顶、底,沉积物主要由砂砾石层组成,砾石排列杂乱、大小不一,大者达3m,分选性及磨圆度均差,地层出露厚度大于100m。估计其最高夷平面高出现代河床达100m以上,反映全新世近现代以来河流侵蚀作用较强烈,昆仑基岩山区与塔里木断陷盆地相对升降幅度较大。

4. 湖积物(Qh^{fl})

分布在硝尔库勒湖盆和区内东南部三道河子以南小湖盆中,厚度为0～8m。湖滨为砂砾石层夹粗砂层，湖中心为灰绿色粉砂质粘土层、粘土层夹石膏层，硝尔库勒一带夹芒硝矿层。

5. 冲积物(Qh^{al})

主要分布于塔里木盆地和库牙克南西较大的河床、河滩上。出露厚度 0～5m。

在库牙克南西实测了该地层的河流阶地剖面，剖面起点坐标为：X＝406 132，Y＝14 736 937，H＝3 012m，现将该剖面介绍如下：

全新统：

(1)一级阶地

土黄色砂砾石层，砾石多为次棱角状，主要成分为长石石英砂岩、粉砂岩及少量泥岩等。光释光年龄(OSL)：2.7±0.2ka　　2.2m

(2)二级阶地

土黄色砂砾石层，砾石为棱角状—次圆状，成分为长石石英砂岩、粉砂岩等。光释光年龄(OSL)：1.7±0.1ka　　1.9m

(3)三级阶地

土黄色砂砾石层，砾石为棱角状，主要成分为长石石英砂岩、花岗岩、闪长岩等。光释光年龄(OSL)：8.6±0.7ka　　7.0m

(4)四级阶地

土黄色砂砾石层，该级地分别由高 1.0m、1.5m、1.7m 的三个次级阶地组成，砾石为棱角—次棱角状，主要成分为长石石英岩。光释光年龄(OSL)：9.1±0.7ka　　4.2m

(5)五级阶地

上部：土黄色砂砾石层，砾石为次圆状　　2.0m

下部：桔黄色砂砾石层。光释光年龄(OSL)：5.4±0.4ka　　9.0m

～～～～～～～～～～不整合接触～～～～～～～～～～

更新统：

(6)六级阶地

上部：土黄色砂砾石层，顶部发育一层厚 1.1m 的钙质胶结层　　13.0m

下部：桔黄色砂砾石层，砾石为次圆—棱角状，主要成分为砂岩、粉砂岩

(7)七级阶地

上部：土黄色砂砾石层，砾石为次圆—棱角状，主要成分为砂岩、粉砂岩　　1.8m

中部：桔红—棕色砂砾石层，砾石为棱角状　　2.1m

下部：土黄色砂砾石层，砾石为次圆状。光释光年龄(OSL)：68.4±5.2ka　　46.1m

光释光年龄(OSL)：12.1±0.8ka　　8.0m

根据光释光年龄样品分析结果可知：剖面六、七级阶地的时代为更新世，一、二、三、四、五级阶地的形成时代为全新世。

沉积物主要为砂砾石，局部夹砂层及粉砂土层，砾石在河流上游粒径较大，分选性及磨圆度均差，下游反之，砾石成分复杂，地层厚度 5～30m。

全新统冲积物在大的河谷两侧构成一至五级阶地，第五级阶地的夷平面高出现代河床达 30m，反映全新世近现代以来河流侵蚀作用强烈，昆仑基岩山区与塔里木断陷盆地及库牙克—硝尔库勒断陷谷地相对升降幅度较大。

第三章　岩浆岩

调查区内岩浆岩不很发育(表3-1),侵入岩仅集中分布于昆仑山前一带,时代上可划分为震旦纪、加里东期奥陶纪、海西期石炭纪—二叠纪、燕山期侏罗纪,岩性上以加里东期、海西期闪长岩为主,花岗岩分布较少,且规模较小;燕山期主要岩性为闪长岩类,集中分布于红山顶—三道河子断裂两侧。属于侵入成因的超基性岩体分布也十分局限,仅见于阿依耐克一带。从各期、各类侵入岩的时空分布规律上看,各期、各类侵入岩与区内的构造演化关系密切,其中集中分布于昆仑山前的中酸性—酸性侵入岩,可将其划归昆仑山前构造岩浆岩带;分布于红山顶—三道河子断裂两侧的燕山期闪长岩类,可将其划分为三道河子岩浆岩带。调查区内火山岩也不发育,基本上可划分为加里东期、海西期,其中加里东期火山岩主要产出于下古生界上其汗岩组地层中,分布于库牙克断裂西侧、布拉克断裂的北侧,岩性以基性、中酸性、酸性火山岩为主。海西期火山岩主要产出于石炭系阿羌岩组和哈拉米兰河岩群中,分布较为零散。阿羌岩组火山岩分布于昆仑山前一带,岩性以变质中性、基性火山岩为主;哈拉米兰河岩群变质玄武安山岩仅出露于下马里克中游一带;苏巴什—鲸鱼湖蛇绿混杂岩带中的火山岩主要分布于测区西南部库牙克断裂带北侧及库牙克断裂带中;西长沟组火山碎屑岩主要分布于硝尔库勒西南一带。

表3-1　侵入岩划分一览表

岩浆岩带	岩性	时代	代号	同位素年龄(U-Pb法)或时代依据	分　布
三道河子岩浆岩带	含石榴正长斑岩	侏罗纪	$g\xi\pi J$	侵入于二叠系黄羊岭组中	二虎守门北
	(石榴)闪长(玢)岩		$\delta\mu J$	侵入于二叠系黄羊岭组中	宿营地、二虎守门
昆仑山前构造岩浆岩带	(变质)花岗岩	石炭纪—二叠纪	$\gamma C-P$	阿克苏塔格岩体侵入于泥盆系地层中,开什昆岩体侵入于下古生界地层中	开什昆、包斯塘南、塔勒克勒格
	斜长花岗岩		$\gamma_o C-P$	土格曼巴西岩体侵入于蓟县系阿拉玛斯岩群,阿克苏塔格侵入于下古生界上其汗岩组	土格曼巴西、阿克苏塔格
	(变质)闪长岩		$\delta C-P$	侵入于石炭系阿羌岩组中	塔勒克勒格、喀尔萨依、阿依耐克
	斜长岩		$\nu\sigma C-P$	侵入于蓟县系阿拉玛斯岩群和石炭系阿羌岩组中	格子布拉克
	变质辉绿玢岩		$\beta\mu C-P$	侵入于下古生界地层上其汗岩组中	包斯塘南
	超基性岩	石炭纪	ΣC	产出于石炭系地层中,与围岩关系不清	阿依耐克
	(变质)闪长岩	奥陶纪	δO	1～3号点$^{206}Pb/^{238}U$表面年龄统计权重平均值:444.9±2.1Ma;1～4号点上交点年龄:1 256±489Ma,下交点年龄:443±55Ma;采用:444.9±2.1Ma	包斯塘、格子布拉克
	变质细粒二云母花岗岩	震旦纪	γZ	上交点年龄:683±75Ma;下交点年龄:294±30Ma;5号点$^{206}Pb/^{238}U$表面年龄:318.0±1.3Ma;采用:683±75Ma	苦阿

第一节　基性-超基性侵入岩

该类侵入岩区内不发育,主要产出于构造结合带部位,区内有两条结合带,区域上分别隶属于其曼于特-纳赤台结合带和苏巴什-鲸鱼湖结合带。其中其曼于特-纳赤台结合带分布于布拉克一带,蛇绿混杂岩出露面积很小，岩性单一，为变质镁铁质岩-变质超镁铁质岩组合的岩石；苏巴什-鲸鱼湖结合带分布于民丰县库牙克断裂中段北西侧的昂歌库勒—看尔晒一带，在区内分布较广，而且岩性复杂，岩性为基性-超基性岩、硅质岩、硅泥质岩等。另外在阿依耐克、包斯塘一带，分布有少量基性-超基性侵入岩，岩性为蛇纹石化纯橄岩、变质辉绿岩等。

一、布拉克(其曼于特-纳赤台)蛇绿混杂岩

(一)地质特征

仅分布于布拉克北部，南北宽约600m，东西长约4 500m，长轴方向呈东西向的透镜状展布，周缘与下古生界上其汗岩组呈断层接触关系。岩性主要为灰绿色厚层变质超基性岩、灰黑色块状黝帘阳起片岩(变质基性岩)，夹深灰色绢云石英片岩(变质含砾石英砂岩)。岩石中镁铁质矿物多数具蛇纹石化、阳起石化、黝帘石化，少量绿泥石化、绿帘石化，副矿物为榍石、钛铁矿。岩石具纤维状、粒状变晶结构，片状构造。岩石均经历了绿片岩相—低角闪岩相变质，形成以片岩为主的岩石类型，并经受了较强韧性剪切变形作用，形成条带、条纹状构造，砾石呈杆状构造。

(二)岩石特征

方解绿泥蛇纹石岩(变质超镁铁质岩)：岩石呈灰绿色，纤维状变晶结构，片状构造。岩石矿物组成为蛇纹石85%，绿泥石5%，方解石5%，钛铁矿5%。

变质镁铁质岩：可分为黝帘阳起片岩、斜长角闪岩、阳起片岩等，其中以黝帘阳起片岩为主，斜长角闪岩出露较为少见。

黝帘阳起片岩：岩石呈浅黄绿色，粒状纤状柱状变晶结构，片状构造。矿物成分为阳起石65%，斜长石10%，黝帘石20%，绿帘石3%，透闪石1%，榍石+金属矿物1%。

斜长角闪岩：岩石呈灰黑色，柱粒状变晶结构，块状构造。其矿物成分为斜长石40%左右，角闪石60%左右，且角闪石多具绿泥石化。

(三)岩石化学特征

黝帘阳起片岩的SiO_2含量为50.18%，Al_2O_3为15.20%，MgO为8.14%，Fe_2O_3+FeO为8.24%，TiO_2为0.82%，CaO为11.76%，岩石具富Al_2O_3、MgO、CaO、贫Fe_2O_3+FeO之特点。Na_2O为2.23%，K_2O为0.46%，岩石富钠贫钾。里特曼指数为0.89，为过钙性岩。据E. A. Middemost的AI－Al_2O_3[AI＝(Na_2O+K_2O)/0.17(SiO_2－43)]图上投点为拉斑玄武岩系列。在Coleman. R. G. 1977的Al_2O_3－CaO－MgO图上投点落于镁铁堆积岩区。

(四)岩石地球化学特征

变质镁铁质岩的微量元素含量与MORB相比，除Rb、Ba、Nd、Cr略偏高，Z亏损明显外，其他元素则基本相近或略偏低。其MORB标准化蛛网图(图3－1)呈一隆一谷的形态，与岛弧玄武岩较为接近。稀土总量∑REE为30.35×10^{-6}，与球粒陨石含量极为接近，∑LREE为18.75×10^{-6}，∑HREE为11.6×10^{-6}，∑LREE/∑HREE为1.62，轻、重稀土基本无分馏，稀土元素球粒陨石标准化型式图为平坦型曲线(图3－2)，δEu为1.09，基本无δEu异常，其稀土曲线图式具La、Ce弱的负异常，该特点与岛弧玄武岩较为相似。

(五)构造环境及时代讨论

据邻区资料，该带中蛇纹岩、辉石岩、辉绿岩、玄武岩的化学特点较为复杂，既有E－MORB型，也有洋岛型、岛弧型和陆缘环境的钙碱性火山岩，而本区内变质镁铁质岩微量、稀土元素显示了岛弧型玄武岩的特点。

其曼于特-纳赤台结合带西与库地蛇绿岩带相连已为多数地学工作者所认可，此次工作在包斯塘一带

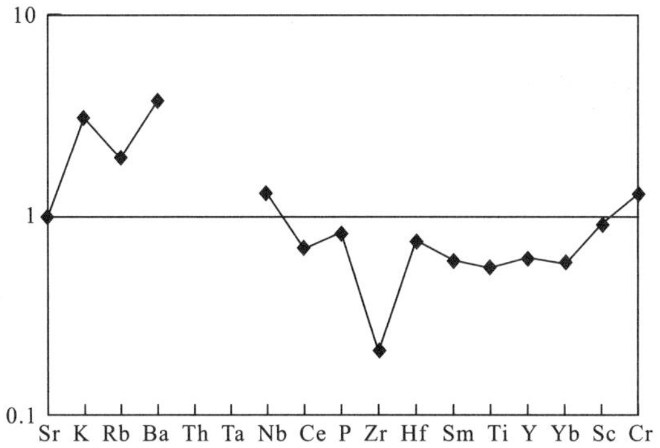

图 3-1　变质镁铁质岩微量元素比值蛛网图

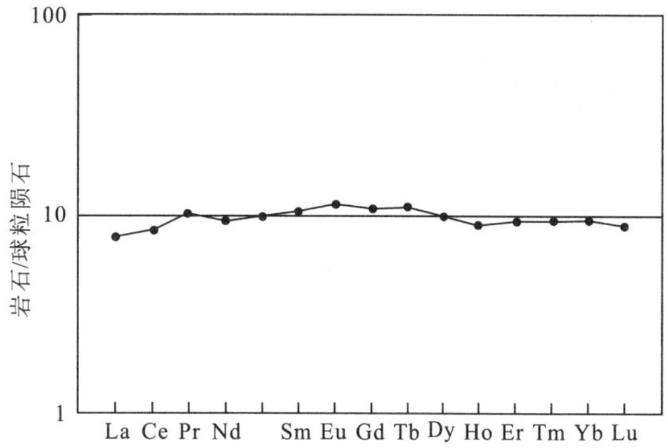

图 3-2　变质镁铁质岩球粒陨石标准化图

的格子布拉克变质闪长岩体中获得了加里东期奥陶纪的 U-Pb 同位素年龄，而从该加里东期奥陶纪闪长岩体具有大陆边缘岩浆弧性质的地质构造背景来看，结合前人在上其汗岩组中具岛弧性质的火山岩中所获得的早古生代年龄资料，可基本确定区内布拉克(其曼于特—纳赤台)蛇绿混杂岩的时代为早古生代。

二、硝尔库勒-赛勒果勒(苏巴什-鲸鱼湖)蛇绿混杂岩

蛇绿混杂岩以构造岩片的形式出露于赛勒果勒、喀什塔什山东南部、硝尔库勒等地的断裂(结合)带中，与石炭系哈拉米兰河岩群、白垩系双伍山组等呈断层接触关系。

(一)地质特征

1. 基性-超基性岩(β-Σ)

出露于喀什塔什山东南部，北部与石炭系哈拉米兰河岩群，西部、南部与混杂岩带中的硅泥质岩、复理石、碳酸盐岩均呈断层接触，东南部部分地段被第四系不整合覆盖。出露长大于 28km，宽数十米至一千米。地层层序基本正常、南老北新。岩石变形较强，大部分发生绿片岩相变质。主要由基性岩和少量超基性岩组成，西南端有少量硅质岩。在局部有构造混杂的中酸性火山岩岩块。

超基性岩出露于基性岩的底部，厚度 20～30m，与基性岩呈韧性剪切带接触关系，大部分变质，未变质的有辉石橄榄岩、橄榄辉石岩。

基性岩主要为变质基性火山岩、未变质的基性火山岩和少量中基性火山岩，地层厚度大于 500m。未变质的基性火山岩仅在该岩片的西南部出露(图 3-3)，该处从底到顶依次为灰黑—灰绿色块状玄武岩、含气孔含橄榄玄武岩、气孔状碳酸盐化玄武岩、多气孔状橄榄玄武岩，其下部有宽度为 50m 的变质辉绿岩墙，地层厚度大于 200m；基性-超基性岩(岩片)中混杂有少量硅质岩，硅质岩与基性岩呈整合接触关系，硅质岩出露宽度为 300m，长数百米，地层厚度 250m，其中局部混杂有海山沉积的灰岩岩块。

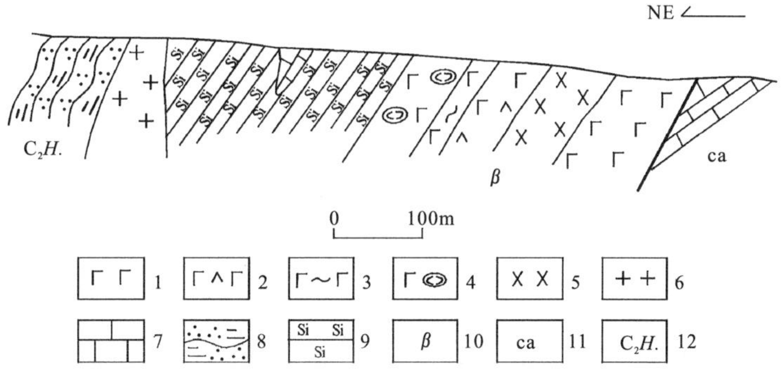

图 3-3　看尔晒混杂岩路线剖面图

1. 玄武岩；2. 橄榄玄武岩；3. 绿泥石化玄武岩；4. 气孔状玄武岩；5. 变质辉绿岩；6. 花岗岩；7. 灰岩；8. 绢云石英片岩；9. 硅质岩；10. 基性岩；11. 碳酸盐岩；12. 石炭系哈拉米兰河岩群

2. 基性岩(β)

分布于区内东北部赛勒果勒北及西南部硝尔库勒等地。

(1)赛勒果勒北玄武岩

出露于赛勒果勒以北,其南、北部分别与硅泥质岩和变质闪长岩呈断层接触关系。出露长10km,宽5km,地层南倾,层序基本正常(图2-19)。

下部为浅绿色枕状玄武岩,厚度大于175m;上部为紫红、绿色层状杏仁状玄武岩,厚度大于285m。地层中夹灰岩岩块(透镜体),灰岩岩块大小不一,具滑塌形成的半塑性砾状构造(见图版Ⅱ-7),为海山沉积的“灰泥”未完全固结成岩时滑塌混入玄武岩中。此外,上、下部玄武岩之间构造混杂有灰岩岩块,与玄武岩呈断层接触关系,宽度约100m,岩性为角砾状亮晶砂屑灰岩、碎裂岩化结晶灰岩,砂屑灰岩之砂屑呈圆状、次圆状,分选性较好,含浅海相化石介形虫、苔藓虫,颗粒支撑,亮晶方解石胶结,沉积于碳酸盐岩高能浅滩环境,可能为与玄武岩准同时的海山沉积。

(2)硝尔库勒一带基性岩

一条位于硝尔库勒南,长大于18km,宽数百米到1km。其南、北分别与石炭系西长沟组、哈拉米兰河岩群呈断层接触关系,部分地方被第四系不整合覆盖。硝尔库勒正南为灰黑色玄武岩,并有安山玢岩(脉?),地层厚度大于300m;硝尔库勒东南为灰绿色碳酸盐化拉斑玄武岩,长4km,宽50m(图2-18);硝尔库勒西南为灰黑色板岩夹细碧岩,长5km,宽300m,地层厚度约200m。

另一条位于硝尔库勒西,南、北部分与石炭系哈拉米兰河岩群、第四系呈断层接触关系,东端被第四系不整合覆盖。岩性为灰绿色阳起绿帘石蚀变岩(变质基性火山岩)和变质凝灰岩,厚度数十米,并有页岩、硅质岩屑泥岩和大理岩,该岩片长大于3km,宽200余米。

3. 硅质岩(si)

出露于喀什塔什山南部,长10.5km,宽数百米至两千米,北部、西南部分别与硅泥质岩片、白垩系双伍山组为断层接触关系(图2-18),东南部被第四系不整合覆盖。地层北倾,层序正常。岩性为灰紫、灰黑色薄层硅质岩,含放射虫,地层褶皱发育,厚度约300m。硅质岩中有构造混杂的灰岩岩块,其长度数百米、宽数十米。

岩石呈灰黑色,块状构造,微晶、隐晶结构,矿物成分为玉髓95%,粘土矿物3%,方解石2%。硅质岩的SiO_2含量为92.89%,Al_2O_3含量为1.81%,CaO含量为0.41%,FeO含量为2.10%,MgO含量为0.73%。硅质岩的微量元素除Cr、Ba、V含量较高外,其他元素均较低,硅质岩的稀土元素北美页岩标准化分布型式图(图3-4XT-207号曲线)上,曲线较平缓。$\sum REE=18.93\times10^{-6}$,非常低,$\sum LREE/\sum HREE=7.58$,La/Yb=12.1,$Ce/Ce^*=0.96$,无负异常,而且富轻稀土、贫重稀土,具亲陆缘的性质,为小洋盆深海沉积。

4. 硅泥质岩(sa)

(1)喀什塔什山南部硅泥质岩

出露长28km、宽8.1km,分别与石炭系哈拉米兰河岩群、白垩系双伍山组、基性-超基性岩、硅质岩、碳酸盐岩呈断层接触关系(图2-18)。总体地层南老北新,层序基本正常。岩性为灰绿、灰黑、青灰色薄层硅质泥岩、泥岩、变质泥岩、(含)泥质硅质岩、硅质岩,夹英安岩、少量安山岩、粉砂岩、变质细粒白云质泥质粉砂岩,硅质岩中含放射虫,岩石颜色从底到顶由深变浅。地层中紧闭同斜褶皱和脆性断层发育。地层厚度大于1 000m。

硅质岩与泥岩或硅质泥岩、硅质泥岩与泥岩常组成厚度20cm左右的沉积韵律(图版Ⅲ-1)。粉砂岩、变质白云质泥质粉砂岩呈薄层状,与泥岩等也具沉积韵律,粉砂岩成分成熟度和结构成熟度均较差,为深海远端浊流或等深流沉积。

硅质岩、含泥硅质岩、硅质泥岩稀土元素特征:从图3-4XT-208—210号及212号曲线上可以看出曲线较平缓。$\sum REE=(21.64-50.11)\times10^{-6}$,$\sum LREE/\sum HREE=8.2-10.06$,La/Yb=12.64—

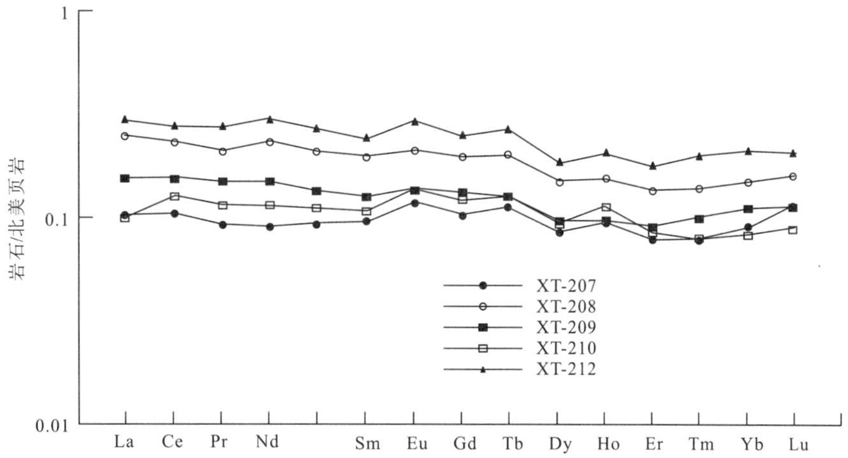

图 3-4　稀土元素北美页岩标准化分布型式图

14.88，Ce/Ce* 值普遍大于 1，无 Ce 负异常，而且富轻稀土、贫重稀土，具亲陆缘的性质。

(2)赛勒果勒北硅泥质岩

出露长 12km、宽 4.5km，南北分别与哈拉米兰河岩群和玄武岩呈断层接触关系。地层南倾、北老南新，层序基本正常(图 2-19b)。

下部为灰黑、灰绿色薄层含泥含放射虫硅质岩、硅质岩，夹泥岩、砂质泥岩和安山质岩屑沉凝灰岩，并混杂有碳酸盐岩块，顶部含泥硅质岩中富含有机质；中部为灰黑色泥岩与灰色页岩互层，并混杂有白云岩岩块；上部为深灰—灰黑色泥(页)岩、硅质泥岩、含泥硅质岩、板岩、白云石绢云千枚岩与等粒长石岩屑砂岩、钙质细粒岩屑砂岩、变质细粒长石岩屑砂岩互层，硅质岩中含放射虫。地层总厚度大于 2 000m。

硅质岩与泥岩常组成数十厘米厚的沉积韵律。

通过作含泥硅质岩 $SiO_2-Al_2O_3$、SiO_2-MgO 散点图(图 3-5)，其点主要落入火山成因区，结合硅质岩中常含放射虫，硅质岩主要为火山成因和生物成因。三个含泥硅质岩 MnO/TiO_2 分别为 0.192、0.275、0.647。前两个小于 0.5，为离陆较近的陆缘海沉积；后一个大于 0.5，为开阔大洋中沉积的硅质岩(据王东安，1995)。三个含泥硅质岩常量元素比值散点落入大陆边缘区或大陆边缘区与远洋区的复合区(图 3-6)。

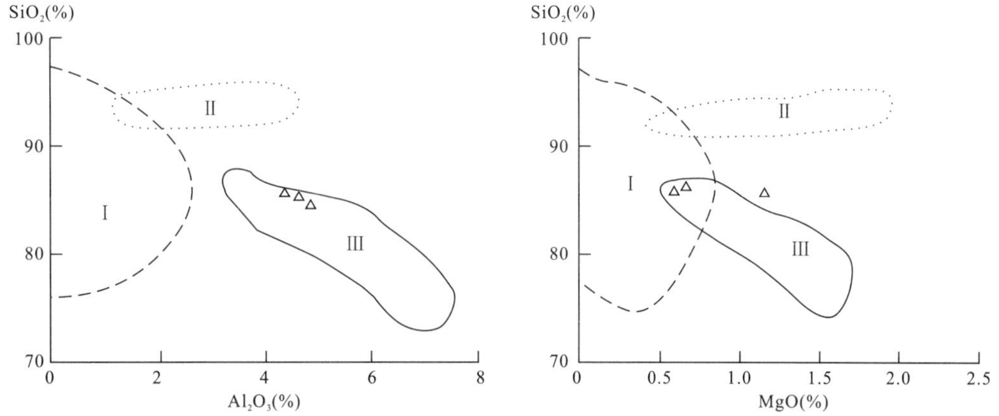

图 3-5　硅质岩成因的氧化物散点图

Ⅰ.化学成因；Ⅱ.生物成因；Ⅲ.火山成因；△投点

上部细粒岩屑砂岩增多，砂岩与泥(页)岩、硅质岩等常组成沉积韵律。砂岩底面见侵蚀沟槽印模(图版Ⅲ-2)，石英类砂以单晶石英为主，次为石英岩、硅质岩，含量 50%～55%；长石为斜长石和少量钾长石，含量 4%；其他岩屑为火山岩、千枚岩、泥岩、片岩、碳酸盐岩、白云母，含量 25%。杂基含量 3%～10%，其他为粒状方解石或白云石。砂岩为浊流沉积。火山岩屑源于岛弧。变质岩屑的出现，反映母岩区具有变

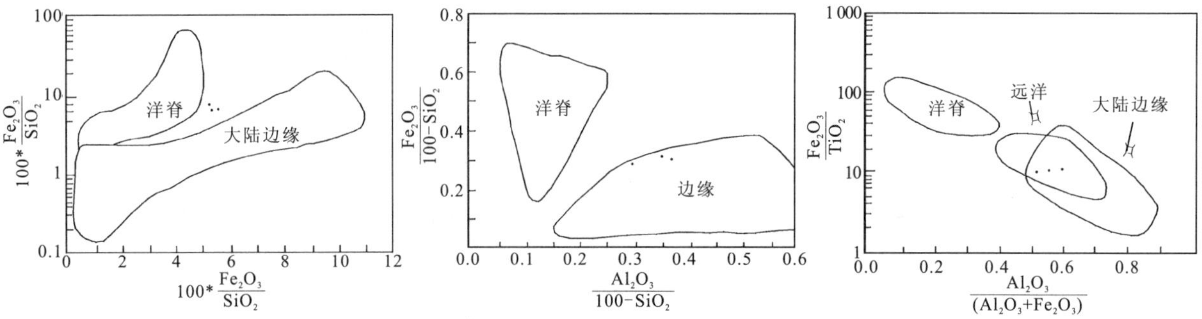

图 3-6 硅质岩常量元素比值散点图解

质基底的稳定陆壳，石英有次生加大边，为再旋回石英。在 QFR(库克，1974)体系图中，两个点均落在被动陆源区。

下部硅泥质岩中的灰岩岩块由亮晶砂屑灰岩、微粉晶含砂屑生物屑灰岩、微晶灰质白云岩组成。其中颗粒灰岩之颗粒为次棱角—次圆状，磨圆度较高，分选性较好，成分主要为泥粉晶灰岩、亮晶砂屑灰岩、亮晶粉屑灰岩、含藻泥灰岩，生物屑有海百合茎、棘皮、苔藓虫、介形虫、腕足类、双壳类，部分生物屑被硅质交代，另外还含少量中基性火山岩岩屑和硅质岩岩屑，显然为海山沉积。亮晶砂屑灰岩常呈半塑形砾状构造(图版Ⅱ-8)，为海山沉积的灰泥未完全固成岩时滑塌混入硅泥质岩中。

北侧在玄武岩与硅泥质岩岩片间亦有构造混杂的灰岩岩块(图 2-19B)，岩性为微晶砂砾屑灰岩、微晶灰质白云岩，砂砾屑成分为粉晶灰岩、砂屑-粉屑灰岩、含硅质粉晶灰岩，生物屑有苔藓虫、䗴和腕足类，可能为与硅泥质岩准同时的海山沉积，后经构造作用混杂在一起。

(3)赛勒果勒南硅泥质岩

南、北分别与白垩系双伍山组、石炭系哈拉米兰河岩群呈断层接触关系(图 2-19C)，长大于 26km，宽 5.4km。片内褶皱和次级断层发育。

岩性为灰黑、灰绿色绢云千枚岩、千枚岩、菱铁矿绢云石英千枚岩、泥(页)岩、板岩、含放射虫硅质岩、褐铁矿化含硅质泥岩、凝灰岩，并混杂有海山沉积的大理岩岩块，上部泥岩中富含有机质。

综上所述，硅质岩、硅泥质岩为离陆缘较近的小洋盆深海沉积。

5. 复理石(fw)

分布于喀什塔什山南部，长约 14km，宽数百米至数千米，与基性-超基性岩呈断层接触关系，东南部被第四系不整合覆盖。主要岩性为灰黑、灰绿、深灰色绿泥绢云石英片岩(变质岩屑砂岩)与板岩互层，并夹少量变质英安岩，局部见构造混杂的灰岩岩块。

变质英安岩形成于岛弧环境。变质砂岩成分成熟度和结构成熟度均较差，与板岩组成沉积韵律，为深海-次深海浊流沉积。

6. 碳酸盐岩(ca)

主要分布于喀什塔什山南部、硝尔库勒东部。

喀什塔什山南部的碳酸盐岩长约 2.2km，宽 0.7km，由灰黑色中厚层结晶灰岩夹少量泥岩组成，岩石破碎，呈大小不一的角砾状，可能为哈拉米兰河岩群。硝尔库勒东部的碳酸盐岩南、北部分别与哈拉米兰河岩群、侏罗系叶尔羌群呈断层接触(图 2-18)，北东、南西被第四系不整合覆盖，长约 4km，宽 0.8km。岩性主要为大理岩，并夹灰黑色页岩和少量硅质岩，为较大的海山沉积。

(二)岩石特征

1. 变质超镁铁质岩

变质超镁铁质岩的主要岩石类型有方解绿泥蛇纹石岩、方解蛇纹石岩、透闪片岩、透闪石岩、绿泥蛇纹石岩、强烈蛇纹石化辉石橄榄岩、橄辉岩等。

蛇纹石岩类：是带内变质超镁铁质岩的主要岩石，包括绿泥蛇纹石岩、方解蛇纹石岩。

绿泥蛇纹石岩：岩石呈灰绿色，块状构造为主，片状构造不明显，纤维状变晶结构，个别具假像自形结构。矿物组成为蛇纹石 80%～90%，方解石 5%～10%，绿泥石 0～10%，钛铁矿 1%～5%。变余结构显示早期矿物组合为：橄榄石＋方解石＋钛铁矿。

透闪石（片）岩：岩石呈浅灰绿—灰绿色，片状构造，纤状变晶结构、纤状柱状变晶结构。矿物成分为：透闪石 80%～99%，绿泥石 0～5%，斜长石 0～10%，黝帘石 0～5%，副矿物 1%（榍石、褐铁矿）。

辉橄岩类：包括强烈蛇纹石化辉石橄榄岩、橄辉岩等，岩石呈灰绿、灰黑色，块状、放射状、束状、片状构造，半自形粒状结构，粒状变晶结构，纤维状、片状结构，鳞片粒状变晶结构，假像自形结构。矿物成分为：橄榄石 0～25%，辉石 0～15%，蛇纹石 40%～70%（由橄榄石蚀变而来），滑石 0～50%（由辉石蚀变而来），绿泥石 0～25%，钛铁矿 5%，金云母 0～5%。镜下可见两个矿物世代：①橄榄石＋辉石＋钛铁矿；②蛇纹石＋绿泥石＋钛铁矿。人工重砂副矿物组合为磁铁矿＋白钛石＋黄铁矿＋磷灰石＋榍石＋锆石等，其中锆石多数为浅紫色，少数为无色，晶体完整，晶面清晰，透明，金刚光泽，颗粒细小。

2. 变质镁铁质岩与玄武岩类

变质镁铁质岩与玄武岩类岩石是带内蛇绿岩的主要组成岩石。变质镁铁质岩主要矿物成分以镁铁质矿物为主，其岩石类型主要为斜长阳起片岩类；玄武岩类岩石带内主要以拉斑玄武岩为主。

斜长阳起片岩类：岩石类型有斜长阳起片岩、斜长绿帘阳起片岩、角闪斜长阳起片岩等。岩石呈灰绿色，片状构造及块状构造。具粒状变晶结构、粒状纤状变晶结构、鳞片粒状变晶结构、变余斑状结构及变余辉绿结构。常见矿物成分为角闪石、斜长石、绿帘石、绿泥石、黝帘石、石英、榍石等，其中以斜长石、绿帘石、绿泥石最为普遍，含量较高。

玄武岩类：呈层状产出，在看尔晒一带出露宽度约 200m，在包斯塘南东东约 12km 的赛勒果勒一带出露宽度大于 600m。看尔晒一带岩石类型有碳酸盐化玄武岩、含橄榄玄武岩、碳酸盐化、绿泥石化玄武岩、气孔状橄榄玄武岩等。岩石多呈灰绿、灰黑色，块状构造、气孔—杏仁构造，多数为斑状结构、放射状结构、基质为辉绿结构，少数为无斑微晶、隐晶结构。斑晶一般为斜长石、钛普通辉石、橄榄石等，含量为 10%～25%；基质玻璃—隐晶质，含量 65%～75%，成分为斜长石、辉石、磁铁矿、榍石、玻璃质等；气孔-杏仁体为 5%～25%，充填物为方解石。岩石多数绿泥石化、碳酸盐化。赛勒果勒一带岩石类型较为单一，为杏仁状玄武岩，具枕状构造，枕体间为灰岩充填。岩石呈灰绿色，间片、间粒、间隐结构，杏仁构造，杏仁含量不一，在 15%～45%之间，充填物为方解石和少量粘土矿物。主要成分为基性斜长石、绿泥石、方解石、磁铁矿、隐晶质等。

基性岩墙：带内呈岩墙状产出的岩石为变质辉绿岩，侵入于玄武岩中，脉宽 20～30m。岩石呈灰绿色，块状构造，个别具杏仁状构造，变余辉绿结构。矿物成分为斜长石 40%～55%，钛普通辉石 35%～55%，金属矿物（多为磁铁矿）1%～5%，磷灰石少量，玻璃质 0～5%，杏仁体约 0～5%。

（三）岩石化学特征

蛇绿混杂岩各类岩石的岩石化学成分如表 3－2 所示，CIPW 计算结果如表 3－3 所示。

1. 变质超镁铁质岩

带内变质超镁铁质岩 SiO_2 含量为 41.25%～42.06%，平均为 41.49%；Al_2O_3 为 0.93%～2.72%，平均 2.06%；MgO 为 35.76%～38.18%，平均为 36.69%；Fe_2O_3＋FeO 为 6.46%～7.72%，平均为 7.14%；MgO/FeO 为 16.25，显示岩石为侵入产物；MgO/（MgO＋FeO）为 0.837，与二辉纯橄榄岩的 MgO/（MgO＋FeO）值（0.84）相近，说明岩石更富镁。其镁铁比值（m/f）为 8.60～10.68，为镁质超基性岩。在 Coleman，R. G. 1977 的 Al_2O_3－CaO－MgO 图上（图 3－7），投点落于变质橄榄岩区与镁铁堆积岩区之间，更靠近超镁铁堆积岩区，且部分落入超镁铁堆积岩区。

表 3-2　蛇绿混杂岩各类岩石化学成分表

序号	样品号 (GS-)	岩石名称	氧化物含量(ω_B%)														
			SiO_2	TiO_2	Al_2O_3	Fe_2O_3	FeO	MnO	MgO	Na_2O	CaO	K_2O	P_2O_5	H_2O^+	CO_2	HO^-	总量
1	420	橄辉岩	41.27	0.06	2.72	4.20	3.52	0.11	35.76	0.02	0.78	0.03	0.01	10.92	0.68	0.65	100.08
2	425	变质超基性岩	42.06	0.03	0.93	1.29	5.17	0.04	38.18	0.01	0.21	0.02	0.01	11.76	0.79	0.38	100.50
3	B1231	辉石橄榄岩	41.37	0.07	2.54	3.32	3.60	0.15	36.69	0.06	1.63	0.03	0.01	10.15	0.08		99.70
4	B1236	辉石橄榄岩	41.25	0.04	2.03	3.95	3.50	0.07	36.14	0.06	0.36	0.02	0.01	11.72	0.55		99.70
5	424	变质中基性火山岩	53.46	0.58	13.65	1.80	4.80	0.13	8.20	3.99	10.71	0.11	0.05	1.78	0.59	0.12	99.85
6	430	变质基性火山岩	49.11	2.11	16.93	0.43	9.08	0.22	6.48	4.25	6.56	0.32	0.27	3.66	0.28	0.05	99.70
7	434	含橄榄玄武岩	50.89	0.17	14.23	3.34	7.28	0.17	4.90	4.63	9.37	0.34	0.18	2.33	0.28	0.03	99.59
8	436	气孔状橄榄玄武岩	52.96	1.45	10.49	1.67	5.43	0.11	5.31	2.48	9.58	1.00	0.38	3.26	5.89	0.37	100.00
9	422	变质基性火山岩	45.91	3.58	13.87	2.19	10.45	0.27	5.04	3.64	9.44	0.37	0.28	2.75	2.00	0.41	99.79
10	428	变质中基性岩	53.63	1.22	14.78	2.28	9.00	0.18	8.20	4.23	5.38	0.17	0.10	3.35	0.17	0.26	102.69
11	421	变质基性火山岩	48.34	0.96	15.27	3.00	5.35	0.14	9.23	3.35	10.18	0.08	0.09	3.56	0.25	0.31	99.8
12	Ⅵ-1	玄武岩	42.98	1.78	14.93	2.13	4.80	0.12	10.01	2.35	5.90	0.49	0.28	6.41	4.64	1.33	96.82
13	432	变质辉绿岩	48.51	3.01	12.03	7.79	8.30	0.23	3.86	5.00	7.58	0.53	0.34	1.85	0.76	0.50	99.79
14	433	变质辉绿岩	48.84	1.64	13.02	3.52	7.95	0.16	7.16	4.06	9.74	0.15	0.18	3.16	0.21	0.45	99.79
15	B1244	硅质岩	92.89	0.07	1.81	0.36	2.10	0.05	0.73	0.14	0.41	0.26	0.02	0.85	0.25		99.94
B1207*		黝帘阳起石片岩	50.18	0.82	15.20	1.69	6.55	0.15	8.14	2.23	11.76	0.46	0.10	2.49	0.06		99.83

注:* 为布拉克蛇绿混杂岩中变质镁铁质岩。

表 3-3　苏巴什-鲸鱼湖蛇绿混杂岩岩石化学成分 CIPW 计算结果

样号	岩石鉴定名称	Ap	Il	Mt	Or	Ab	An	Qz	C	Di	Hy	Ol	DI	SI	σ	AR
420	橄辉岩	0.02	0.13	6.88	0.20	0.19	4.31		1.42		45.81	41.04	0.39	82.15		1.03
425	变质超基性岩	0.02	0.06	2.13	0.13	0.10	1.12		0.60		43.08	52.76	0.23	85.47		1.05
B1231	辉石橄榄岩	0.02	0.15	5.38	0.20	0.57	7.35			1.27	35.20	49.87	0.77	83.96		1.04
B1236	辉石橄榄岩	0.02	0.09	6.55	0.14	0.58	1.98		1.46		47.81	41.38	0.72	82.76		1.07
424	变质基性岩	0.11	1.13	2.68	0.67	34.63	19.50			27.79	11.09	2.40	35.30	43.39	1.49	1.40
430	变质镁铁质岩	0.62	4.19	0.65	1.97	37.55	27.33			4.11	9.65	13.93	39.53	31.52	2.75	1.48
434	含橄榄玄武岩	0.41	0.34	5.07	2.10	41.02	17.84			24.48	0.12	8.62	43.12	23.91	2.63	1.53
436	气孔状橄榄玄武岩	0.91	3.03	2.66	6.50	23.09	16.00	12.06		27.38	8.36		41.66	33.42	0.96	1.42
422	变质基性火山岩	0.64	7.16	3.34	2.30	32.41	21.48			21.53		11.15	34.71	23.24	3.36	1.42
428	变质中基性岩	0.22	2.34	3.33	1.01	36.09	21.01	0.11		4.33	31.56		37.22	34.34	1.78	1.56
421	变质基性火山岩	0.20	1.90	4.53	0.49	29.53	27.49			19.58	4.62	11.65	30.02	43.93	1.73	1.31
Ⅵ-1	玄武岩	0.71	3.94	3.60	3.38	23.18	32.21		0.48		28.51	4.00	26.56	50.61	1.54	1.32
432	变质辉绿岩	0.76	5.88	11.62	3.22	43.53	9.07	0.12		22.24	3.54		46.87	15.15	4.68	1.79
433	变质辉绿岩	0.41	3.23	5.29	0.92	35.63	17.48			25.56	0.28	11.21	36.55	31.35	2.49	1.45

2. 变质镁铁质岩、玄武岩类

带内变质镁铁质岩、玄武岩类 SiO_2 含量为 49.11%～53.63%，含量较高；Al_2O_3 为 10.49%～19.93%，平均 14.27 %，含量偏低；MgO 为 4.90%～10.01%，含量变化范围较大，平均为 7.17%；Fe_2O_3 + FeO 为 6.6%～12.64%；TiO_2 一般为 0.17～3.58%，含量变化范围较大，平均为 1.48%；CaO 为 5.38%～10.71%，平均为 8.39%；Na_2O+K_2O 为 2.84%～4.97%，碱质总量偏高，Na_2O 为 2.35%～4.63%，含量明显偏高，K_2O 为 0.08%～1.00%，富钠贫钾。在 Coleman，R. G. 1977 的 Al_2O_3 - CaO -

MgO 图(图 3－7)上样品投点多数落于镁铁堆积岩区,反映该类岩石具蛇绿岩的成因。岩石里特曼指数(σ)为 0.96～3.36,为钙碱性岩,在 F－A－M 图(图 3－8)上样品投点显示为钙碱性岩系列,个别属于拉斑玄武岩系列。其 CIPW 标准矿物计算结果表明,该带内的变质镁铁质岩以橄榄拉斑玄武岩为主,少量为石英拉斑玄武岩。

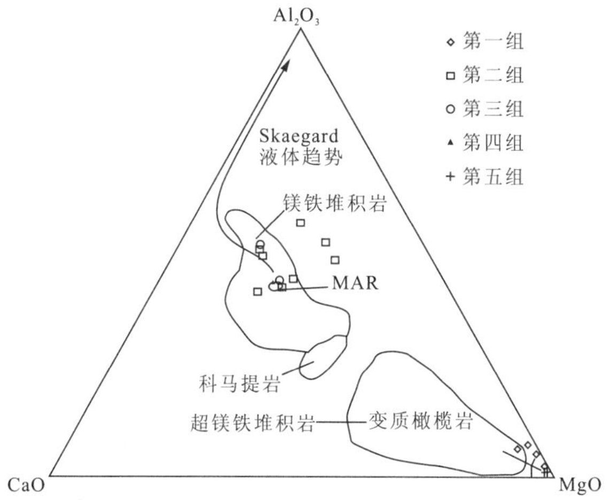

图 3－7 MgO－CaO－Al_2O_3 图(ω_B%)

注:第一组～第三组分别为苏巴什蛇绿混杂岩带中的变质超镁铁质岩、变质镁铁质岩、辉绿玢岩;第四组为其曼于特蛇绿混杂岩带中的变质镁铁质岩;第五组为阿依耐克超基性岩

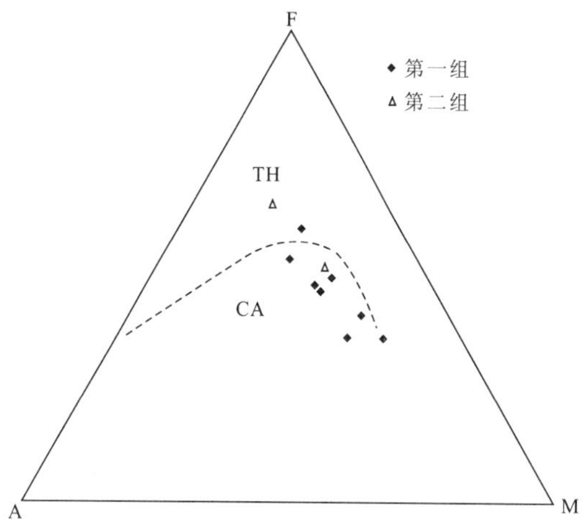

图 3－8 A－F－M 图

第一组为变质镁铁质岩;第二组为变质辉绿岩

3. 基性岩墙

带内基性岩墙-变质辉绿岩 SiO_2 含量为 48.51%～48.84%;Al_2O_3 为 12.03%～13.02%,含量偏低;MgO 为 3.86%～7.16%,含量变化范围较大,平均为 7.17%;Fe_2O_3＋ FeO 为 6.6%～12.64%;TiO_2 为 1.64%～3.01%,含量偏高;CaO 为 7.58%～9.74%;Na_2O＋K_2O 为 4.21%～5.53%,碱质总量偏高,Na_2O 为 4.06%～5.00%,含量明显偏高,K_2O 为 0.15%～0.53%,富钠贫钾。在 Coleman,R. G. 1977 的 Al_2O_3－CaO－MgO 图(图 3－7)上,样品投点落于镁铁堆积岩区。岩石里特曼指数(σ)为 2.49～4.68,为钙碱性岩-碱性岩。

(四)岩石地球化学特征

1. 微量元素特征

苏巴什-鲸鱼湖蛇绿混杂岩带各类岩石的微量元素含量如表 3－4 所示。

(1)变质超镁铁质岩

除相容元素 V、Co、Cr、Ni 含量偏高外,其他元素明显偏低。与原始地幔相比,各元素除 Ba、Nb、Hf、Zr 外总体偏低。其比值蛛网图(图 3－9)(采用 McDonouh 等,1992)显示除 Ba、Nb、Hf、Zr 等呈隆起外,其他元素则呈平缓曲线型式,其比值近于 0.5,反映其来源于亏损地幔的特征。

(2)变质镁铁质岩和玄武岩类

变质镁铁质岩和玄武岩类的微量元素含量各样品基本一致,反映其源岩的一致性。与 MORB 相比,除不相容元素 Sr、K、Rb、Ba、Th、Ta、Nb、Ce、P 等略有富集外,其他元素相近或略有亏损,其比值蛛网图在不相容元素一侧呈单一隆起的曲线型式,随元素的相容性增强,曲线形态趋于平缓型(图 3－10)。其简化的微量元素 MORB 比值图(图 3－11)与 MORB 型玄武岩曲线形态较为相似(Pearce,2001)。

表 3-4　蛇绿混杂岩各岩类微量元素含量表

序号	样品编号	岩性	微量元素分析结果($\omega_B/10^{-6}$)														
			Nb	Sc	Th	Sr	Ba	V	Co	Cr	Ni	Rb	Ta	Hf	Y	Zr	Zr/Y
1	WL-24	橄辉岩	4.9	12.5	<1	14	34	63.2	84.8	2 505.2	1 562	<3	<0.5	0.7	2.53	10	3.95
2	WL-29	变质超基性岩	4.00	5.7	<1	16	38	26.7	79.9	2 743.6	1 724	<3	<0.5	<0.5	1.16	9	7.76
3	WL-41	辉石橄榄岩	5.30	12.5	<1	10	34	58.2	92.3	2 907.6	1 715	<3	0.5	1	2.1	24	11.43
4	WL-43	辉石橄榄岩	5.50	7.7	<1	9	33	42.3	86.8	2 986.5	1 744	<3	<0.5	<0.5	1.28	13	10.16
5	WL-28	变质基性岩	6.70	40.9	<1	144	43	157.5	31.4	48.5	50.4	<3	<0.5	1.4	14.24	34	2.39
6	WL-25	变质基性火山岩	7.00	31.7	<1	501	67	172.4	39.2	285.5	136.3	<3	<0.5	1.9	20.82	66	3.17
7	WL-26	变质基性火山岩	27.70	36	<1	231	204	324	38.1	21.9	15.9	<3	2.6	4.1	30.56	129	4.22
8	WL-30	变质基性岩	6.70	36	1	207	80	297.2	31.1	34.1	23.6	<3	<0.5	2.7	29.67	75	2.53
9	WL-31	变质基性岩	15.90	33.5	<1	276	97	223.2	34	61.2	40	3.5	1	1.3	16.27	30	1.84
10	WL-34	含橄榄玄武岩	22.30	27.8	1.9	589	103	213.1	33.5	29.2	35.7	<3	1.4	3.7	22.7	122	5.37
11	WL-35	橄榄玄武岩	24.10	18.3	1.6	177	273	154.8	38.3	251	137.2	10.2	1.1	2.6	16.37	103	6.29
12	WL-32	玄武岩(碳酸岩化)	16.10	24.5	<1	183	174	193.8	61.9	326.8	205.1	14.1	0.9	2.2	13.68	67	4.90
13	ⅥWL-1	玄武岩	27.70	26.3	2.1	146	86	213	36.2	180	88.6	5.7	1.6	3.4	17.17	136	7.92
14	WL-33	变质辉绿岩	17.80	27.3	1.3	509	83	198.8	42.3	177.4	80.6	<3	1.6	3	18.67	87	4.66
15	WL-44	硅质岩	5.80	2.1	2	37	111	75.7	4.2	107.1	18.1	8.4	0.6	1.2	3.91	46	11.76
WL-39*		黝帘阳起石片岩	4.50	36.00	<1	120.00	75.00	204.00	34.90	323.5	121.5	3.90	<0.5	1.80	18.73	49	2.62

注:* 为布拉克蛇绿混杂岩中变质镁铁质岩。

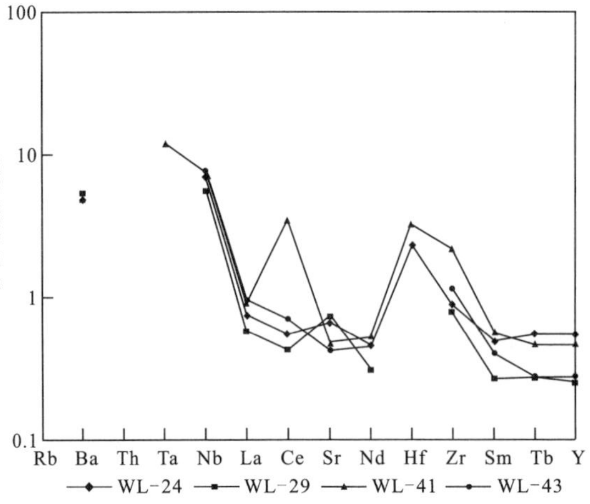

图 3-9　超镁铁质岩微量元素原始地幔比值蛛网图

(3)基性岩墙

变质辉绿岩-变质辉绿岩的微量元素含量与镁铁质岩相比二者基本相近,除个别不相容元素略有富集外,多数元素含量与洋脊玄武岩(MORB)相近,其比值蛛网图(图 3-10)与变质镁铁质岩一样也呈单一隆起的型式,反映二者具相同的源区特征。

2. 稀土元素特征

蛇绿混杂岩各类岩石的稀土元素含量如表 3-5 所示。

(1) 变质超镁铁质岩

变质超镁铁质岩的稀土总量$\sum$REE为$(2.54\sim9.67)\times10^{-6}$,个别达$23.89\times10^{-6}$;$\sum$LREE为$(1.90\sim8.37)\times10^{-6}$,个别达$14.87\times10^{-6}$;$\sum$HREE为$(0.64\sim2.57)\times10^{-6}$,个别达$9.02\times10^{-6}$;$\sum$LREE/$\sum$HREE为1.64~2.97,个别达6.44,为轻稀土弱富集型;稀土元素球粒陨石标准化型式图为较平坦的曲线(图 3-12),个别样品具Ce和Dy正异常,δEu为0.70~1.23,多数样品具弱的δEu负异常,少数样品具弱的δEu正异常。图 3-12 表明,其与阿依耐克超基性侵入岩具不同的稀土曲线图式。

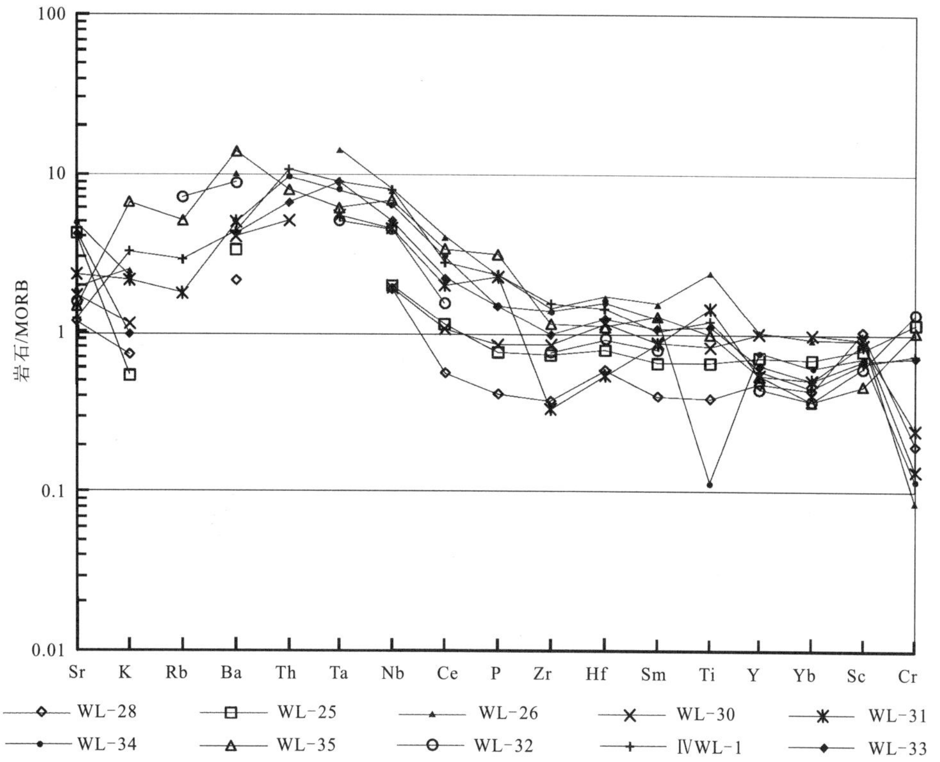

图 3－10　苏巴什-鲸鱼湖蛇绿混杂岩中变质镁铁质岩微量元素洋脊玄武岩比值蛛网图
（WL－33 为变质辉绿岩）

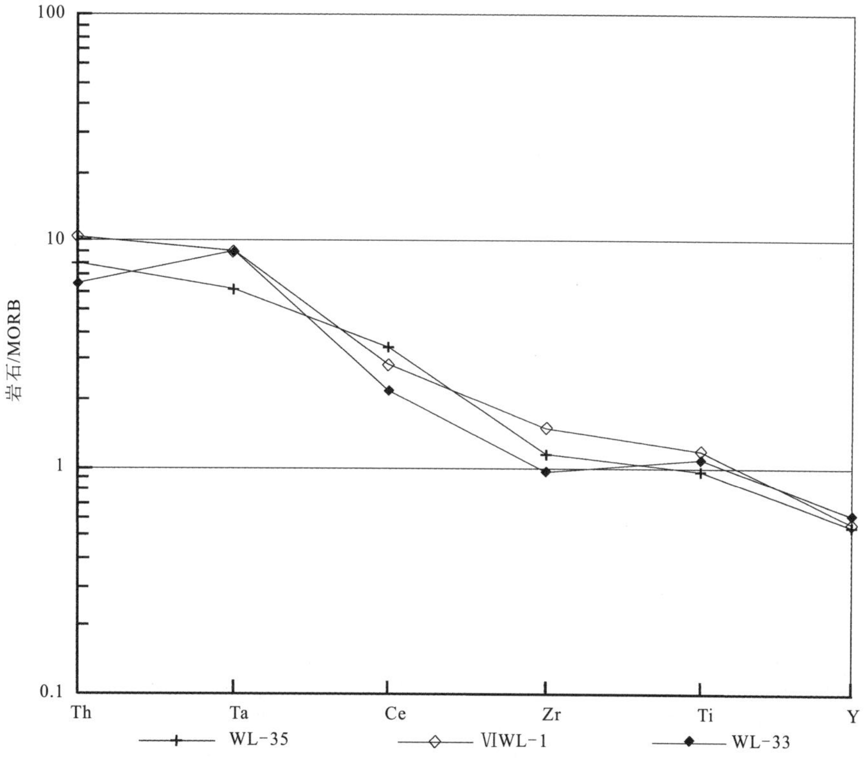

图 3－11　苏巴什-鲸鱼湖变质镁铁质岩简化模式图

表 3-5　蛇绿混杂岩各类岩石稀土元素含量表

序号	稀土样品编号	岩性	稀土元素分析结果($\omega_B/10^{-6}$)										
			La	Ce	Pr	Nd	Sm	Eu	Gd	Tb	Dy	Ho	Er
1	XT-24	橄辉岩	0.54	1.01	0.15	0.63	0.22	0.08	0.32	0.06	0.38	0.09	0.25
2	XT-29	变质超基性岩	0.41	0.79	0.10	0.43	0.12	0.05	0.14	0.03	0.17	0.03	0.10
3	XT-41	辉石橄榄岩	0.63	6.32	0.37	0.74	0.25	0.06	0.28	0.05	0.34	0.07	0.23
4	XT-43	辉石橄榄岩	0.69	1.29	0.18	0.62	0.18	0.05	0.17	0.03	2.00	0.04	0.13
5	XT-28	变质基性岩	2.12	5.54	0.89	4.30	1.34	0.68	2.16	0.38	2.53	0.51	1.52
6	XT-25	变质基性火山岩	3.00	11.49	1.58	6.71	2.13	0.91	3.13	0.54	3.26	0.70	2.16
7	XT-26	变质基性火山岩	17.3	40.17	5.38	20.53	5.14	1.75	5.39	0.92	5.38	1.05	3.13
8	XT-30	变质基性岩	3.79	10.59	1.74	8.39	2.92	1.02	4.08	0.75	5.01	1.00	3.18
9	XT-31	变质基性岩	9.15	20.00	2.64	11.17	2.81	1.19	3.14	0.52	3.06	0.57	1.70
10	XT-34	含橄榄玄武岩	12.92	29.64	3.87	16.25	4.11	1.43	4.56	0.76	4.54	0.81	2.29
11	XT-35	橄榄玄武岩	16.33	34.05	4.49	18.36	4.15	1.39	4.17	0.67	3.36	0.61	1.61
12	XT-32	玄武岩	6.53	15.58	2.24	9.44	2.59	0.86	2.80	0.48	2.76	0.49	1.42
13	ⅥXT-1	玄武岩	13.86	28.14	3.66	14.70	3.39	1.20	3.81	0.58	3.06	0.62	1.72
14	XT-33	变质辉绿岩	8.76	22.14	3.02	12.70	3.46	1.28	3.91	0.64	3.69	0.67	1.85
15	XT-44	硅质岩	4.16	7.57	1.19	3.93	0.89	0.24	0.81	0.12	0.71	0.14	0.38
XT-39*		黝帘阳起石片岩	2.41	6.82	1.18	5.54	1.98	0.82	2.74	0.52	3.19	0.64	1.98

序号	稀土样品编号	岩性	稀土元素分析结果($\omega_B/10^{-6}$)			有关参数				
			Tm	Yb	Lu	∑REE	∑LREE	∑HREE	∑LREE/∑HREE	δEu
1	XT-24	橄辉岩	0.04	0.25	0.04	4.06	2.63	1.43	1.84	0.93
2	XT-29	变质超基性岩	0.02	0.13	0.02	2.54	1.90	0.64	2.97	1.19
3	XT-41	辉石橄榄岩	0.04	0.25	0.04	9.67	8.37	1.30	6.44	0.70
4	XT-43	辉石橄榄岩	0.02	0.15	0.03	5.58	3.01	2.57	1.17	0.87
5	XT-28	变质基性岩	0.24	1.46	0.22	23.89	14.87	9.02	1.65	1.23
6	XT-25	变质基性火山岩	0.34	2.26	0.33	38.54	25.82	12.72	2.03	1.09
7	XT-26	变质基性火山岩	0.49	3.11	0.45	110.19	90.27	19.92	4.53	1.02
8	XT-30	变质基性岩	0.50	3.33	0.49	46.79	28.45	18.34	1.55	0.91
9	XT-31	变质基性岩	0.27	1.68	0.25	58.15	46.96	11.19	4.20	1.23
10	XT-34	含橄榄玄武岩	0.34	2.05	0.29	83.86	68.22	15.64	4.36	1.02
11	XT-35	橄榄玄武岩	0.23	1.26	0.17	90.85	78.77	12.08	6.52	1.02
12	XT-32	玄武岩	0.21	1.25	0.18	46.83	37.24	9.59	3.88	0.98
13	ⅥXT-1	玄武岩	0.26	1.54	0.23	76.77	64.95	11.82	5.49	1.03
14	XT-33	变质辉绿岩	0.28	1.68	0.24	64.32	51.36	12.96	3.96	1.07
15	XT-44	硅质岩	0.06	0.37	0.05	20.62	17.98	2.64	6.81	1.24
XT-39*		黝帘阳起石片岩	0.31	1.93	0.29	30.35	18.75	11.6	1.62	1.09

注：* 为布拉克蛇绿混杂岩中变质镁铁质岩。

(2) 变质镁铁质岩、玄武岩类

带内变质镁铁质岩、玄武岩类的稀土总量∑REE 为(38.54～110.59)$\times10^{-6}$，平均为 67.94$\times10^{-6}$；∑LREE为(25.82～90.27)$\times10^{-6}$，平均为 61.01$\times10^{-6}$；∑HREE 为(9.59～19.92)$\times10^{-6}$，平均为 99.48$\times10^{-6}$；∑LREE/∑HREE 为 1.55～6.52，为轻稀土弱富集型；球粒陨石标准化型式图(图 3-13)呈两种形态，一种为略向右倾斜的平缓型，另一种呈平缓型，δEu 为 0.91～1.23，多数样品具弱的 δEu 正

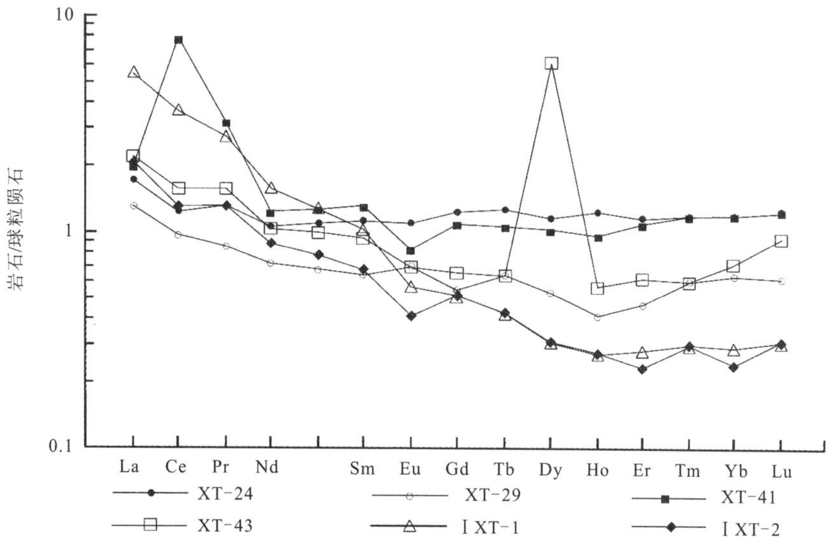

图 3-12 变质超镁铁质岩稀土元素球粒陨石标准化型式图
（ⅠXT-1 和ⅠXT-2 为阿依耐克超基性岩）

异常，个别样品具弱的 δEu 负异常。其稀土元素特征与该带东延的阿尼玛卿蛇绿岩带玛积雪山一带的玄武岩相似。

(3)基性岩墙-变质辉绿岩

稀土总量∑REE 为 64.32×10^{-6}，∑LREE 为 51.36×10^{-6}，∑HREE 为 12.96×10^{-6}，∑LREE/∑HREE为 3.96，为轻稀土弱富集型，稀土元素球粒陨石标准化型式图为略向右倾斜的平缓型曲线(图 3-13)，δEu 为 1.07，具弱的 δEu 正异常，其与镁铁质岩具有相同的稀土曲线图式。

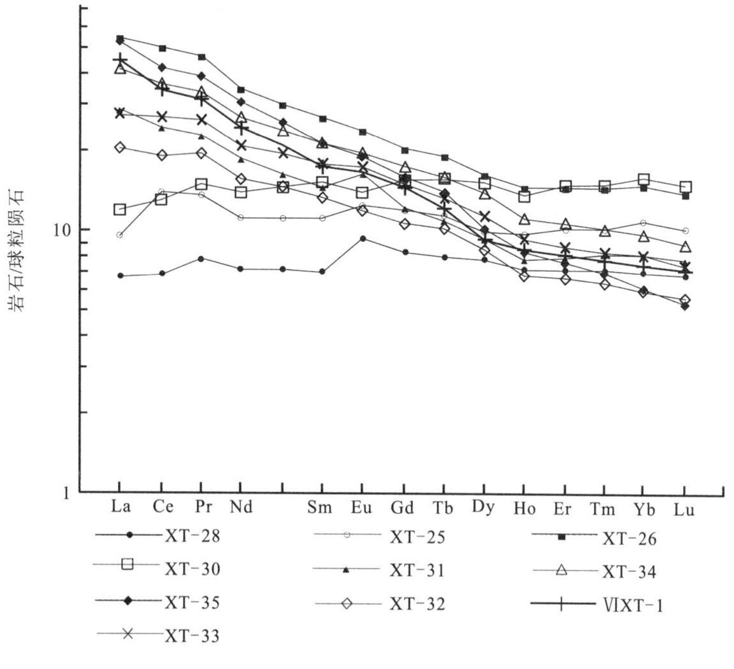

图 3-13 变质镁铁质岩、玄武岩类稀土元素球粒陨石标准化图
（除 XT-33 为变质辉绿岩外，其余为变质镁铁质岩）

(五)构造环境判别

Coleman(1984)指出大洋中脊、弧后、弧前盆地、岛弧、被动陆缘和小洋盆环境中均可形成蛇绿岩。蛇绿岩形成于多种构造环境并非主要形成于非大洋中脊构造环境的认识已为绝大多数学者认同。要判别蛇

绿岩的构造环境，必须进行详细的野外地质调查，查清蛇绿岩的地质产状，再结合构造学、岩石学、地球化学特征进行综合分析。前已述及区内蛇绿岩的地质产状和岩石特点，下面从地球化学特征方面分析其构造环境。

1. 常量元素判别

运用常量元素对带内变质镁铁质岩的构造环境进行判别，在 J. A. Pearce 的 F1 - F2 和 F2 - F3 图解上（图 3 - 14），投点主要集中于大洋底部或洋中脊玄武岩区（OFB）和低钾岛弧拉斑玄武岩区（LKT），个别落于钙碱性玄武岩区（CAB）。据 Mullen（1983）的 TiO - MnO×10 - P_2O_5×10 的判别图（图 3 - 15），该带内的变质镁铁质岩投点主要位于岛弧拉斑玄武岩区、洋中脊玄武岩区、洋岛玄武岩区。

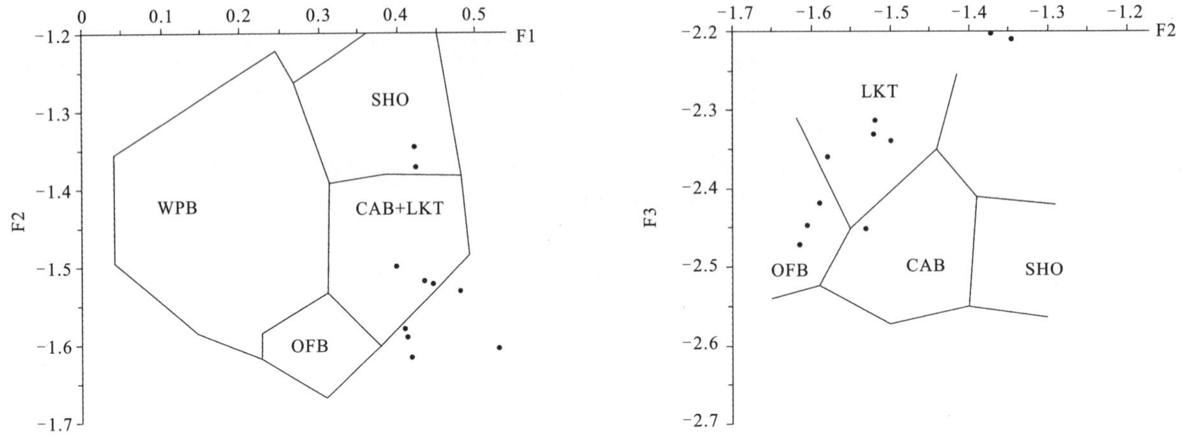

图 3 - 14　F1—F2、F2—F3 与玄武岩类关系图

（据 J. A. Pearce，1976）

WPB. 板块内部玄武岩；SHO. 钾玄岩；CAB. 钙碱性玄武岩；LKT. 低钾岛弧拉斑玄武岩；OFB. 大洋底部或洋中脊玄武岩

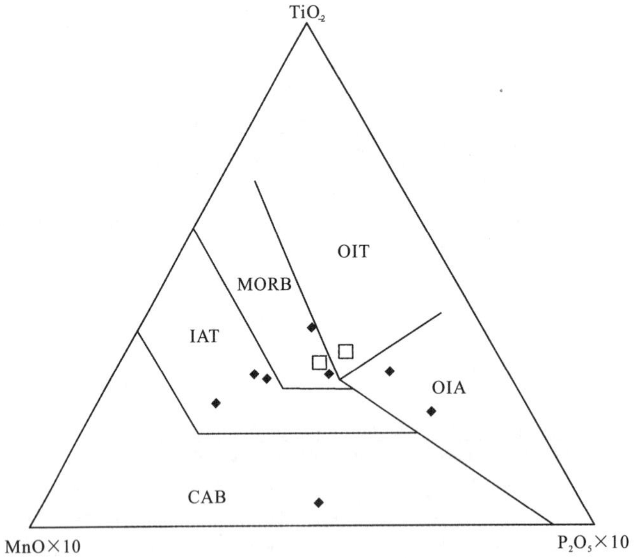

图 3 - 15　洋区玄武岩和洋区玄武安山岩的 TiO — MnO×10 — P_2O_5×10 判别图

（据 Mullen，1983）

CAB. 钙碱性玄武岩（岛弧）；IAT. 岛弧拉斑玄武岩；MORB. 洋中脊玄武岩；

OIT. 洋岛拉斑玄武岩；OIA. 洋岛碱性玄武岩

2. 微量元素和稀土元素

变质镁铁质岩微量元素 MORB 标准化蛛网图与大西洋洋中脊玄武岩极为相似，呈单一隆起的型式，从 Sr 到 Zr 所有元素都富集，且富集程度从 Sr 到 Th 逐渐增强，从 Th 到 Zr 富集程度逐渐减弱，从 Zr 到

Sc 各元素丰度与 1 接近。显示带内变质镁铁质岩的构造环境与洋中脊相类似。

稀土元素方面，变质超镁铁质岩和球粒陨石含量较为接近，其稀土元素球粒陨石标准化曲线呈平坦型。变质镁铁质岩的稀土元素含量特征表现为两种形式，一种具轻、重稀土弱分馏，其曲线型式呈略向右倾斜的平缓型曲线，其特征与洋岛碱性玄武岩相似；另一种为平坦的曲线型式，其特征与岛弧拉斑玄武岩或洋中脊玄武岩相似。

在众多的稀土和微量元素判别图解中，该带内变质镁铁质岩的投点结果各不相同，显示了带内变质镁铁质岩具多种构造环境下的不同成因，真正反映了蛇绿混杂岩带中不同成因的各类岩石相混杂的特点。在 Pearce(1982)的 Y－Cr 和 Ce/Sr－Cr 判别图(图 3－16)上，投点主要落于岛弧玄武岩区，个别落于板内玄武岩区和洋中脊玄武岩区。据 Meschede M(1986)的 2Nb－Zr/4－Y 判别图(图 3－17)和 Cabanis B and Lecolle M(1989)的 Y/15－La－Nb/8 判别图(图 3－18)，二者结果相近，样品投点主要位于陆内裂谷区的碱性玄武岩或板内碱性玄武岩区，个别为洋中脊玄武岩区。

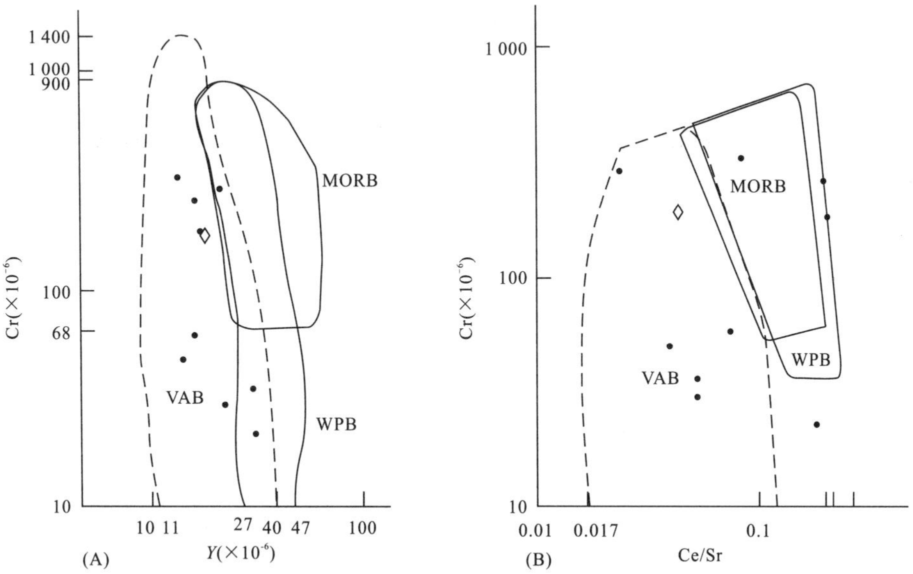

图 3－16　不同构造环境玄武岩的 Y－Cr(A)和 Ce/Sr－Cr(B)判别图

(据 Pearce，1982)

MORB. 洋中脊玄武岩；WPB. 板内玄武岩；VAB. 岛弧玄武岩

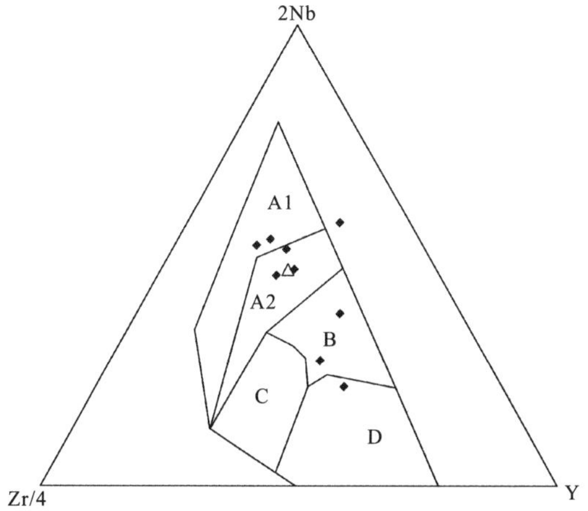

图 3－17　2Nb－Zr/4－Y 判别图

(据 Meschede M，1986)

A1＋A2. 板内碱性玄武岩；A2＋C. 板内拉斑玄武岩；B. P 型 MORB；D. N 型 MORB；C＋D. 火山弧玄武岩

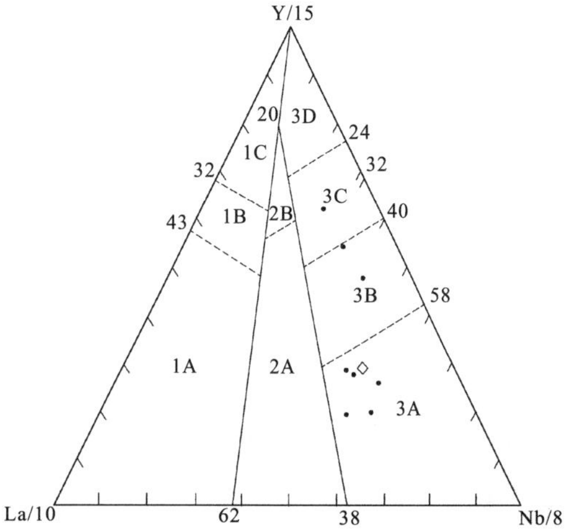

图 3－18　Y/15－La－Nb/8 判别图

(据 Cabanis B and Lecolle M，1989)

1 区. 火山弧玄武岩；1A. 钙碱性玄武岩；1C. 火山弧拉斑玄武岩；1B. 1A 区和 1C 区间的重叠区域；2 区. 大陆玄武岩；2A. 大陆玄武岩；2B. 弧后盆地玄武岩；3 区. 大洋玄武岩；3A. 大陆内裂谷区的碱性玄武岩；3B. E 型 MORB(富集的)；3C. E 型 MORB(弱富集的)；3D. N 型 MORB

综合分析认为，苏巴什蛇绿混杂岩中的变质镁铁质岩的构造环境主要为大洋板内和岛弧，个别为洋中脊的构造环境。

3. 时代讨论

该蛇绿混杂岩的时代，姜春发等(1992)根据硅质中含有早中三叠世放射虫，以及下大武火山岩的 Rb-Sr 等时年龄为 260Ma，并结合区域构造分析，认为蛇绿岩形成于晚二叠世，可延至中三叠世。李兴振等采获的放射虫化石经冯庆来鉴定有泥盆—石炭纪分子和可疑的泥盆纪化石。同样，在巴颜喀拉褶皱带南、甘孜—理塘一带北侧、竹节以北地区的三叠纪巴颜喀拉群硅质岩，也发现有早石炭世放射虫。可可西里一带也发现有早石炭世放射虫。本区西部邻幅(于田县幅)也采获了早石炭世—中二叠世放射虫。本区虽未采获有关化石资料，根据前人的认识并结合本区区域地质情况，可以认为苏巴什蛇绿混杂岩带的形成时代为早石炭世，蛇绿岩的就位时代为二叠世末。同时，在区内昆仑山前构造岩浆岩带内发育的海西期石炭—二叠纪变质闪长岩—变质花岗岩类侵入岩为板块俯冲造山过程中的火山弧(大陆岩浆弧)的构造地质背景中，似乎也表明区内古特提斯洋的关闭时期为二叠世末。

三、阿依耐克超基性侵入岩

1. 地质特征

该类侵入岩仅分布于民丰县阿依耐克一带，产出于石炭系阿羌岩组中，北侧与石炭系阿羌岩组据遥感解译呈断层接触，南侧与其接触关系因掩盖不清，岩体呈楔状形态，出露面积约 $12km^2$。岩体后期蛇纹石化较强，蛇纹石化主要沿岩石节理、裂隙发育，岩体边部岩性为辉石岩，内部为含橄榄石残留蛇纹岩、蛇纹石化中细粒纯橄榄岩、含方解石磁铁矿蛇纹岩等，岩体整体呈黑绿色，块状构造。

2. 岩石特征

黑绿色含橄榄石残留蛇纹岩：变余显微粒状结构、网状结构，块状构造，橄榄石含量为 95%～97%，粒状，普遍蛇纹石化，大部分呈其假象，呈浅绿—浅红色；金属矿物含量为 3%～5%，主要为磁铁矿，呈不规则粒状；少量阳起石，呈淡绿色纤维状集合体。个别样品含少量方解石。

黄绿色蛇纹石化中细粒纯橄榄岩：细—中粒粒状结构、网状结构，块状构造，橄榄石含量为 79%～97%，为不规则粒状，淡绿—淡红色，裂纹发育，裂隙普遍蛇纹石化；蛇纹石含量为 0～20%，纤维状；金属矿物含量为 1%～3%，不规则粒状，多为磁铁矿。

灰绿色辉石岩：中细粒粒状结构，块状构造。辉石含量约 92%，为斜方辉石(紫苏辉石)，淡红—淡绿色，裂纹发育，晶体大小 0.5～6mm；绢云母含量约 2%，为鳞片状、毡状，其集合体大小为 0.1～0.5×1.5mm；斜长石含量小于 5%，粒状不规则状；金属矿物：少量，粒状、不规则状，黑色。

含方解石磁铁矿蛇纹岩：黑色，网状结构，块状构造。蛇纹石含量大于 85%，网格状，格子中间为叶蛇纹石，边缘为纤维蛇纹石；方解石含量为 5%，不规则粒状；金属矿物含量为 10%，多为磁铁矿，呈不规则粒状、脉状分布于蛇纹石边缘、裂隙中。

副矿物组合为铬尖晶石＋磁铁矿＋黄铁矿＋磷灰石＋榍石＋锆石＋自然铅，个别含重晶石、孔雀石、萤石等副矿物。其中锆石多为浅紫色—浅褐色，金刚光泽，含细小黑色包体或气液包体，形态上多为浑圆四方柱和四方双锥，晶面不清，晶棱顶角浑圆。

3. 岩石化学

阿依耐克超基性岩岩石化学成分如表 3-6 所示。其 SiO_2 含量为 34.44%～39.84%，平均为 37.14%；Al_2O_3 为 0.43%～0.57%，平均为 0.47%；MgO 为 41.24%～44.18%，平均为 42.55%；Fe_2O_3＋FeO 为 5.62%～7.07%，平均为 6.38%；MgO/(MgO＋FeO)为 0.95，较纯橄榄岩的 MgO/(MgO＋FeO)值(0.86)高，说明岩石更富镁。在 Coleman，R. G. 1977 的 Al_2O_3-CaO-MgO 图上，投点落于变质橄榄岩区。其镁铁比值(m/f)为 11.45～14.45，为镁质超基性岩。

表 3-6　阿依耐克超基性岩岩石化学成分

序号	野外编号	岩石名称	氧化物含量(ω_B%)及有关参数									
			SiO_2	TiO_2	Al_2O_3	Fe_2O_3	FeO	MnO	MgO	Na_2O	CaO	K_2O
1	Ⅰ-14	含橄榄石残留蛇纹岩	34.54	0.20	0.57	4.24	1.38	0.05	42.38	0.03	0.59	0.07
2	Ⅰ-15	含橄榄石残留蛇纹岩	34.44	0.20	0.43	4.66	1.85	0.07	42.57	0.02	0.46	0.10
3	Ⅰ-16	蛇纹石化细中粒纯橄榄岩	39.84	0.10	0.43	3.51	3.56	0.08	44.18	0.02	0.59	0.00
4	Ⅰ-17	蛇纹石化细中粒纯橄榄岩	39.50	0.10	0.50	4.09	2.86	0.08	42.38	0.02	0.59	0.04
5	Ⅰ-18	含方解石磁铁矿蛇纹岩	37.16	0.10	0.43	4.26	1.49	0.07	41.24	0.04	0.46	0.03
平均			37.14	0.14	0.47	4.15	2.23	0.07	42.55	0.03	0.54	0.05

序号	野外编号	岩石名称	氧化物含量(ω_B%)及有关参数								
			P_2O_5	H_2O^+	CO_2	H_2O^-	Cr_2O_3	CoO	NiO	合计	m/f
1	Ⅰ-14	含橄榄石残留蛇纹岩	0.08	15.04	0.75	0.48	0.050	0.006	0.269	100.25	14.45
2	Ⅰ-15	含橄榄石残留蛇纹岩	0.05	14.92	0.57	0.48	0.004	0.006	0.139	100.49	12.43
3	Ⅰ-16	蛇纹石化细中粒纯橄榄岩	0.08	6.00	0.57	0.19	0.026	0.009	0.249	99.25	11.62
4	Ⅰ-17	蛇纹石化细中粒纯橄榄岩	0.05	9.28	0.66	0.36	0.023	0.011	0.288	100.47	11.45
5	Ⅰ-18	含方解石磁铁矿蛇纹岩	0.05	14.10	0.35	0.42	0.022	0.011	0.263	100.08	13.67
平均			0.06	11.87	0.58	0.39	0.025	0.008 6	0.241 6	100.11	12.72

4. 岩石地球化学特征

(1)微量元素特征

阿依耐克超基性岩的微量元素含量如表 3-7 所示。在原始地幔标准化蛛网图上显示其亲石元素 Zr、Hf、La、Nd 较原始地幔高(Mc Donough 等,1992),其他元素偏低,过渡族元素除 Cr 略偏高外,V、Co、Ni 则偏低,总体显示为亏损地幔的特征(图 3-19)。与超基性岩维氏值相比,Nb 略偏高,Sc、Zr、V、Co 略偏低,其他元素基本相近。

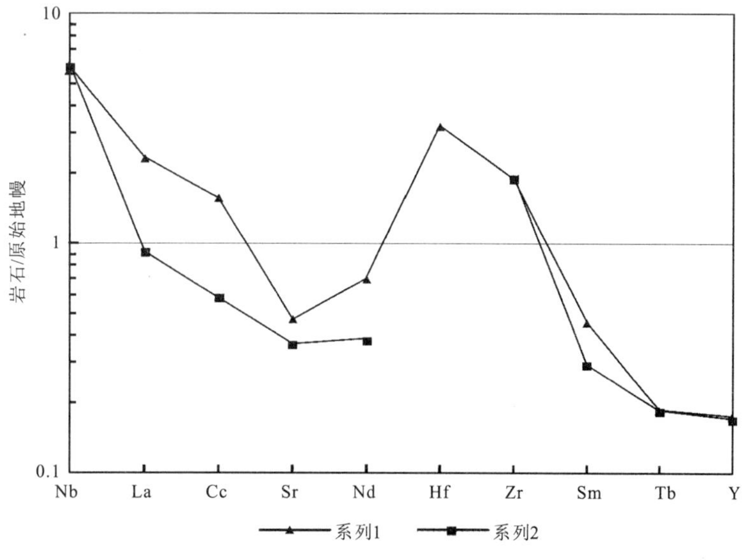

图 3-19　阿依耐克超基性岩微量元素原始地幔比值蛛网图

(2)稀土元素特征

阿依耐克超基性岩的稀土元素含量如表 3-8 所示。阿依耐克超基性岩稀土总量(∑REE)为(2.97~6.54)$\times10^{-6}$,较球粒陨石高,为富集型,∑LREE/∑HREE 为 6.62~14.95,轻稀土富集,δEu 为 0.70~

0.72(图 3-20)，具弱的 Eu 负异常，反映了局部熔融程度较低。其与苏巴什蛇绿混杂岩带中的超基性岩相比，具有轻、重稀土分馏强的特征。

表 3-7　阿依耐克超基性岩微量元素含量表

样品编号	岩性	微量元素分析结果($\omega_B/10^{-6}$)													
		Nb	Sc	Zr	Th	Sr	Ba	V	Co	Cr	Ni	Rb	Ta	Hf	Y
Ⅰ WL-1	含橄榄石残留蛇纹岩	4.10	1.80	21.60	<2	10.0	<10	7.70	82.10	3 214	1 895	<3	<0.5	1.00	0.8
Ⅰ WL-2	含方解石磁铁矿蛇纹岩	4.30	3.50	22.30	<2	7.80	<10	9.50	79.40	1 795	1 816	<3	<0.5	<0.5	0.79

表 3-8　阿依耐克超基性岩稀土元素含量表

样品编号	岩性	稀土元素分析结果($\omega_B/10^{-6}$)									
		La	Ce	Pr	Nd	Sm	Eu	Gd	Tb	Dy	Ho
Ⅰ XT-1	含橄榄石残留蛇纹岩	1.69	2.93	0.32	0.95	0.2	0.04	0.13	0.02	0.1	0.02
Ⅰ XT-2	含方解石磁铁矿蛇纹岩	0.66	1.08	0.15	0.53	0.13	0.03	0.13	0.02	0.1	0.02

样品编号	岩性	稀土元素分析结果($\omega_B/10^{-6}$)				有关参数					
		Er	Tm	Yb	Lu	ΣREE	ΣLREE	ΣHREE	ΣLREE/ΣHREE	δEu	δCe
Ⅰ XT-1	含橄榄石残留蛇纹岩	0.06	0.01	0.06	0.01	6.54	6.13	0.41	14.95	0.72	0.57
Ⅰ XT-2	含方解石磁铁矿蛇纹岩	0.05	0.01	0.05	0.01	2.97	2.58	0.39	6.62	0.70	0.50

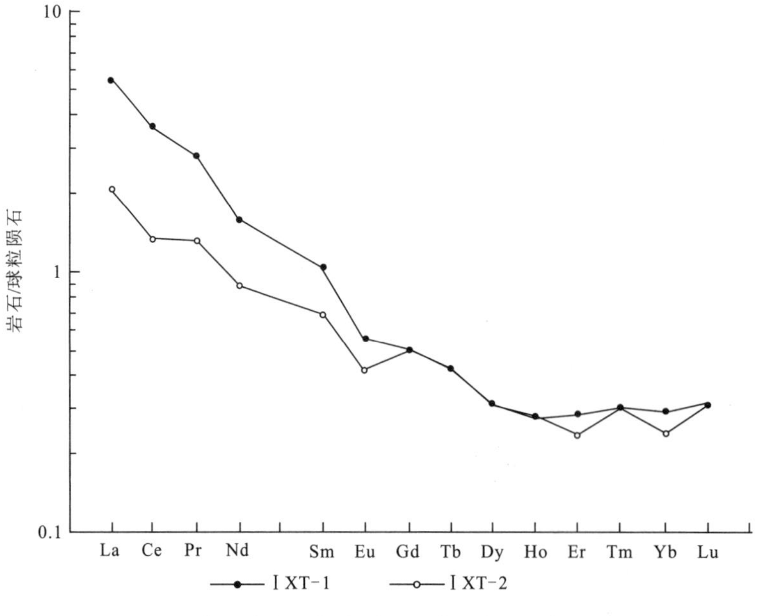

图 3-20　阿依耐克超基性岩稀土元素球粒陨石标准化型式图

5. 时代及就位机制探讨

由于超基性侵入岩测年的困难，阿依耐克超基性岩体形成时代的确定只能依据其产出地质环境而定。阿依耐克超基性岩体产出于石炭纪地层中，其与围岩局部为断层接触，多数地段接触关系性质不易确定，且岩体中未见围岩捕虏体。据此来看，该岩体的时代不易确定，只能通过区域对比将该类侵入岩的时代大致定为石炭纪。

阿依耐克超基性岩分布于库牙克断裂(阿尔金断裂的西延部分)的北侧，区域上该类侵入岩沿阿尔金断裂的北侧断续分布有数个侵入体，表明该类侵入岩的形成与阿尔金断裂的活动关系较密切，阿依耐克超基性岩体岩石化学特征表明其为地幔岩经部分熔融上涌侵入的产物，地幔岩产生部分熔融的条件为减压或升温。据研究，阿尔金断裂主要是向南高角度倾斜(Wittlinger *et al.*，1998)，并可能切过了整个岩石圈，阿尔金断裂的强烈的左行剪切活动产生的减压作用和韧性剪切生热将有利于地幔岩部分熔融和上侵。

四、包斯塘基性侵入岩

区内基性侵入岩不发育，仅在民丰县包斯塘村南东一带有变质辉绿玢岩($\beta\mu C-P$)和格子布拉克一带有斜长岩($\nu\sigma C-P$)的分布。

(一)变质辉绿玢岩($\beta\mu C-P$)

1. 地质特征

仅见于包斯塘南东约5.5km处库牙克一带，呈岩墙状产出，岩墙宽约300m，位于库牙克断裂北侧，岩墙北侧与泥盆系奇自拉夫组以断裂破碎带为界，南侧与下古生界上其汗岩组为侵入接触关系，接触面产状190°∠65°。

2. 岩石特征

变质辉绿玢岩：灰黑色，斑状结构，基质为辉绿结构，块状构造。矿物成分：斑晶含量为25%，单斜辉石15%，较自形短柱状，具角闪石反应边；斜长石10%，较自形板状，具钠黝帘石化，普遍具环带结构，为中基性斜长石；基质75%，辉石20%，他形粒状，全部闪石化；斜长石约45%，较自形长板状，聚片双晶较发育，见环带结构；黑云母5%，片状晶体，绿泥石少量，片状晶体；榍石2%，不规则粒状，锆石偶见，柱状晶体，金属矿物3%，粒状；石英微量，他形粒状。蚀变矿物为角闪石、钠黝帘石。

3. 岩石化学特征

变质辉绿玢岩的岩石化学成分如表3-9所示。由表可知，该变质辉绿玢岩具有如下特征。

表3-9 基性侵入岩岩石化学成分

野外编号(GS)	岩石名称	氧化物含量(ω_B%)及有关参数																
		SiO_2	TiO_2	Al_2O_3	Fe_2O_3	FeO	MnO	MgO	Na_2O	CaO	K_2O	P_2O_5	H_2O^+	CO_2	HO^-	合计	δ	SI
Ⅲ-59	变质辉绿玢岩	53.54	1.05	15.46	2.48	6.77	0.17	3.91	2.66	7.68	2.80	0.40	0.88	1.60	0.17	99.42	2.82	20.99
Ⅲ-117	斜长岩	48.16	0.05	31.57	0.23	0.73	0.02	0.25	2.44	15.67	0.13	0.01	0.53	0.08	0.11	99.98	1.21	6.61
Ⅲ-118	暗色细粒包体	44.52	1.78	17.69	4.26	8.30	0.20	3.06	3.00	9.72	0.79	0.54	2.76	0.17	0.49	97.28	3.68	15.77

其SiO_2含量较高，达53.54%；Fe_2O_3+FeO较低，为9.25%；Al_2O_3中等偏高，为15.46%；CaO为7.68%，含量偏低；Na_2O+K_2O为5.46%，且K_2O略高于Na_2O；里特曼指数(σ)为2.82，为钙碱性岩，据AFM图解为钙碱性系列。

4. 地球化学特征

(1)微量元素特征

变质辉绿玢岩微量元素含量如表3-10所示。包斯塘变质辉绿玢岩微量元素中除Ba、Sr、V、Zr、Rb偏高外，其他元素都较低，其洋中脊玄武岩标准化蛛网图(图3-21)呈多隆起的曲线型式，除个别元素亏损外，多数元素呈富集的特点。

表3-10 基性侵入岩微量元素含量表

样品编号	岩性	微量元素分析结果($\omega_B/10^{-6}$)												
		Nb	Sc	Zr	Th	Sr	Ba	V	Co	Cr	Ni	Rb	Hf	Y
WL-63	变质辉绿玢岩	12.65	25.4	142	10.0	330	717	180.1	24.6	45.0	17.0	117.4	4.1	29.12
WL-89	斜长岩	2.40	1.1	10	<1.0	215	69	12.9	5.9	9.8	11.6	<3.0	<0.5	0.91
WL-90	黑云角闪斜长岩(包体)	15.90	29.2	171	3.8	492	220	245.2	36.5	46.9	25.8	21.0	4.2	29.45

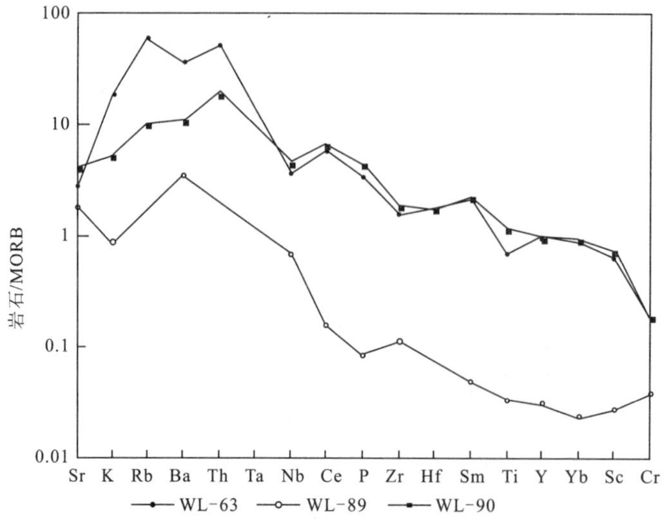

图 3-21 基性侵入岩微量元素洋中脊玄武岩(MORB)比值蛛网图

WL-63. 变质辉绿岩;WL-89. 斜长岩;WL-90. 斜长岩中的包体

(2)稀土元素特征

变质辉绿玢岩稀土元素含量如表 3-11 所示。包斯塘变质辉绿玢岩稀土总量∑REE 较高,为 156.02 $\times 10^{-6}$,其轻稀土∑LREE 为 134.29$\times 10^{-6}$,重稀土∑HREE 为 21.73$\times 10^{-6}$,轻、重稀土比值(∑LREE/∑HREE)为 6.18,轻、重稀土分馏较强,δEu 为 0.76,具 Eu 负异常,反映岩浆早期具斜长石的分离结晶作用。其稀土元素球粒陨石标准化型式图(图 3-22)为一向右陡倾的曲线。

表 3-11 基性侵入岩稀土元素含量表

样品编号	岩性	稀土元素分析结果($\omega_B/10^{-6}$)									
		La	Ce	Pr	Nd	Sm	Eu	Gd	Tb	Dy	Ho
XT-63	变质辉绿玢岩	28.65	58.64	7.90	30.63	6.84	1.63	6.19	1.03	5.97	1.21
XT-89	斜长岩	0.86	1.55	0.18	0.77	0.16	0.23	0.18	0.03	0.16	0.04
XT-90	黑云角闪斜长岩(包体)	32.62	66.51	9.09	36.37	7.43	2.27	6.70	1.02	6.05	1.22

样品编号	岩性	稀土元素分析结果($\omega_B/10^{-6}$)				有关参数					
		Er	Tm	Yb	Lu	∑REE	∑LREE	∑HREE	∑LREE/∑HREE	δEu	δCe
XT-63	辉绿玢岩	3.23	0.52	3.11	0.47	156.02	134.29	21.73	6.18	0.76	0.90
XT-89	斜长岩	0.09	0.01	0.08	0.01	4.35	3.75	0.60	6.25	4.17	0.89
XT-90	黑云角闪斜长岩(包体)	3.37	0.52	3.14	0.47	176.78	154.29	22.49	6.86	0.97	0.90

(二)斜长岩(νσC-P)

1. 地质特征

斜长岩仅见于民丰县格子布拉克村南的昆仑山前一带,岩体出露面积约 8km^2,岩体北侧与第四系更新统西域组呈断层接触,南东侧与蓟县系阿拉玛斯岩群及石炭系阿羌岩组呈侵入接触关系。在该岩体中多见角闪斜长岩暗色细粒包体,包体呈棱角状、不规则状,大小不等,与围岩侵入接触关系明显。

2. 岩石特征

斜长岩呈灰白色—略带浅绿色,具半自形粒状结构,块状构造。岩石中含基性斜长石约 98%,镜下鉴定为钠长石,双晶发育,颗粒大小悬殊,彼此紧密分布。岩石中另见少量角闪石,较自形柱状晶体,部分绿

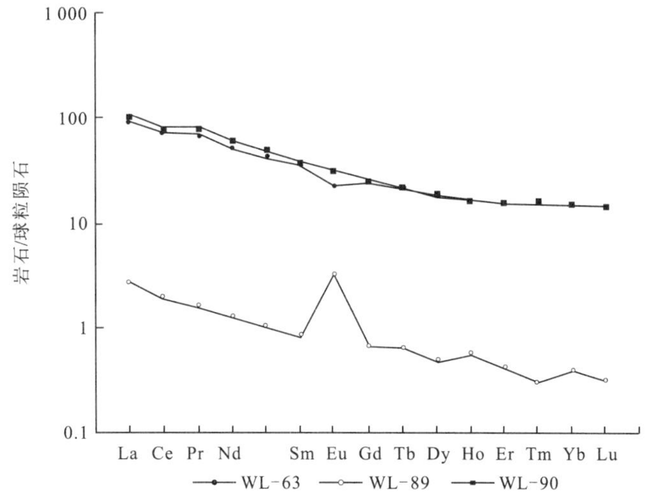

图 3-22　基性侵入岩稀土元素球粒陨石标准化型式图

XT-63. 变质辉绿岩；XT-89. 斜长岩；XT-90. 斜长岩中的包体

泥石化。岩石具后期绢云母化、绿泥石化等蚀变。

在斜长岩中多见暗色细粒包体，岩性为黑云角闪斜长岩，岩石呈灰黑色—灰绿色，半自形粒状结构，块状构造。岩石中角闪石占 30%，黑云母占 10%，斜长石占 60%，正长石少量，另见绿帘石、榍石、磷灰石、金属矿物等。

3. 岩石化学特征

格子布拉克斜长岩岩石化学成分如表 3-9 所示。该斜长岩具有如下特征：其 SiO_2 含量为 48.16%；Fe_2O_3+ FeO 含量极低，为 0.96%；Al_2O_3 偏高，为 31.57%；CaO 为 15.67%，含量偏高；Na_2O+ K_2O 为 2.57%，且 Na_2O 高于 K_2O，岩石富钠；里特曼指数(σ)为 1.21，为钙碱性岩。斜长岩中暗色包体较斜长岩更偏基性，其 SiO_2 仅为 44.526%，且 Al_2O_3、CaO 含量较斜长岩偏低，但富 Fe、Mg 质成分。

4. 岩石地球化学特征

(1)微量元素特征

斜长岩和其包体微量元素含量如表 3-10 所示。斜长岩各微量元素含量明显偏低，其与洋脊玄武岩相比，除 Sr、Ba 略偏高、呈富集外，其他元素则亏损严重，其蛛网图呈单一隆起形态(图 3-21)。斜长岩中的包体则与其特征明显不同，其多数元素呈富集趋势，其蛛网图呈多隆起形态(图 3-22)，其基本形态与包斯塘变质辉绿玢岩较为接近。

(2)稀土元素特征

斜长岩稀土元素含量如表 3-11 所示。格子布拉克斜长岩稀土总量(∑REE)较低，仅为 4.35×10^{-6}，其轻稀土∑LREE 为 3.75×10^{-6}，重稀土∑HREE 为 0.6×10^{-6}，轻、重稀土比值(∑LREE/∑HREE)6.25，轻、重稀土分馏较强，δEu 为 4.17，其 Eu 正异常明显。其稀土元素球粒陨石标准化型式图(图 3-22)为一向右缓倾的曲线。斜长岩中的包体稀土总量(∑REE)较高，为 176.78×10^{-6}，其轻稀土∑LREE 为 154.29×10^{-6}，重稀土∑HREE 为 22.49×10^{-6}，轻、重稀土比值(∑LREE/∑HREE)为 6.86，轻、重稀土分馏较强，δEu 为 0.97，其 Eu 异常极不明显。其稀土元素球粒陨石标准化型式图(图 3-22)为一向右缓倾的曲线，其形态与包斯塘变质辉绿玢岩极为相似。

第二节　中酸性侵入岩

一、概　述

区内中酸性侵入岩主要集中分布于昆仑山前一带，活动规模较为强烈，岩性为变质闪长岩、变质花岗岩等，其中以中性侵入岩一闪长岩类为主。区内各期、各类岩性的侵入体展布方向与区域构造方向基本一致，反映了区内中酸性侵入岩与构造活动关系密切。根据地质产状和同位素资料，将区内中酸性侵入岩划分为加里东期、海西期、燕山期。其中加里东期、海西期中酸性侵入岩隶属于昆仑山前构造岩浆岩带，而燕山期以闪长岩类为主的中酸性侵入岩隶属于三道河子岩浆岩带。本次工作依各个侵入体的岩性、岩石化学、同位素年龄等资料，进行了填图单位的划分。

二、震旦纪侵入岩

震旦纪侵入岩区内不发育，仅在民丰县苦阿村南一带有所分布，侵入于蓟县系阿拉玛斯岩群变质岩系中，呈东西向展布，东西长约500m，南北宽约200m。岩性为变质细粒二云母花岗岩。

1. 地质特征

苦阿变质细粒二云母花岗岩呈岩株状侵入于蓟县系地层中，规模较小，岩石经历了后期角闪岩相变质作用的改造，发育片麻状构造。

2. 岩石特征

变质二云母花岗岩呈灰白色，细粒花岗结构，片麻状构造，其矿物成分为：钾长石含量为40%，斜长石25%，石英25%，黑云母5%，白云母2%。副矿物组合为：磷灰石＋锆石＋黄铁矿＋榍石等。其中锆石呈紫色—浅紫色，浑圆四方柱和四方双锥的聚形，少量晶体较为清晰。晶体透明，金刚光泽，个别颗粒表面具溶蚀坑，未见包体，长宽比一般为1∶2.5，少量1∶3～4。

3. 岩石化学特征

苦阿变质细粒二云母花岗岩的SiO_2含量为71.72%，Al_2O_3为13.53%，Fe_2O_3＋FeO为2.54%，MgO为0.04%，FeO/(FeO_t＋MgO)为0.98，CaO为1.45 %，Na_2O＋K_2O为8.29%，K_2O含量大于Na_2O，岩石富钾，里特曼指数(σ)为2.38，为钙碱性岩，A/CNK为1.01，接近过铝质花岗岩类，但总体上从其矿物成分和岩石化学特征来看为富钾钙碱性花岗岩类(KCG)(Barbarin)。

4. 地球化学特征

苦阿花岗岩的微量、稀土元素含量如表3-12所示。

表3-12　苦阿花岗岩微量、稀土元素含量表

样品编号	岩性	微量元素分析结果($\omega_B/10^{-6}$)													
		Nb	Sc	Zr	Th	Sr	Ba	V	Co	Cr	Ni	Rb	Ta	Hf	Y
XXVWL-1	二云母花岗岩	11.00	12.8	124	11.1	898	792	124	15.5	32.50	16.40	34	<0.5	2.9	10.79
		稀土元素分析结果($\omega_B/10^{-6}$)													
XXVXT-1		La	Ce	Pr	Nd	Sm	Eu	Gd	Tb	Dy	Ho	Er	Tm	Yb	Lu
		23.75	44.11	5.86	20.14	3.93	1.13	3.05	0.43	2.17	0.41	1.12	0.17	1.04	0.15
		有关参数													
		ΣREE		ΣLREE		ΣHREE		ΣLREE/ΣHREE			δEu		δCe		
		107		98.9		8.54		11.58			0.97		0.55		

苦阿花岗岩微量元素除 Sr、Ba、V 含量较高外，其他元素含量较低。其洋脊花岗岩标准化型式图(图 3-23)呈三隆三谷之形态，与同碰撞花岗岩较为相似。

苦阿花岗岩稀土元素总量 $\sum$REE 为 107×10^{-6}，$\sum$LREE 为 98.9×10^{-6}，$\sum$HREE 为 8.54×10^{-6}，$\sum$LREE/$\sum$HREE为 11.58，为轻稀土富集型，稀土元素球粒陨石标准化型式图为略向右陡倾的曲线(图 3-24)，δEu 为 0.97，具弱的 δEu 负异常。

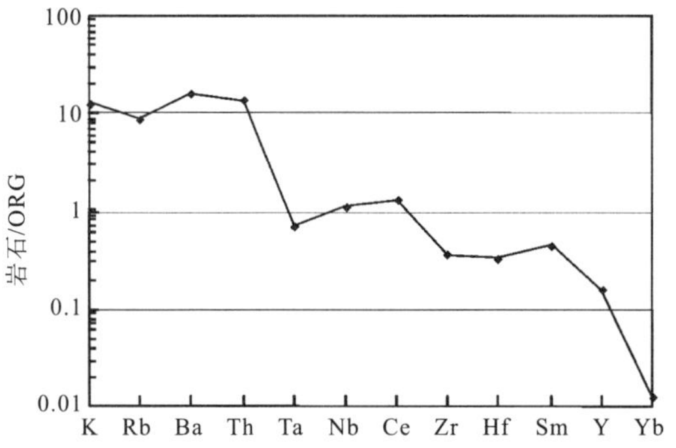

图 3-23 苦阿花岗岩微量元素洋脊花岗岩标准化型式图

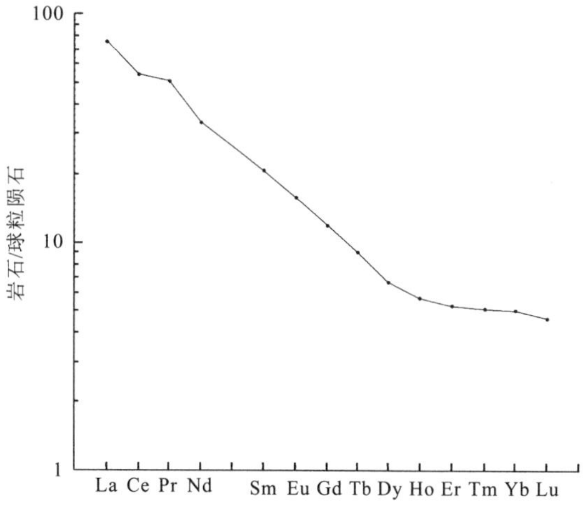

图 3-24 苦阿花岗岩稀土元素球粒陨石标准化型式图

5. 时代讨论

本次工作在该侵入体中采集了 U-Pb 同位素年龄，经天津地矿所测试，结果如表 3-13 所示，其谐和图如图 3-25 所示。从表 3-13 和图 3-25 中可以得出该岩体的 3 个年龄值，其上交点年龄：683±75Ma，下交点年龄：294±30Ma，5 号点 $^{206}Pb/^{238}U$ 表面年龄：318.0±1.3Ma，结合区域地质情况，采用 683±75Ma 为该岩体侵入年龄。其下交点年龄和 5 号点表面年龄可能代表着海西期末的一次变质作用的热扰动年龄。

表 3-13 XXVTW-3 号铀—铅同位素地质年龄测定结果

点号	同位素原子比率					表面年龄(Ma)		
	$^{206}Pb/^{204}Pb$	$^{208}Pb/^{206}Pb$	$^{206}Pb/^{238}U$	$^{207}Pb/^{235}U$	$^{207}Pb/^{206}Pb$	$^{206}Pb/^{238}U$	$^{206}Pb/^{238}U$	$^{206}Pb/^{204}Pb$
1	405	0.082 9	0.079 15 <20>	0.641 4 <259>	0.058 77 <225>	491.0	503.2	558.7
2	842	0.126 5	0.077 88 <63>	0.638 0 <151>	0.059 42 <124>	483.4	501.1	582.5
3	3230	0.152 4	0.068 95 <14>	0.549 9 <99>	0.057 84 <98>	429.8	444.9	523.8
4	10 844	0.122 0	0.064 79 <54>	0.506 7 <121>	0.056 72 <120>	404.7	416.2	480.7
5	524	0.139 0	0.050 57 <21>	0.373 6 <68>	0.053 57 <90>	318.0	322.3	353.2

三、加里东期奥陶纪侵入岩

区内加里东期中酸性侵入岩不发育，仅在昆仑山前有所分布，时代上仅产出于奥陶纪，岩性上只见中性侵入岩-变质闪长岩类。根据其岩石特征、岩石化学特征、同位素年龄等资料，只划分出格子布拉克变质闪长岩岩体一个。

1. 地质特征

格子布拉克(变质)闪长岩分布于昆仑山前民丰县包斯塘、格子布拉克一带，该岩体呈长条状北东向展

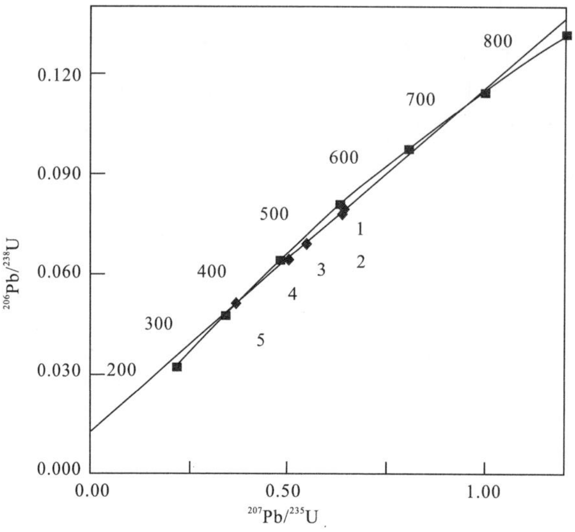

图 3-25　苦阿花岗岩 U-Pb 同位素年龄测定结果的谐和图

布于昆仑山前，长约 45km，宽 0～5km，岩体北部与蓟县纪阿拉玛斯岩群呈侵入接触关系，与石炭系阿羌岩组以韧性剪切带接触，南东部与泥盆系奇自拉夫组为断层接触，北东部被海西期石炭—二叠纪包斯塘花岗岩（γC-P）侵入，南部被海西期土格曼巴西斜长花岗岩（γ_oC-P）侵入。

2. 岩石特征

该岩体岩石种类较多，常见岩性为灰白色石英闪长岩、斑点状闪长岩、灰色变质角闪黑云闪长岩、变质黑云母石英闪长岩，岩体边部为闪长玢岩等，但总体上以石英闪长岩为主，各岩性间接触关系多为渐变过渡关系，为岩石中暗色矿物含量不均所致。由于该岩体经历了石炭纪浅变质作用，部分岩石具变质岩外貌，部分岩石仍保留有原岩面貌。岩石具后期绿泥石化、绿帘石化等蚀变。该岩体岩性极不均匀，主要表现为暗色矿物分布不均匀，其暗色矿物主要为黑云母、角闪石，多呈斑点状集合体，时而密集分布，时而分布稀少。构造上主体为块状构造，局部见有片麻状构造、斑点状构造（图版Ⅳ-4、5）。结构上也不均匀，为中—细粒半自形粒状结构，受后期构造影响，部分地段岩石发生了韧性变形，呈眼球状、透镜状构造，糜棱状、碎斑状结构。岩体中多见花岗闪长岩脉体侵入，含灰黑色不规则状中细粒辉长岩、斜长角闪岩包体（图版Ⅳ-6）。主要岩石类型特征如下：

石英闪长岩：灰白色，半自形粒状结构，块状构造，斜长石（为中—更长石）含量为 65%，石英 15%，黑云母 15%，绿帘石 4%，含榍石、磷灰石、金属矿物少量。

斑点状闪长岩：灰白色，不等粒结构，斑点状构造，中长石含量为 75%，普通角闪石 20%，黑云母 5%，磁铁矿微量。

变质角闪黑云闪长岩：灰—灰绿色，粒状鳞片变晶结构，弱定向构造，黑云母含量为 25%，角闪石 15%，斜长石 55%，石英 3%，磷灰石、金属矿物少量。

（变质）黑云母石英闪长岩：灰色，鳞片粒状变晶结构，片麻状构造，斜长石含量为 60%，钾长石含量小于 3%，石英 10%，黑云母 20%，绿帘石 2%，副矿物为磷灰石、褐帘石、锆石、金属矿物等。

黑云母闪长岩：灰绿色，半自形粒状结构，块状构造，角闪石含量为 30%，黑云母 10%，斜长石 58%，副矿物少量。

闪长玢岩：呈浅绿色，斑状结构，基质为微粒结构，矿物成分为角闪石 25%，黑云母 2%，石英 3%，斜长石 60%，绿帘石 5%，方解石 5%。人工重砂副矿物组合为磁铁矿＋黄铁矿＋磷灰石＋榍石＋锆石，其中锆石多数为浅紫色，少数为无色晶体，少数晶体完整，呈较为复杂的聚形，透明，金刚光泽，个别含细小黑色包体，表面干净、光亮，未见熔蚀，长宽比一般为 1∶1.5～2，个别为 1∶2.5～4。

岩体中多见辉长岩包体，呈不规则状，大小不等，岩石呈灰黑色，不等粒结构，辉长结构，块状构造，灰绿—灰黑色，辉石含量为 30%～35%，边缘、裂隙已蚀变为角闪石，斜长石含量为 60%～66%，黑云母占

1%，副矿物为磷灰石、锆石、金属矿物等。

3. 岩石化学特征

格子布拉克(变质)闪长岩岩石化学成分如表 3-14 所示。其 SiO_2 含量为 52.96%～63.56%，平均为 58.81%；Al_2O_3 为 15.89%～18.53%，平均为 16.96%，含量明显偏高；MgO 为 1.43%～3.85%，平均为 2.62%；Fe_2O_3＋ FeO 平均为 6.10%；CaO 为 3.70%～7.64%，平均为 6.09%，含量偏高，显示了压性花岗岩的特点；K_2O 为 0.88%～3.07%，平均为 1.88%；Na_2O 为 2.92%～4.90%，平均为 3.66%。岩石中钠含量大于钾，岩石富钠。里特曼指数(σ)为 1.33～2.68，为钙碱性岩。碱度率(AR)为 1.54～1.99，据图 3-26 投点落于钙碱性岩区。据图 3-27 格子布拉克(变质)闪长岩属于钙碱性系列。

表 3-14　格子布拉克(变质)闪长岩岩石化学成分

序号	样号(GS)	岩性	氧化物含量(ω_B%)													有关参数					
			SiO_2	TiO_2	Al_2O_3	Fe_2O_3	FeO	MnO	MgO	CaO	Na_2O	K_2O	P_2O_5	H_2O^+	CO_2	合计	DI	A/CNK	SI	σ43	AR
1	116	石英闪长岩	63.56	0.48	18.53	1.45	1.97	0.04	1.43	4.88	4.90	1.54	0.16	1.34	1.81	99.92	67.49	1.00	12.67	1.99	1.76
2	121	糜棱岩化黑云斜长片麻岩	59.55	0.87	16.91	0.10	5.53	0.07	3.08	3.70	3.75	3.07	0.26	2.43	0.74	100.06	61.94	1.04	19.83	2.68	1.99
3	333	变质闪长岩	56.26	1.20	15.89	3.16	5.32	0.16	3.85	7.23	3.07	1.87	0.30	1.37	0.25	99.93	48.30	0.79	22.29	1.77	1.54
4	523	细粒辉石闪长岩	61.17	0.72	16.40	2.97	2.93	0.07	2.72	6.02	2.92	2.06	0.25	1.24	0.39	99.86	57.65	0.91	20.00	1.33	1.57
5	257	片麻状细粒黑云母闪长岩	59.33	0.46	17.42	0.27	5.03	0.10	2.29	7.08	3.44	1.87	0.14	1.96	0.51	99.90	53.29	0.85	17.75	1.66	1.55
6	Ⅲ-11	闪长玢岩	52.96	0.60	16.60	3.29	4.62	0.11	2.33	7.64	3.90	0.88	0.15	3.14	3.85	100.10	49.35	0.78	15.51	1.90	1.49
平均值			58.81	0.72	16.96	1.87	4.23	0.09	2.62	6.09	3.66	1.88	0.21	1.91	1.26	99.96	56.25	0.89	18.34	1.86	1.63

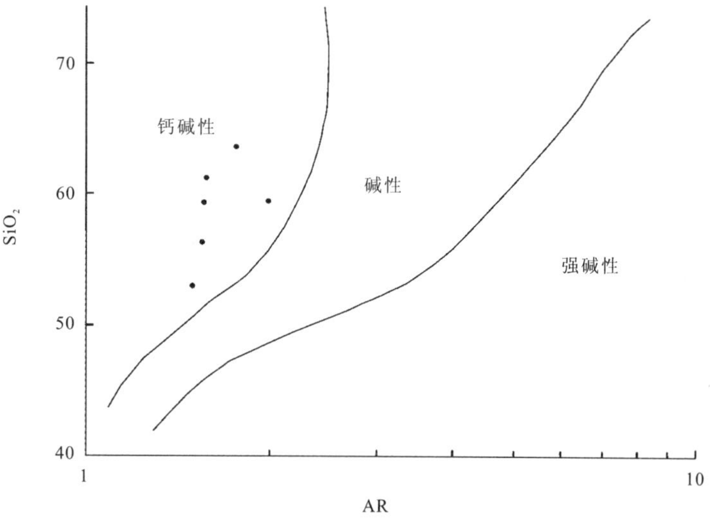

图 3-26　格子布拉克变质闪长岩 SiO_2-AR 图

4. 岩石地球化学特征

(1)微量元素特征

格子布拉克(变质)闪长岩微量元素含量如表 3-15 所示。该岩体 4 件微量元素分析样品微量各元素含量基本相近，其洋脊花岗岩(ORG)比值蛛网图(图 3-28)表现为 Rb、Ba、Th 等元素的富集，呈隆起形态，Ta、Ce、Zr、Hf、Sm、Y 等元素相近或略有亏损，呈平缓的曲线，其曲线总体特征与火山弧花岗岩(VAG)较为接近。

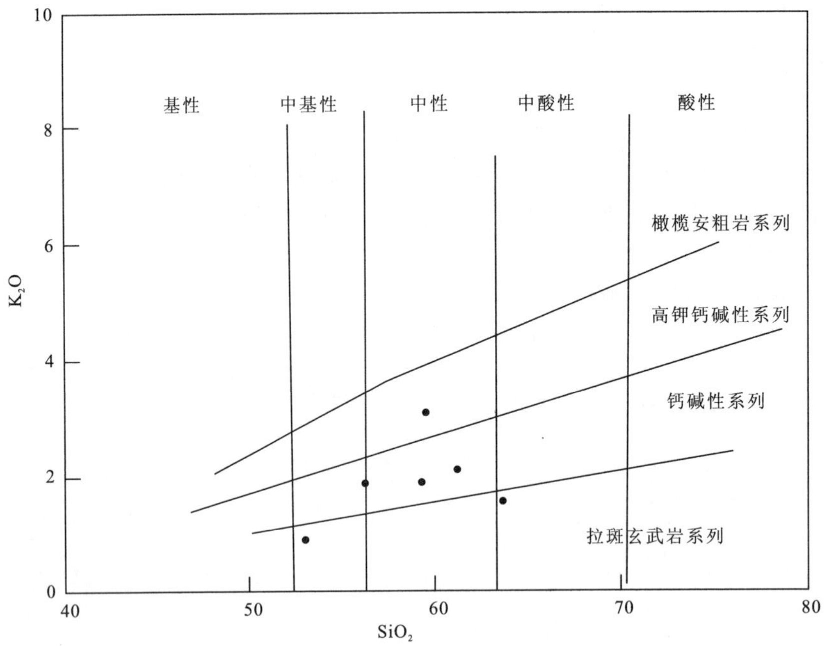

图 3-27　格子布拉克变质闪长岩系列划分图

表 3-15　格子布拉克(变质)闪长岩微量元素分析结果

序号	硅酸盐编号	微量样品号	岩性	微量元素分析结果($\omega_B/10^{-6}$)													
				Nb	Sc	Zr	Th	Sr	Ba	V	Co	Cr	Ni	Rb	Ta	Hf	Y
1	GS-116	XT-7	石英闪长岩	11.30	6.20	146.00	7.40	756	462	57.20	10.60	21.20	15.20	64.0	0.70	3.00	4.78
2	ⅢGX-11	XT-2	闪长玢岩	6.10	21.50	76.80	5.10	565	209	154.00	20.30	185.00	48.80	15.0	<0.5	2.10	11.14
3	GS-333	XT-87	变质闪长岩	20.4	19.9	190.0	7.3	497	959	183.8	19.5	45.7	16.8	89.6		4.6	24.94
4	GS-523	XT-88	辉石闪长岩	11.8	13.4	118.0	12.9	551	758	96.9	17.6	30.8	20.3	98.8		2.9	13.97

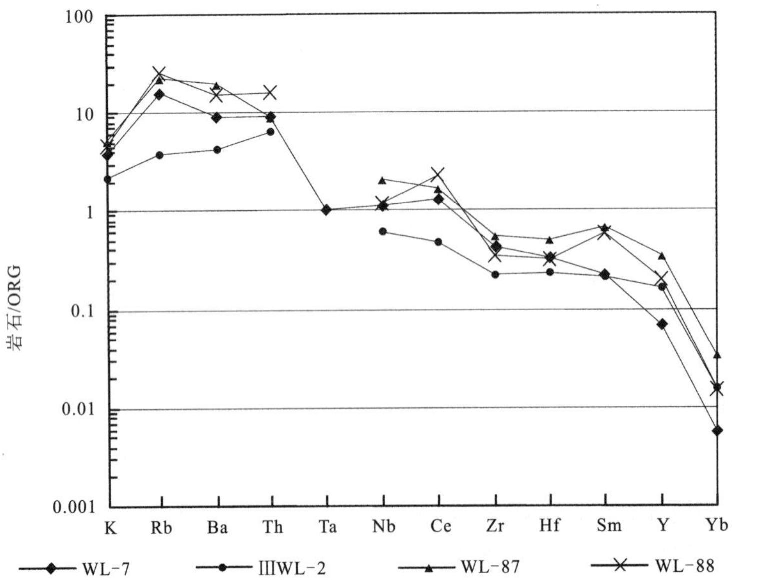

图 3-28　格子布拉克(变质)闪长岩微量元素洋脊花岗岩(ORG)比值蛛网图

(2)稀土元素特征

格子布拉克闪长岩稀土元素含量如表 3-16 所示。4 件样品结果相差较明显,反映出其源区的不均一性。格子布拉克变质闪长岩稀土总量(∑REE)为 47.57～189.79×10^{-6},轻稀土(∑LREE)为 39.2～178.21×10^{-6},重稀土(∑HREE)为 3.64～18.53×10^{-6},轻、重稀土比值(∑LREE/∑HREE)为 5.32～25.41,轻、重稀土分馏中等—强,δEu 为 0.68～1.12,多数样品 Eu 异常不明显。其稀土元素球粒陨石标准化曲线呈向右倾斜的曲线(图 3-29)。

表 3-16 格子布拉克变质闪长岩稀土元素分析结果

序号	样品编号	岩性	稀土元素分析结果($\omega_B/10^{-6}$)									
			La	Ce	Pr	Nd	Sm	Eu	Gd	Tb	Dy	Ho
2	XT-7	石英闪长岩	24.46	46.63	4.55	14.33	1.96	0.56	1.40	0.19	0.84	0.17
1	ⅢXT-2	闪长玢岩	8.75	17.02	2.22	8.60	1.90	0.71	2.00	0.35	1.76	0.40
3	XT-87	变质闪长岩	27.97	59.15	7.86	32.56	6.21	1.72	5.46	0.83	4.95	0.99
4	XT-88	辉石闪长岩	49.02	82.08	9.51	31.23	5.30	1.07	4.21	0.59	3.10	0.60

序号	样品编号	岩性	稀土元素分析结果($\omega_B/10^{-6}$)				有关参数					
			Er	Tm	Yb	Lu	∑REE	∑LREE	∑HREE	∑LREE/∑HREE	δEu	δCe
2	XT-7	石英闪长岩	0.45	0.07	0.45	0.07	96.13	92.49	3.64	25.41	0.99	0.98
1	ⅢXT-2	闪长玢岩	1.20	0.20	1.26	0.20	47.57	39.20	7.37	5.32	1.12	0.89
3	XT-87	变质闪长岩	2.75	0.43	2.72	0.40	154.00	135.47	18.53	7.31	0.89	0.93
4	XT-88	辉石闪长岩	1.51	0.21	1.19	0.17	189.79	178.21	11.58	15.39	0.68	0.85

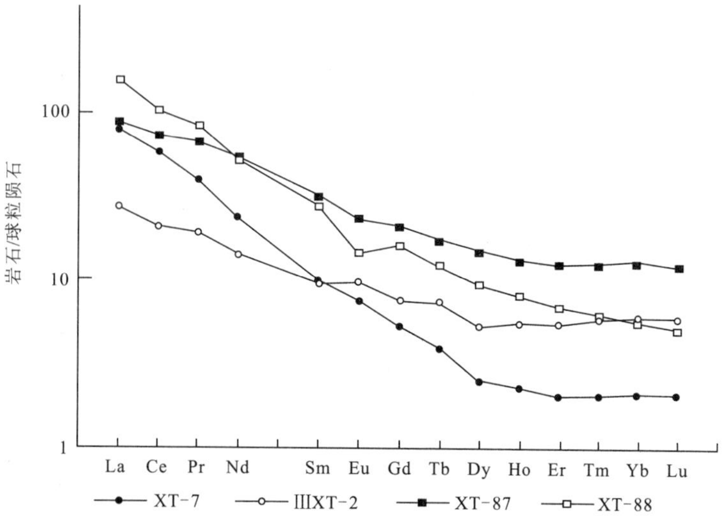

图 3-29 格子布拉克(变质)闪长岩稀土元素球粒陨石标准化型式图

5. 时代讨论

格子布拉克变质闪长岩北侧与石炭系阿羌岩组呈韧性剪切带接触关系、与蓟县系阿拉玛斯岩群变质岩呈侵入接触关系。同时该岩体被包斯塘黑云母花岗岩侵入。本次工作在该侵入体中采集了一个 U-Pb 同位素样品,位于该岩体的东段,测试结果如表 3-17 所示。1～3 号点^{206}Pb/^{238}Pb 表面年龄统计权重平均值:444.9±2.1Ma,1～4 号点上交点年龄:1 256±489Ma,下交点年龄:443±55Ma(图 3-30)。结合野外地质情况,采用 444.9±2.1Ma 为该岩体的侵入年龄,时代为奥陶纪。

表 3-17　格子布拉克变质闪长岩 U-Pb 同位素测试结果

样号	点号	同位素原子比率					表面年龄(Ma)		
		$^{206}Pb/^{204}Pb$	$^{208}Pb/^{206}Pb$	$^{206}Pb/^{238}U$	$^{207}Pb/^{235}U$	$^{207}Pb/^{206}Pb$	$^{206}Pb/^{238}U$	$^{206}Pb/^{238}U$	$^{206}Pb/^{204}Pb$
ⅢTW-1	1	72	0.110 3	0.071 47 <66>	0.550 8 <782>	0.055 90 <749>	450	445.5	448.3
	2	128	0.148 7	0.071 45 <54>	0.547 2 <651>	0.055 55 <639>	444.9	443.2	434.3
	3	98	0.110 7	0.071 42 <60>	0.552 6 <463>	0.056 12 <442>	444.7	446.7	457.1
	4	245	0.178 5	0.090 24 <52>	0.798 8 <583>	0.064 20 <437>	557.0	596.2	748.2

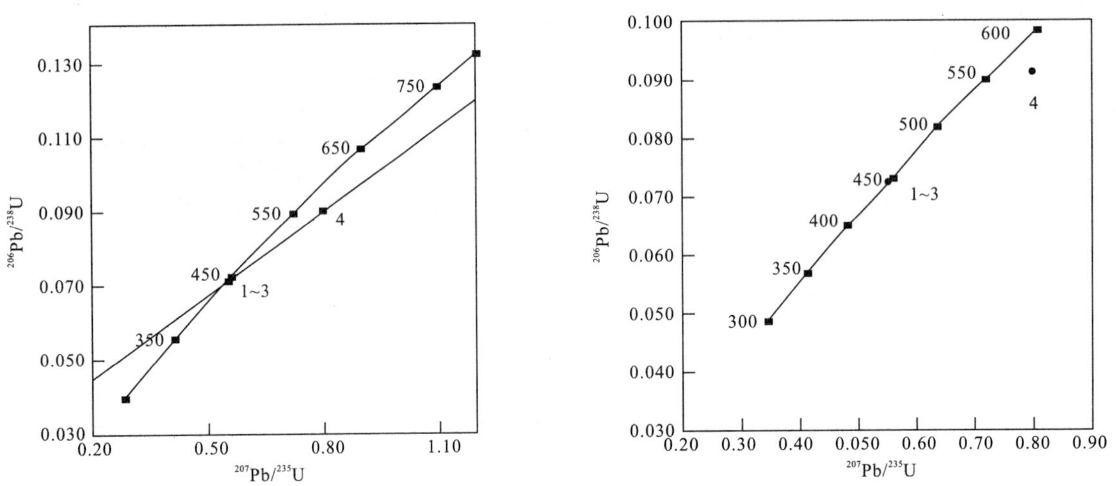

图 3-30　ⅢTW-1 样品锆石 U-Pb 同位素年龄测定结果的谐和图

6. 构造环境判别

格子布拉克变质闪长岩分布于昆仑山前，从其产出的构造环境来看，具有火山弧花岗岩的可能，据图 3-31 投点落于火山弧花岗岩区，据图 3-32 该岩体样品投点位于大陆岛弧型，并且其微量元素洋脊花岗岩(ORG)蛛网图的曲线型式也与火山弧花岗岩相近，所以格子布拉克变质闪长岩体就位于板块俯冲造山过程中的火山弧环境。

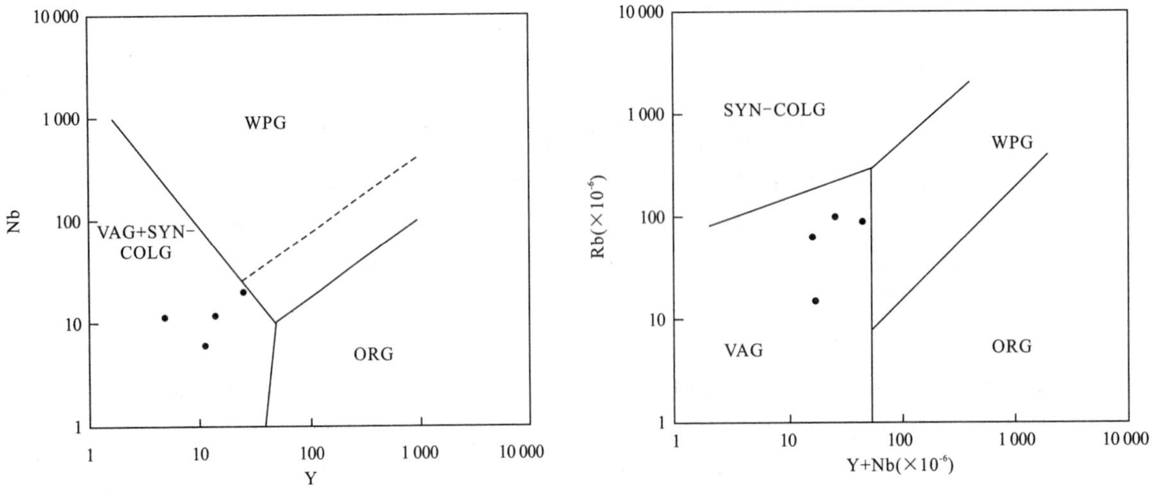

图 3-31　花岗岩类微量元素构造判别图

ORG. 洋中脊花岗岩；VAG. 火山弧花岗岩；WPG. 板内花岗岩；SYN-COLG. 同构造的碰撞带花岗岩

四、海西期侵入岩

海西期侵入岩在区内分布最多，是构成昆仑山前构造岩浆岩带的主体，岩性以中性、中酸性、酸性侵入岩为主。分布上较加里东期侵入岩更为广泛，不仅在昆仑山前有所分布，同时在苏巴什—鲸鱼湖蛇绿混杂岩带南侧的广大区域内零星可见，但一般单个侵入体的规模都较小。本次工作根据岩性特征不同，分别划分为(变质)闪长岩类(δC－P)、(变质)花岗岩类(γC－P)、斜长花岗岩类(γ_oC－P)。

(一)(变质)闪长岩类(δC－P)

变质闪长岩在区内昆仑山前一带产出最多，多呈规模较小的岩株，近东西向展布，根据各岩体的产出位置、岩性特征，可进一步划分出5个侵入体，其中以阿依耐克岩体和塔勒克勒格岩体规模最大，较具代表性，故以阿依耐克和塔勒克勒格岩体为重点，分别叙述如下。

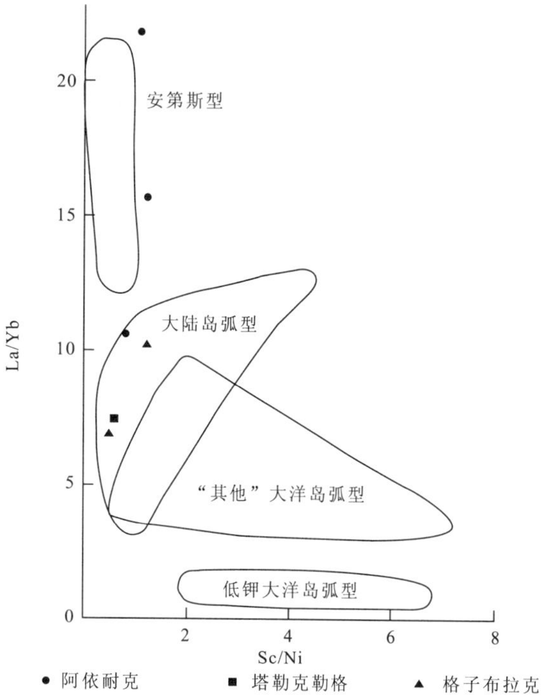

图3－32　安山岩构造判别图
(据Bailey J. C.，1981)

1.地质特征

(1)阿依耐克变质闪长岩

岩体呈不规则长条状，北东向展布于昆仑山前阿依耐克南东约6km处，面积约50km²，岩体呈长条状延伸，南北最宽处约为3km，东西长约30km，岩体向东延伸出图幅，向西延伸至库牙克断裂带中，并被该断裂切割。岩体侵入于石炭系阿羌岩组中，其北界与石炭系阿羌岩组微晶灰岩呈侵入接触关系，接触处具后期韧性变形，向西与蓟县系阿拉玛斯岩群呈断层接触关系。岩体中部被后期灰白色中细粒二云母花岗岩(图上未表示)侵入，岩性以变质细粒黑云二长闪长岩及变质中细粒黑云母石英闪长岩为主，与石炭系阿羌岩组灰岩接触处岩性为变质石英闪长玢岩。岩体中可见二云片岩包体。

(2)塔勒克勒格变质闪长岩

塔勒克勒格变质闪长岩呈长条状，东西向展布于昆仑山前塔勒克勒格村南一带，岩体宽0.4～3.0km，长约29km，面积约20km²。岩体侵入于蓟县系阿拉玛斯岩群，北侧与石炭系阿羌岩组呈断层接触，南侧与泥盆系奇自拉夫组呈断层接触，并被塔勒克勒格花岗岩(γC－P)侵入。该岩体受后期构造作用变形较强，原岩组构残留不全，现主要岩性为碎裂岩化闪长岩、糜棱岩、长英质糜棱岩、变质闪长玢岩、变质闪长岩、含黑云斜长片麻岩等。

(3)卡也喉格尔闪长岩

卡也喉格尔闪长岩分布于卡也喉格尔南约2km处，岩体呈透镜状产出，南北宽约3km，东西长约5km，面积不足15km²，侵入于石炭系阿羌岩组中，东西两侧被第四系全新统砂土覆盖。岩体主要岩性为黑云母石英闪长岩，灰白色，块状构造，中细粒半自形粒状结构。矿物成分：黑云母占10%～20%，斜长石占50%～64%，石英占20%，钾长石占5%，白云母微量，绿帘石占1%，磷灰石少量，榍石微量，金属矿物微量。

(4)巴西其其干闪长岩

巴西其其干闪长岩分布于巴西其其干南东约3km处，北部与石炭系阿羌岩组相邻。岩体呈纺锤状，南北宽约1km，东西长约7.5km，面积约5km²。岩体侵入于石炭系阿羌岩组中，岩体主要岩性为黑云母石英闪长岩，其特征与卡也喉格尔变质闪长岩相同。

(5)库牙克断裂中段北侧变质闪长岩

库牙克断裂中段北侧变质闪长岩体分布于卡也唉格尔南约24km处，处于库牙克断裂的中段北侧，岩体呈透镜状产出，南北宽约2km，东西长约8km，面积不足10km^2，岩体侵入于石炭系哈拉米兰河群中。由于岩体处于构造发育地段，故其岩石普遍具韧性变形。岩体主要岩性为初糜棱岩(变质闪长岩)，灰绿色，透镜状、眼球状构造，初糜棱结构。碎斑占60%，其中斜长石占55%，石英占5%；碎基占40%，其中长石石英占25%，绿帘石占2%，绿泥石占3%，绢云母占5%，方解石占5%，锆石、榍石微量。

2. 岩石学特征

(1)阿依耐克变质闪长岩

变质石英闪长玢岩：似斑状结构，基质为变余细粒鳞片粒片结构，块状构造。斑晶占10%，其中柱状角闪石占5%，板柱状斜长石占4%，他形石英占1%；基质含量约占90%，其中粒状斜长石占60%，片状绿泥石占25%，角闪石和石英含量较少，不超过5%，另外还含有少量黝帘石、榍石、磷灰石及微量锆石、绿帘石。蚀变矿物为绢云母。

变质黑云母二长闪长岩：主要矿物成分为角闪石、长石、黑云母、绿泥石及石英，为半自形细粒柱粒状结构，块状构造，长石中有斜长石和钾长石，另外还含有少量辉石、磷灰石、榍石和磁铁矿。蚀变矿物为绿帘石。

变质中细粒黑云母石英闪长岩：为中细粒柱粒状结构，由较自形中细粒板状晶体斜长石、柱状角闪石、片状晶体黑云母及少量他形粒状石英组成，含少量磷灰石、榍石、绿帘石、磁铁矿。蚀变矿物为绢云母及绿泥石。

(2)塔勒克勒格变质闪长岩

变质闪长玢岩：灰绿色，块状构造，似斑状结构。斑晶占40%，其中斜长石占10%，阳起石占30%；基质占60%，其中斜长石占20%，阳起石占30%，碎裂物(阳起石、斜长石、方解石、石英)占10%。

变质闪长岩：灰绿色，块状构造，细粒半自形柱粒状变晶结构，主要矿物成分为角闪石占35%、斜长石占45%、石英占10%，另含少量绿帘石、钾长石、榍石、磷灰石、金属矿物。

碎斑岩(碎裂岩化闪长岩)：灰绿色，块状构造，碎裂结构，碎斑约占40%，由斜长石、石英组成；碎基占60%，由压碎颗粒(斜长石、石英)及叶绿泥石、葡萄石、方解石等组成。

糜棱岩：深灰绿色，条带状构造、眼球状构造，糜棱结构，碎斑占25%～30%，由斜长石、石英组成；碎基占70%～75%，由长石、石英、绢云母组成。

3. 岩石化学特征

阿依耐克与塔勒克勒格变质闪长岩岩石化学成分如表3-18所示。

阿依耐克岩体中SiO_2含量为50.55%～57.49%，平均为53.92%；Al_2O_3为15.88%～20.56%，平均为17.10%；MgO为2.93%～4.73%，平均为3.6%；Fe_2O_3+FeO平均为8.51%；CaO为3.69%～7.06%，平均为6.04%；K_2O为1.75%～5.12%，平均为2.96%，含量偏高；Na_2O为2.30%～3.55%，平均为3.04%。Na_2O+K_2O平均为6.00%，K_2O/Na_2O为0.97，岩石钾钠含量相近。里特曼指数(σ)为1.29～6.57，变化范围较大，平均为3.06，结合图3-33投点阿依耐克岩体为钙碱性—碱性岩。A/CNK为0.85～0.93，平均为0.89。阿依耐克岩体和其包体以及其侵入体据图3-34投点为橄榄安粗岩系列(钾玄岩系列)。

塔勒克勒格岩体中SiO_2含量为55.68%～62.64%，平均为58.29%，较阿依耐克岩体含量偏高；Al_2O_3为14.69%～17.7%，平均为16.64%，低于阿依耐克岩体；MgO为2.34%～3.56%，平均为2.98%；Fe_2O_3+FeO平均为5.56%；CaO为4.79%～6.36%，平均为5.36%；K_2O为1.73%～3.28%，平均为2.35%；Na_2O为1.48%～4.16%，平均为2.88%。Na_2O+K_2O平均为5.23%，其中MgO、Fe_2O_3+FeO、CaO、K_2O、Na_2O均偏低。K_2O/Na_2O为0.82，岩石略富钠贫钾。里特曼指数(σ)为1.47～1.92，平均为1.65，结合图3-33投点塔勒克勒格岩体为钙碱性岩。A/CNK为0.84～1.13，平均为0.98，近于过铝质岩类。据图3-34为钙碱性岩系列。

表 3-18　阿依耐克、塔勒克勒格变质闪长岩、苦阿花岗岩岩石化学成分

样号	岩性	岩体	氧化物含量(ω_B%)															有关参数			
			SiO_2	TiO_2	Al_2O_3	Fe_2O_3	FeO	MnO	MgO	CaO	Na_2O	K_2O	P_2O_5	H_2O^+	CO_2	总量	DI	A/CNK	SI	σ43	A
IGS-27	变质石英闪长玢岩	阿依耐克	54.86	1.15	16.04	1.82	6.88	0.13	4.73	6.95	2.30	1.75	0.40	2.42	0.66	100.10	41.42	0.88	27.06	1.29	1.43
IGS-29	变质黑云母闪长岩		57.49	0.95	15.88	2.78	5.03	0.13	3.75	6.46	3.02	1.87	0.42	2.18	0.44	100.41	50.73	0.85	22.80	1.58	1.56
IGS-32	中粒闪长岩		50.55	1.38	20.56	2.63	5.05	0.10	2.99	7.06	3.55	3.08	0.44	1.3	0.44	99.13	49.53	0.93	17.28	5.20	1.63
IGS-40	黑云母角闪石闪长岩		52.77	2.05	15.92	3.28	6.57	0.17	2.93	3.69	3.30	5.12	1.02	2.52	0.11	99.46	61.57	0.90	13.82	6.57	2.50
平均			53.92	1.38	17.10	2.63	5.88	0.13	3.60	6.04	3.04	2.96	0.57	2.11	0.41	99.77	50.14	0.89	19.88	3.06	1.70
Yq-7	碎斑岩(碎裂化闪长岩)	塔勒克勒格	55.68	0.95	17.52	2.52	4.66	0.11	3.05	4.79	3.00	1.73	0.46	2.96	2.19	99.62	54.25	1.13	20.39	1.57	1.54
Yq-8	糜棱岩		56.54	0.65	14.69	3.57	2.15	0.08	3.56	6.36	1.48	3.28	0.48	1.84	4.36	99.04	54.51	0.84	25.36	1.47	1.58
Yq-9	长英质糜棱岩		62.64	0.25	17.70	1.99	1.79	0.05	2.34	4.93	4.16	2.04	0.24	1.1	1.76	100.99	65.06	0.98	18.99	1.92	1.75
平均			58.29	0.62	16.64	2.69	2.87	0.08	2.98	5.36	2.88	2.35	0.39	1.97	2.77	99.88	57.68	0.98	21.66	1.65	1.62
IGS-33	中细粒闪长岩	阿依耐克岩体中的包体	50.57	1.05	14.69	1.93	9.48	0.18	7.12	9.02	2.72	0.75	0.12	1.34	0.44	99.41	28.11	0.68	32.36	1.44	1.34
IGS-28	黑云二长闪长岩		50.65	1.15	13.84	3.34	7.24	0.20	6.39	9.20	2.20	2.57	0.35	1.84	0.33	99.30	35.41	0.60	29.39	2.64	1.52
GS-301	细粒黑云母闪长岩		47.09	1.50	18.04	4.17	6.85	0.15	5.31	9.54	2.78	2.38	0.48	0.62	0.66	99.57	36.87	0.74	24.71	5.61	1.46
GS-302	黑云母角闪石闪长岩		48.83	1.48	21.48	4.52	4.82	0.09	2.46	7.22	3.97	2.38	0.50	1.18	0.48	99.41	48.70	0.97	13.55	6.07	1.57
平均			49.29	1.30	17.01	3.49	7.10	0.15	5.32	8.75	2.92	2.02	0.36	1.25	0.48	99.42	37.48	0.74	25.52	3.43	1.47
IGS-30	中细粒二云母花岗岩	阿依耐克岩体中的侵入体	70.11	0.30	13.89	0.86	1.96	0.04	0.98	1.69	2.25	5.90	0.11	1.26	0.66	100.01	84.03	1.06	8.20	2.42	3.19
IGS-39	中粒黑云母花岗岩		71.62	0.28	13.31	1.21	1.98	0.05	0.69	0.42	3.02	5.30	0.10	0.96	0.38	99.32	89.76	1.16	5.66	2.40	4.08
平均			70.87	0.29	13.60	1.04	1.97	0.04	0.84	1.06	2.64	5.60	0.11	1.11	0.52	99.66	86.89	1.10	6.92	2.41	3.57
ⅩⅩⅤGs-20	变质细粒二云母花岗岩	苦阿	71.72	0.26	13.53	0.72	1.87	0.04	0.57	1.45	3.08	5.21	0.07	0.94	0.40	99.86	87.09	1.01	5.80	2.38	3.48

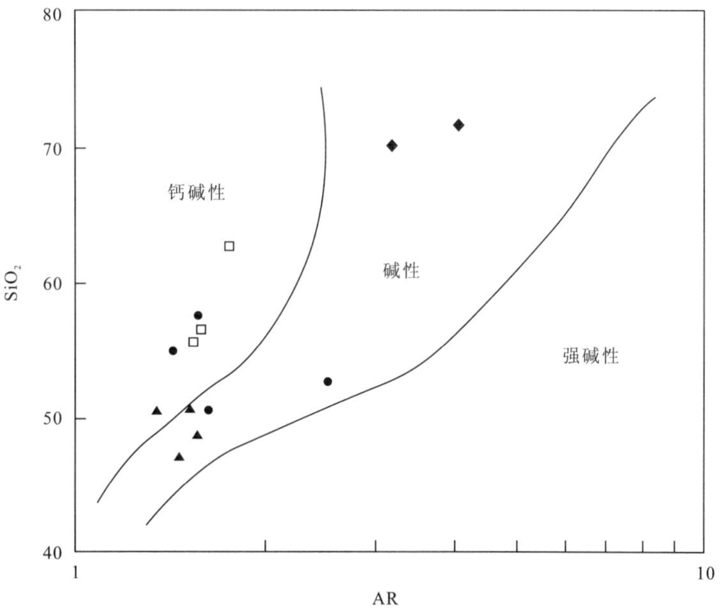

图 3-33　侵入岩 AR-SiO_2 分类图

●阿依耐克；□塔勒克勒格；▲阿依耐克岩体中的包体；◆阿依耐克岩体中的花岗质侵入体

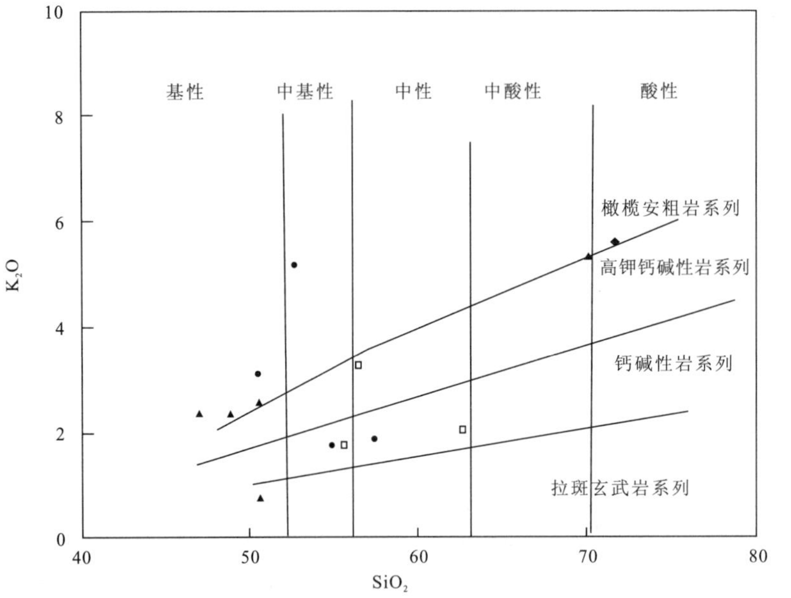

图 3-34　侵入岩 K_2O-SiO_2 图解

●阿依耐克；□塔勒克勒格；▲阿依耐克岩体中的包体；◆阿依耐克岩体中的花岗质侵入体

4. 岩石地球化学特征

(1)微量元素特征

阿依耐克变质闪长岩与塔勒克勒格变质闪长岩微量元素含量如表 3-19 所示。阿依耐克变质闪长岩微量元素具 Zr、Sr、Ba、Rb 含量较高，Nd、Ta、Hf、Sc、Th、Co、Cr、Ni 含量偏低之特征。其 ORG 标准化蛛网图呈从 K 至 Th 富集呈隆起形态，从 Ta 至 Yb 含量降低至亏损的右倾曲线，其特征与岛弧花岗岩相近(图 3-35)。

塔勒克勒格变质闪长岩微量元素具 Zr、Sr、Ba 等元素含量高，其他元素含量偏低之特征。与阿依耐克岩体相比，多数元素含量偏低。其 ORG 标准化蛛网图型式与阿依耐克岩体相似(图 3-35)。

表 3-19　阿依耐克与塔勒克勒格变质闪长岩微量元素含量表

序号	样品编号	岩石名称	岩体	微量元素分析结果($\omega_B/10^{-6}$)													
				Nb	Sc	Zc	Tb	Sc	Ba	V	Co	Cr	Ni	Rb	Ta	Hf	Y
1	ⅠWL-3	细粒黑云二长闪长岩(包体)	阿依耐克	14.7	36.9	153	2.8	415	798	198	29.0	153	47.7	119	0.94	3.9	30.56
2	ⅠWL-4	变质中细粒黑云母闪长岩		20.9	20.2	193	15.4	467	642	147	18.8	49	16.8	119	1.3	4.3	26.25
3	ⅠWL-5	中粒闪长岩		20.9	16.3	507	9.2	762	1 271	130	17.8	31	15.6	158	1.1	9.8	18.51
4	WL-1	变质闪长岩	塔勒克勒格	8.3	5.3	99	4.5	430	491	46.6	9.6	37.8	25.1	53.2	0.7	2.2	4.57
5	WL-2	变质闪长岩		8.8	7.0	136	2.7	226	393	33.4	9.50	10.1	15.1	45.7	<0.5	3.5	10.18

(2)稀土元素特征

阿依耐克变质闪长岩与塔勒克勒格变质闪长岩稀土元素含量如表 3-20 所示。阿依耐克变质闪长岩稀土元素总量(∑REE)为 158.31～193.24×10^{-6}，轻稀土(∑LREE)为 144.96～175.17×10^{-6}，重稀土(∑HREE)为 13.35～21.47×10^{-6}，轻、重稀土比值(∑LREE/∑HREE)为 7.05～10.86，为轻稀土强烈富集型，稀土元素球粒陨石标准化型式图为略向右陡倾斜的曲线型式(图 3-36)，δEu 为 0.77～1.29，具弱的正、负 δEu 异常。

塔勒克勒格变质闪长岩稀土元素总量∑REE 为 54.2～64.72×10^{-6}，∑LREE 为 47.45～61.07×10^{-6}，∑HREE 为 3.65～6.75×10^{-6}，∑LREE/∑HREE 为 7.03～16.73，为轻稀土强富集型，稀土元素球粒陨石标准化型式图为略向右陡倾斜的曲线型式(图 3-36)，δEu 为 1.07，具 δEu 异常不明显。

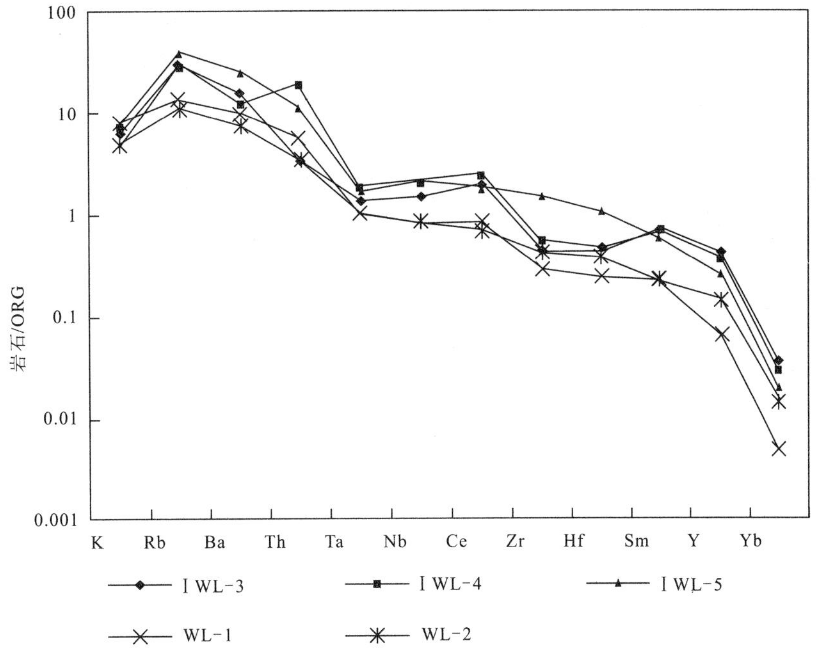

图 3-35 阿依耐克与塔勒克勒格变质闪长岩微量元素洋脊花岗岩(ORG)比值蛛网图

WL-1、2. 塔勒克勒格岩体；Ⅰ WL-3. 阿依耐克岩体中的包体；Ⅰ WL-4、5. 阿依耐克岩体

表 3-20 阿依耐克与塔勒克勒格变质闪长岩稀土元素含量表

序号	样品编号	岩性	岩体	稀土元素分析结果($\omega_B/10^{-6}$)																			
				La	Ce	Pr	Nd	Sm	Eu	Gd	Tb	Dy	Ho	Er	Tm	Yb	Lu	ΣREE	ΣLREE	ΣHREE	ΣLREE/ΣHREE	δEu	δCe
1	Ⅰ XT-3	变质黑云二长闪长岩(包体)	阿依耐克	31.84	68.92	8.27	33.77	6.79	1.69	6.66	1.04	5.58	1.09	3.17	0.49	3.00	0.44	172.75	151.28	21.47	7.05	0.77	0.63
2	Ⅰ XT-4	变质黑云母闪长岩		39.95	83.49	9.09	34.6	6.42	1.62	5.79	0.87	4.66	0.89	2.55	0.40	2.54	0.37	193.24	175.17	18.07	9.69	0.80	0.64
3	Ⅰ XT-5	中粒闪长岩		34.49	65.66	7.78	29.5	5.38	2.15	4.73	0.70	3.40	0.65	1.80	0.26	1.58	0.23	158.31	144.96	13.35	10.86	1.29	0.59
4	XT-1	变质闪长岩	塔勒克勒格	12.87	30.85	3.12	11.51	2.08	0.64	1.49	0.16	0.86	0.17	0.44	0.07	0.40	0.06	64.72	61.07	3.65	16.73	1.07	0.72
5	XT-2			8.81	24.86	2.27	8.94	1.95	0.62	1.93	0.32	1.64	0.33	0.99	0.18	1.18	0.18	54.2	47.45	6.75	7.03	0.98	0.83

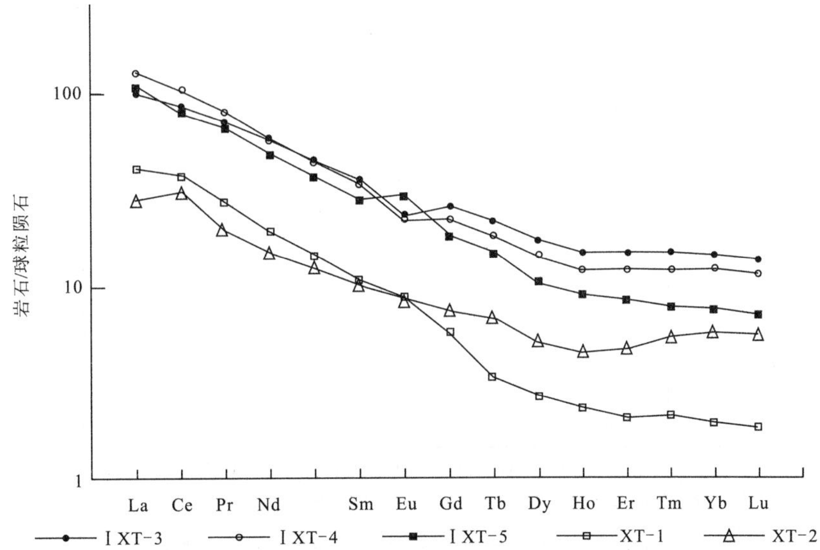

图 3-36 阿依耐克与塔勒克勒格变质闪长岩稀土元素球粒陨石标准化型式图

Ⅰ XT-3. 阿依耐克岩体中的包体；Ⅰ XT-4、5. 阿依耐克岩体；XT-1、2. 塔勒克勒格岩体

阿依耐克变质闪长岩与塔勒克勒格变质闪长岩稀土元素特征相比，除二者稀土总量不同外，二者其他特征基本相近。

5. 时代讨论

阿依耐克变质闪长岩体侵入石炭系阿羌岩组中，而塔勒克勒格（变质）闪长岩侵入蓟县系阿拉玛斯岩群中，其北部与石炭系阿羌岩组呈断层接触关系，未见侵入接触特征，同时该岩体被后期（变质）花岗岩（γC－P）侵入。由以上讨论可知，阿依耐克变质闪长岩体与塔勒克勒格变质闪长岩体具有相近的特征，故将其划归海西期石炭纪—二叠纪。

6. 构造环境判别

阿依耐克与塔勒克勒格变质闪长岩体具有相近的微量元素含量特征，其洋脊花岗岩（ORG）标准化蛛网图显示为岛弧环境下的产物，同时据图3－37投点也位于岛弧花岗岩区，进一步据图3－38投点可确定其构造环境为大陆岛弧区和安第斯型。

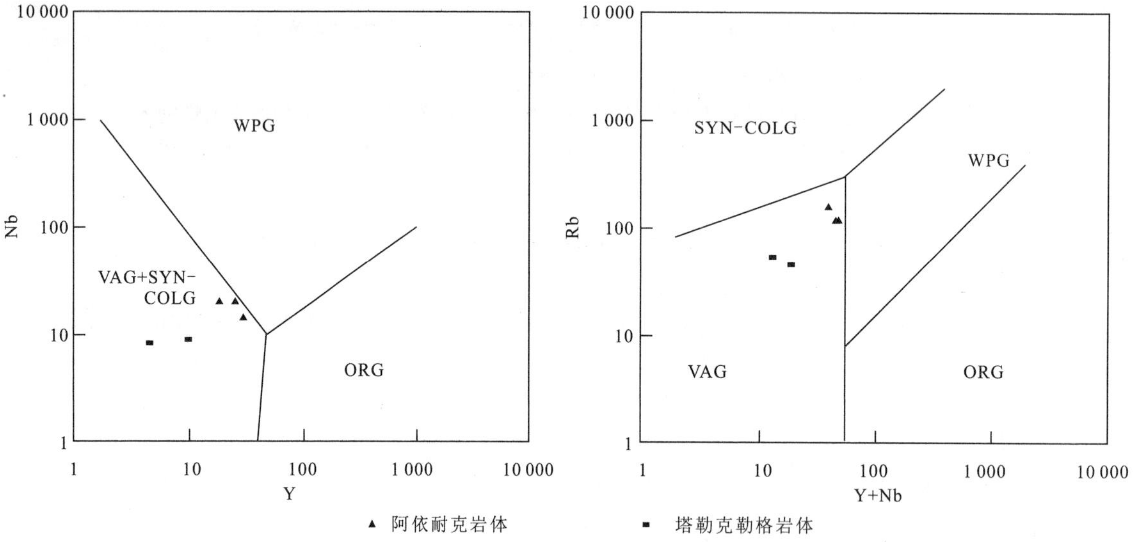

图3－37 花岗岩类微量元素构造判别图

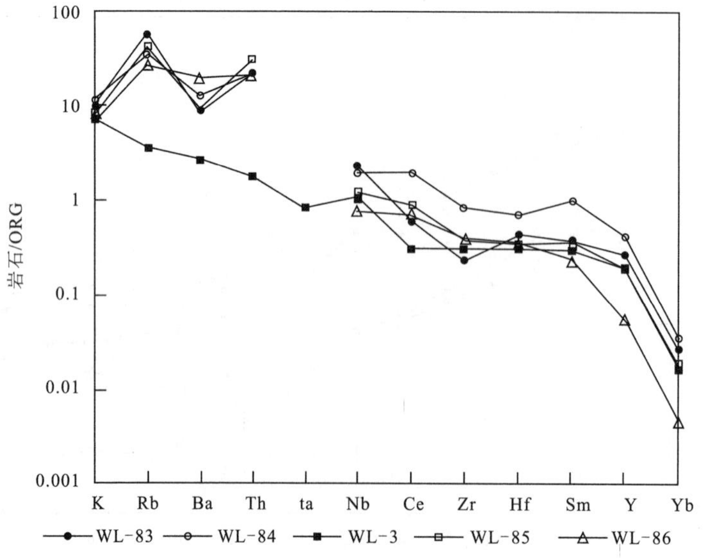

图3－38 微量元素洋脊花岗岩（ORG）比值蛛网图

WL－83、84. 阿尔晒花岗岩；WL－3、85. 牙拉克花岗岩；WL－86. 阿克苏塔格花岗岩

(二)斜长花岗岩(γ_oC－P)

区内斜长花岗岩分布十分局限,仅于阿克苏塔格和土格曼巴西等地可见,现分述如下。

1.阿克苏塔格斜长花岗岩

(1)地质特征

分布于阿克苏塔格北侧,呈不完整的带状,岩体侵入泥盆纪奇自拉夫组中,南侧与下古生界上其汗岩组呈断层接触,岩体长 3~6km,宽约 1km,面积约 2km^2。该岩体岩性极不均匀,边部暗色矿物含量较高,为变质闪长岩,内部为斜长花岗岩,岩体边部发育冷凝边,与围岩具较清楚的侵入接触关系。

(2)岩石特征

斜长花岗岩:灰白色,细粒半自形粒状结构,块状构造。斜长石占 65%~70%,石英 20%~25%,钾长石 0~5%,黑云母 0~5%,白云母、金属矿物等少量。

(3)岩石化学特征

阿克苏塔格斜长花岗岩岩石化学成分如表 3－21 所示。其 SiO_2 含量为 71.2%, Al_2O_3 为 14.19%, MgO 为 0.65%,CaO 为 1.11%,K_2O 为 2.92%, Na_2O 为 5.41%, Na_2O 含量大于 K_2O,总体岩石富钠贫钾。里特曼指数(σ)为 2.44,为钙碱性岩,据侵入岩 SiO_2－K_2O 图解为钙碱性系列。A/CNK 为 1.01,为铝正常的花岗岩类。

表 3－21　海西期石炭纪—二叠纪花岗岩类岩石化学成分表

序号	样品号	岩性		氧化物含量(ω_B%)														有关参数						
				SiO_2	TiO_2	Al_2O_3	Fe_2O_3	FeO	MnO	MgO	CaO	Na_2O	K_2O	P_2O_5	H_2O^+	CO_2	HO−	合计	DI	A/CNK	SI	σ43	AR	K_2O/Na_2O
1	GS－14	变质细粒黑云母二长花岗岩	包斯塘	64.08	0.40	16.25	2.12	1.78	0.05	1.40	3.17	3.50	2.54	0.20	1.90	1.65	0.16	99.66	73.12	1.14	12.35	1.66	1.90	0.73
2	GS－15	变质细粒黑云母花岗岩		68.04	0.20	15.13	2.20	1.71	0.05	1.24	3.10	4.22	1.36	0.20	1.08	0.55	0.12	99.09	75.48	1.08	11.56	1.22	1.88	0.32
3	GS－16	(变质)中粒黑云母花岗岩		70.04	0.30	15.34	1.98	1.54	0.04	1.48	3.04	4.50	1.40	0.12	0.10	0.88	0.04	100.78	76.26	1.06	13.58	1.29	1.95	0.31
4	GS－17	(变质)细粒黑云母花岗岩		68.11	0.30	15.98	1.63	1.76	0.04	1.48	3.26	4.60	1.25	0.25	0.66	0.66	0.11	100.00	74.66	1.08	13.81	1.35	1.87	0.27
5	GS－37	碎裂岩化长英质糜棱岩		72.18	0.20	13.42	1.66	1.01	0.04	0.25	1.13	3.97	4.64	0.05	1.12	0.22	0.11	99.90	90.94	0.99	2.17	2.52	3.40	1.17
6	GS－40	细粒二云母花岗岩		74.51	0.20	12.95	0.65	0.92	0.02	0.44	0.74	4.00	4.36	0.02	0.48	0.40	0.16	99.70	92.69	1.02	4.24	2.21	3.81	1.09
7	GS－41	变质黑云母斑状花岗岩		68.99	0.40	13.91	1.07	2.89	0.07	0.77	1.63	3.43	4.25	0.15	0.70	1.08	0.09	99.35	82.90	1.05	6.20	2.24	2.58	1.24
8	GS－42	变质黑云母斑状花岗岩		69.50	0.40	13.60	3.39	1.20	0.03	0.45	1.00	4.10	4.48	0.22	0.59	0.70	0.12	99.67	88.87	1.01	3.30	2.75	3.56	1.09
9	GS－43	细粒二云母花岗岩		75.83	75.83	11.71	0.89	0.70	0.03	0.40	0.86	3.85	4.36	0.02	0.40	0.14	0.16	99.40	94.17	0.93	3.92	2.05	4.16	1.13
10	GS－44	细粒黑云母二长花岗岩		70.25	0.30	14.65	0.58	1.92	0.05	1.04	2.68	4.20	2.95	0.10	0.88	0.56	0.07	100.16	80.35	0.98	9.73	1.86	2.40	0.70
11	GS－45	不等粒二云母花岗岩		72.99	0.22	13.49	0.61	1.33	0.03	0.25	2.42	3.65	3.38	0.06	0.99	0.64	0.02	100.06	85.13	0.96	2.71	1.64	2.58	0.93
12	GS－46	二云母斑状花岗岩		69.27	0.48	13.84	1.35	2.70	0.07	0.67	2.48	3.30	3.85	0.16	0.66	0.66	0.00	99.49	80.13	0.98	5.64	1.92	2.36	1.17
13	GS－47	二云母斑状花岗岩		68.97	0.40	14.02	1.02	2.64	0.06	0.64	2.38	3.30	4.25	0.13	0.99	0.76	0.00	99.56	81.06	0.98	5.40	2.17	2.35	1.29
14	GS－50	不等粒黑云母花岗闪长岩		67.40	0.40	15.96	1.34	2.47	0.08	1.76	2.98	4.37	2.10	0.18	0.22	1.06	0.06	100.32	74.16	1.07	14.62	1.70	2.04	0.48
15	GS－52	细粒角闪石黑云母斜长花岗岩		69.31	0.25	16.22	0.50	2.19	0.03	1.10	3.45	4.70	1.25	0.11	0.15	0.38	0.08	99.65	74.78	1.06	11.29	1.34	1.87	0.27
16	GS－53	中粒黑云母花岗岩		73.59	0.27	13.20	0.93	1.16	0.02	0.41	0.87	3.40	5.15	0.05	0.51	0.50	0.03	100.05	91.39	1.04	3.71	2.38	2.87	1.51
17	GS－51	细粒黑云母角闪石闪长岩	(包斯塘中的包体)	53.88	2.70	14.59	2.09	9.78	0.17	2.58	4.97	3.65	2.88	0.54	0.22	1.02	0.16	99.07	53.48	0.80	12.30	3.69	2.00	0.79
18	GS－48	细粒闪长岩		56.29	0.60	16.79	7.46	0.51	0.04	0.11	4.97	6.95	2.88	0.22	1.54	1.00	0.03	99.36	76.58	0.71	0.61	6.81	2.65	0.41
19	GS－49	细粒黑云母角闪石闪长岩		57.01	1.75	14.84	2.89	7.59	0.21	2.32	4.71	3.55	2.10	0.75	0.11	2.18	0.08	100.01	56.42	0.89	12.57	2.18	1.81	0.59
20	GS－39	细粒闪长岩		58.22	1.90	13.97	2.39	6.81	0.13	1.95	4.84	2.88	3.15	0.65	2.00	0.40	0.24	99.53	60.09	0.82	11.35	2.27	1.94	1.09
21	包斯塘花岗岩体 1－16 号样品平均			70.19	0.31	14.35	1.37	1.75	0.04	0.86	2.20	3.94	3.22	0.13	0.71	0.68	0.08	99.84	82.25	1.03	7.72	1.87	2.53	0.82
22	YQ－10	花岗质糜棱岩	塔勒克勒格	65.44	0.20	15.80	1.78	2.42	0.05	1.17	2.71	3.12	4.48	0.80	0.82	0.66	0.26	99.71	77.84	1.06	9.02	2.53	2.02	1.44
23	YQ－11	变质花岗岩		64.42	0.20	16.22	1.94	2.28	0.08	1.52	2.64	4.52	4.80	0.34	0.46	0.35	0.27	100.04	79.32	0.93	10.09	4.01	2.84	1.06
24	GS－419	黑云母花岗岩	阿尔晒	72.93	0.13	13.48	0.08	2.02	0.09	0.39	1.63	3.80	4.08	0.04	0.61	0.55	0.16	27.10	87.06	0.99	3.76	2.06	3.02	1.07
25	GS－416	花岗质初糜棱岩		70.06	0.47	12.41	0.83	2.28	0.04	0.58	2.39	3.40	4.58	0.12	0.88	1.76	0.26	30.12	85.37	0.83	4.97	2.32	2.70	1.35

续表 3－21

序号	样品号	岩性		氧化物含量(ω_B%)														有关参数						
				SiO_2	TiO_2	Al_2O_3	Fe_2O_3	FeO	MnO	MgO	CaO	Na_2O	K_2O	P_2O_5	H_2O^+	CO_2	H_2O^-	合计	DI	A/CNK	SI	$\sigma43$	AR	K_2O/Na_2O
26	GS－413	花岗质初糜棱岩	牙拉克	70.39	0.33	13.58	1.30	1.88	0.04	1.14	1.85	3.54	3.24	0.10	1.34	1.12	0.31	29.87	82.37	1.07	10.27	1.66	2.57	0.92
27	YQ－12	糜棱岩	牙拉克	67.94	0.22	13.32	1.51	2.11	0.06	1.37	2.36	3.00	3.00	0.23	1.50	3.74	0.18	32.83	78.35	1.07	12.47	1.40	2.24	1.00
28	YQ－13	花岗质糜棱岩	牙拉克	66.04	0.22	14.28	1.98	2.69	0.06	1.83	2.21	3.52	2.88	0.21	2.00	3.08	0.30	35.47	76.13	1.10	14.19	1.72	2.27	0.82
29	GS－335	斜长花岗岩	阿克苏塔格	71.20	0.26	14.19	0.39	1.85	0.03	0.65	1.11	5.41	2.92	0.07	0.96	0.72	0.16	28.79	88.90	1.01	5.79	2.44	3.39	0.54
20	GS－332	变质斜长花岗岩	土格曼巴西	68.03	0.28	15.88	1.13	2.02	0.07	1.19	4.13	3.34	1.89	0.11	1.55	0.20		99.82	70.71	1.06	12.43	1.08	1.71	0.57

(4)岩石地球化学特征

阿克苏塔格斜长花岗岩微量元素含量如表 3－22 所示。其微量元素洋脊花岗岩标准化蛛网图(图 3－38)呈向右倾斜、左突起(K、Rb、Ba、Th 的富集,其他元素亏损)的曲线型式,与火山弧花岗岩曲线型式相近。

表 3－22　海西期石炭纪—二叠纪花岗岩类岩石微量元素含量表

序号	硅酸盐编号	微量编号	岩性	岩体	微量元素分析结果($\omega_B/10^{-6}$)													
					Nb	Sc	Zr	Th	Sr	Ba	V	Co	Cr	Ni	Rb	Ta	Hf	Y
1	ⅢGS－14	WL－54	细粒黑云母二长花岗岩	包斯塘	11.1	4.8	105.0	4.7	451.0	1 037.0	46.4	9.7	19.2	15.8	46.9		2.4	5.14
2	ⅢGS－17	WL－55	黑云母花岗岩	包斯塘	6.3	4.0	82.0	4.1	631.0	649.0	37.9	7.8	11.5	13.1	17.7		2.5	3.93
3	ⅢGS－39	WL－56	细粒闪长岩(包体)	包斯塘	30.4	16.8	131.0	18.1	216.0	998.0	121.9	22.9	7.9	13.7	151.8		3.4	45.06
4	ⅢGS－40	WL－57	二云母花岗岩	包斯塘	19.2	2.6	80.0	31.2	58.0	161.0	6.0	2.4	2.9	4.7	262.8		3.2	23.13
5	ⅢGS－41	WL－58	黑云母斑状花岗岩	包斯塘	20.9	5.4	283.0	42.9	148.0	796.0	28.1	7.0	9.8	8.5	156.6		7.1	35.10
6	ⅢGS－46	WL－59	二云母斑状花岗岩	包斯塘	19.8	7.3	304.0	20.9	178.0	914.0	30.6	7.7	11.4	7.8	138.0		7.0	29.9
7	ⅢGS－50	WL－60	黑云母花岗闪长岩	包斯塘	13.0	7.1	204.0	9.0	405.0	727.0	44.7	9.2	18.5	12.8	71.6		5.0	15.10
8	ⅢGS－52	WL－61	角闪黑云斜长花岗岩	包斯塘	8.1	4.5	78.0	4.0	482.0	454.0	30.1	6.2	14.6	10.7	48.3		2.4	5.10
9	ⅢGS－53	WL－62	中粒黑云母花岗岩	包斯塘	10.9	2.3	106.0	14.0	277.0	1 745.0	18.3	3.9	2.8	6.7	149.9		3.0	10.00
10	YQ－11	WL－4	变质花岗岩	塔勒克勒格	26.7	5	260	26.9	1 141	2 344	51.2	9.7	16.8	18.3	152.6	1.8	7.4	21.16
11	GS－419	WL－83	黑云母花岗岩	阿尔晒	23.8	2.5	77.0	17.4	126.0	442	14.3	4.2	9.8	9.5	224.1		4.0	19.43
12	GS－416	WL－84	花岗质初糜棱岩	阿尔晒	19.2	4.9	285	17.6	69	645	25.5	7.1	<5.0	8.0	143.6		6.2	29.95
13	YQ－13	WL－3	似斑状花岗岩	牙拉克	10.5	15.6	109	1.4	252	134	107	23.1	74.9	63.3	14.5	0.6	2.8	14
14	GS－413	WL－85	花岗质初糜棱岩	牙拉克	12.3	3.8	131	24.8	152	456	34.8	8.0	22.5	14.9	174.9		3.1	13.6
15	GS－335	WL－86	斜长花岗岩	阿克苏塔格	7.6	2.4	139	17.4	208	989	17.8	5.0	17.2	9.8	109.0		3.1	3.98
16	GS－332	WL－21	变质斜长花岗岩	土格曼巴西	11.8	3.4	103	7.1	510	1 307	30.2	7.8	9.3	10.7	77.9	<0.5	2.7	6.9

阿克苏塔格斜长花岗岩稀土元素含量如表 3－23 所示。稀土元素总量∑REE 为 90.87×10^{-6},轻稀土(∑LREE)为 87.34×10^{-6},重稀土(∑HREE)为 3.53×10^{-6},轻、重稀土比值(∑LREE/∑HREE)为 24.74,为轻稀土强烈富集型,稀土元素球粒陨石标准化型式图为向右陡倾斜的曲线型式(图 3－39),δEu 为 1.03,δEu 异常不明显。

(5)构造环境判别

据其微量元素洋脊花岗岩(ORG)比值蛛网图(图 3－38)与火山弧花岗岩曲线型式相近和微量元素构造判别图(图 3－50)投点显示,该岩体为俯冲造山过程中火山弧构造环境下的产物。

2. 土格曼巴西斜长花岗岩

(1)地质特征

该侵入体分布于土格曼巴西村南约 7.5km 处,呈脉状产出,岩脉宽约 100m,延伸长度不明,侵入蓟县系阿拉玛斯岩群中。

(2)岩石特征

斜长花岗岩:灰白色,片状构造不明显,花岗结构、蠕英结构、交代结构。矿物成分:斜长石占 40%,钾

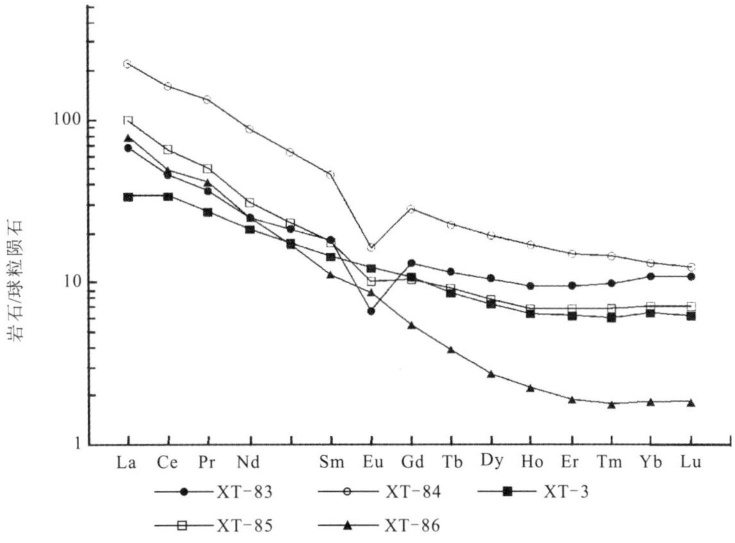

图 3-39　稀土元素球粒陨石标准化型式图

XT-83、84. 阿尔晒花岗岩；XT-3、85. 牙拉克花岗岩；XT-86. 阿克苏塔格花岗岩

长石占 10%，石英占 25%，黑云母占 10%，白云母占 10%，绿帘石、磷灰石、金属矿物、榍石、锆石微量。

(3)岩石化学特征

土格曼巴西斜长花岗岩岩石化学成分如表 3-21 所示。其 SiO_2 含量为 68.03%，Al_2O_3 为 15.88%，MgO 为 1.19%，CaO 为 4.13%，K_2O 为 1.89%，Na_2O 为 3.34%，Na_2O 含量大于 K_2O，总体岩石富钠贫钾。里特曼指数(σ)为 1.08，为钙性岩，据侵入岩 SiO_2-K_2O 图解为钙碱性系列。A/CNK 为 1.06，为过铝质的花岗岩类。

(4)岩石地球化学特征

①微量元素特征。土格曼巴西斜长花岗岩微量元素含量如表 3-22 所示。与同类岩石维氏值相比，Sr、Ba、Hf 偏高，Ta 偏低，其他元素则基本相近或略偏低，其微量元素洋脊花岗岩标准化蛛网图呈向右倾斜、左突起(K、Rb、Ba、Th 富集，Ta、Nb、Ce 相近，其他元素亏损)的型式，与岛弧花岗岩极为相似(图 3-40)。与塔勒克勒格花岗岩相比，各元素含量明显偏低。

②稀土元素特征。土格曼巴西斜长花岗岩稀土元素含量如表 3-23 所示。稀土元素总量∑REE 为 75.68×10^{-6}，轻稀土(∑LREE)为 70.6×10^{-6}，重稀土(∑HREE)为 5.08×10^{-6}，轻、重稀土比值(∑LREE/∑HREE)为 13.90，为轻稀土富集型，稀土元素球粒陨石标准化型式图为向右陡倾的曲线型式(图 3-41)，δEu 为 0.86，δEu 异常不明显。与塔勒克勒格花岗岩相比，除稀土总量明显偏低外，其他特征基本相近。

(5)构造环境判别

据其微量元素洋脊花岗岩(ORG)比值蛛网图(图 3-40)与火山弧花岗岩曲线型式相近和微量元素构造判别图(图 3-50)投点显示，该岩体为俯冲造山过程中火山弧构造环境下的产物。

3. 时代讨论

据土格曼巴西斜长花岗岩和阿克苏塔格斜长花岗岩的产出特征和岩石特点，初步确定该岩体时代为石炭纪—二叠纪。

(三)(变质)花岗岩类(γC-P)

变质花岗岩类是区内主要的酸性侵入岩类，区域上主要集中分布于苏巴什-鲸鱼湖蛇绿岩混杂岩带的北侧，多呈规模较小的岩珠或岩床状展布，岩体长轴定位方向与区域构造线方向一致。根据各侵入体的分

表 3-23　海西期石炭纪—二叠纪花岗岩稀土元素含量表

序号	样品编号	岩性	岩体	稀土元素分析结果($\omega_B/10^{-6}$)																			
				La	Ce	Pr	Nd	Sm	Eu	Gd	Tb	Dy	Ho	Er	Tm	Yb	Lu	ΣREE	ΣLREE	ΣHREE	ΣLREE/ΣHREE	δEu	δCe
1	XT-54	细粒黑云母二长花岗岩	包斯塘	31.28	57.89	6.76	22.43	3.19	0.87	2.12	0.29	1.36	0.23	0.53	0.08	0.46	0.07	127.56	122.42	5.40	23.82	0.97	0.90
2	XT-55	黑云母花岗岩		20.04	36.50	4.30	14.87	2.36	0.63	1.61	0.22	1.04	0.19	0.42	0.06	0.36	0.06	82.66	78.70	3.96	19.87	0.94	0.89
3	XT-56	细粒闪长岩(包体)		85.31	173.6	21.37	76.79	13.54	2.52	11.41	1.74	9.59	1.93	5.02	0.78	4.61	0.68	408.89	373.13	35.76	10.43	0.61	0.94
4	XT-57	二云母花岗岩		11.42	21.91	2.80	10.68	3.18	0.31	3.42	0.66	4.30	0.89	2.64	0.43	2.93	0.46	66.03	50.30	15.73	3.20	0.29	0.89
5	XT-58	黑云母斑状花岗岩		95.89	176.80	21.01	73.71	12.38	1.47	9.47	1.43	7.37	1.44	3.67	0.60	3.53	0.54	409.31	381.26	28.05	13.59	0.40	0.89
6	XT-59	二云母斑状花岗岩		72.34	130.20	15.01	51.26	8.87	1.45	7.53	1.18	6.41	1.27	3.41	0.52	3.01	0.46	302.92	279.13	23.79	11.73	0.53	0.89
7	XT-60	黑云母花岗闪长岩		30.17	53.21	6.55	21.21	3.79	0.96	3.27	0.51	2.79	0.57	1.57	0.26	1.69	0.28	126.83	115.89	10.94	10.59	0.82	0.86
8	XT-61	角闪黑云斜长花岗岩		15.48	26.12	2.84	9.78	1.67	0.48	1.31	0.19	1.00	0.21	0.55	0.09	0.54	0.09	60.35	56.37	3.98	14.16	0.97	0.87
9	XT-62	中粒黑云母花岗岩		48.24	76.72	8.02	24.93	3.43	0.84	2.49	0.39	2.06	0.41	1.11	0.18	1.14	0.18	170.14	162.18	7.96	20.37	0.85	0.85
10	包斯塘花岗岩平均			45.57	83.66	9.85	33.96	5.82	1.06	4.74	0.73	3.99	0.79	2.10	0.33	2.03	0.31	194.97	179.93	15.03	11.97	0.60	0.89
11	XT-4	变质花岗岩	塔勒克勒格	55.44	124.2	12.26	43.11	7.67	1.93	5.81	0.78	3.67	0.69	1.75	0.30	1.79	0.26	259.66	244.61	15.05	16.25	0.86	1.08
12	XT-83	黑云母花岗岩	阿尔晒	21.2	37.59	4.27	14.75	3.41	0.48	3.34	0.55	3.41	0.68	2.01	0.33	2.24	0.35	94.61	81.70	12.97	6.33	0.43	0.89
13	XT-84	花岗质初糜棱岩		69.91	129.5	15.13	51.54	8.85	1.19	7.32	1.08	6.20	1.22	3.19	0.48	2.74	0.39	298.74	276.12	22.62	12.21	0.44	0.90
14	XT-3	似斑状花岗岩	牙拉克	10.85	27.5	3.13	12.52	2.74	0.89	2.82	0.41	2.38	0.47	1.33	0.20	1.36	0.20	66.81	57.63	9.18	6.28	0.98	1.10
15	XT-85	花岗质初糜棱岩		31.00	53.30	5.71	18.64	3.30	0.72	2.73	0.43	2.55	0.50	1.46	0.23	1.50	0.23	122.30	112.67	9.63	11.70	0.72	0.89
16	XT-86	斜长花岗岩	阿克苏塔格	24.76	40.09	4.74	14.96	2.17	0.62	1.41	0.18	0.88	0.16	0.40	0.06	0.38	0.06	90.87	87.34	3.53	24.74	1.03	0.82
17	XT-21	变质花岗岩	土格曼巴西	16.94	34.03	3.77	12.90	2.36	0.60	1.83	0.26	1.24	0.24	0.63	0.10	0.68	0.10	75.68	70.60	5.08	13.90	0.86	0.99

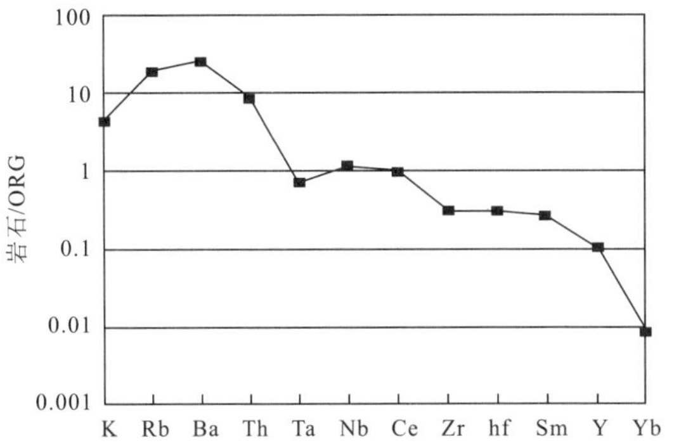

图 3-40　土格曼巴西斜长花岗岩洋脊花岗岩(ORG)微量元素比值蛛网图

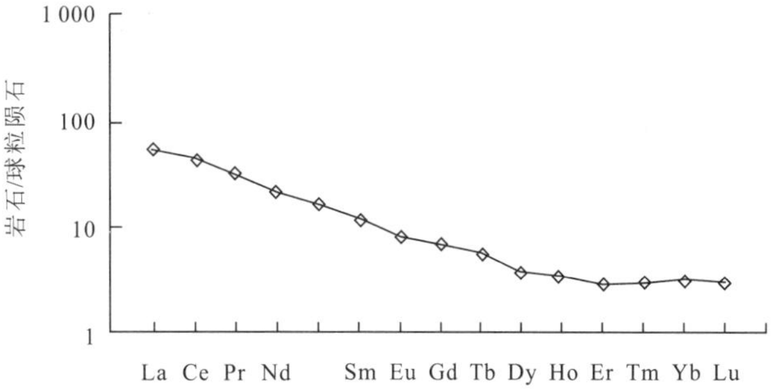

图 3-41　土格曼巴西花岗岩稀土元素球粒陨石标准化型式图

布、岩性、时代等特征，进一步划分为包斯塘、塔勒克勒格、阿尔晒、牙拉克4个侵入体，其中以包斯塘(变质)花岗岩规模最大。

1. 包斯塘(变质)花岗岩

(1)地质特征

包斯塘(变质)花岗岩分布于昆仑山前民丰县包斯塘村一带，岩体呈长条状北东向展布，宽0.5～5km，长约37.5km，面积约150km^2。岩体北西侧与石炭系地层、加里东期格子布拉克变质闪长岩体呈侵入接触关系，南侧与泥盆系地层为断层接触。岩体中多见闪长岩、花岗闪长岩包体，包体呈水滴状、棱角状(图版Ⅲ-7)，与围岩界线不清，呈过渡关系。

(2)岩石特征

岩体边部韧性变形较强，为长英质糜棱岩，岩体内部岩性较复杂，主要岩性有变质细粒黑云母花岗岩、中细粒黑云母花岗岩、变质黑云母斑状花岗岩、黑云母二长花岗岩、不等粒二云母花岗岩、二云母花岗岩，局部为不等粒黑云母花岗闪长岩等，在深成岩QAP分类图解上样品实测矿物投点主要位于钾长花岗岩区和二长花岗岩区(图3-42)岩体内部，各岩性间为渐变关系，野外不可分。岩体具轻微变质，原岩组构保存完好。

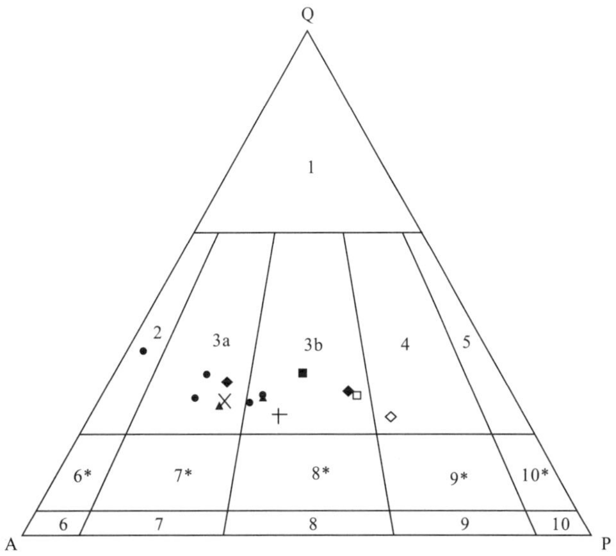

图 3-42　深成岩 Q-A-P 分类图

1.硅英岩与富石英花岗岩;2.碱长花岗岩;3a.花岗岩(钾长花岗岩);3b.花岗岩(二长花岗岩);4.花岗闪长岩;5.英云闪长岩;6*.石英碱长正长岩;7*.石英正长岩;8*.石英二长岩;9*.石英二长闪长岩;10*.石英闪长岩、石英辉长岩、石英斜长岩;6.碱长正长岩;7.正长岩;8.二长岩;9.二长闪长岩;10.闪长岩、辉长岩、斜长岩变质细粒黑云母二长花岗岩：岩石呈灰白色，变余细粒花岗结构，斜长石含量为37%，钾长石为25%，石英为25%，绿泥石(黑云母)为3%，白云母为2%。

变质中细粒黑云母花岗岩：粉红色，变余中细粒花岗结构，钾长石含量为25%～35%，斜长石为20%～40%，黑云母为5%，石英为25%～30%，绿帘石为5%，磷灰石、榍石微量。

细粒二云母花岗岩：肉红色，细粒半自形粒状结构，钾长石含量为45%，斜长石为25%，石英为2%～5%，黑云母为3%，白云母为2%，锆石、磷灰石少量。

(变质)斑状黑云母花岗岩：灰白—肉红色，似斑状，基质为中细粒结构，斑晶占15%～20%，以钾长石为主。基质：钾长石含量小于34%，斜长石为15%～20%，黑云母为5%，石英为25%～30%。

不等粒黑云母花岗闪长岩：灰白色，半自形不等粒状结构，斜长石占44%，钾长石占20%，石英占20%～25%，黑云母占10%。

包斯塘(变质)花岗岩人工重砂副矿物组合一般为磁铁矿＋磁黄铁矿＋黄铁矿＋磷灰石＋榍石＋金红石＋锆石＋电气石，个别样品中见白钛石、白铅矿、钼铅矿、黄铜矿、钛铁矿、独居石等。锆石多呈浅紫色，少数无色，晶体较为完整，由四方柱(110)、(100)和正方锥面(111)以及偏锥面(131)、(311)组成的聚形，晶体多数透明，少数半透明，金刚光泽，多数晶体完整，表面干净、光亮，个别颗粒表面较为粗糙，呈细小麻点状，具溶蚀坑，少数颗粒内含细小黑色包体，长宽比一般为1∶2.5～3，个别为1∶3.5～5。

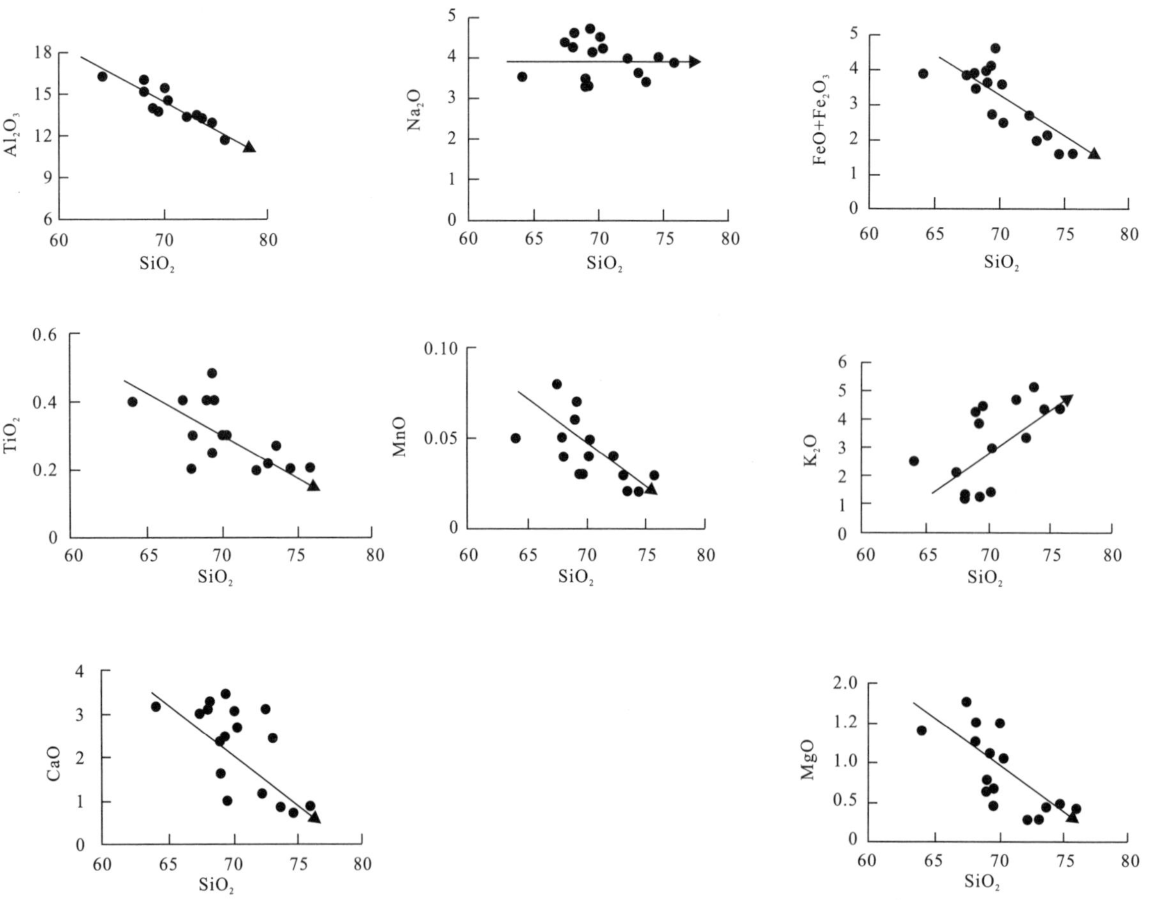

图3-43　包斯塘花岗岩相关图

(3)岩石化学特征

包斯塘(变质)花岗岩岩石化学成分如表3-21所示。其SiO_2为64.08%～75.83%，平均为70.19%；Al_2O_3为11.71%～16.25%，平均为14.35%；MgO为0.25%～1.48%，平均为0.86%；Fe_2O_3＋FeO平均为3.12%；CaO为0.74%～3.45%，平均为2.20%；K_2O为1.25%～4.48%，平均为3.22%，Na_2O为3.30%～4.70%，平均为3.94%，多数样品Na_2O含量大于K_2O，少数样品Na_2O含量小于K_2O，总体岩石富钠贫钾。其SiO_2与各氧化物的相关图(图3-43)显示，SiO_2与Al_2O_3、Fe_2O_3＋FeO、MnO、

TiO_2、MgO、CaO 呈负相关，与 K_2O 呈正相关。里特曼指数(σ)为 1.29～6.57，多数样品小于 3，其平均值为 2.38，为钙碱性岩。A/NCK 多数样品小于 1，(Na_2O+K_2O+CaO)>Al_2O_3>(Na_2O+K_2O)为次铝的花岗岩类。图 3-44 显示包斯塘花岗岩以钙碱性岩为主，部分为碱性岩。在侵入岩的 SiO_2-K_2O 图解上(图 3-45)，该侵入体岩石分属于拉斑玄武岩系列和高钾钙碱性系列，部分为钙碱性系列。在 K_2O-Na_2O-CaO 图解上显示具钙碱性岩系演化趋势(图 3-46)。

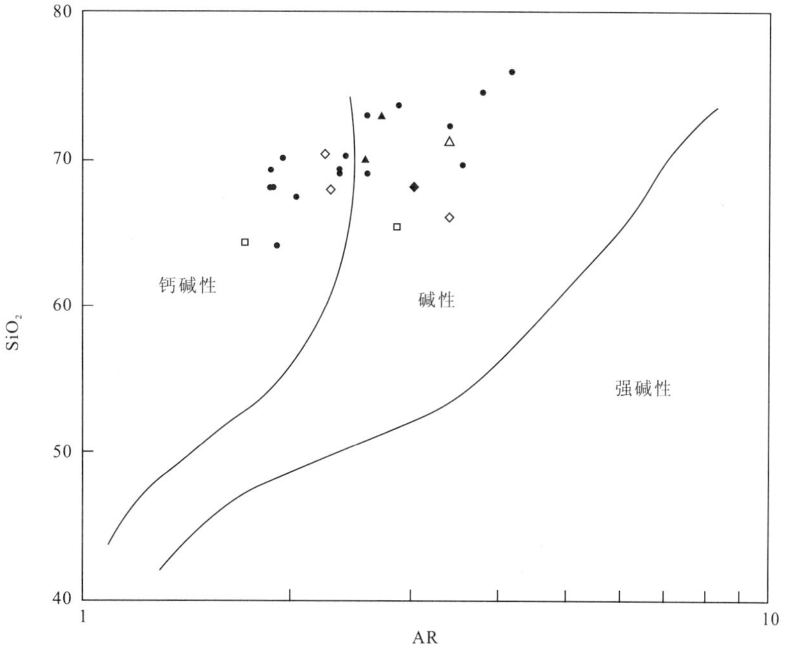

图 3-44 AR-SiO_2 与碱度关系图

●包斯塘花岗岩 □塔勒克勒格花岗岩 ◆土格曼巴西花岗岩
▲阿尔晒花岗岩 ◇牙拉克花岗岩 △阿克苏塔格花岗岩

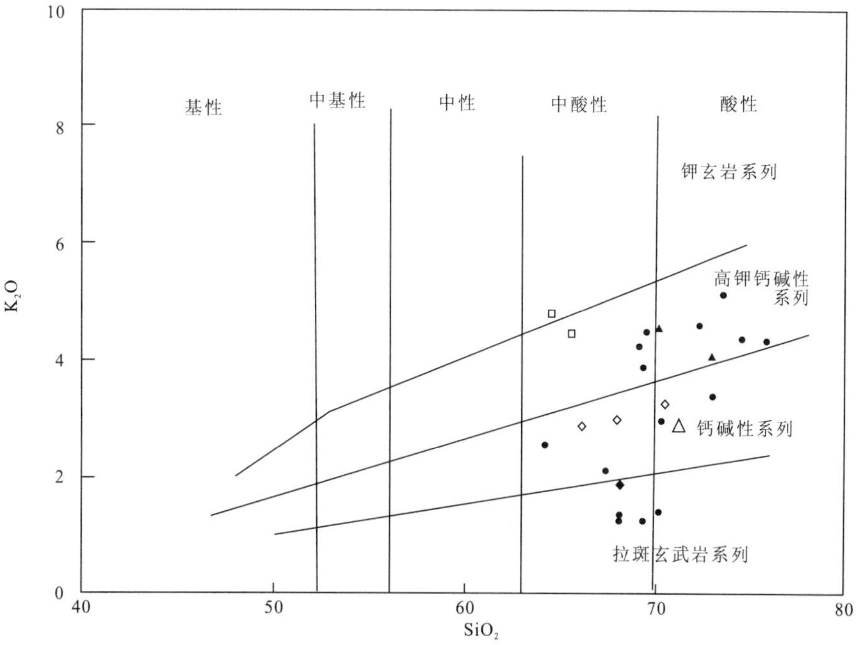

图 3-45 侵入岩 SiO_2-K_2O 图解

●包斯塘花岗岩 □塔勒克勒格花岗岩 ◆土格曼巴西花岗岩
▲阿尔晒花岗岩 ◇牙拉克花岗岩 △阿克苏塔格花岗岩

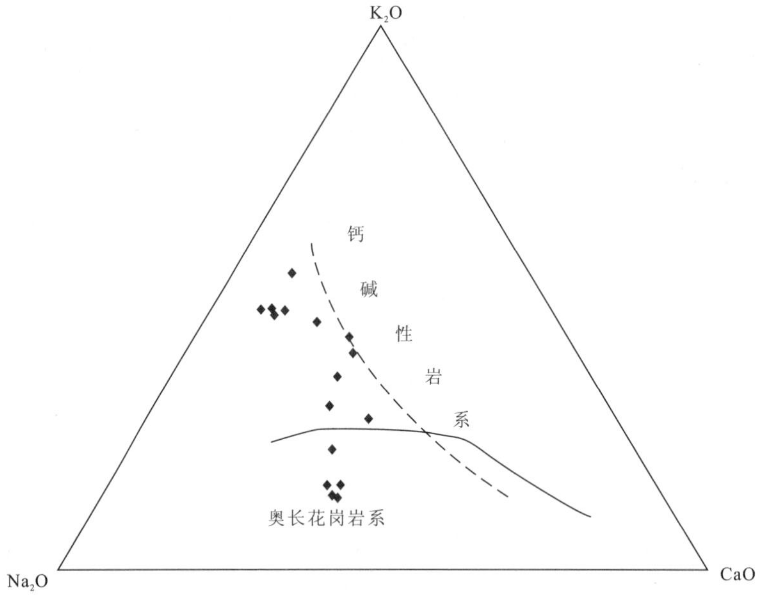

图 3-46　包斯塘花岗岩 K_2O-Na_2O-CaO 图

(4)岩石地球化学特征

①微量元素特征。包斯塘(变质)花岗岩微量元素含量如表 3-22 所示。本次工作共采集了 9 件(其中 1 件为岩体中包体)微量元素分析样品,岩体中 8 件样品除 1 件样品各元素含量与其他差别较大外,其余 8 件样品基本具有相似的特征,总体表现为 Ba、Sr、Zr、V、Rb 等元素的富集,其中尤以 Sr 的富集最为突出,最高达 1 745×10^{-6},相容元素 Co、Cr、Ni 等元素明显偏低。其洋脊花岗岩(ORG)标准化蛛网图(图 3-47)显示与火山弧花岗岩曲线相似。与洋脊花岗岩相比,表现为从 K 至 Ce 的富集和其他元素的相近或亏损。另外,包斯塘(变质)花岗岩中的细粒闪长岩包体与寄主岩石具有近一致的曲线型式。

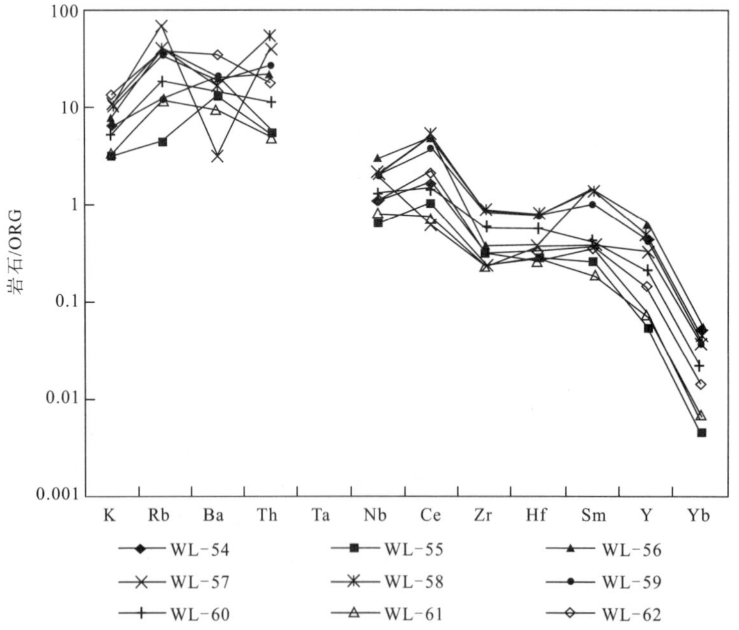

图 3-47　包斯塘花岗岩微量元素洋脊花岗岩(ORG)标准化蛛网图

②稀土元素特征。包斯塘(变质)花岗岩稀土元素含量如表 3-23 所示。本次工作共采集 9 件样品,其中包括 1 件岩体中的细粒闪长岩包体样品。从分析结果来看各元素含量相差较大,从有关参数来看,包斯塘(变质)花岗岩稀土元素的总体特征表现为:稀土丰度变化较大,其稀土总量(∑REE)从(60.35~

409.31)$\times10^{-6}$，平均为194.97$\times10^{-6}$；轻稀土($\sum$LREE)为(50.30～381.26)$\times10^{-6}$，平均为179.93$\times10^{-6}$；重稀土($\sum$HREE)为(3.96～35.76)$\times10^{-6}$，平均为15.03$\times10^{-6}$；轻、重稀土比值($\sum$LREE/$\sum$HREE)为3.20～23.82，平均为11.97，总体表现为轻、重稀土分馏较强，为轻稀土富集型 δEu 为0.29～0.97，平均为0.60，多数具较明显的Eu负异常，反映岩浆具斜长石的早期分离结晶作用。个别样品异常不明显。其稀土元素球粒陨石标准化型式图(图3-48)表现为向右倾斜的曲线，曲线斜率变化不大。

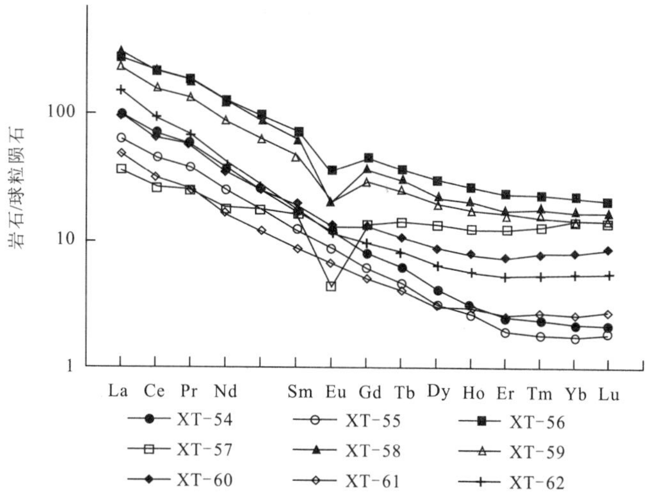

图3-48　包斯塘花岗岩稀土元素球粒陨石标准化型式图

(5)时代讨论

包斯塘(变质)花岗岩侵入石炭系地层、加里东期奥陶纪格子布拉克变质闪长岩体中，南侧与泥盆系地层为断层接触关系。据此确定其时代为海西期石炭纪—二叠纪。

(6)构造环境判别

包斯塘(变质)花岗岩产于昆仑山前一带，其与其他侵入岩体构成了一近东西向展布的岩浆岩带，从该岩体的常量元素和微量元素方面可探讨其侵入就位时的构造背景。常量元素方面，在图3-49上投点基本位于同构造期花岗岩区或其附近。在微量元素方面，其洋脊花岗岩(ORG)标准化蛛网图曲线型式与岛弧花岗岩相似，在图3-50上样品投点比较集中，大部分落入岛弧花岗岩区(VAG)，仅个别落入板内花岗岩区，表明该岩体为俯冲造山过程中火山弧构造环境下的产物。

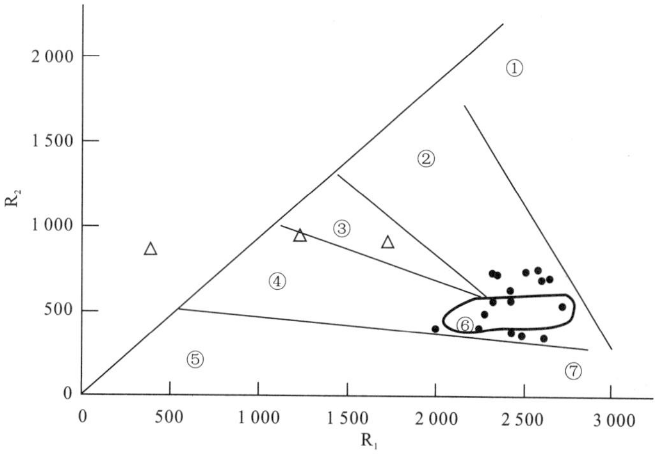

图3-49　R_1-R_2 图解

(据 Batchelor and Bowden，1985)

①地幔分异花岗岩；②碰撞前花岗岩；③碰撞后隆起花岗岩；④造山晚期—晚造山期花岗岩；

⑤非造山区花岗岩；⑥同碰撞期花岗岩；⑦造山后花岗岩

(7)岩体侵入深度和剥蚀程度

包斯塘(变质)花岗岩结晶程度较高，据图3-51确定其结晶温度为700℃～750℃，PH_2O 为2～3kb，

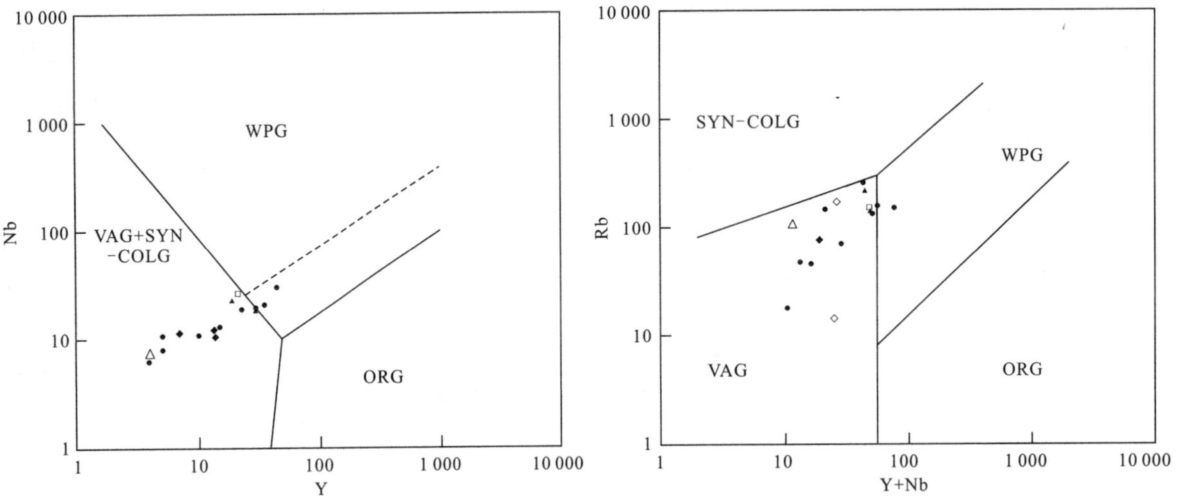

图 3-50　包斯塘等花岗质岩体微量元素构造判别图

（据 Pearce *et al.*，1984）

●包斯塘花岗岩　□塔勒克勒格花岗岩　◆土格曼巴西花岗岩

◇阿尔晒花岗岩　▲牙拉克花岗岩　△阿克苏塔格花岗岩

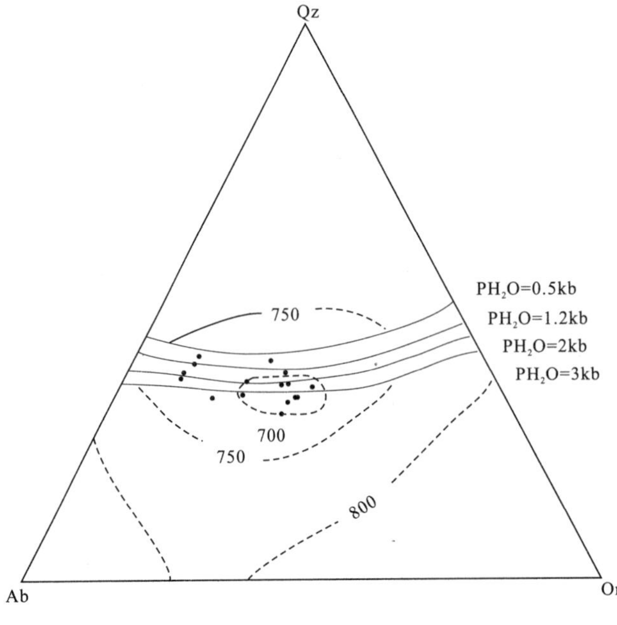

图 3-51　Qz-Ab-Or 图解

表明该岩体就位深度较深，岩体分布于强烈剥蚀的昆仑山前，岩体中围岩捕虏体含量较少，表明该岩体剥蚀程度已达中—较深的程度。

2. 塔勒克勒格变质花岗岩

（1）地质特征

塔勒克勒格变质花岗岩位于民丰县塔勒克勒格村南东约 12km 处，呈透镜状形态，长约 6km，宽0～1.5km，岩体北侧与塔勒克勒格变质闪长岩呈侵入接触关系，南侧与泥盆系奇自拉夫组呈断层接触。岩体中多见暗色基性岩包体。

（2）岩石特征

塔勒克勒格花岗岩主要岩性为变质花岗岩、花岗质糜棱岩，其主要岩石特征如下：

变质花岗岩：岩石呈肉红色，块状构造，细粒花岗结构，主要矿物成分为斜长石占 25%，钾长石占

40%，石英占 20%，角闪石占 10%，黑云母少量，榍石、磷灰石、磁铁矿、锆石、绿帘石少量。

花岗质糜棱岩：岩石呈灰白色，糜棱结构，眼球状构造，碎斑占 70%～75%，为斜长石和钾长石，碎基占 25%～30%，主要由石英、长石、黑云母、白云母组成。

(3)岩石化学特征

塔勒克勒格变质花岗岩岩石化学成分如表 3-21 所示。其 SiO_2 占 64.42%～65.44%，Al_2O_3 为 15.8%～16.22%，MgO 为 1.17%～1.52%，CaO 为 2.64%～2.71%，K_2O 为 4.48%～4.8%，Na_2O 为 3.12%～4.52%，Na_2O 含量小于 K_2O，总体岩石富钾贫钠。里特曼指数(σ)为 2.53～4.01，同时据图 3-44 投点为钙碱性—碱性岩，据侵入岩 SiO_2-K_2O 图解(图 3-45)为高钾钙碱性系列，A/CNK 为 0.93～1.06，为近于过铝质的花岗岩类。

(4)岩石地球化学特征

①微量元素特征。塔勒克勒格变质花岗岩的微量元素含量如表 3-22 所示。其 Zr、Th、Sr、Ba、Rb、Ta、Hf 等亲石元素含量明显偏高，与同类岩石维氏值相比，Sr、Ba、Ni、Hf 等偏高，其他元素则基本相近，其微量元素洋脊花岗岩标准化蛛网图(图 3-52)呈向右倾斜、左突起(K、Rb、Ba、Ta、Th、Nb、Ce 富集，Zr、Hf、Ce 相近，其他元素亏损)的型式，与岛弧花岗岩极为相似。

②稀土元素特征。塔勒克勒格变质花岗岩稀土元素含量如表 3-23 所示。稀土元素总量∑REE 为 259.66×10^{-6}，∑LREE为 244.61×10^{-6}，∑HREE 为 15.05×10^{-6}，∑LREE/∑HREE 为 16.25，为轻稀土强富集型，稀土元素球粒陨石标准化型式图为向右陡倾斜的曲线型式(图 3-53)，δEu 为 0.86，δEu 异常不明显。

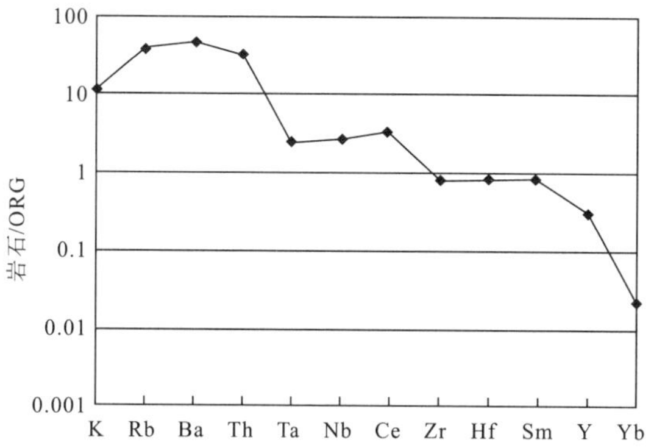

图 3-52 塔勒克勒格花岗岩与洋脊花岗岩(ORG)微量元素比值蛛网图

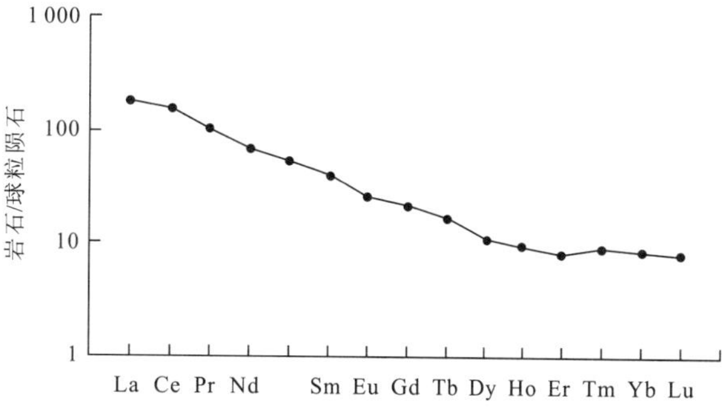

图 3-53 塔勒克勒格花岗岩稀土元素球粒陨石标准化型式图

(5)时代讨论

塔勒克勒格变质花岗岩侵入二叠纪塔勒克勒格变质闪长岩中，且该岩体特征与包斯塘花岗岩相近，据此确定该侵入体的时代为二叠纪。

(6)构造环境判别

据其微量元素洋脊花岗岩(ORG)比值蛛网图(图 3-52)和微量元素构造判别图(图 3-50)投点显示，该岩体为俯冲造山过程中火山弧构造环境下的产物。

3. 牙拉克变质(变质)花岗岩

(1)地质特征

该岩体呈长条状北东向展布于库牙克断裂北西侧，长约 28km，宽 0.5～2km，岩体北西侧与泥盆系奇自拉夫组呈断层接触，南东侧与下古生界呈侵入接触关系。该岩体产于库牙克断裂附近，岩石普遍遭受了后期韧形变形，形成了糜棱岩系列的构造岩，个别保留有原岩组构，原岩为花岗岩。

在该岩体北侧开什昆北亦可见一长约 6km、宽约 400m 的花岗岩侵入体。

(2)岩石特征

变质黑云母花岗岩：块状构造，不等粒粒状结构，变余花岗结构。矿物成分：酸性斜长石占 45%～

50%，石英占15%～20%，微斜长石占15%，条纹长石占5%，绿泥石占15%(黑云母、角闪石绿泥石化)。

变质花岗岩：变余花岗结构、半自形粒状结构，块状构造。矿物成分：石英占30%，斜长石占25%，微斜长石占40%，白云母占5%(由黑云母片晶变质而成)。

花岗质(初)糜棱岩：初糜棱结构，瘤结状构造。矿物成分：碎斑占65%(石英占20%、斜长石占15%、微斜长石占25%、黑云母占5%)，碎基占40%(绢云母为主，少量黑云母、石英、长石呈条带状定向分布)，磷灰石、锆石微量。

(3)岩石化学特征

牙拉克变质花岗岩岩石化学成分如表3-21所示。其SiO_2含量为66.04%～70.39%，Al_2O_3为13.32%～14.28%，含量略有偏低，MgO为1.14%～1.83%，CaO为1.85%～2.36%，K_2O为2.88%～3.24%，Na_2O为3%～3.54%，Na_2O含量大于K_2O，岩石总体富钠。里特曼指数(σ)为1.40～1.72，同时据图3-44为钙碱性岩，据侵入岩SiO_2-K_2O图解(图3-45)为钙碱性系列，A/CNK为1.06，为过铝质的花岗岩类。

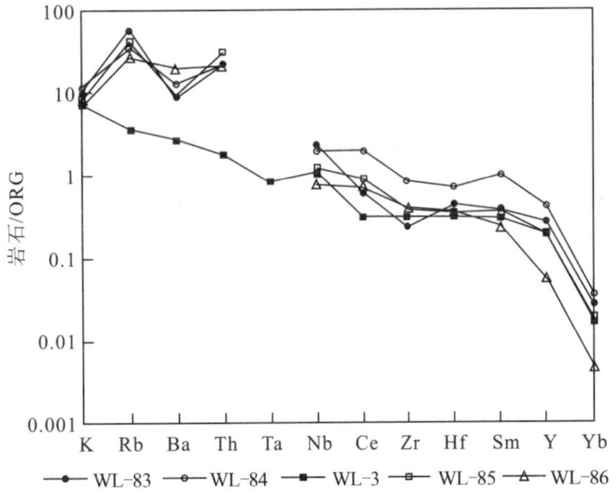

图3-54　微量元素洋脊花岗岩(ORG)比值蛛网图
WL-83、84. 阿尔晒花岗岩；WL-3、85. 牙拉克花岗岩；
WL-86. 阿克苏塔格花岗岩

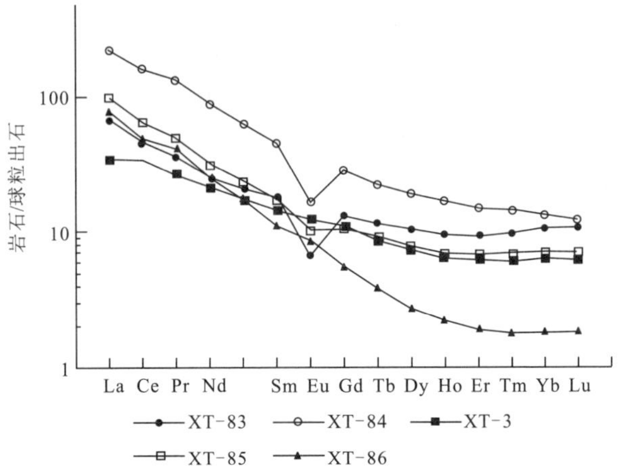

图3-55　稀土元素球粒陨石标准化型式图
XT-83、84. 阿尔晒花岗岩；XT-3、85. 牙拉克花岗岩；
XT-86. 阿克苏塔格花岗岩

(4)岩石地球化学特征

①微量元素特征。牙拉克变质花岗岩微量元素含量如表3-22所示。两件样品各元素含量差别较大，可能与野外采样及分析有关。其中一件样品的微量元素洋脊花岗岩标准化蛛网图呈向右倾斜、左突起(K、Rb、Ba、Th富集，Nb、Ce相近，其他元素亏损)的型式，与同碰撞期花岗岩较为相似(图3-54)。另一件样品则呈向右倾斜的曲线，从不相容元素向相容元素由富集渐变为亏损。

②稀土元素特征。牙拉克变质花岗岩稀土元素含量如表3-23所示。稀土元素总量$\sum$REE为$(66.81\sim122.30)\times10^{-6}$，$\sum$LREE为$(57.63\sim112.67)\times10^{-6}$，$\sum$HREE为$(9.18\sim9.63)\times10^{-6}$，$\sum$LREE/$\sum$HREE为6.28～11.70，为轻稀土富集型，稀土元素球粒陨石标准化型式图为向右陡倾的曲线型式(图3-55)，δEu为0.72～0.98，δEu异常不明显。

(5)构造环境判别

据其微量元素洋脊花岗岩(ORG)比值蛛网图(图3-54)与火山弧花岗岩曲线型式相近的特征和微量元素构造判别图(图3-50)投点显示，该岩体为俯冲造山过程中火山弧构造环境下的产物。

4. 阿尔晒花岗岩

(1)地质特征

岩体产出于库牙克断裂中段阿尔晒一带，呈楔状形态，岩体北侧与泥盆系奇自拉夫组呈侵入接触关系，南侧、东侧与下古生界呈断层接触。岩体主体岩性为黑云母花岗岩，局部韧形变形较强，为花岗质初糜棱岩。

(2)岩石特征

黑云母花岗岩:岩石呈浅肉红色,块状构造,不等粒结构。矿物成分:斜长石占35%,石英占25%,微斜长石占35%,黑云母占5%,石榴石、绿帘石微量,蚀变矿物为绿泥石和绢云母。

花岗质初糜棱岩:岩石呈初糜棱结构,眼球状、片麻状构造。矿物成分:碎斑占65%:斜长石占30%,石英占25%,微斜长石占10%。碎基占35%:长英质占15%,绢云母占5%,黑云母占6%,褐铁矿占2%,方解石占2%。

(3)岩石化学特征

阿尔晒花岗岩岩石化学成分如表3-21所示。其中SiO_2含量为70%~72.93%,Al_2O_3为12.41%~13.48%,MgO为0.39%~0.58%,CaO为1.63%~2.39%,K_2O为4.08%~4.58%,Na_2O为3.40%~3.80%,K_2O含量大于Na_2O,岩石富钾。里特曼指数(σ)为2.06~2.32,为钙碱性岩,据侵入岩SiO_2-K_2O图解为高钾钙碱性系列,A/CNK为0.85~0.99,为铝正常的花岗岩类。

(4)岩石地球化学特征

①微量元素特征。阿尔晒花岗岩微量元素含量如表3-22所示。两件样品各元素含量较为接近,总体上Zr、Sr、Ba、Rb等元素含量较高,其微量元素洋脊花岗岩标准化蛛网图(图3-54)呈向右倾斜、左突起(K、Rb、Ba、Th富集,Ta、Nb、Ce相近,其他元素亏损)的型式,与火山弧花岗岩曲线型式相近。

②稀土元素特征。阿尔晒花岗岩稀土元素含量如表3-23所示。稀土元素总量∑REE为94.61~298.74$\times10^{-6}$,轻稀土∑LREE为81.70~276.12$\times10^{-6}$,重稀土∑HREE为12.97~22.62$\times10^{-6}$,∑LREE/∑HREE为6.33~12.21,为轻稀土富集型,稀土元素球粒陨石标准化型式图为向右陡倾斜的曲线型式(图3-55),δEu为0.43~0.44,δEu负异常明显。

(5)构造环境判别

据其微量元素洋脊花岗岩(ORG)比值蛛网图(图3-54)与火山弧花岗岩曲线型式相近和微量元素构造判别图(图3-50)投点显示,该岩体为俯冲造山过程中火山弧构造环境下的产物。

五、燕山期侵入岩

燕山期侵入岩集中分布于昆仑山区南缘,侵入于石炭系西长沟组中和二叠系黄羊岭组一段中,侏罗系叶尔羌群中未见侵入体产出,据此将其时代确定为侏罗纪。位于红山顶—三道河子大断裂的两侧,本次工作将其划归为三道河子岩浆岩带,根据岩石特征将其划分为(石榴)闪长(玢)岩($\delta\mu$J)和含石榴正长斑岩($g\xi\pi$J),但以(石榴)闪长(玢)岩为主,含石榴正长斑岩区内仅局部可见。该期侵入岩受北东向的断裂构造控制特征表现较为明显,规模较大的岩体在卫星影像图上显示为突出的地貌和色调异常。

(一)(石榴)闪长(玢)岩($\delta\mu$J)

1. 地质特征

(石榴)闪长(玢)岩多呈规模较小的岩株、岩脉状侵入体,北东向零散分布,其中在红山顶、黑山顶、二虎守门、阿尔晒一带分布较为集中。地貌上多呈突出的小山包或尖山顶状,岩脉地表不连续,风化成串珠状排列的小山丘,中间被第四系砂砾石覆盖。岩株规模多不足0.5km^2,其中以二虎守门西侧的岩株面积最大,达1km^{2}以上,岩脉走向为北东,倾向南东,倾角45°~60°,宽15~50m,断续延长约0.5~2km,个别达8km左右。在该类侵入岩中可见围岩捕虏体。

2. 岩石特征

该类侵入岩根据矿物组成、结构构造可进一步划分为蚀变闪长玢岩、黑云母角闪闪长岩、碳酸盐化闪长玢岩、石榴闪长岩,岩石普通具绿泥石化、绢云母化、碳酸盐化等。但由于该类侵入岩在岩石化学成分上具有相同的特点,故将其统称为(石榴)闪长(玢)岩。

蚀变闪长玢岩:是该类侵入岩的主要岩石类型。岩石呈暗绿色,斑状结构,基质为微细粒结构,块状构造。岩石中斑晶约占50%~60%,其中斜长石占40%~45%,较自形板柱状,具环带结构,云母化普遍,局部呈聚斑，大小0.1mm×0.2mm～1.0mm×1.5mm，暗色矿物为角闪石，约占10%～15%，长柱状，普遍绿泥石化、碳酸盐化，呈假像，大小0.2mm×0.3mm～1.5mm×2.5mm。基质占40%～50%，其中斜长石占20%～30%，绿泥石占10%，石英占3%，角闪石少量，碳酸盐矿物占5%。

黑云母角闪石闪长岩：主要见于二虎守门一带，多出露于岩株的中部，灰绿色，半自形粒状结构，块状构造，岩石中斜长石占60%，较自形板柱状，聚片双晶较发育，具环带结构，为中长石，绢云母化普遍，晶体大小0.2mm×0.3mm～0.6mm×1.0mm，角闪石占20%，柱状晶体，绿色，绿泥石化，大小0.2mm×0.3mm～0.3mm×1.2mm，黑云母占10%，石英占5%，另见磷灰石、榍石、锆石、金属矿物等。

碳酸盐化闪长玢岩：多分布于岩株的边部，岩石呈深灰绿色，斑状结构，基质为微粒结构，块状构造。斑晶占35%，其中斜长石占20%，较自形板柱状，具环带结构，普遍绢云母化，角闪石占15%，长柱状，绿泥石、碳酸盐化，具暗化边；基质占65%，其中斜长石占35%，纤闪石占25%，绿泥石占3%，石英占2%。

蚀变含石榴角闪闪长(玢)岩：见于红山顶、黑山顶、宿营地东等地，岩石呈灰绿色，斑状结构、基质为微粒结构，块状构造，斑晶占40%，其中石榴石占3%～5%，圆粒状，裂纹发育，含斜长石、磷灰石、磁铁矿等包体，具包含结构，5mm大小，斜长石占25%，较自形板柱状，绢云母化，呈假像，角闪石占10%，较自形长柱状，蚀变为绿泥石、方解石、磁铁矿等呈假像。基质占60%，其中斜长石占24%～36%，粒状，绢云母化，石英占2%～20%，粒状、不规则状，暗色矿物占15%～20%，鳞片状，全部蚀变为绿泥石。后期蚀变现象为绢云母化、绿泥石化等。人工重砂副矿物组合为磁铁矿＋白钛石＋磷灰石＋黄铁矿＋金红石＋榍石＋锆石等，其中锆石呈浅紫色，多数为浑圆四方柱和四方双锥的聚形，个别颗粒晶面较为清晰，透明，金刚光泽，表面较为粗糙，呈细小麻点状，长宽比为1∶3～3.5。

斑状黑曜岩：见于石榴角闪石英闪长玢岩的边部，为浅成—超浅成侵入岩快速冷凝结晶的产物，其化学成分与石榴角闪石英闪长玢岩相近，岩石呈黑色，块状构造，玻基斑状结构，斑晶为透长石，约占40%，板柱状，大小0.05～0.15mm×0.25mm。基质约占60%，其中玻璃质占52%，呈针状鳞片状绢云母雏晶，大致定向排列，石英占5%，粒状，0.01～0.06mm，磁铁矿占3%，星点状大小0.001～0.015mm。

3. 岩石化学特征

侏罗纪闪长岩类的岩石化学成分如表3-24所示。其中SiO_2含量为54.67%～62.09%，变化范围

表3-24 三道河子一带闪长岩类岩石化学成分表

序号	样品号	岩性	氧化物含量(ω_B%)														有关参数				
			SiO_2	TiO_2	Al_2O_3	Fe_2O_3	FeO	MnO	MgO	CaO	Na_2O	K_2O	P_2O_5	H_2O^+	CO_2	总量	DI	A/CNK	SI	σ43	AR
1	YQ-91	变质闪长玢岩	55.20	0.80	20.13	1.54	4.26	0.10	2.95	4.78	3.12	1.82	0.29	4.00	1.76	100.75	53.56	1.27	21.55	1.79	1.49
2	YQ-92	变质闪长玢岩	57.80	0.50	18.75	1.43	4.08	0.08	2.80	3.02	6.00	1.10	0.23	2.90	2.20	100.89	66.12	1.13	18.17	3.17	1.97
3	GS-125	蚀变含石榴石角闪闪长玢岩	59.49	0.68	18.11	0.37	5.25	0.09	2.51	7.08	2.32	1.16	0.16	2.11	0.45	99.78	47.03	1.01	21.62	0.70	1.32
4	GS-126	斑状黑曜岩	60.63	0.81	18.99	0.03	6.50	0.09	2.90	0.97	1.78	3.87	0.21	2.68	0.30	99.76	64.72	2.14	19.23	1.73	1.79
5	GS-338	微晶闪长岩	62.09	0.71	17.73	0.01	6.80	0.14	2.40	2.00	1.33	3.60	0.16	2.90	0.20	100.07	62.27	1.82	16.97	1.23	1.67
6	GS-339	黑云母角闪石闪长岩	58.03	0.65	16.91	1.44	5.87	0.15	3.07	6.52	2.49	1.18	0.15	2.78	0.55	99.79	46.55	0.98	21.85	0.84	1.37
7	GS-340	碳酸盐化闪长玢岩	55.60	0.80	17.65	1.26	5.80	0.12	3.55	5.87	3.23	0.74	0.17	2.60	2.41	99.80	46.81	1.05	24.35	1.12	1.41
8	GS-446	角闪石石英闪玢岩	59.35	0.56	16.96	0.96	4.80	0.10	2.07	5.73	2.67	1.08	0.14	2.88	2.49	99.79	53.31	1.06	17.88	0.79	1.40
9	GS-447	角闪石闪长玢岩	54.67	0.87	17.47	0.39	7.05	0.14	3.47	5.83	2.62	0.99	0.19	3.42	2.69	99.80	44.05	1.09	23.90	0.97	1.37
10	GS-260	蚀变角闪石闪长玢岩	55.28	0.83	17.84	1.54	5.38	0.16	3.27	4.32	4.44	1.03	0.17	3.27	2.21	99.74	55.21	1.10	20.88	2.15	1.66
11	GS-261	蚀变角闪石闪长玢岩	55.46	0.85	17.52	1.28	5.90	0.16	3.48	3.68	4.10	1.21	0.17	3.61	2.31	99.73	55.68	1.19	21.79	1.99	1.67
12	闪长岩类平均		58.06	0.70	17.99	0.88	5.53	0.12	2.80	4.33	3.15	1.68	0.18	2.99	1.56	99.97	55.55	1.27	19.76	1.52	1.58
13	GS-448	含石榴正长斑岩	63.11	0.37	17.83	0.32	4.70	0.09	1.10	2.16	3.69	2.43	0.14	2.75	1.09	99.78	71.31	1.41	8.99	1.79	1.88

较大，平均为 58.06%，Al_2O_3 为 16.91%～20.13%，平均 17.99%，与同类岩石相比，含量明显偏高，TiO_2 为 0.50%～0.87%，平均为 0.70%，与世界闪长岩(据 R. W. LeMaitre，1976)相比，含量略有偏低。MgO 为 2.07%～3.48%，平均为 2.80%，Fe_2O_3＋ FeO 平均为 6.41%，CaO 为 0.97%～7.08%，含量变化范围较大，平均为 4.33%，K_2O 为 0.74%～3.87%，平均为 1.68%，个别样品 K_2O 含量偏高。Na_2O 为 1.33%～6.00%，平均为 3.15%，多数样品 Na_2O 含量大于 K_2O，少数样品 Na_2O 含量小于 K_2O，岩石总体钠高钾低。里特曼指数为 0.7～3.17，多数样品小于 3，其平均值为 1.52，为钙碱性岩。在 J. B. Wight 的 AR－SiO_2 与碱度关系图上(图 3－56)，样品全部落入钙碱性岩区。岩石 A/NCK 多数样品大于 1，为 0.98～2.14，平均为 1.27，结合其实际矿物中出现石榴子石，CIPW 标准矿物中出现刚玉(C)等富铝矿物，为强过铝的花岗岩类(?)，在侵入岩 SiO_2－K_2O 图解(图 3－57)上多数样品落入拉斑玄武岩系列，少数落入钙碱性系列和高钾钙碱性系列。

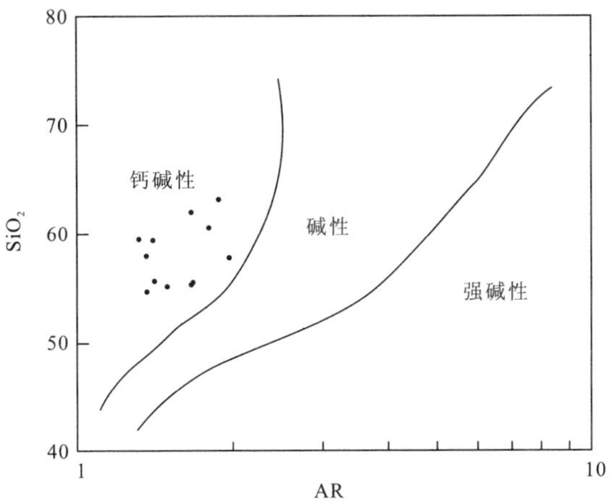

图 3－56　AR－SiO_2 与碱度关系图

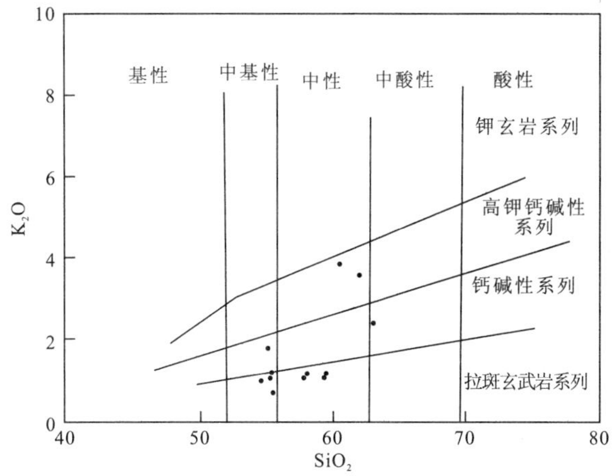

图 3－57　侵入岩 K_2O－SiO_2 图解

4. 岩石地球化学特征

(1)微量元素特征

三道河子一带侏罗纪闪长岩类侵入岩微量元素含量如表 3－25 所示。7 件样品具有相近的微量元素含量特征，反映它们可能属于同源演化系列。总体上富集 Ba、Sr、Zr、V 等亲石元素，其洋脊花岗岩(ORG)标准化蛛网图(图 3－58)呈单一隆起的型式，表现为从 K 至 Th 的富集和 Zr 至 Yb 的亏损，总体上与 VAG 型花岗岩曲线型式相近。

表 3－25　三道河子一带闪长岩微量元素含量表

序号	硅酸盐编号	微量样品号	岩性	微量元素分析结果($\omega_B/10^{-6}$)													
				Nb	Sc	Zr	Th	Sr	Ba	V	Co	Cr	Ni	Rb	Ta	Hf	Y
1	YQ－91	WL－5	变质闪长玢岩	15.9	15.5	197	17.2	276.0	700.0	93.8	16.4	57.5	25.7	59	1	5.1	18
2	GS－125	WL－64	蚀变含石榴石角闪闪长玢岩	10.0	11.7	111	5.5	350.0	541.0	58.5	17.0	8.3	13.8	42.0		2.5	14.04
3	GS－338	WL－66	微晶闪长岩	14.6	16.1	180	13.3	260.0	568.0	147.5	21.8	197.8	53.7	157.8		4.8	25.96
4	GS－339	WL－67	黑云母角闪石闪长岩	6.8	20.4	98.0	6.6	261.0	406.0	143.7	16.8	23.8	14.8	36.1		2.8	18.13
5	GS－340	WL－68	碳酸盐化闪长玢岩	7.6	18.5	115.0	5.0	295.0	443.0	139.5	18.7	29.7	15.8	27.0		2.6	20.32
6	GS－446	WL－69	角闪石石英闪玢岩	9.5	9.4	111.0	6.6	343.0	462.0	81.0	15.3	11.8	11.7	36.7		3.2	13.37
7	GS－260	WL－71	蚀变角闪石闪长玢岩	9.7	16.2	111.0	5.7	542.0	642.0	123.7	17.1	27.2	13.4	33.8		2.8	22.00
8	GS－448	WL－70	含石榴正长斑岩	8.5	8.7	149.0	6.0	601.0	625.0	40.9	9.4	12.0	10.2	85.8		3.0	20.98

(2)稀土元素特征

三道河子一带侏罗纪闪长岩类侵入岩稀土元素分析结果如表 3-26 所示。7 件样品稀土元素含量差别不大,其稀土总量(∑REE)较高,为$(96.36\sim180.08)\times10^{-6}$,∑LREE 为$(81.99\sim161.11)\times10^{-6}$,∑HREE为$(10.62\sim18.97)\times10^{-6}$,∑LREE/∑HREE 为 5.71~9.34,为轻稀土弱富集型,δEu 为 0.68~1.05,多数样品具弱的 Eu 负异常,反映岩浆具斜长石的早期分离结晶作用。其稀土元素球粒陨石标准化型式图(图 3-59)呈向右缓倾的曲线。

表 3-26　三道河子一带闪长岩稀土元素含量表

序号	样品编号	岩性	稀土元素分析结果($\omega_B/10^{-6}$)																			
			La	Ce	Pr	Nd	Sm	Eu	Gd	Tb	Dy	Ho	Er	Tm	Yb	Lu	∑REE	∑LREE	∑HREE	∑LREE/∑HREE	δEu	δCe
1	XT-5	变质闪长玢岩	26.03	55.1	5.54	19.64	4.07	1.05	3.78	0.6	3.09	0.63	1.77	0.3	1.9	0.28	123.78	111.43	12.34	9.03	0.81	1.04
2	XT-64	蚀变含石榴石角闪闪长玢岩	21.25	41.71	5.06	18.26	3.77	1.23	3.32	0.51	2.73	0.56	1.53	0.24	1.50	0.23	101.9	91.28	10.62	8.60	1.05	0.92
3	XT-66	微晶闪长岩	37.35	76.26	8.67	31.49	6.06	1.28	5.34	0.83	4.98	1.05	2.85	0.47	3.00	0.45	180.08	161.11	18.97	8.49	0.68	0.97
4	XT-67	黑云母角闪石闪长岩	20.51	38.82	4.54	17.28	3.64	1.02	3.52	0.57	3.38	0.71	2.13	0.33	2.12	0.33	98.9	85.81	13.09	6.56	0.87	0.91
5	XT-68	碳酸盐化闪长玢岩	18.51	36.53	4.36	17.65	3.80	1.14	3.85	0.63	3.85	0.79	2.23	0.35	2.31	0.36	96.36	81.99	14.37	5.71	0.91	0.93
6	XT-69	角闪石石英闪长玢岩	22.96	45.23	5.36	18.58	3.83	1.12	3.38	0.48	2.72	0.55	1.43	0.23	1.39	0.21	107.47	97.08	10.39	9.34	0.94	0.93
7	XT-71	蚀变角闪石闪长玢岩	22.92	45.51	5.51	20.91	4.51	1.21	4.45	0.72	4.30	0.90	2.69	0.41	2.60	0.39	117.03	100.57	16.46	6.11	0.82	0.93
8	XT-70	含石榴正长斑岩	23.58	45.46	5.57	20.72	4.45	1.10	4.32	0.69	3.85	0.79	2.08	0.33	2.01	0.30	115.25	100.88	14.37	7.02	0.76	0.91

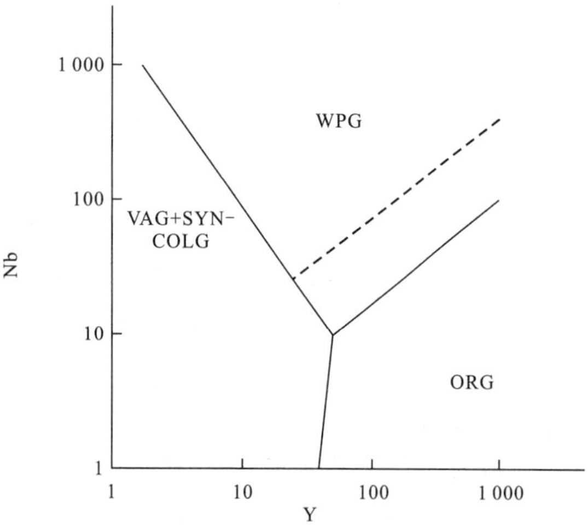

图 3-58　微量元素洋脊花岗岩(ORG)标准化蛛网图

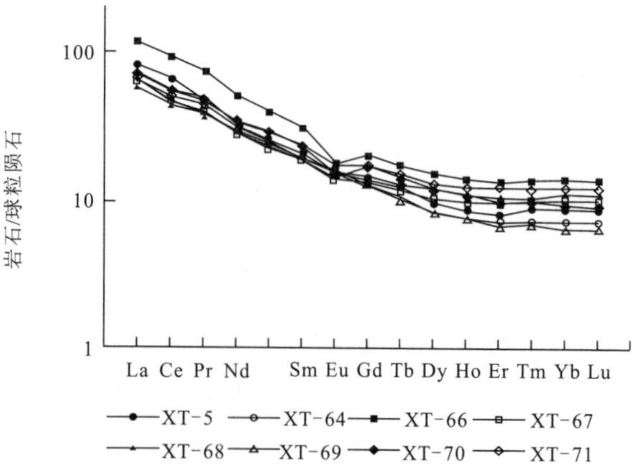

图 3-59　稀土元素球粒陨石标准化型式图

5. 构造环境判别

三道河子一带侏罗纪闪长岩类侵入岩产出于苏巴什-鲸鱼湖蛇绿岩混杂岩带的南侧、西金乌兰-金沙江结合带(相当于该幅南部的黑石北湖幅内的碎石山和拜惹布错蛇绿岩混杂岩亚带)北侧,位于松潘-甘孜地块内,该类中性侵入岩的分布受北东东向断裂(红山项-三道河子断裂)的控制。

从其产出的构造环境来看,该类中性侵入岩和西金乌兰-金沙江结合带有着密切的成因联系。从该类中性侵入岩的地球化学特征上来看,具 Al_2O_3 高,TiO_2、K_2O 低,富集大离子亲石元素,稀土丰度偏高,轻稀土弱富集特征,与岛弧钙碱性系列火山岩具有相似的特点。其洋脊花岗岩(ORG)标准化蛛网图曲线型式也与岛弧花岗岩相似,在图 3-60 上样品投点比较集中,全部落入岛弧花岗岩区(VAG)。在 Bailey J.

C.(1981)的安山岩 La/Yb－Sc/Ni 判别图上(图 3－61)上，样品投点部分落入安第斯型安山岩区，部分落入大陆岛弧型安山岩区，同样显示了区内三道河子一带的中性侵入岩与西金乌兰-金沙江结合带的成因联系，为该带南侧羌塘地块向松藩-甘孜地块俯冲造山过程中火山弧构造环境下的产物。

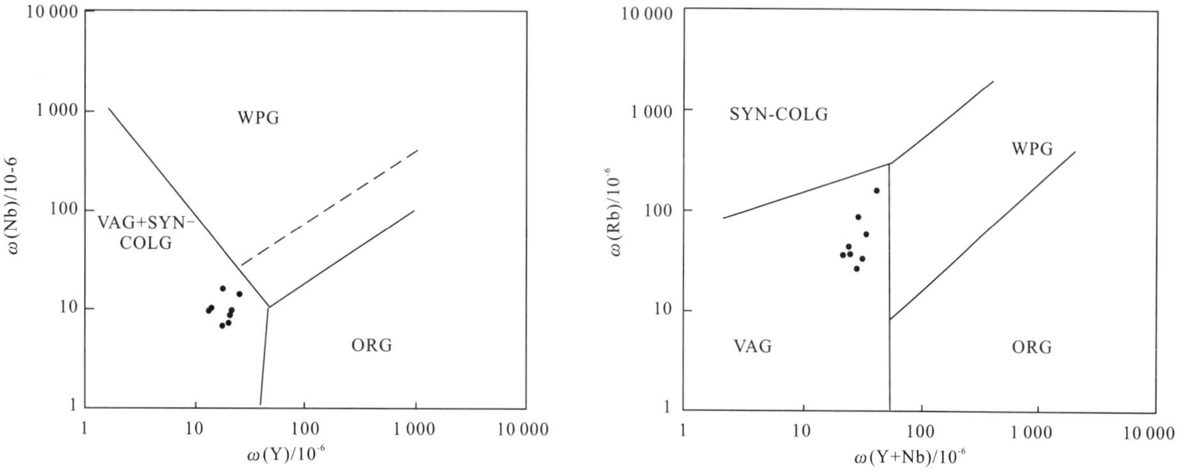

图 3－60　三道河子一带中性侵入岩微量元素构造判别图解

ORG. 洋中脊花岗岩；VAG. 火山弧花岗岩；WPG. 板内花岗岩；SYN－COLG. 同构造的碰撞带花岗岩

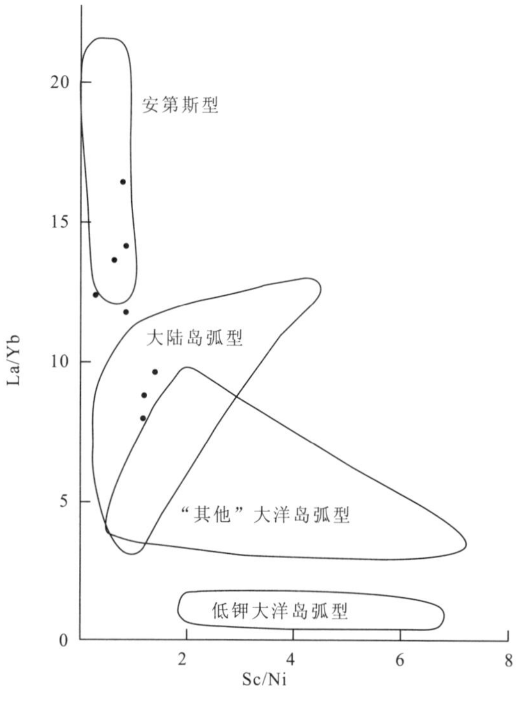

图 3－61　La/Yb－Sc/Ni 判别图

(据 Bailey J. C.，1981)

6. 岩体形成深度、剥蚀程度

三道河子一带侏罗纪闪长岩类侵入岩与围岩的侵入接触界线较明显，从岩体产状来看，多呈规模较小的岩株、岩脉，北东向串珠状展布，岩石多具斑状结构，部分岩体边部发育快速冷凝结晶产物，表明该类侵入岩的形成深度为浅成—超浅成。同时其呈零星的片状出露，表明在下部有隐伏岩体的分布，岩体中虽未见围岩捕虏体，但仍可确定该类侵入岩的剥蚀程度较低。

（二）含石榴正长斑岩（$g\xi\pi J$）

1. 地质特征

含石榴正长斑岩仅见于二虎守门北，呈脉状产出，脉体走向北东，脉宽不足50m，延长不足500m，侵入于二叠系黄羊岭组中。

2. 岩石特征

含石榴正长斑岩：仅局部可见，岩石呈灰色，具斑状结构，基质为微粒结构，斑晶约占20%，由正长石（19%）、石榴石（1%）等组成。基质占80%，其中角闪石占10%，长石占65%、石英占2%、磁铁矿占3%、磷灰石少量等。

3. 岩石化学特征

含石榴正长斑岩化学成分如表3－24所示。其中SiO_2含量为63.11%，Al_2O_3为17.83%，MgO为1.10%，CaO为2.16%，K_2O为2.43%，Na_2O为3.69%，Na_2O含量大于K_2O，岩石总体富钠。里特曼指数（σ）为1.79，为钙碱性岩，据侵入岩SiO_2—K_2O图解为高钾钙碱性系列，A/CNK为1.41，为强过铝的花岗岩类。

4. 岩石地球化学特征

（1）微量元素特征

含石榴正长斑岩微量元素含量如表3－25所示。含石榴正长斑岩与（石榴）闪长（玢）岩具有相近的微量元素含量特征，反映它们可能属于同源演化系列。总体上富集Ba、Sr、Zr、V等亲石元素，其洋脊花岗岩（ORG）标准化蛛网图（图3－58）呈单一隆起的型式，表现为从K至Th的富集和Zr至Yb的亏损，总体上与VAG型花岗岩曲线型式相近。

（2）稀土元素特征

含石榴正长斑岩稀土元素分析结果如表3－26所示。含石榴正长斑岩与（石榴）闪长（玢）岩稀土元素总体特征含量差别不大，其稀土总量（$\sum$REE）较高，为115.25×10^{-6}，$\sum$LREE为100.88×10^{-6}，$\sum$HREE为14.37×10^{-6}，$\sum$LREE/$\sum$HREE为7.02，为轻稀土弱富集型，δEu为0.76，具弱的负铕异常，反映岩浆具斜长石的早期分离结晶作用。其稀土元素球粒陨石标准化型式图（图3－59）呈向右缓倾的曲线。

六、综合对比

1. 各时代花岗岩类的特征对比和演化特点

由以上讨论可知，区内花岗岩类在时代上主要可划分为震旦纪花岗岩、加里东期奥陶纪闪长岩、海西期石炭纪闪长岩-花岗岩、燕山期侏罗纪闪长岩，各时代花岗岩在特征上具有较明显的区别（表3－27），震旦纪花岗岩类在分布上十分局限，岩性也较单一，仅见花岗岩体，在岩石化学成分上具SiO_2含量高，为富钾钙碱性花岗岩类（KCG）（Barbarin），在地球化学特征上稀土含量中等，轻、重稀土分馏较强，无Eu异常，在微量元素特征上表现为同碰撞花岗岩的特点。加里东期花岗岩类分布也较局限，仅在昆仑山前包斯塘-格子布拉克一带有所分布，但出露面积较震旦纪花岗岩类增大，岩性也较单一，其为钙碱性岩，按Maniar和Piccoli（1989）的构造环境分类和五组判别图解（图3－62）以及利用花岗岩类其他指数等常量和微量化学特性属于大陆弧花岗岩类（CAG），其具中等的稀土含量，弱的负铕异常和弱—强的轻、重稀土分馏。海西期花岗岩类从中性—中酸性—酸性皆有分布，也是区内岩浆活动最为强烈的时期，较加里东期具有向碱性、酸性岩方向演化的趋势，其闪长岩类为IAG、CAG型，稀土总量低—中等，轻、重稀土分馏较前加强。海西期花岗岩类在上述分类中以CAG、IAG 、POG为主，以钙碱性岩为主，个别为碱性岩，属高钾钙碱性系列、钙碱性岩系列，个别为拉斑玄武岩系列，总体上钾质含量较前增高，在稀土元素方面稀土总量增高，轻、重稀土分馏增强，负铕异常明显。燕山期花岗岩类在区内分布也较为零星，主要沿三道河子大断裂北东向展布，岩性也较单一，以(石榴)闪长玢岩为主，另在该区的南部邻幅黑石北幅有花岗斑岩的分布，表明燕山期也有酸性侵入岩的活动。燕山期花岗岩类在活动规模上较海西期花岗岩类减弱，分布面积也十分有限，单个侵入体的出露面积都较小。在岩石化学上，为钙碱性岩，属拉斑玄武岩系列，个别显示钙碱性或高钾钙碱性系列，燕山期花岗岩类较海西期花岗岩类明显富铝，岩石中多见富铝矿物如石榴石等，其A/CNK高达1.27，在上述分类方案中为CCG型；地球化学方面，三道河子一带的燕山期闪长岩具中等偏高的稀土含量，轻、重稀土分馏弱至中等，曲线斜率不大，多具弱的负铕异常，仅个别显示为极不明显的正铕异常。在微量元素方面，各期花岗岩类的微量元素洋脊花岗岩比值蛛网图总体上以火山弧式为主，个别为碰撞式。

表3-27 各期花岗岩类特征综合对比表

活动期	岩体及岩性			常量元素化学指数			稀土及微量元素有关指数			蛛网图型式(Pearce)	Maniar和Piccoli(1989)的构造环境分类	构造环境的综合判别
				A/CNK	δ	AR	ΣREE	ΣLREE/ΣHREE	δEu			
燕山期		三道河子	(石榴)闪长(玢)岩 闪长玢岩 黑云母角闪石闪长岩	1.27	1.52	1.58	96.36～123.78	5.71～9.34	0.76～1.05	火山弧式	CCG	大陆弧
海西期	闪长岩	阿依耐克	变质石英闪长玢岩 变质黑云母闪长岩 中粒闪长岩 黑云母角闪石闪长岩	0.88～0.93	1.29～6.57	1.43～2.50	158.31～193.24	7.05～10.86	0.77～1.29	火山弧式	CAG或IAG	大陆弧
海西期	闪长岩	塔勒克勒格	碎裂化闪长岩 糜棱岩	0.98	1.65	1.62	54.2～64.72	7.03～16.73	0.98～1.07	火山弧式	CAG或IAG	大陆弧
海西期	花岗岩	包斯塘	二云母花岗岩 黑云母花岩岗 黑云母斑状花岗岩 二云母花岗岩	1.03	2.7	2.53	194.97	11.97	0.60	碰撞式或火山弧式	POG、LAG、CAG、CCG	大陆弧、后造山
海西期	花岗岩	塔勒克勒格	变质(糜棱状)花岗岩	0.93～1.06	2.53～4.01	2.39～2.95	259.66	16.25	0.86	火山弧式	POG、LAG、CAG	大陆弧
海西期	花岗岩	土格曼巴西	斜长花岗岩	1.06	1.08	1.71	75.68	13.9	0.86	火山弧式	LAG、CAG	大陆弧
海西期	花岗岩	阿尔晒	黑云母花岗岩	0.85～0.99	2.06～2.32	1.07～1.35	94.61～298.74	6.33～12.21	0.43～0.44	火山弧式	POG	大陆弧
海西期	花岗岩	牙拉克	糜棱岩化花岗岩	1.07～1.10	1.66～1.72	0.82～1.00	66.81～122.30	6.28～11.70	0.72～0.98	火山弧式	LAG、CAG	大陆弧
海西期	花岗岩	阿克苏塔格	斜长花岗岩	1.01	3.39	0.54	90.87	24.74	1.03	火山弧式	LAG、CAG	大陆弧
加里东期		格子布拉克	石英闪长岩 变质闪长岩 细粒辉石闪长岩 片麻状细粒黑云母闪长岩	0.78～1.04	1.33～2.68	1.49～1.99	46.57～96.13，个别189.79	5.32～15.39，个别25.41	0.68～0.99	火山弧式	CAG或IAG	大陆弧
震旦期			苦阿变质细粒二云母花岗岩	1.01	2.38	3.48	107	11.58	0.97	同碰撞式	POG	后造山

区内各期花岗岩类的特征和演化特点反映了区内岩浆活动与昆仑造山带的形成、演化有着密切的联系。

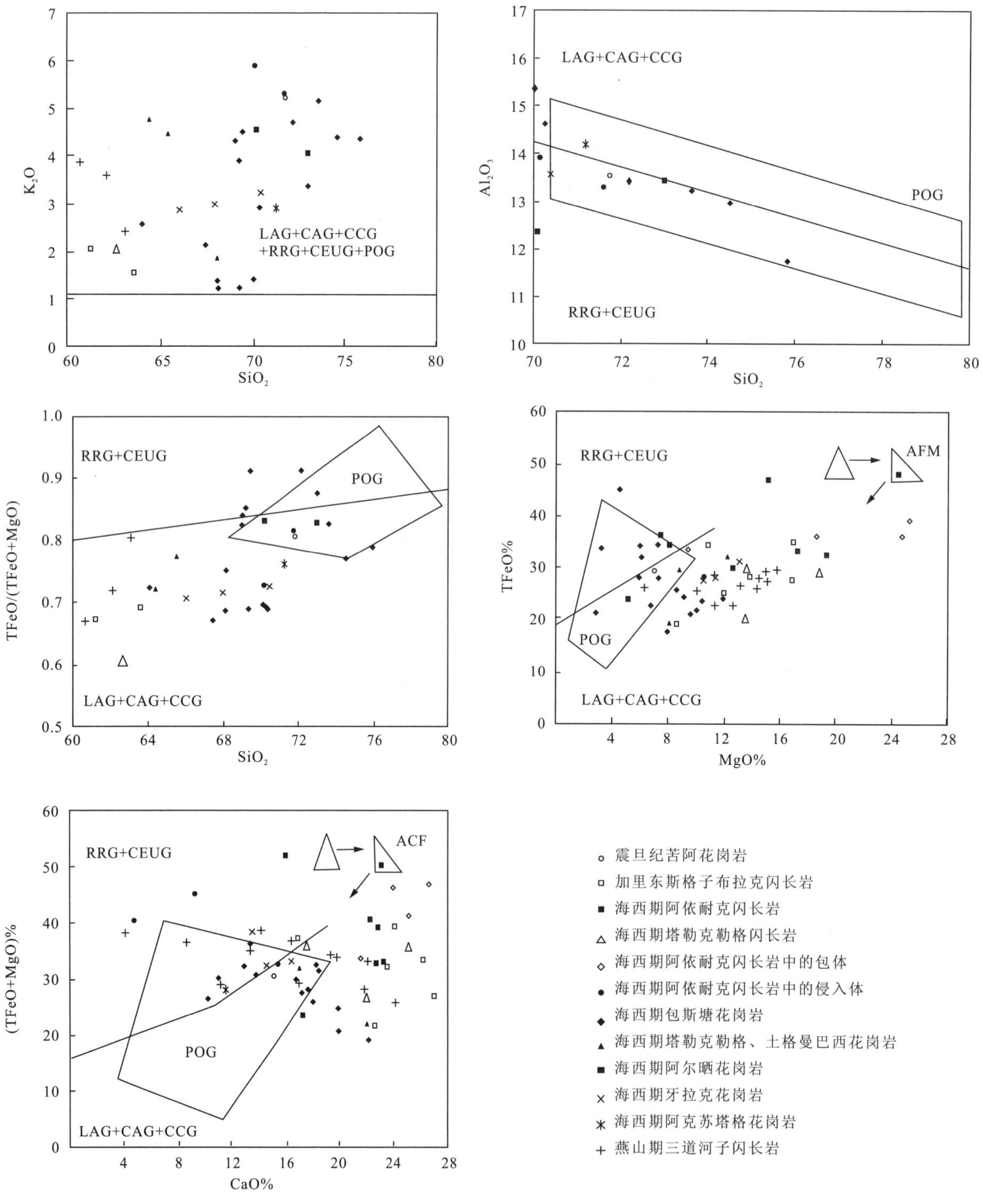

图 3-62　各期花岗岩类构造分类图解(据 Maniar and Piccoli,1989)

IAG. 岛弧花岗岩类;CAG. 大陆弧花岗岩类;CCG. 大陆碰撞花岗岩类;POG. 后造山花岗岩类;RRG. 与裂谷有关的花岗岩类;CEUG. 与大陆的造陆抬升有关的花岗岩类;OP. 大洋斜长花岗岩类

2. 花岗岩类成因

加里东期花岗岩类和海西期花岗岩类在地球化学成分上,特别是在微量元素方面的相似特征反映了这两期岩浆活动具有相近的成因。郭坤一等(2002)在研究西昆仑东段北缘的花岗岩类时(区内民丰县昆仑山前的花岗岩类也包括在内),取得的 $\varepsilon_{Nd}(0)$ 多数为负值,表明区内加里东期花岗岩类和海西期花岗岩类具有壳源重熔的可能。

3. 花岗岩类的就位机制

正如前面所讨论的那样，区内花岗岩的成因与昆仑造山带有着密切的关系，是在昆仑造山带不同阶段下构造演化的产物，通过岩体的构造环境判别，区内主要的花岗岩类产出于大陆弧的构造环境，这种构造环境既可以是拉张的，也可以是挤压的，从区域构造角度来看，岩体的就位机制较难作出判断，同时由于昆仑山前不同时期构造活动对岩体的构造改造，造成了岩体的变位、变形，也对岩体的就位机制的判别带来了困难。从花岗岩类的出露形态、展布方向与构造线方向一致，反映其就位时以挤压为主的构造环境。区内各期花岗岩类岩体中多数不含围岩捕虏体，在接触部位围岩和岩体中发育韧性变形现象，似乎表明岩体的就位方式以主动为主。

4. 花岗岩类岩浆活动演化环境

花岗岩类岩浆活动演化环境是指岩浆的产生、运移、就位过程中的区域地质构造背景，岩浆的产生是每一次构造热事件的响应，区内各期花岗岩类岩浆的活动与区内各次构造事件有着较好的对应关系。此次工作，在包斯塘一带闪长岩中获得了 444.9±2.1Ma 的 U－Pb 同位素年龄，该数据代表了岩体的侵入年龄，经大量的岩石化学资料综合分析、判断，闪长岩类就位于大陆弧的构造环境中，是原特提斯洋的洋壳(其曼于特蛇绿岩)向北俯冲于昆北地块南缘引发地壳部分重熔产生岩浆的结果。

同样，在阿依耐克、包斯塘一带的闪长岩、花岗岩侵入于石炭系地层中，证明区内海西期花岗岩类的存在。该期花岗岩类经综合分析同样表明其为大陆弧的构造环境，个别可能为大陆碰撞、后造山环境下的产物，从其时代和构造位置上看，均反映了该期岩浆活动与古特提斯洋的洋壳(苏巴什-鲸鱼湖蛇绿岩)向北俯冲于昆南地块之下，引发地壳和地幔部分熔融上涌侵入的产物，海西期花岗岩类的各种构造环境的出现也显示了昆北地块和昆南地块之间不同演化阶段的岩浆响应。

三道河子一带的闪长岩侵入于二叠系地层中，表明其可能为燕山期的岩浆活动，从其构造环境判别结果来看，不同方法虽有差别，分别为大陆弧、大陆碰撞花岗岩类，但从区域地质构造背景来看，大陆弧的可能性较大。不论是哪种环境，都与古特提斯洋(南支)的发展、演化关系密切，是古特提斯洋壳向松藩-甘孜地块俯冲、羌塘地块和松藩-甘孜地块碰撞的结果。

第三节 火山岩

测区内火山岩主要发育加里东期、海西期。其中加里东期火山岩主要产出于下古生界上其汗岩组地层中，分布于库牙克断裂西侧、布拉克断裂的北侧、下马里克—上其汗—布拉克一带；海西期火山岩主要产出于石炭系阿羌岩组、哈拉米兰河岩群、苏巴什蛇绿混杂岩带岩片中，分布较为零散。阿羌岩组火山岩分布于昆仑山前一带。哈拉米兰河岩群变质玄武安山岩仅出露于下马里克中游一带。苏巴什蛇绿混杂岩带中的不属于蛇绿岩组合的火山岩主要分布于测区西南部库牙克断裂带北侧及库牙克断裂带中。西长沟组火山碎屑岩主要分布于硝尔库勒西南一带。各期火山岩的分布、特征如表 3－28 所示。

一、加里东期火山岩

该期火山岩主要产于下古生界上其汗岩组。

1. 地质特征

上其汗岩组火山岩是上其汗岩组的主要组成部分，主要分布于布拉克断裂以北、库牙克断裂西侧，下马里克—上其汗—布拉克一带。

上其汗一带火山岩系在岩石类型上主要为玄武岩(细碧岩)、安山岩(角斑岩)、英安岩、流纹岩(石英角斑岩)、变质英安岩组成的钙碱性系列。玄武岩枕状构造不明显。布拉克一带火山岩岩石类型有变质流纹岩、变质英安岩。火山岩变质程度为低绿片岩相。上其汗岩组火山岩火山喷发旋回总体上由基性火山岩

表 3-28　火山岩基本特征一览表

岩浆活动时期	地层构造分区	时代	产出层位	代号	分布地区	产出状态	主要岩石类型	备注
海西期	昆北微陆块	石炭纪	阿羌岩组	*Ca.*	苦阿—巴西其其干—阿依耐克一带	夹层	变质玄武岩、变质英安岩、变质安山岩、变质长石晶屑凝灰岩、绿泥石化英安岩	
	昆南微陆块		哈拉米兰河岩群	$C_2H.$	下马里克中游一带	夹层	变质玄武安山岩	
	苏巴什-鲸鱼湖结合带		硅泥质岩(岩片)	sa	昂格提勒克库勒北西	夹层	流纹岩、变质安山岩	
			复理石(岩片)	fw	看尔晒北	夹层	变质英安岩	
			基性火山岩(岩片)	β	硝尔库勒湖西南、南、北东一带	层状	细碧岩夹凝灰质砂岩、变质凝灰岩,碳酸盐化拉斑玄武岩,玄武岩夹安山玢岩	
	巴颜喀拉前陆盆地		西长沟组	Cx	硝尔库勒湖南一带	层状	变质凝灰质砂岩、变质凝灰岩	
加里东期	其曼于特—纳赤台结合带	早古生代	上其汗岩组	$Pz_1\hat{s}.$	下马里克—上其汗—布拉克一带	层状	玄武岩(细碧岩)、安山岩(角斑岩)、英安岩、流纹岩(石英角斑岩)、变质英安岩、变质流纹岩	据贾群子等人 1999 年依 R-F-C 法获得的 t_{208} 值集中在 462.74～480.45 之间

演化为中酸性火山岩,最后演化为酸性火山岩。火山作用以喷溢为主,未见粗火山碎屑岩岩类,难以厘定火山机构。据贾群子等人 1999 年对上其汗火山岩进行的岩石 Sm-Nd 和 Rb-Sr 及矿石 Pb 同位素的研究,依 R-F-C 法获得的 t_{208} 值集中在 462.74～480.45Ma 之间,把其厘定为早古生代。

2. 岩石特征

细碧岩在矿物组合上主要由钠长石、绿泥石、绿帘石、阳起石、碳酸盐类矿物及少量不透明矿物组成,在组构上呈间片结构、斑状结构。

石英角斑岩在矿物组合上主要由钠长石、石英及少量绢云母组成。组构上具斑状和微晶结构,后期的变质作用多形成千枚状构造、片状构造,斑晶以长石和石英为主,含钠长石斑晶。上其汗一带的中性火山岩主要为凝灰岩类,均已变质成为绿片岩。

变质英安岩:灰白色、浅绿色,变余斑状结构、基质为变余交织结构,条纹状片状构造,斑晶占 20～25%(斜长石 13%～20%、石英 0～5%、角闪石 0～2%、绿帘石 0～5%),基质占 75%～80%(长石 20%～40%、石英 10%～23%、绢云母 0～10%、绿泥石 5%～16%、绿帘石 5%～20%、白云石 1%～3%、白云母 0～1%、黄铁矿 0～1%)。

变质流纹岩:肉红色,变余斑状结构,条纹状片状构造,斑晶占 20%(钠更长石 15%、石英 5%),基质占 80%(长石 30%、石英 40%、绢白云母 5%、褐铁矿 4%、副矿物 1%)。

变质英安岩:灰绿色,变余斑状结构,片状构造不明显,斜长石占 60%、石英占 5%、黑云母占 15%、绿帘石占 15%、绿泥石占 4%、副矿物占 1%。

3. 岩石化学特征

上其汗—布拉克一带火山岩化学成分如表 3-29 所示。SiO_2 含量为 47.39%～77.31%,TiO_2 为 0.15%～0.76%,Al_2O_3 为 11.47%～16.96%,MgO 为 0.21%～6.59%,$\sum FeO$ 为 2.13%～9.19%,ALK 为 4.7%～6.91%。在 AFM 图(图 3-63)上,无论是基性火山岩或是中酸、酸性火山岩,大多数均落入钙碱性火山岩域内。

表 3-29 上其汗—布拉克一带火山岩成分表

序号	野外编号	岩性	氧化物百分含量(ω_B%)													总量
			SiO_2	Al_2O_3	Fe_2O_3	FeO	MgO	CaO	Na_2O	K_2O	MnO	TiO_2	P_2O_5	H_2O^+	CO_2	
1		细碧岩	47.39	16.96	3.51	5.68	6.59	7.41	3.17	1.53	0.18	0.65	0.06	4.10	3.01	100.24
2		石英角斑岩	77.31	11.54	0.00	2.51	0.82	1.51	4.62	0.14	0.03	0.22	0.04	0.68	0.49	99.91
3		石英角斑岩	71.22	14.01	0.13	2.51	1.35	1.31	3.42	2.70	0.01	0.32	0.08	1.40	1.26	99.72
4		石英角斑岩	75.42	11.47	0.64	2.19	1.00	1.15	4.47	0.70	0.03	0.25	0.03	1.44	0.51	99.30
5	Gs-2054	变质英安岩	65.84	15.89	0.81	2.22	1.39	3.36	3.34	2.26	0.04	0.31	0.10	2.31	1.88	99.75
6	Gs-2055	变质流纹岩	75.29	12.63	0.18	1.95	0.21	1.56	3.51	3.40	0.04	0.19	0.03	0.78	0.06	99.83
7	Gs-1202	变质流纹岩	76.20	11.99	1.14	1.05	0.29	1.36	5.29	0.56	0.03	0.15	0.04	0.95	0.84	99.89
8	Gs-1210	变质英安岩	62.97	14.38	2.45	6.10	1.31	3.93	4.18	1.25	0.14	0.76	0.26	1.81	0.29	99.83

注:序号 1~4 据贾群子《西昆仑块状硫化物矿床成矿条件和成矿预测》(1999)。

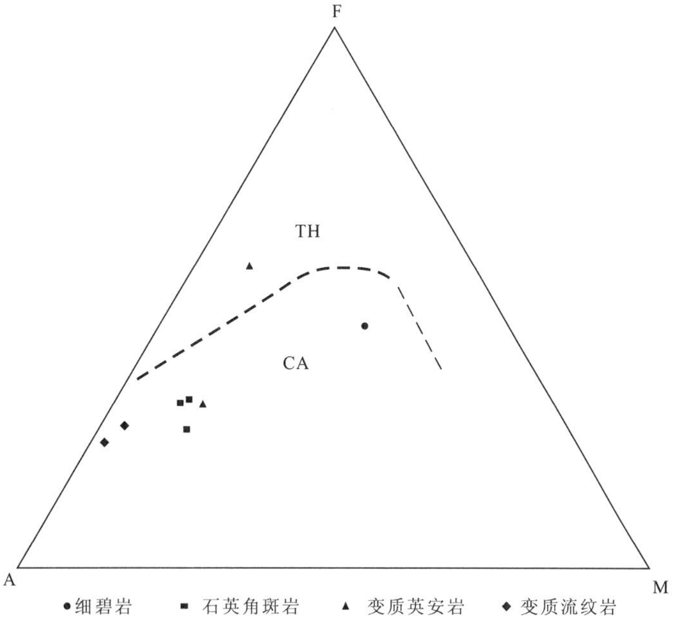

图 3-63 上其汗—布拉克一带火山岩 AFM 图

TH:拉斑玄武岩系列;CA:钙碱性岩系列;F:FeO;A:Na_2O+K_2O;M:MgO

4. 岩石地球化学特征

(1)微量元素特征

上其汗—布拉克一带火山岩微量元素含量如表 3-30 所示。基性火山岩与 MORB 相比,富集 Sr、K、Rb、Ba 等大离子亲石元素,而亏损 Nb、Zr、Sm、Y 等不相容元素。中酸、酸性火山岩与 MORB 相比,富集 K、Rb、Sm、Yb 等大离子亲石元素与 Th、Ce、Zr、Y 等不相容元素,而亏损 Nb、P、Hf、Ti 等不相容元素。其微量元素比值蛛网图(图 3-64)形成多隆起的形态,具有与火山弧玄武岩相近似的图式。

表 3-30 上其汗—布拉克一带火山岩微量元素含量表($\omega_B/10^{-6}$)

样品号	岩性	Nb	Sc	Zr	Th	Sr	Ba	V	Co	Cr	Ni	Rb	Ta	Hf	Y
WL-37	变质流纹岩	9.4	5.7	124	13.5	87	114	7.7	2.9	12.1	4.3	13.7	0.8	3.3	21.4
WL-40	变质英安岩	14.8	25.1	356	7.7	137	378	34.2	11.2	6.1	10	39.4	0.7	7.1	37.2
WL-51	变质英安岩	12.2	5.4	92	5.6	415	905	42	7.2	25.1	12.2	91.7	0.6	2.5	6.32
WL-52	变质流纹岩	14	12	209	15	85	742	7.5	2.9	6.6	4.7	108	1.1	5.4	33.4

(2)稀土元素特征

上其汗—布拉克一带火山岩稀土元素含量如表 3-31 所示。从表中可见基性火山岩稀土总量∑REE 为 23.23×10⁻⁶,∑LREE 为 17.643×10⁻⁶,∑HREE 为 5.59×10⁻⁶,轻重稀土比值∑LREE/∑HREE 为 3.16,属轻稀土富集型。δEu 为 1.07,近似于 1,基本不显示铕异常。

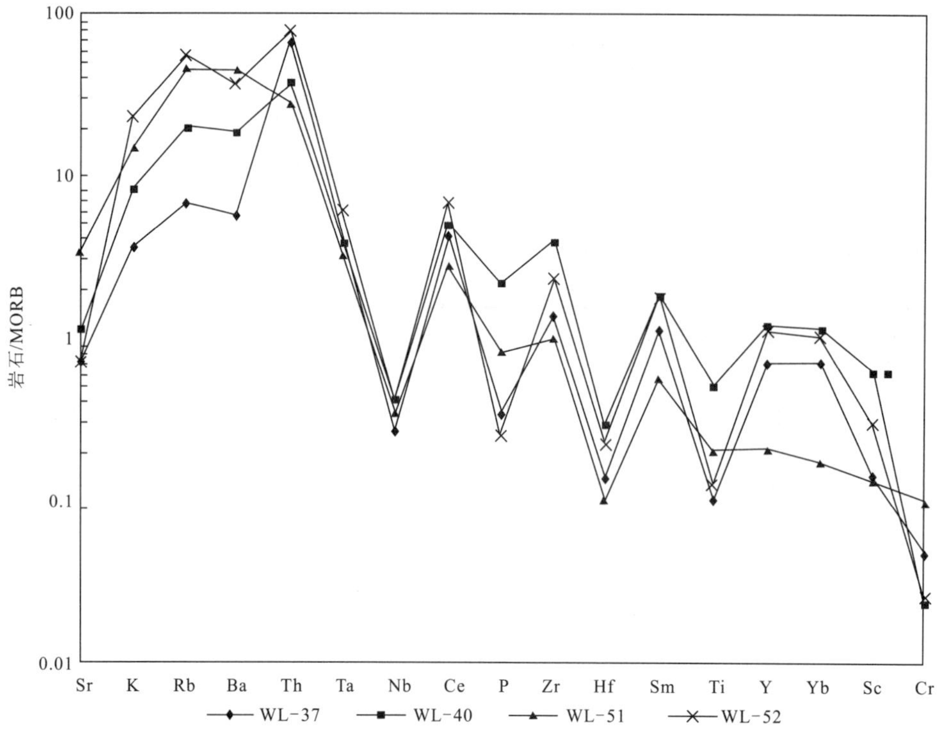

图 3-64 上其汗—布拉克一带火山岩微量元素洋脊玄武岩(MORB)比值蛛网图

表 3-31 上其汗—布拉克一带火山岩稀土元素含量表

序号	稀土编号	岩性	稀土元素分析结果($\omega_B/10^{-6}$)									
			La	Ce	Pr	Nd	Sm	Eu	Gd	Tb	Dy	Ho
1		细碧岩	3.76	7.19		4.5	1.5	0.69	2.62	0.45		0.65
2		石英角斑岩	16.5	35.7		18.3	3.87	0.99	4.49	0.981		1.66
3		石英角斑岩	28.4	58.8		25.1	3.68	0.86	4.55	0.84		1.14
4		石英角斑岩	12.3	26.6		16.5	5.42	5.51	7	1.27		1.87
5	xt-51	变质英安岩	13.1	28.3	3.16	10.79	1.87	0.54	1.54	0.23	1.15	0.2
6	xt-52	变质流纹岩	35.19	67.63	8.06	29.08	5.73	0.98	6.01	0.98	5.32	1.14
7	xt-37	变质流纹岩	22.0	43.28	5.14	16.93	3.76	0.51	3.6	0.61	3.58	0.73
8	xt-40	变质英安岩	22.46	49.88	6.32	25.96	6.19	1.89	6.46	1.08	6.48	1.26

序号	稀土编号	岩性	稀土元素分析结果($\omega_B/10^{-6}$)				有关参数				
			Er	Tm	Yb	Lu	∑REE	∑LREE	∑HREE	∑LREE/∑ HREE	δEu
1		细碧岩		0.25	1.44	0.18	23.23	17.643	5.59	3.16	1.07
2		石英角斑岩		0.69	4.48	0.71	88.38	75.361	13.02	5.79	0.73
3		石英角斑岩		0.45	2.72	0.4	126.93	116.84	10.09	11.57	0.65
4		石英角斑岩		0.78	5.02	0.77	83.04	66.33	16.706	3.97	2.76
5	xt-51	变质英安岩	0.56	0.09	0.59	0.09	62.21	57.76	4.45	12.98	0.95
6	xt-52	变质流纹岩	3.44	0.53	3.55	0.52	168.16	146.67	21.49	6.83	0.51
7	xt-37	变质流纹岩	2.2	0.36	2.42	0.38	105.5	91.62	13.88	6.60	0.42
8	xt-40	变质英安岩	3.91	0.61	3.99	0.6	137.09	112.7	24.39	4.62	0.92

注:序号 1~4 据贾群子《西昆仑块状硫化物矿床成矿条件和成矿预测》(1999)。

中酸、酸性火山岩稀土总量∑REE为62.21～168.16×10^{-6}，∑LREE为57.76～146.67×10^{-6}，∑HREE为4.45～21.49×10^{-6}，轻重稀土比值∑LREE/∑HREE为3.97～12.98，属轻稀土富集型。绝大多数样品δEu为0.42～0.95，显示负铕异常，个别样品δEu为2.76，显示正铕异常。稀土配分曲线(图3-65)为向右缓倾近平坦型，类似于岛弧玄武岩的配分模式。

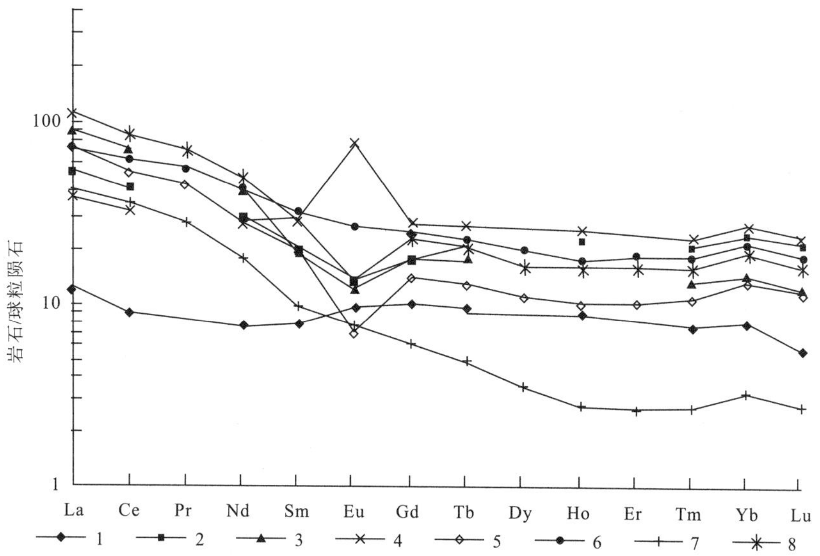

图3-65　上其汗—布拉克一带火山岩稀土配分曲线

1. 细碧岩；2～4. 石英角斑岩；5、8. 变质英安岩；6、7. 变质流纹岩

5. 构造环境

上其汗—布拉克一带火山岩在Nb-Y图(图3-66)和Rb-(Y+Nb)图(图3-67)上均落入岛弧岩区。无论从岩石组合还是火山岩地球化学特征，说明其形成于岛弧环境。区内早古生代花岗岩的资料表明，岩石为钙碱性，形成于大陆边缘或与碰撞作用有关(许荣华等，1994)，说明西昆仑在早古生代存在岛弧系，系由华南板块向北消减而形成。

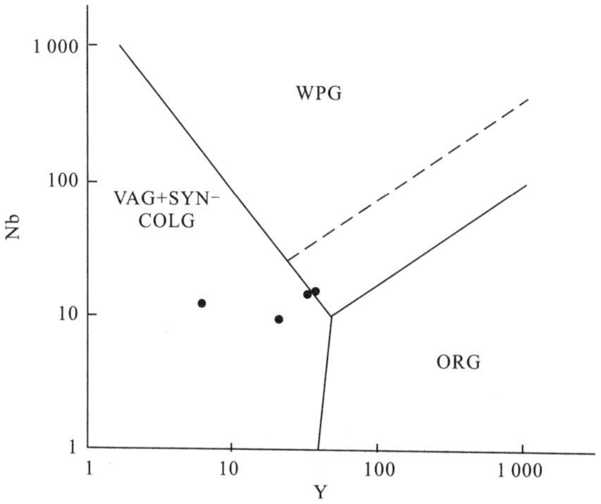

图3-66　上其汗—布拉克一带火山岩Nb-Y图

ORG. 洋中脊花岗岩；VAG. 火山弧花岗岩；WPG. 板内花岗岩；SYN-COLG. 同构造的碰撞带花岗岩

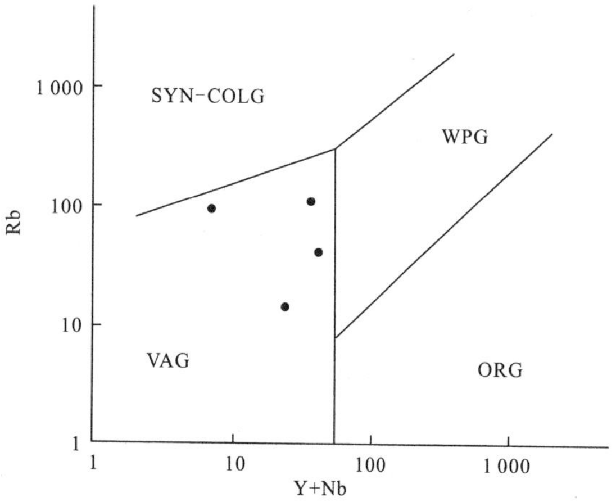

图3-67　上其汗—布拉克一带火山岩Rb-(Y+Nb)图

ORG. 洋中脊花岗岩；VAG. 火山弧花岗岩；WPG. 板内花岗岩；SYN-COLG. 同构造的碰撞带花岗岩

二、海西期火山岩

海西期火山岩主要产出于石炭系阿羌岩组和哈拉米兰河岩群中，分布较零散。

(一)阿羌岩组火山岩

1. 地质特征

阿羌岩组火山岩分布于昆仑山前苦阿—巴西其其干—阿依耐克一带，以夹层的形式出露于沉积岩中，主要岩性为变质玄武岩、变质英安岩、变质安山岩、变质长石晶屑凝灰岩、绿泥石化英安岩。火山岩绿泥石化强烈。火山岩变质程度为低绿片岩相。变质长石晶屑凝灰岩后期碳酸盐化强烈。巴西其其干以西火山岩主要为变质中性火山岩、基性火山岩，有时夹火山碎屑岩。巴西其其干以东火山岩主要为变质基性火山岩，由西向东火山岩基性程度增强。阿羌岩组火山岩火山喷发旋回总体上由变质基性火山岩演化为变质中性火山岩，属多期次喷发，其间为变质火山碎屑岩。

2. 岩石特征

变质长石晶屑凝灰岩：灰绿色，变余晶屑凝灰结构，片状(定向)构造，斜长石含量大于56%，石英1%，绢云母20%，绿泥石含量小于10%，金属矿物3%，微粒石英含量小于10%。

绿泥石化英安岩：浅绿色，斑状结构、基质为微晶粒状结构，块状构造，斑晶(斜长石)占55%，基质占45%(斜长石7%、绿帘石30%、绿泥石3%、绢云母含量小于5%、石英少量)。

变质英安岩：灰色，变余斑状结构、基质为隐晶—微晶鳞片粒状结构，块状构造，斑晶占40%(斜长石含量小于40%、磷灰石少量)、基质占60%(斜长石15%、石英10%、绿泥石含量小于30%、金属矿物5%、绢云母少量)。

变质玄武岩：灰绿色，变余斑状结构、基质为变余辉绿结构，气孔杏仁构造，斑晶占15%(斜长石5%、角闪石10%)，基质占85%(气孔2%、角长石25%、斜长石35%、绿帘石10%、黑云母含量大于5%、金属矿物含量小于5%、石英3%)。

变质安山岩：褐灰色，变余斑状结构(聚斑结构)、基质具微晶交织结构，变余气孔构造、片状构造不发育，斑晶占15%(斜长石10%、暗色假条小于10%)，基质占85%(斜长石60%、石英15%、绿帘石3%、绿泥石2%、绢云母5%、磷灰石微量)。

3. 地球化学特征

(1)岩石化学特征

苦阿—巴西其其干—阿依耐克一带火山岩化学成分如表3-32所示，SiO_2含量为49.75%～62.48%，TiO_2为0.71%～1.62%，Al_2O_3为12.27%～16.42%，含量较高，MgO为2.4%～5.01%，ΣFeO

表3-32　苦阿—巴西其其干—阿依耐克一带火山岩化学成分表

序号	样品号	岩性	氧化物百分含量(ω_B%)													总量
			SiO_2	Al_2O_3	Fe_2O_3	FeO	MgO	CaO	Na_2O	K_2O	MnO	TiO_2	P_2O_5	H_2O^+	CO_2	
1	ⅩⅩⅤGs-2	变质长石晶屑凝灰岩	1.63	0.51	<0.01	0.17	0.23	54.97	0.09	<0.01	<0.01	0.03	0.02	0.47	41.85	99.97
2	ⅩⅩⅤGs-B7	变质英安岩	55.63	15.26	6.03	1.82	2.85	5.09	5.8	0.39	0.13	0.77	0.39	2.14	3.45	99.75
3	Gs-2043	变质玄武岩	50.39	16.42	5.73	4.8	4.17	9.36	4.16	0.9	0.11	1.29	0.18	1.26	1.1	99.87
4	2046	变质英安岩	62.48	14.08	2.75	3.9	2.4	4.67	4.76	0.49	0.15	0.73	0.19	2.08	1.15	99.83
5	2047	变质安山岩	59.35	15.59	2.93	5	2.6	4.35	0.97	2.73	0.05	0.71	0.12	2.62	0.21	97.23
6	330	变质玄武岩	49.75	15.29	2.34	11.17	5.01	8.4	2.08	1.59	0.12	1.62	0.2	1.54	0.62	99.73
7	IGs-10	变质玄武岩	49.66	12.27	5.4	7.83	4.44	11.96	2.1	0.15	0.17	1.25	0.12	2.46	1.76	99.57

为 6.65%～13.51%，ALK 为 2.25%～6.19%，火山岩里特曼指数(σ)为 0.76～3.4，为过钙性-钙碱性岩石。在 AFM 图(图 3 - 68)中，苦阿一巴西其其干一带变质中性、基性火山岩均落入钙碱性火山岩域内及其边缘，巴西其其干以东一带变质玄武岩落入拉斑玄武岩火山岩域内。

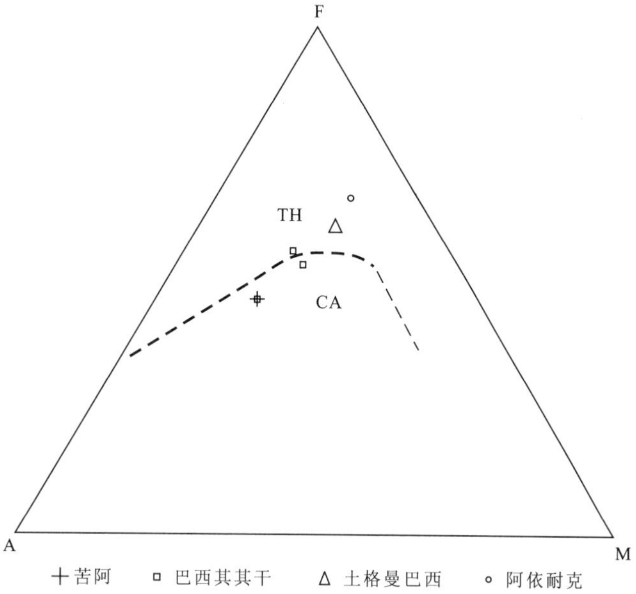

图 3 - 68　苦阿—巴西其其干—阿依耐克一带火山岩 AFM 图

TH. 拉斑玄武岩系列；CA. 钙碱性岩系列；F. FeO^*；A. Na_2O+K_2O；M. MgO

(2)微量元素特征

苦阿一巴西其其干一带火山岩微量元素含量如表 3 - 33 所示，与 MORB 相比，苦阿一带变质英安岩富集 Sr、Ba、Th、Ce 等元素，而亏损 Nb、Hf 等元素，极亏损 Ti 元素；巴西其其干一带变质英安岩富集 K、Th、Ce 等元素，而亏损 Nb、Hf 等元素，极亏损 Ti 元素；变质安山岩富集 K、Rb、Th、Ce 等元素，而亏损 Nb、Hf、Cr 等元素，极亏损 Ti 元素；变质玄武岩富集 K、Th 等元素，而亏损 Nb、Hf 等元素，极亏损 Ti 元素。变质英安岩、变质安山岩微量元素比值珠网图(图 3 - 69)形成多隆起的形态，其微量元素分配型式与岛弧玄武岩相近似；变质玄武岩微量元素比值蛛网图(图 3 - 69)形成较平缓的形态，其微量元素分配型式与岛弧玄武岩相近似。

表 3 - 33　苦阿一巴西其其干一带火山岩微量元素分析结果表

序号	微量样品号	岩性	微量元素含量($\omega_B/10^{-6}$)													
			Nb	Sc	Zr	Th	Sr	Ba	V	Co	Cr	Ni	Rb	Ta	Hf	Y
1	XXVWL - 2	变质长石晶屑凝灰岩	5.3	0.58	25	2.3	192	10.1	6.3	5	<5	10.2	<3	0.71	<0.5	1.11
2	3	变质英安岩	12.1	11.8	172	18.1	629	559	149	17.9	23.7	16.6	9	0.8	4.3	15.9
3	WL - 48	变质玄武岩	9.6	48.1	84	<1	152	65	203.2	37.2	91.3	57.1	7.4	<0.5	2.7	24.34
4	49	变质英安岩	11	19.2	174	8.2	161	189	104	15.1	24.5	11.2	9	<0.5	4.2	28.99
5	50	变质安山岩	16	18.5	145	9.6	133	262	117.8	18.3	70.7	35.7	123.4	<0.5	3.8	30.16

(3)稀土元素特征

苦阿一巴西其其干一带火山岩稀土元素含量如表 3 - 34 所示。其稀土总量∑REE 为(49.4～218)×10^{-6}，∑LREE 为(33.6～205)×10^{-6}，∑HREE 为 12.8～19.5×10^{-6}，轻重稀土比值∑LREE/∑HREE 为 2.12～16.04，为轻稀土富集型，δEu 为 0.7～1.07，显示弱的负铕异常，在稀土配分曲线(图 3 - 70)中，变质玄武岩为近平坦型，中酸性火山岩为略向右倾的近平坦型。

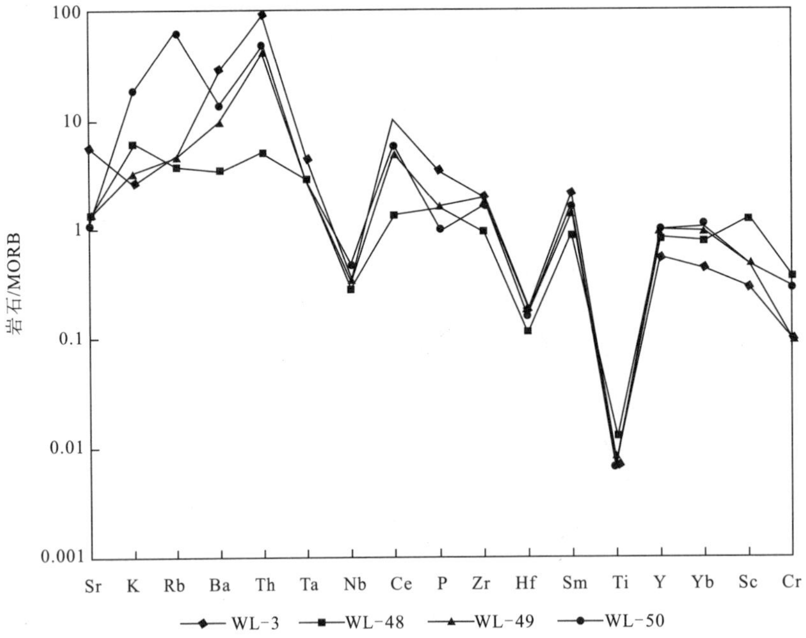

图 3-69　苦阿—巴西其其干一带火山岩微量元素洋脊玄武岩比值蛛网图

表 3-34　苦阿—巴西其其干一带火山岩稀土元素含量表

序号	样品编号	岩性	稀土元素分析结果($\omega_B/10^{-6}$)									
			La	Ce	Pr	Nd	Sm	Eu	Gd	Tb	Dy	Ho
1	ⅩⅩⅤXT-2	变质长石晶屑凝灰岩	1.6	3.11	0.36	1.25	0.36	0.07	0.23	0.04	0.19	0.04
2	ⅩⅩⅤXT-3	变质英安岩	50.5	95.25	11.3	39.9	6.77	1.76	4.95	0.63	3.16	0.59
3	XT-48	变质玄武岩	5	12.78	1.98	9.75	2.89	1.17	3.95	0.7	4.28	0.87
4	XT-49	变质英安岩	20.3	47.53	5.46	21.5	4.52	1.26	4.85	0.8	4.85	0.96
5	XT-50	变质安山岩	25.6	56.92	6.67	25.1	5.21	1.26	4.94	0.83	5.05	1

序号	样品编号	岩性	稀土元素分析结果($\omega_B/10^{-6}$)				有关参数				
			Er	Tm	Yb	Lu	∑REE	∑LREE	∑HREE	∑LREE/∑HREE	δEu
1	ⅩⅩⅤXT-2	变质长石晶屑凝灰岩	0.09	0.01	0.06	0.01	7.42	6.75	0.67	10.07	0.70
2	ⅩⅩⅤXT-3	变质英安岩	1.56	0.23	1.47	0.22	218	205	12.8	16.04	0.90
3	XT-48	变质玄武岩	2.67	0.41	2.61	0.38	49.4	33.6	15.9	2.12	1.07
4	XT-49	变质英安岩	3	0.47	3.12	0.47	119	101	18.5	5.43	0.83
5	XT-50	变质安山岩	3.17	0.5	3.52	0.52	140	121	19.5	6.18	0.76

4. 构造环境分析

苦阿—巴西其其干一带火山岩在 Nb-Y 图(图 3-71)和 Rb-(Y+Nb)图(图 3-72)上均落入火山弧花岗岩岩区，而海西期的花岗岩具有大陆边缘岩浆弧的性质，亦与板块俯冲有关，说明阿羌岩组火山岩形成于陆缘火山弧构造环境。

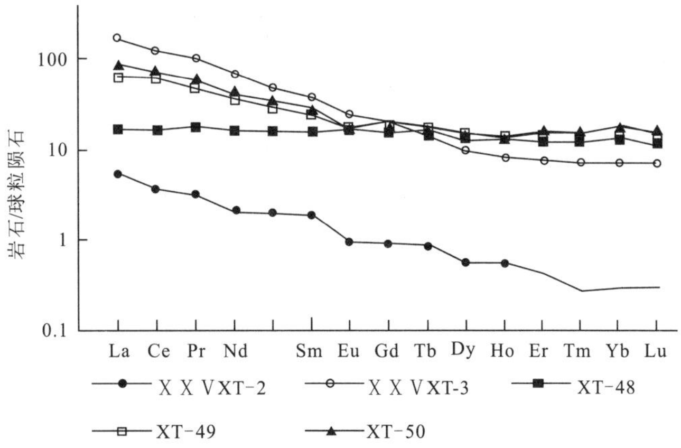

图 3-70　苦阿—巴西其其干一带火山岩稀土元素球粒陨石标准化配分曲线

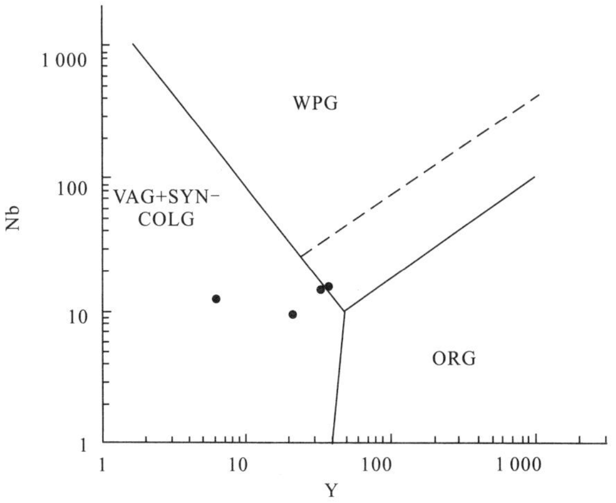

图 3-71　苦阿—巴西其其干一带火山岩 Nb-Y 图

ORG. 洋中脊花岗岩；VAG. 火山弧花岗岩；

WPG. 板内花岗岩；SYN-COLG. 同构造的碰撞带花岗岩

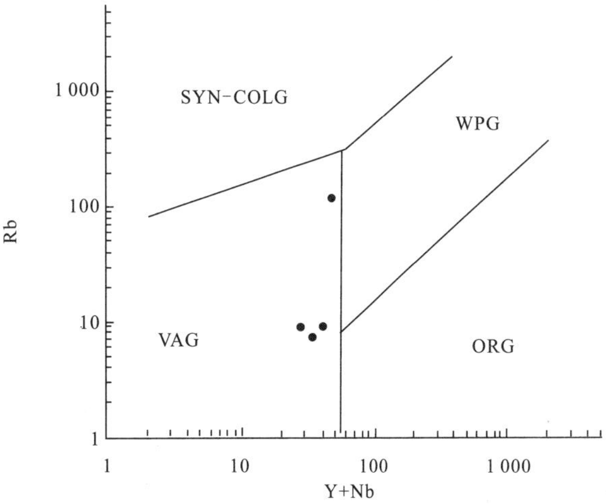

图 3-72　苦阿—巴西其其干一带火山岩 Rb-(Y+Nb)图

ORG. 洋中脊花岗岩；VAG. 火山弧花岗岩；

WPG. 板内花岗岩；SYN-COLG. 同构造的碰撞带花岗岩

(二)哈拉米兰河岩群火山岩

1. 地质特征

哈拉米兰河岩群火山岩仅出露于其曼于特—纳赤台结合带以北昆南微陆块、下马里克中游一带。以夹层的形式出露于沉积岩中，火山岩主要岩性为变质玄武安山岩。

2. 岩石特征

变质玄武安山岩：灰色，粒状鳞片变晶结构(变余斑状结构)，片状构造不发育，斜长石占 15%，石英占 20%，白云母占 25%，绿泥石占 25%，白云石占 14%，金属矿物占 1%(黄铁矿)。

3. 地球化学特征

(1)岩石化学特征

哈拉米兰河岩群火山岩化学成分如表 3-35 所示，其中 SiO_2 含量为 50.91%，为中性火山岩；Al_2O_3 为 17.61%，TiO_2 为 0.47%，具高铝低钛的特征；ALK 为 3.2%；火山岩里特曼指数(σ)为 1.29，为钙性岩石。在 AFM 图中(图 3-73)，火山岩落入钙碱性火山岩域内。

表 3-35　哈拉米兰河岩群火山岩化学成分表

样品号	岩性	氧化物百分含量(ω_B%)													总量
		SiO_2	Al_2O_3	Fe_2O_3	FeO	MgO	CaO	Na_2O	K_2O	MnO	TiO_2	P_2O_5	H_2O^+	CO_2	
Gs-2068	变质玄武安山岩	50.91	17.61	0.71	5.6	3.26	7.78	3.03	0.17	0.1	0.47	0.07	3.94	6.07	99.72

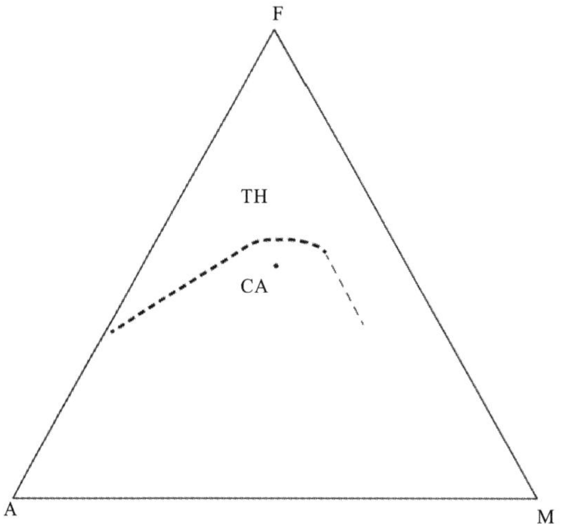

图 3-73　哈拉米兰河岩群火山岩 AFM 图

TH. 拉斑玄武岩系列；CA. 钙碱性岩系列；F. FeO*；A. Na_2O+K_2O；M. MgO

(2)微量元素特征

哈拉米兰河岩群火山岩微量元素含量如表 3-36 所示，与 MORB 相比，富集 Sr、Th 等元素，而亏损 Nb、Cr 等元素，极亏损 Hf 元素。其微量元素比值珠网图(图 3-74)形成单一隆起的形态，其微量元素曲线型式与岛弧玄武岩相近。

表 3-36　哈拉米兰河岩群火山岩微量元素含量表

微量 样品号	岩性	微量元素分析结果($\omega_B/10^{-6}$)													
		Nb	Sc	Zr	Th	Sr	Ba	V	Co	Cr	Ni	Rb	Ta	Hf	Y
WL-53	变质玄武安山岩	5.6	14.7	45	1.2	1 396	48	105.7	22	23.4	15	<3	<0.5	1.5	6.6

(3)稀土元素特征

哈拉米兰河岩群火山岩稀土元素含量如表 3-37 所示，其稀土总量∑REE 为 24.77×10^{-6}，∑LREE 为 20.26×10^{-6}，∑HREE 为 4.51×10^{-6}，轻重稀土比值∑LREE/∑HREE 为 4.49，为轻稀土富集型，δEu 为 1.45，显示正铕异常，在稀土配分曲线(图 3-75)中，变质玄武安山岩为向右缓倾型。

表 3-37　哈拉米兰河岩群火山岩稀土元素含量表

样品号	岩性	稀土元素分析结果($\omega_B/10^{-6}$)									
		La	Ce	Pr	Nd	Sm	Eu	Gd	Tb	Dy	Ho
XT-53	变质玄武安山岩	3.7	8.52	1.37	4.98	1.13	0.56	1.24	0.2	1.12	0.24

样品号	岩性	稀土元素分析结果($\omega_B/10^{-6}$)				有关参数				
		Er	Tm	Yb	Lu	∑REE	∑LREE	∑HREE	∑LREE/∑HREE	δEu
XT-53	变质玄武安山岩	0.71	0.12	0.76	0.12	24.77	20.26	4.51	4.49	1.45

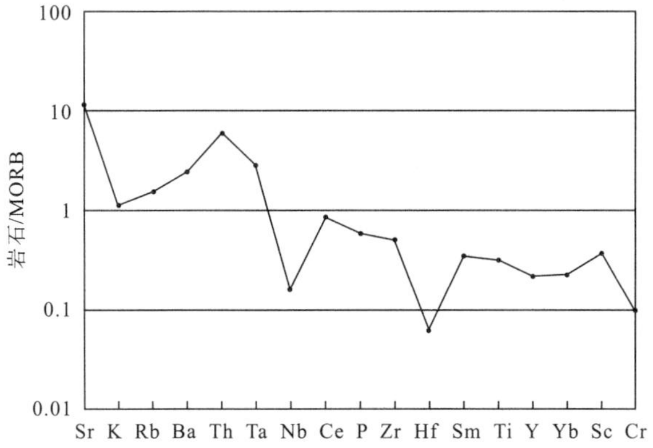

图 3 - 74　火山岩微量元素洋脊玄武岩比值珠网图

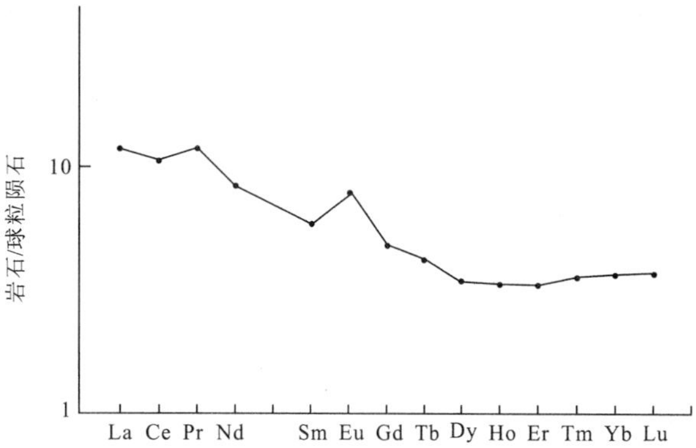

图 3 - 75　哈拉米兰河岩群火山岩稀土配分曲线

4. 构造环境分析

哈拉米兰河岩群火山岩在 Nb - Y 图(图 3 - 76)和 Rb -(Y+Nb)图(图 3 - 77)中落入岛弧岩区，其稀土配分模式和微量元素分配型式与岛弧玄武岩相近似，说明其形成于岛弧环境。

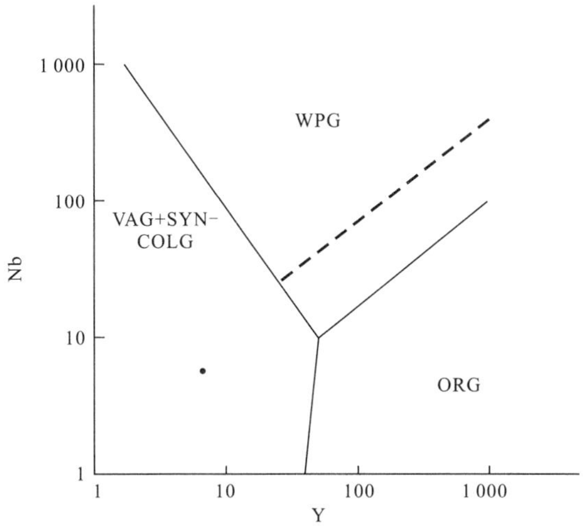

图 3 - 76　哈拉米兰河岩群火山岩 Nb - Y 图
ORG. 洋中脊花岗岩；VAG. 火山弧花岗岩；
WPG. 板内花岗岩；SYN - COLG. 同构造的碰撞带花岗岩

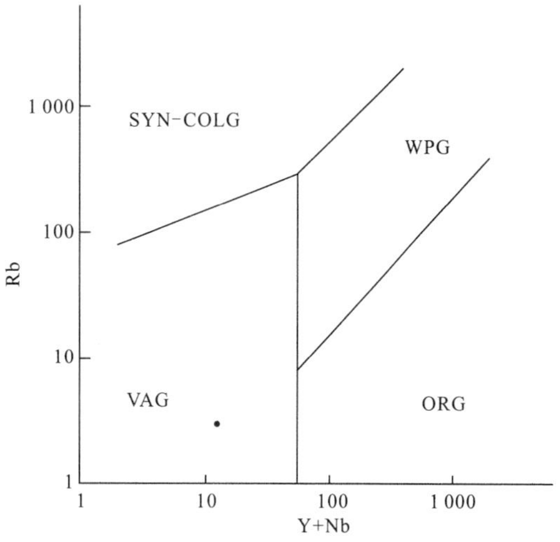

图 3 - 77　哈拉米兰河岩群火山岩 Rb -(Y+Nb)图
ORG. 洋中脊花岗岩；VAG. 火山弧花岗岩；
WPG. 板内花岗岩；SYN - COLG. 同构造的碰撞带花岗岩

(三)苏巴什蛇绿混杂岩带火山岩

1. 地质特征

苏巴什蛇绿混杂岩带火山岩主要分布于测区西南部库牙克断裂带北侧及库牙克断裂带中。中性火山岩主要产于复理石岩片中，出露于看尔晒北；变质中、酸性火山岩主要产于硅泥质岩岩片中，出露于昂格提勒克库勒北西；基性火山岩岩片出露于硝尔库勒湖西南、南、北东一带。与基性-超基性岩片、硅质岩岩片、碳酸盐岩岩片共同组成硝尔库勒-赛勒果勒(苏巴什-鲸鱼湖)蛇绿混杂岩。各岩片间均为断层接触。

复理石岩片中火山岩岩石类型为英安岩；硅泥质岩岩片中火山岩岩石类型为流纹岩、变质安山岩；基性火山岩岩片由多个火山岩岩片组成，岩石类型为细碧岩夹凝灰质砂岩、变质凝灰岩、碳酸盐化拉斑玄武岩、玄武岩夹安山玢岩。

2. 岩石特征

流纹岩：灰色，隐晶结构、显微斑状结构，气孔杏仁构造，显微斑晶占 3%(石英 1%、斜长石 1%、云母 1%)，基质占 96%，被粘土矿物替代，气孔占 1%。

变质安山岩：灰绿色，变余斑状结构，受应力作用碎裂，气孔杏仁构造，斑晶占1%为(为斜长石、高岭石、方解石替代)，基质占84%(为方解石、褐铁矿、粘土矿物替代)，气孔杏仁占15%。

变质英安岩：浅灰绿色，糜棱结构、变余斑状结构，透镜状、片状构造，碎斑占45%(斜长石40%、石英5%、黑云母个别)、碎基占55%(斜长石<28%、绢云母>15%、方解石>5%、绿泥石5%、褐铁矿2%、磷灰石少量)。

细碧岩：灰绿色，岩石具间粒间片结构、细碧结构，杏仁构造，钠长石占55%，普通辉石占5%，磁铁矿占15%，绿帘石占20%，绿泥石占20%，气孔占3%。

变质凝灰岩：灰黑色，变质凝灰结构，块状构造，岩石由碎屑、胶结物及杂基组成。碎屑主要为晶屑，含量小于5%(长石、石英、云母，大小为0.01～0.05mm)、玻屑(2%)，个体大小为0.03mm左右。胶结物(3%)为变晶、微晶黑云母，片晶大小为0.05mm×0.05mm。杂基(90%)为凝灰质、泥质，微粒<0.01mm。

碳酸盐化拉斑玄武岩：绿色，间粒间隐结构，块状构造，斑晶(斜长石，拉长石)少量，基质含量小于100%(斜长石35%，辉石>30%，磁铁矿<10%，玻璃质5%，碳酸盐10%，葡萄石<10%)。

玄武岩：深灰绿色，斑状结构、辉绿结构，气孔杏仁构造，斑晶占5%(斜长石3%、辉石2%)，基质占95%(气孔1%、斜长石70%、辉石10%、磁铁矿10%、玻璃质4%)，蚀变矿物为绿泥石、褐铁矿。

安山玢岩：灰绿色，斑状结构、基质具间隐结构，气孔杏仁构造，斑晶占35%(斜长石)，基质占65%(斜长石5%、玻璃质-隐晶质55%、褐铁矿3%、气孔2%)。

3. 地球化学特征

(1)岩石化学特征

复理石岩片、硅泥质岩岩片中火山岩化学成分如表3-38所示，其SiO_2含量为53.36%～73.63%，TiO_2为0.15%～2.11%，Al_2O_3为8.55%～11.14 %，MgO为1.9%～6.36%，∑FeO为2.92%～7.32%，ALK为2.47%～3.82%，火山岩里特曼指数(σ)为0.27～0.8，为过钙性岩石。在AFM图中(图3-78)中，酸性火山岩均落入钙碱性火山岩区域内。

表3-38 复理石岩片、硅泥质岩岩片中火山岩化学成分表

序号	样品号	岩性	氧化物百分含量(ω_B%)													总量
			SiO_2	Al_2O_3	Fe_2O_3	FeO	MgO	CaO	Na_2O	K_2O	MnO	TiO_2	P_2O_5	H_2O^+	CO_2	
1	Gs-1235	变质英安岩	61.12	11.14	0.51	4.03	4.58	5.4	2.4	1.42	0.1	0.52	0.13	3.02	5.44	99.81
2	1527	流纹岩	73.63	8.55	0.35	2.57	1.9	3.97	1.18	1.71	0.3	0.15	0.03	2.46	3.03	99.83
3	1529	变质安山岩	53.36	8.6	1.12	6.2	6.36	8.76	2.38	0.09	0.15	2.11	0.28	3.88	6.49	99.78

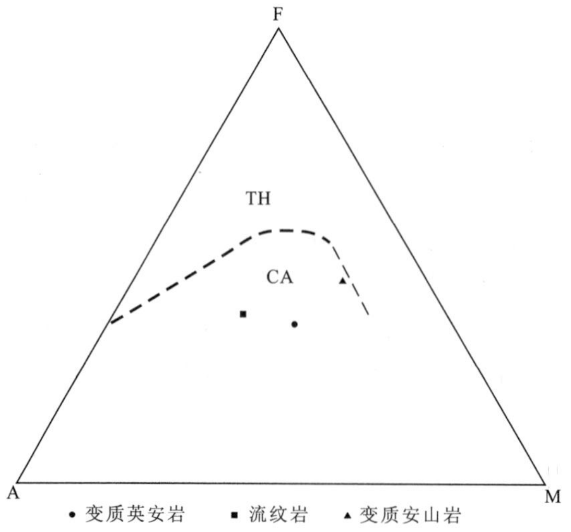

图3-78 复理石岩片、硅泥质岩岩片中火山岩AFM图

TH. 拉斑玄武岩系列；CA. 钙碱性岩系列；F. FeO*；A. Na_2O+K_2O；M. MgO

(2)微量元素特征

复理石岩片、硅泥质岩岩片中火山岩微量元素含量如表 3-39 所示，与 MORB 相比，变质英安岩富集 K、Rb、Th 等元素，而亏损 Hf、Ti、Sc 等元素；流纹岩富集 K、Ba、Th、Ce 等元素，而亏损 Nb、Hf、P、Ti 等元素，极亏损 Cr 元素；变质安山岩富集 Sr、Th、Ta、Ce 等元素，而亏损 K、Hf、Y、Sc 等元素。其微量元素比值珠网图(图 3-79)形成多隆起的形态，其微量元素分配型式与岛弧玄武岩相近似。

表 3-39　复理石岩片、硅泥质岩岩片中火山岩微量元素含量表

序号	样品号	岩性	微量元素分析结果($\omega_B/10^{-6}$)													
			Nb	Sc	Zr	Th	Sr	Ba	V	Co	Cr	Ni	Rb	Ta	Hf	Y
1	WL-42	变质英安岩	10.3	15.6	120	6.8	139	329	98.9	23.6	339.6	136.3	44	0.6	3.3	13.61
2	WL-46	流纹岩	9.2	5.9	102	9.9	175	721	16.4	7.6	8.1	11.9	54.9	0.5	4.1	24.48
3	WL-47	变质安山岩	36.3	21	168	3.4	498	122	161.5	37.5	380.4	178.9	<3	3.1	4.6	16.61

(3)稀土元素特征

复理石岩片、硅泥质岩岩片中火山岩稀土元素含量如表 3-40 所示，其稀土总量∑REE 为(100.6～149.6)×10^{-6}，∑LREE 为(84.93～136.4)×10^{-6}，∑HREE 为(10.38～15.64)×10^{-6}，轻重稀土比值为∑LREE/∑HREE 为 5.43～10.37，为轻稀土富集型。复理石岩片中英安岩 δEu 为 0.75，显示弱的负铕异常，在稀土配分曲线(图 3-80)中，为向右缓倾型。硅泥质岩岩片中流纹岩 δEu 为 0.52，显示负铕异常，在稀土配分曲线(图 3-80)中，为向右缓倾型；变质安山岩 δEu 为 1.06，不显示铕异常，在稀土配分曲线(图 3-80)中，为向右陡倾型。

表 3-40　复理石岩片、硅泥质岩岩片中火山岩稀土含量表

序号	样号	岩性	稀土元素分析结果($\omega_B/10^{-6}$)									
			La	Ce	Pr	Nd	Sm	Eu	Gd	Tb	Dy	Ho
1	XT-42	变质英安岩	21.35	45.36	5.22	20.18	4.05	0.93	3.41	0.49	2.7	0.5
2	XT-46	流纹岩	18.25	40.39	4.57	17.14	3.91	0.67	3.99	0.69	4.05	0.83
3	XT-47	变质安山岩	30.97	63.73	7.02	27.58	5.34	1.76	4.7	0.69	3.61	0.64
序号	样号	岩性	稀土元素分析结果($\omega_B/10^{-6}$)				有关参数				
			Er	Tm	Yb	Lu	∑REE	∑LREE	∑HREE	∑LREE/∑HREE	δEu
1	XT-42	变质英安岩	1.46	0.23	1.39	0.2	107.5	97.09	10.38	9.35	0.75
2	XT-46	流纹岩	2.59	0.39	2.71	0.39	100.6	84.93	15.64	5.43	0.52
3	XT-47	变质安山岩	1.68	0.25	1.39	0.19	149.6	136.4	13.15	10.37	1.06

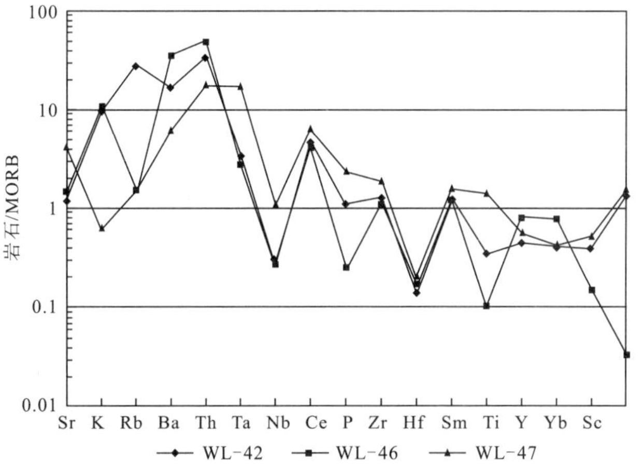

图 3-79　火山岩微量元素比值珠网图

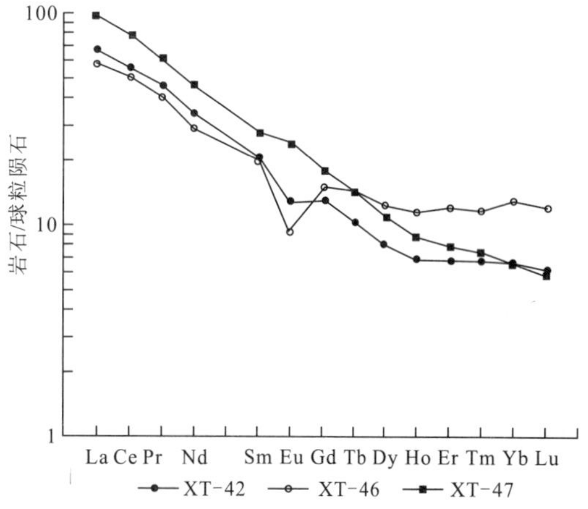

图 3-80　火山岩稀土配分曲线

4. 构造环境分析

复理石岩片、硅泥质岩岩片中火山岩在 Nb—Y 图(图 3-81)和 Rb—(Y+Nb)图 (图 3-82)上均落入岛弧岩区,其稀土配分模式和微量元素分配型式与岛弧玄武岩相近似,说明其形成于岛弧环境。

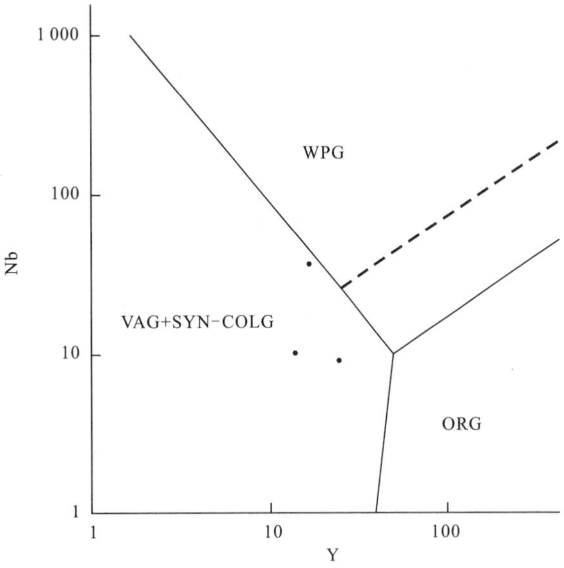

图 3-81 火山岩 Nb—Y 图

ORG. 洋中脊花岗岩;VAG. 火山弧花岗岩;
WPG. 板内花岗岩;SYN-COLG. 同构造的碰撞带花岗岩

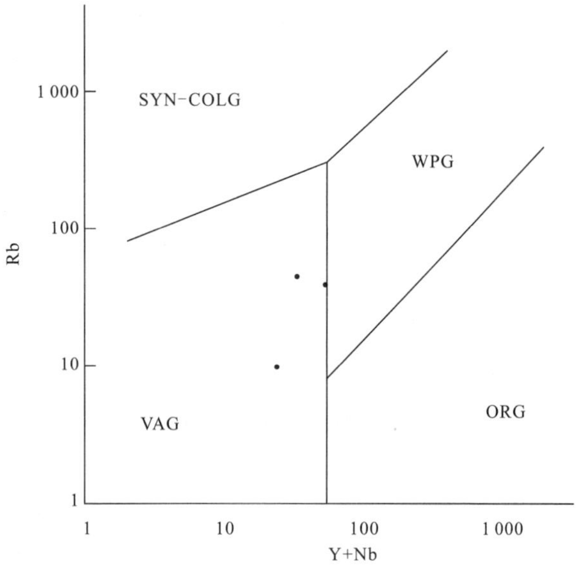

图 3-82 火山岩 Rb—(Y+Nb)图

ORG. 洋中脊花岗岩;VAG. 火山弧花岗岩;
WPG. 板内花岗岩;SYN-COLG. 同构造的碰撞带花岗岩

(四)西长沟组火山碎屑岩

1. 地质特征

西长沟组火山碎屑岩分布于测区南部库牙克断裂南侧硝尔库勒湖南一带,呈北东向展布。主要岩性为变质凝灰质砂岩、变质凝灰岩。

2. 岩石特征

变质凝灰质砂岩:灰绿色,变余砂状凝灰结构,块状构造,碎屑占 85%(石英 25%;长石 20%;岩屑 40%:中酸性火山岩,千枚岩,云母;重矿物微量:电气石,磷灰石),胶结物占 5%(白云石 2%,铁质 3%),杂基占 10%(成分为泥质、绿泥石、绢云母)。结构、成分成熟度差。

变质凝灰岩:深灰色,变余凝灰结构,块状构造,碎屑占 83%(石英 25%:石英砂屑,少量晶屑;长石 15%:长石砂屑、少量晶屑;岩屑 60%:中酸性火山岩、千枚岩、泥岩、云母屑;重矿物微量:锆石、金属矿物、电气石),胶结物占 2%(碳酸盐矿物 1%,铁质 1%),杂基占 15%(灰质、绿泥石、绢云母)。结构、成分成熟度很差。

第四章　变质岩

区内变质岩石广泛分布，以区域变质岩石为主，变质程度属中低级变质，主要为低绿片岩相—低角闪岩相。由于昆仑造山带内不同时代的地质体间多以断层相接触，而且由于其所处大地构造位置的差异和所经历变形变质事件的不同，不同构造单元的不同地质体变质程度和变质作用类型和历史都有所不同，所以本章以构造单元为主线、以地质体为对象进行叙述。

区域变质岩石的分类、命名及原岩恢复，依据GB/T17412.3—1998标准进行，同时根据区内变质岩石的特点，将区内不同时代、不同变质级别的岩石进行分类命名。对于浅变质岩石，原岩结构构造清楚，原岩类型明显可辨，以原岩类型分类命名；对于中低级变质，无论从宏观上还是在镜下都不易准确判断原岩者，则以产出地质特征和岩石共生组合为基础，确定其岩石成因类型，并以原岩的变余结构、构造及能反映原岩成因的岩相学资料作为判断原岩类型的直接依据，如果原岩的变余结构、构造不清，则依据岩石化学方法恢复原岩。

第一节　昆北微陆块变质岩石

一、中元古界蓟县系阿拉玛斯岩群变质岩

(一)斜长角闪岩类

在阿拉玛斯岩群中常呈夹层产出。岩石呈深灰色、灰绿色，粒柱状、粒状变晶结构，条带状、显微芝麻点状构造。主要矿物成分及含量如表4-1所示。

表4-1　斜长角闪岩类矿物成分及含量表

岩石名称	矿物成分及含量(%)					
	角闪石	斜长石	黑云母	黝帘石	石英	方解石
含黑云斜长角闪岩	59～62	25	>5		5～10	
黑云斜长角闪岩	50	30	15		4	
黝帘斜长角闪岩	55	25		15		3
糜棱岩化斜长角闪岩	50	35	1		1	
斜长角闪岩	55	38	<5		少量	

(二)片岩类

1. 闪石片岩类

该岩类仅分布于赛勒果勒北一带。岩石类型主要为含磁铁矿斜长角闪片岩，岩石呈灰绿色、黑绿色，细粒粒柱状变晶结构，片状构造。角闪石含量70%，斜长石15%，石英10%，绿泥石含量小于5%，磁铁矿5%。

2. 云母片岩类

该岩类在阿拉玛斯岩群中广泛发育，岩石呈灰色、深灰色、灰黑色、灰褐色，鳞片粒状变晶结构、鳞片变

晶结构、粒状鳞片变晶结构、斑状变晶结构、柱状鳞片变晶结构，片状构造、条带状构造。主要矿物成分及含量如表 4－2 所示。

表 4－2　云母片岩类矿物成分及含量表

岩石名称	矿物成分及含量(%)								
	斜长石	矽线石	角闪石	石榴石	石英	黑云母	绿泥石	绢云母	白云母
矽线二云片岩		15			＜10	＜52			＜20
石榴矽线黑云石英片岩	＜10	＞10		5	50	25			
含石榴斜长黑云斜长片岩	29			＜5	25	40			1
二云片岩					30	＜25			45
角闪黑云片岩	＜5		35	微量	＞5	50			
含磁铁矿二云片岩	5				25	＜10	15	5	35
含十字矽线硅灰二云石英片岩		＜3	十字石、石榴石少量		50	＜20	硅灰石＞16		＞10

（三）大理岩类

岩石呈浅灰色、灰绿色，柱粒状变晶结构，定向构造，根据其中矿物含量可进一步划分为透辉石大理岩、含镁铁闪石大理岩，也有方解石含量大于 95%的质纯大理岩，各种大理岩的矿物成分如表 4－3 所示。

表 4－3　大理岩类矿物成分及含量表

岩石名称	矿物成分及含量(%)							
	透辉石	镁铁闪石	普通辉石	方解石	长石	绿泥石	白云母	石英
透辉石大理岩	15			72	4	3	2	1
含镁铁闪石大理岩		10		80			5	3
大理岩			0～3	95～100	0～1		少量	

（四）石英岩类

该类岩石出露较少，主要岩石类型有石英岩、含石榴石英岩、含白云母石英岩。岩石呈灰白色，(鳞片)粒状变晶结构，块状构造。岩石主要由粒状变晶矿物石英组成(＞90%)，次为少量斜长石、黑云母、白云母、石榴石等，含微量锆石和金属矿物。

（五）变粒岩类

该类岩石出露较少，呈层状夹于片麻岩及各种片岩中，主要岩石类型有含石榴黑云二长变粒岩和黑云变粒岩。

含石榴黑云二长变粒岩：岩石呈浅灰色，细粒鳞片粒状变晶结构，条带状构造、片麻状构造。岩石中钾长石占 37%，斜长石占 30%，石英占 20%，黑云母占 10%，白云母、石榴石少量。常见绢云母交代斜长石，绿泥石交代黑云母。

黑云变粒岩：灰色，鳞片粒状变晶结构，条带状构造。斜长石占 30%，石英占 30%，黑云母占 20%，角闪石占 3%，绿帘石占 1%。

（六）片麻岩类

该类岩石在阿拉玛斯岩群中分布较广泛，岩石类型复杂多样。岩石呈灰—灰黑色、灰绿色，鳞片粒状变晶结构、柱粒状变晶结构，片麻状构造、眼球状构造、条带状构造。局部混合岩化强烈(表 4－4)。

表 4-4　片麻岩类矿物成分及含量表

岩石名称	矿物成分及含量(%)								
	斜长石	角闪石	辉石	石榴石	石英	黑云母	钾长石	绿帘石	白云母
黑云斜长片麻岩	35～65				20～25	10～30	0～5	0～5	少量
黑云二长片麻岩	<50				15	5	20		1
角闪斜长片麻岩	55	20			15	5		<2	
黑云角闪斜长片麻岩	50	30			5	10		2	
角闪黑云斜长片麻岩	63	10			10	15		少量	
含辉石角闪斜长片麻岩	35	30	5		20			5	
二云斜长片麻岩	55～60				25～30	5～15	0～2	少量	3～5
二云二长片麻岩	26				20	15	20	5	10
矽线石榴黑云斜长片麻岩	15			15	35	30	矽线石含量 5		

（七）岩石化学成分特点和原岩恢复

阿拉玛斯岩群中含磁铁矿斜长角闪片岩、二云石英片岩、黑云斜长片麻岩的岩石化学特征及原岩恢复结果如表 4-5、图 4-1、图 4-2、图 4-3 所示。含有大量特征变质矿物(矽线石、石榴石等)的云母片岩、片麻岩、变粒岩等与石英岩、大理岩紧密共生，说明其均为副变质成因，而不含矽线石、石榴石的斜长片麻岩，区内分布范围极为有限，原岩均为火成岩，斜长角闪片岩原岩为碱性玄武岩，二云石英片岩原岩为泥砂质岩。

表 4-5　阿拉玛斯岩群岩石化学计算结果及特征参数表

序号	样品编号	岩石名称	氧化物含量(%)										
			SiO_2	TiO_2	Al_2O_3	Fe_2O_3	FeO	MnO	MgO	CaO	Na_2O	K_2O	P_2O_5
1	Gs-303	含磁铁矿斜长角闪片岩	47.52	3.10	13.60	5.76	12.06	0.24	3.69	8.45	3.69	0.13	0.32
2	Gs-331	二云石英片岩	84.61	0.30	6.23	1.39	1.37	0.01	1.08	0.52	0.18	2.71	0.05
3	XXVGs-7	糜棱岩化黑云斜长片麻岩	59.71	0.84	17.28	0.15	4.92	0.08	2.18	3.81	4.98	2.69	0.32
4	XYQ-6	含黑云角闪斜长片麻岩	68.44	0.85	11.69	3.88	4.39	0.06	1.07	2.57	2.88	1.80	0.32
5	Gs-333	黑云角闪斜长片麻岩	56.26	1.20	15.89	3.16	5.32	0.16	3.85	7.23	3.07	1.87	0.30
6	Gs-121	糜棱岩化黑云斜长片麻岩	59.55	0.87	16.91	0.10	5.53	0.07	3.08	3.70	3.75	3.07	0.26

序号	样品编号	岩石名称	尼格里值							原岩类型
			si	al	fm	c	alk	k	mg	
1	Gs-303	含磁铁矿斜长角闪片岩	116.34	19.62	49.26	22.16	8.96	0.02	0.27	碱性玄武岩
2	Gs-331	二云石英片岩	851.17	36.93	38.33	5.60	19.14	0.91	0.42	泥砂质沉积岩
3	XXVGs-7	糜棱岩化黑云斜长片麻岩	210.61	35.92	26.61	14.40	23.08	0.26	0.43	石英闪长岩
4	XYQ-6	含黑云角闪斜长片麻岩	313.69	31.57	37.75	12.62	18.06	0.29	0.19	英云闪长岩
5	Gs-333	黑云角闪斜长片麻岩	165.58	27.56	37.38	22.80	12.27	0.29	0.45	石英闪长岩
6	Gs-121	糜棱岩化黑云斜长片麻岩	206.26	34.51	32.39	13.73	19.37	0.35	0.49	石英闪长岩

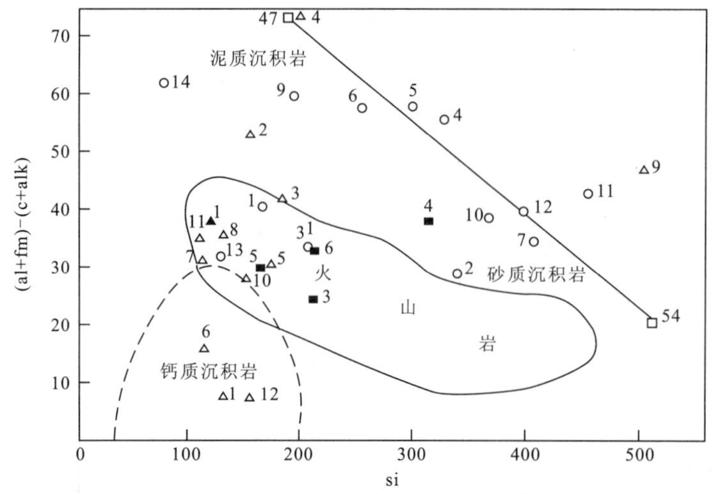

图 4-1　(al+fm)—(c+alk)—si 图解

（据西蒙南，1953 年简化）

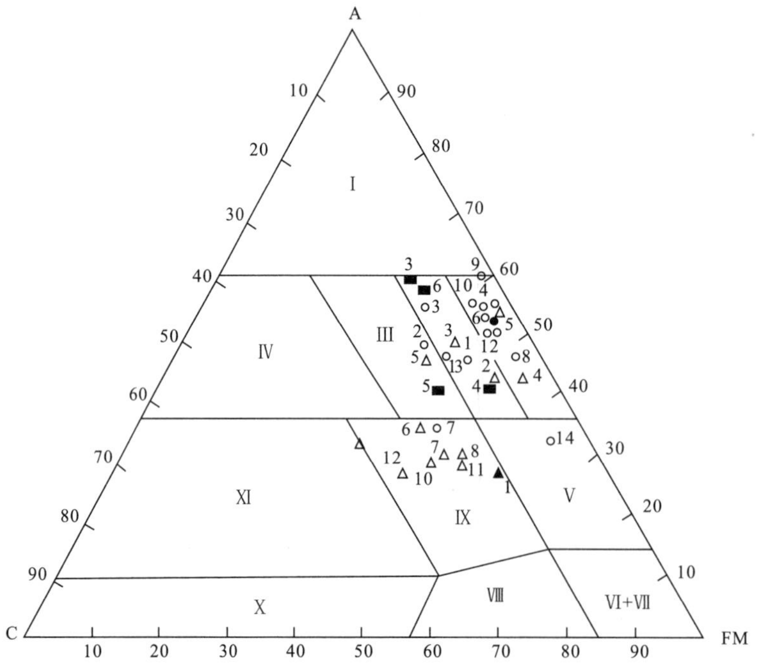

图 4-2　A—C—FM 图解

（据谢缅年科，1966）

二、下古生界上其汗岩组变质岩

(一)斜长角闪岩

斜长角闪岩仅出露于布拉克一带。岩石呈灰绿色，显微粒柱状变晶结构，显微芝麻点状构造。岩石主要由柱状变晶矿物角闪石 65%、粒状变晶矿物斜长石 33%及少量榍石组成。

(二)片岩类

1. 绿片岩类

绿片岩类岩石在上其汗岩组中广泛发育，主要岩石类型有阳起片岩、钠长阳起片岩、黝帘阳起片岩和

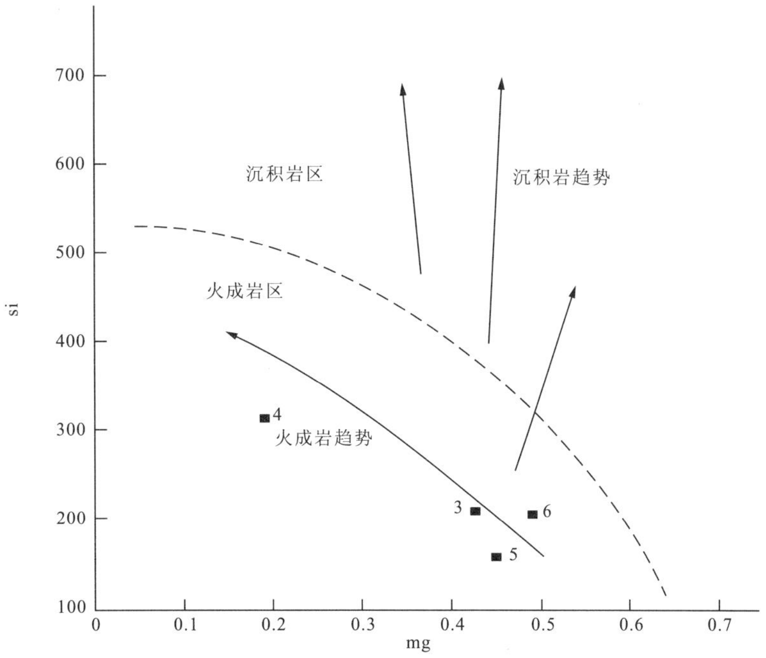

图 4-3 si—mg 图解

(据范德坎普和比克豪斯,1979)

绿泥钠长片岩,原岩为基性(火山)岩。

阳起片岩:岩石呈灰绿色,粒状柱状变晶结构,显微芝麻点状构造、片状构造,岩石主要由柱状变晶矿物阳起石 63%、粒状变晶矿物斜长石 35%及少量榍石组成。原岩为基性火山岩。

钠长阳起片岩:岩石呈灰绿色,碎块碎斑结构,片状构造不明显,岩石主要由斜长石(35%)、角闪石(阳起石)45%~50%、绿帘石(10~15%)组成。原岩为基性岩。

黝帘阳起片岩:岩石呈浅黄绿色,粒状纤状柱状变晶结构,片状构造,岩石主要由纤状柱状矿物阳起石(65%)、粒状矿物斜长石(10%)、黝帘石(20%)、绿帘石(3%)及少量透闪石等组成。原岩为基性岩。

绿泥钠长片岩:灰绿色,鳞片粒状变晶结构,片状构造。岩石主要由钠长石(50%~55%)、绿泥石(20%)和少量石英、榍石、褐铁矿组成。受应力作用影响,岩石产生裂纹,方解石脉沿裂隙分布。原岩为基性火山岩。

2. 云母片岩类

白云母片岩:浅灰色,粒状鳞片变晶结构,片状矿物呈连续定向分布,构成片状构造,局部呈皱纹状,颗粒较大的石英呈眼球状、透镜状。岩石主要由白云母(55%)、石英(45%)组成。

方解石绢云片岩:岩石呈浅褐色,粒状鳞片变晶结构,条带状、片状构造,岩石主要由方解石(30%)、绢云母(45%)、石英(20%)组成,尚有少量褐铁矿呈细脉定向分布。

碳酸盐化绢云石英片岩:岩石呈浅褐色,变余砂状结构、鳞片粒状变晶结构,片状构造,岩石主要由方解石(45%)、石英(30%)、绢云母(10%)、绿泥石(5%)组成,尚有少量斜长石、褐铁矿和微量电气石。

斜长二云石英片岩:岩石呈灰色鳞片粒状变晶结构,鳞片状矿物定向排列,且绕过较大的长英质颗粒构成眼球状、透镜状。岩石主要由斜长石(15%)、石英(35%~40%)、白云母(35%)、黑云母(10%)组成,含少量方解石和微量锆石、金属矿物。

绿泥斜长白云母石英片岩:灰绿色,鳞片粒状变晶结构,片状、眼球状、透镜状构造。岩石主要由石英(45%)、白云母(25%)、绿泥石(10%)、斜长石(20%)组成。

斜长黑云石英片岩:浅灰绿色,鳞片粒状变晶结构,片状构造。岩石主要由粒状矿物石英(50%)、斜长石(20%)、片状矿物黑云母(25%)和少量白云母组成。岩石中有细小的石英脉,其两侧发育 0.03~0.1mm 大小的方柱石,为斜长石蚀变产物。

(三)大理岩

大理岩在上其汗岩组中呈夹层产出，与绿片岩和云母片岩类岩石伴生。岩石为深灰色、灰白色，粒状变晶结构、变余微晶结构、变余含砂屑结构，片状构造、千枚状构造。岩石主要由粒状方解石和少量石英砂屑、片状变晶矿物绢云母、绿泥石及微量长石、褐铁矿组成。方解石颗粒常被压扁、拉长，其长轴定向排列。

(四)变质砂砾岩

上其汗岩组中变质砂砾岩出露较少，主要集中在开什昆一带，岩石普遍经历了后期动力变质作用的改造。岩石类型有变质长石石英砂岩、变质钙质石英砂岩和变质含砾石英砂岩。岩石具变余砂状结构，片状构造。碎屑成分主要为石英、长石及少量绢云母，胶结物为方解石，杂基为泥铁质，多已绢云母化，杂基支撑，基底式胶结。石英颗粒发育变形纹，具波状消光。

(五)变质火山岩类

该类岩石是上其汗岩组的主体岩性，呈层状产出，主要岩石类型有变质英安岩、变质流纹岩，岩石具变余斑状结构，基质为变余交织结构、(显微)鳞片粒状变晶结构，条纹状、片状构造，新生变质矿物有绢云母、绿泥石、黑云母、绿帘石和少量角闪石、石榴石、白云母。

三、泥盆系奇自拉夫组变质岩

奇自拉夫组变质浅，为低绿片岩相变质，主要岩石类型有变质砂岩、板岩和少量变质砾岩，原岩结构构造保留较好，据此可确定其原岩为砾岩、砂岩、粉砂岩和粉砂质泥岩。

(一)变质砾岩

变质砾岩在奇自拉夫组中呈夹层产出。岩石为浅紫色、灰绿色，变余砾状结构，其砾石以磨圆度差、大小混杂为特征，砾石长轴平行片理，砾石成分有石英岩、千枚岩、灰岩、泥岩、硅质岩、中酸性火山岩等，胶结物成分为钙质、铁质，杂基成分为绢云母、绿泥石等，属颗粒支撑、孔隙式胶结。

(二)变质砂岩类

该类岩石在泥盆系奇自拉夫组中广泛发育，颜色为灰红色、灰绿色两种，岩石类型主要为变质岩屑石英砂岩，有少量变质长石砂岩、变质石英杂砂岩。岩石具变余砂状结构，块状构造。

变质岩屑石英砂岩：碎屑含量约90%，其中石英80%，长石5%，岩屑(千枚岩、火山岩、泥岩)10%；胶结物约5%，为白云质和铁质；杂基约5%，以绢云母为主，少量绿泥石。长石、石英大小为0.2mm，岩屑为0.25mm，为次棱角状、次圆状，颗粒间为线接触，颗粒支撑，孔隙式胶结，成分、结构成熟度较差。

变质长石砂岩：碎屑含量85%～90%，主要为石英、长石、岩屑(变质粉砂岩、火山岩、泥岩、高岭岩)，胶结物为钙质、铁质，含量小于5%，杂基约10%，由泥质、绢云母、绿泥石组成。颗粒支撑、接触式胶结，成分、结构成熟度较差。

变质石英杂砂岩：碎屑含量约80%，主要由石英、长石和少量岩屑组成；胶结物为钙质，含量5%；杂基含量15%，为泥质、高岭石、绢云母和绿泥石，颗粒支撑、接触式胶结，成分、结构成熟度差。

(三)板岩类

该类岩石在泥盆系奇自拉夫组中广泛发育，颜色以紫红色为主，有少量为灰绿色，与变质砂岩伴生。主要岩石类型为粉砂质板岩，显微鳞片粒状变晶结构(变余粉砂状结构)，板状构造、显微层状构造，主要矿物成分为石英、长石、方解石和泥铁质，有少量绢云母。原岩主要为粉砂岩或粉砂质泥岩。岩石中常发育两个世代的方解石，第一世代与长石、石英构成浅色微层，第二世代呈脉状产出，受裂隙控制，常呈雁行式排列。

四、石炭系阿羌岩组变质岩

(一)片岩类

1. 绿片岩类

绿片岩类岩石是石炭系阿羌岩组的主体岩性,岩石种类主要有方解绿泥片岩、绢云绿泥片岩、绿泥阳起片岩和绢云阳起片岩等(表4-6)。

表4-6 绿片岩类矿物成分及含量表

岩石名称	矿物成分及含量(%)							
	绿泥石	斜长石	绢云母	黑云母	阳起石	绿帘石	石英	方解石
方解绿泥片岩	40~65	<5					10	15~30
绢云绿泥片岩	>50	<5	25				10	>10
斜长方解绿泥片岩	>50	15					>5	25
含方解绿帘阳起绿泥片岩	>45				25	>15	10	5
含绢云方解斜长绿泥片岩	44~60	20~25	5				5~10	15
绿泥阳起片岩	44				55			
斜长阳起片岩		20			>45		35	
绢云阳起片岩		<10	>15		>40		25	<5
绿泥石英片岩	40	<10					45	
绿帘绿泥石英片岩	>30	<20				10	30	>10

绿泥片岩:岩石为灰绿色、浅绿色和墨绿色,常具(显微)粒状鳞片变晶结构,少数变质变形较弱者具变余泥质结构,少数韧性变形较强者具糜棱结构,岩石一般具片状构造,少数具变余杏仁状构造。岩石中以暗色矿物为主,浅色矿物含量多小于40%。有的由于暗色矿物和浅色矿物分布不均匀,形成条带状、条纹状或条痕状构造。岩石中含方解石、绢云母和斜长石较多时成为方解绿泥片岩、绢云绿泥片岩和斜长方解绿泥片岩。部分绢云绿泥片岩中可见变余泥质结构。经过岩石化学计算和原岩恢复图解投点可知(表4-7、图4-1至图4-3),绿泥片岩类岩石的原岩主要为泥质沉积岩和钙质沉积岩,有少量为基性火山岩。

阳起片岩:岩石呈灰绿色、黑绿色,具细粒纤状变晶结构,矿物粒度一般小于0.01mm。片理比较发育,呈层状、透镜状产出,矿物成分以阳起石为主。有时绿泥石交代阳起石形成绿泥阳起片岩,斜长石和绢云母含量较高时又分别形成斜长阳起片岩和绢云阳起片岩。岩石常具片状构造和条带状构造,含方解绿帘绿泥斜长阳起片岩具变余杏仁状构造,杏仁充填物是石英、方解石、绿帘石。阳起片岩类岩石的产状、结构构造和岩石化学成分表明其原岩以基性火山岩为主,有少量超基性岩和钙质沉积岩。

2. 云母片岩类

据矿物成分及含量又可分为云母片岩和云母石英片岩(表4-8)。云母片岩中片状矿物含量不少于30%,粒状矿物长石+石英不大于50%;云母石英片岩中片状矿物含量大于30%,粒状矿物长石+石英含量不少于50%。

云母片岩和云母石英片岩都是阿羌岩组中重要的岩石类型,与绿片岩类和大理岩类岩石共生。

云母片岩类岩石有方解绢云片岩、绿泥绢云片岩、绿泥斜长绢云片岩、绿泥方解绢云片岩、绿帘绿泥绢云片岩和含方解绿帘绢云片岩等。岩石一般为灰色、浅灰绿色,显微粒状鳞片变晶结构,条带状、片状构造,有时为糜棱结构,显微眼球状构造。

表 4-7　阿羌岩组绿片岩类岩石化学成分分析结果及特征参数表

序号	样品编号	岩石名称	氧化物含量(%)													
			SiO_2	TiO_2	Al_2O_3	Fe_2O_3	FeO	MnO	MgO	CaO	Na_2O	K_2O	P_2O_5	H_2O^+	CO_2	H_2O^-
1	ⅩⅩⅤGs	绿帘方解绢云绿泥片岩	47.68	0.49	12.63	1.72	5.58	0.21	3.94	13.26	1.73	1.21	0.13	3.17	7.93	0.26
2	XYQ2	绢云绿泥片岩	51.76	0.70	17.27	4.46	5.38	0.12	5.08	3.50	2.84	2.00	0.27	3.60	2.21	0.33
3	ⅢGs18	绿帘绢云绿泥片岩	54.69	0.50	19.91	3.82	4.19	0.10	4.51	4.93	3.80	1.70	0.19	0.36	0.62	0.09
4	ⅢGs24	白云母绿帘绿泥片岩	57.77	0.30	13.87	2.96	3.45	0.18	7.90	1.30	1.00	2.03	0.15	2.74	5.50	0.10
5	ⅢGs28	方解绢云绿泥片岩	54.01	0.80	15.92	1.96	5.33	0.09	3.07	6.30	2.45	2.30	0.19	3.44	4.40	0.20
6	ⅢGs30	斜长方解绿泥片岩	44.72	1.40	15.92	6.99	2.75	0.17	3.40	10.31	5.10	0.33	0.45	2.54	5.65	0.12
7	ⅠGs1	斜长方解绿泥片岩	44.42	0.95	12.81	2.84	7.40	0.16	6.51	9.78	3.00	0.05	0.12	4.96	7.31	0.13
8	ⅠGs6	含方解绿帘阳起绿泥片岩	49.98	1.10	12.99	3.83	7.74	0.17	6.26	8.73	3.20	0.15	0.09	3.18	2.20	0.08
9	ⅠGs20	方解钠长绿泥片岩	76.20	0.60	10.07	2.08	2.41	0.04	1.09	0.72	1.67	2.48	0.14	1.46	0.75	0.10
10	ⅢGs56	绢云阳起片岩	55.15	0.50	10.82	1.17	4.30	0.09	8.10	8.76	2.02	2.56	0.13	4.29	2.44	0.08
11	ⅠGs9	绿帘石阳起石片岩	46.15	1.45	14.78	3.58	8.64	0.20	6.17	9.64	3.27	0.38	0.24	3.32	2.09	0.12
12	ⅠGs11	斜长阳起片岩	57.37	1.25	10.01	1.39	8.59	0.27	3.60	10.74	5.47	0.18	0.18	0.58	0.44	0.17
13	ⅠGs12	绿泥阳起片岩	41.96	0.02	0.57	4.32	2.06	0.06	36.52	0.35	0.04	0.34	0.04	12.80	0.38	1.27

序号	样品编号	岩石名称	尼格里值							原岩类型
			si	al	fm	c	alk	k	mg	
1	ⅩⅩⅤGs	绿帘方解绢云绿泥片岩	132.05	20.61	33.27	39.34	6.78	0.32	0.49	钙质沉积岩
2	XYQ2	绢云绿泥片岩	154.58	30.39	46.38	11.20	12.03	0.32	0.49	泥质沉积岩
3	ⅢGs18	绿帘绢云绿泥片岩	156.41	33.55	37.71	15.11	13.63	0.23	0.51	基性火山岩
4	ⅢGs24	白云母绿帘绿泥片岩	200.12	28.31	59.02	4.82	7.84	0.57	0.69	泥质沉积岩
5	ⅢGs28	方解绢云绿泥片岩	176.77	30.70	34.64	22.09	12.57	0.38	0.43	钙质沉积岩
6	ⅢGs30	斜长方解绿泥片岩	116.60	24.46	33.30	28.80	13.44	0.04	0.40	钙质沉积岩
7	ⅠGs1	斜长方解绿泥片岩	113.51	19.29	46.42	26.78	7.51	0.01	0.53	钙质沉积岩
8	ⅠGs6	含方解绿帘阳起绿泥片岩	128.04	19.61	48.24	23.96	8.19	0.03	0.50	基性火山岩
9	ⅠGs20	方解钠长绿泥片岩	503.16	39.18	34.60	5.09	21.13	0.49	0.31	泥砂质沉积岩
10	ⅢGs56	绢云阳起片岩	153.30	17.72	46.21	26.09	9.98	0.45	0.73	基性火山岩
11	ⅠGs9	绿帘石阳起石片岩	110.58	20.87	46.21	24.75	8.18	0.07	0.48	基性火山岩
12	ⅠGs11	斜长阳起片岩	156.55	16.10	37.72	31.40	14.78	0.02	0.39	钙质沉积岩
13	ⅠGs12	绿泥阳起片岩	69.43	0.56	98.40	0.62	0.42	0.85	0.92	超基性岩

表 4-8　云母片岩类矿物成分及含量表

岩石名称	矿物成分及含量(%)									
	绿泥石	斜长石	绢云母	黑云母	钾长石	绿帘石	石英	方解石	白云母	石榴石
方解绢云片岩		5	65				15	10	C质5	
二云石英片岩		<10		15			42		30	
绢云石英片岩		<5					45	<10	35	
绿泥绢云石英片岩	10～15	<5	>25				50～60	<5		
含绿泥方解绢云石英片岩	5	10	30				42	10		
绿泥斜长绢云片岩	10	15	47				20	5		偶见
绿泥方解绢云片岩	15	5	32				25	20		
绿帘绿泥绢云片岩	25	5	37			15	15			
含方解绿帘绢云片岩			45～50			35	10～15	5～10		
绿泥黑云石英片岩	10	<10		30			44		<5	
长石绢云石英片岩		20	30		10		30	<10		
含绿泥绿帘二云石英片岩	<10	>5	<20	>10		>10	45			
绿泥绢云片岩	25～30	5～10	35～40				15～25		1	

云母石英片岩类岩石有二云石英片岩、绢云石英片岩、含绿泥方解绢云石英片岩、含绿泥绿帘二云石英片岩和绿泥黑云石英片岩，岩石一般为灰色、深灰色，显微鳞片粒状变晶结构，片状构造、条带状构造，有时具变余含砂泥质结构。含绿泥绿帘二云石英片岩具有斑状变晶结构，反映其为正变质成因。

云母片岩类岩石的野外产状、结构构造和化学分析结果（表 4－9、图 4－1 至图 4－3）表明其主要为副变质成因，云母片岩的原岩主要为泥质沉积岩，云母石英片岩的原岩主要为泥砂质沉积岩、砂质沉积岩和少量石英砂岩。

表 4－9　阿羌岩组云母片岩类岩石化学成分分析结果及特征参数表

序号	样品编号	岩石名称	氧化物含量（%）													
			SiO_2	TiO_2	Al_2O_3	Fe_2O_3	FeO	MnO	MgO	CaO	Na_2O	K_2O	P_2O_5	H_2O^+	CO_2	H_2O^-
1	XYQ3	含绿帘绢云绿泥斜长片岩	53.60	0.80	18.86	6.06	2.15	0.08	3.56	4.07	4.20	1.92	0.26	1.92	2.19	0.31
2	XYQ4	绿泥绢云石英片岩	68.98	0.30	11.76	2.51	1.88	0.05	1.83	3.79	2.25	1.40	0.23	1.46	4.40	0.26
3	XYQ5	含绿泥绢云石英片岩	58.28	0.20	17.73	2.50	2.33	0.05	2.95	4.21	4.08	1.36	0.15	1.90	3.30	0.26
4	ⅢGs3	黑云石英片岩	67.88	0.70	14.11	2.52	3.32	0.08	2.07	1.08	1.70	2.62	0.20	2.48	0.77	0.19
5	ⅢGs20	绿泥黑云石英片岩	67.70	0.70	13.61	2.01	5.19	0.07	2.65	1.38	1.60	2.55	0.20	1.44	0.66	0.12
6	ⅢGs21	绿泥绢云片岩	64.22	0.70	16.62	2.33	5.53	0.07	2.44	1.74	1.15	3.45	0.18	2.34	0.55	0.08
7	ⅢGs33	细粒二云母方解石英片岩	73.19	0.40	6.98	1.53	3.90	0.08	2.38	3.91	0.15	2.35	0.05	1.80	2.57	0.25
8	ⅢGs35	绢云石英片岩	89.53	0.35	3.60	1.04	1.24	0.02	0.46	0.31	0.08	1.68	0.05	0.44	0.66	0.02
9	ⅢGs36	绿泥绢云片岩	52.90	1.15	22.70	4.80	2.98	0.05	1.52	1.19	0.25	6.25	0.35	4.42	0.44	0.59
10	ⅠGs3	绢云绿泥石英片岩	71.33	0.65	11.95	1.54	3.18	0.05	1.95	1.35	2.78	2.23	0.19	1.58	1.34	0.07
11	ⅠGs4	绿泥绢云石英片岩	75.44	0.70	10.52	1.96	2.32	0.05	1.42	0.78	2.02	2.95	0.16	1.42	0.33	0.15
12	ⅠGs5	绿泥绢云石英片岩	71.83	0.75	10.88	2.56	2.34	0.06	1.48	1.40	1.87	3.27	0.16	1.66	1.10	0.09
13	ⅠGs8	含方解绿帘绢云片岩	46.84	1.55	19.93	3.55	5.41	0.12	3.15	5.94	4.07	2.85	0.24	3.20	2.42	0.17
14	ⅠGs31	二云片岩	35.93	2.50	19.01	7.28	12.36	0.14	7.66	3.44	0.50	7.70	0.14	1.36	1.25	0.20

序号	样品编号	岩石名称	尼格里值							原岩类型
			si	al	fm	c	alk	k	mg	
1	XYQ3	含绿帘绢云绿泥斜长片岩	164.91	34.19	36.10	13.42	16.29	0.23	0.45	长石砂岩
2	XYQ4	绿泥绢云石英片岩	339.89	34.14	30.70	20.01	15.14	0.29	0.44	砂质沉积岩
3	XYQ5	含绿泥绢云石英片岩	207.78	37.25	29.48	16.08	17.19	0.18	0.53	中酸性火山岩
4	ⅢGs3	黑云石英片岩	329.26	40.33	37.96	5.61	16.10	0.50	0.39	泥砂质沉积岩
5	ⅢGs20	绿泥黑云石英片岩	300.44	35.59	43.75	6.56	14.10	0.51	0.40	泥砂质沉积岩
6	ⅢGs21	绿泥绢云片岩	256.43	39.10	40.22	7.44	13.23	0.66	0.36	泥质沉积岩
7	ⅢGs33	细粒二云母方解石英片岩	407.20	22.88	44.67	23.31	9.14	0.91	0.44	砂质沉积岩
8	ⅢGs35	绢云石英片岩	1 461.91	34.64	41.18	5.42	18.75	0.93	0.27	石英砂岩
9	ⅢGs36	绿泥绢云片岩	193.84	49.01	30.83	4.67	15.49	0.94	0.27	泥质沉积岩
10	ⅠGs3	绢云绿泥石英片岩	368.19	36.35	34.94	7.47	21.25	0.35	0.43	砂质沉积岩
11	ⅠGs4	绿泥绢云石英片岩	458.62	37.69	33.90	5.08	23.34	0.49	0.38	砂质沉积岩
12	ⅠGs5	绿泥绢云石英片岩	400.24	35.72	34.20	8.36	21.72	0.53	0.36	砂质沉积岩
13	ⅠGs8	含方解绿帘绢云片岩	130.61	32.75	33.44	17.74	16.07	0.32	0.39	钙质沉积岩
14	ⅠGs31	二云片岩	75.43	23.52	57.42	7.74	11.32	0.91	0.42	凝灰质粉砂岩

（二）大理岩类

大理岩类在阿羌岩组中呈夹层产出，与绿泥片岩和绢云母片岩伴生。主要岩石类型有大理岩、含炭质大理岩、含白云母石英大理岩。岩石呈灰白色、肉红色、灰黑色，变形弱者具粒状变晶结构、显微粒状变晶结构，块状构造；韧性变形强者岩石具糜棱结构，片状构造、纹层状构造、条带状构造。矿物成分主要为方解石，含少量石英、白云母、绿泥石。矿物粒度不均匀，一般为0.2～0.7mm。

（三）千枚岩类

该类岩石主要分布在包斯塘以东，常与变质砂岩、大理岩等伴生。主要岩石类型有绿泥绢云千枚岩、绿泥绢云石英千枚岩、方解绢云绿泥千枚岩。岩石中原岩结构较清楚，主要为变余粉砂质结构、变余泥状结构和变余砂状结构，具千枚状构造和变余层状构造。原岩为粉砂质泥岩、粉砂岩。

（四）石英岩类

该类岩石仅在包斯塘一带零星出露，与绿泥片岩伴生。

细粒石英岩：岩石呈灰黑色，细粒粒状变晶结构，块状构造。主要由粒状变晶矿物石英(89%)组成，石英晶体压扁拉长，相嵌分布，含少量绿泥石(3%)、方解石(3%)、黄铁矿(3%)及氧化铁(2%)。

含黑云母石英岩：岩石呈灰褐色，显微粒状变晶结构，块状构造。主要由等粒状变晶矿物石英(77%)、长石(10%)及片状矿物黑云母(10%)组成，含少量绢云母(2%)、榍石、磷灰石及锆石。

（五）变质砂岩类

该类岩石主要分布在阿依耐克一带，常与板岩和千枚岩伴生。具变余砂状结构，块状构造、片状构造。岩石类型单一，均为变质长石石英砂岩。碎屑成分为石英(55%～70%)、长石(5%～10%)、绢云母(15%～30%)、绿泥石(0～5%)，有时含少量黑云母和方解石，基质含量约5%。碎屑多呈棱角状、次圆状，石英颗粒具次生加大现象，波状消光，新生矿物定向排列。碎屑矿物粒径一般为0.05～0.5mm，多为0.25mm。原岩为长石石英砂岩。

（六）板岩类

该类岩石仅分布在阿依耐克一带，常与变质砂岩伴生。岩石类型为粘土板岩和粉砂质板岩。岩石呈灰色、紫红色，具变余泥质结构、变余粉砂质结构，板状构造。粘土板岩主要由隐晶质粘土矿物(82%)及少量石英(3%)、绢云母(5%)、绿泥石(5%)和菱铁矿(5%)组成；粉砂质板岩中碎屑成分主要为斜长石(10%)、石英(50%)，呈棱角状，表面粗糙，绢云母化较强，大小为0.02～0.1mm，粘土矿物已变质为绢云母(35%)，偶见绿帘石、电气石等。原岩为泥岩和粉砂质泥岩。

（七）变质火山(碎屑)岩类

该类岩石以夹层的形式产出于阿羌岩组碎屑岩、碳酸盐岩中，主要岩石类型为变质玄武岩、变质安山岩、变质英安岩和变质长石晶屑凝灰岩。岩石具变余斑状结构、变余晶屑凝灰结构、变余辉绿结构，基质具微晶交织结构，变余气孔杏仁状构造、块状-片状构造。新生变质矿物有绢云母、绿泥石、黑云母和绿帘石。

第二节　昆南微陆块变质岩石

昆南微陆块以其曼于特接合带与昆北微陆块相邻，出露的地层主要为石炭系哈拉米兰河岩群，以一套陆源碎屑岩为主，夹有灰岩、火山碎屑岩和少量火山岩，岩石变质程度浅，为低绿片岩相变质，变质岩石以千枚岩、板岩和变质砂岩为主。

（一）云母片岩

该类岩石仅出露于下马里克，与千枚岩、大理岩伴生。岩石主要由长石(15%)、石英(20%)、白云母(25%)、绿泥石(25%)和白云石(15%)组成，鳞片粒状变晶结构(变余斑状结构)，片状构造不明显，原岩为玄武安山岩。

(二)千枚岩

该类岩石与大理岩伴生，主要岩石类型为绿泥绢云千枚岩、碳酸盐化绢云千枚岩、碳酸盐化绢云石英千枚岩和绢云母黝帘石千枚岩，岩石呈深灰—灰黑色，显微鳞片粒状变晶结构，绢云母定向排列构成千枚状构造。岩石中绢云母占25%～45%、绿泥石占0～15%、石英占10%～35%、斜长石占10%～15%、白云石占2%～20%，另有微量电气石、锆石和金属矿物。

(三)大理岩

该类岩石呈层状夹于千枚岩中，岩石类型主要为白云石、方解石、岩石呈灰白色，粒状变晶结构，由中晶方解石和粉微晶白云石组成了相间分布的条带状构造，方解石颗粒长轴定向排列。岩石中方解石约占70%、白云石占30%，并含微量白云母。

(四)板岩(变质泥质岩)

该类岩石与大理岩、结晶灰岩和基性火山岩伴生，岩石为灰绿色，变余泥质结构，板状构造。岩石主要由粘土质(40%)、雏晶黑云母(40%)、绿泥石(5%)、绢云母(5%)、砂屑长石石英(5%)和铁质(5%)组成。

(五)变质砂岩

该类岩石与结晶灰岩伴生，具变余砂状结构，块状构造。据碎屑成分及含量可分为变质岩屑石英砂岩、变质岩屑长石砂岩，据矿物粒度可分为变质细粒砂岩和变质粉砂岩。

变质岩屑石英砂岩：岩石为深灰色，碎屑为砂屑石英(60%)、长石(5%)、岩屑10%(火成岩、泥岩、变质粉砂岩)，胶结物(5%)为铁质，杂基含量20%，为泥质、绢云母、绿泥石。碎屑形态以棱角状为主，颗粒支撑、接触式胶结。成分、结构成熟度较差。

变质岩屑长石砂岩：岩石呈深灰色，碎屑成分主要为石英、长石和岩屑(石英岩、泥岩、千枚岩、中酸性火山岩、碳酸盐岩)，杂基已大部分变为绢云母及再生石英。

变质粉砂岩：与硅质岩、千枚岩伴生，岩石呈褐灰色，变余粉砂状结构，千枚状构造，主要成分为石英、绢云母、菱铁矿及少量长石、白云石、炭质、铁质、粘土矿物。

第三节　苏巴什-鲸鱼湖结合带及松藩-甘孜陆块变质岩石

一、苏巴什-鲸鱼湖结合带变质岩石

硝尔库勒-赛勒果勒(苏巴什-鲸鱼湖)蛇绿混杂岩中部分岩石发生了浅变质，原岩结构构造较清楚。主要变质岩类有变质泥质粉砂岩、变质泥岩、变质安山岩、变质英安岩及闪石片岩类和绿片岩类。

(一)变质泥质粉砂岩

该类岩石与硅质岩、含泥硅质岩和变质泥岩呈互层状产出。岩石呈深灰色，鳞片粒状变晶结构、变余粉砂泥质结构，千枚状构造，由石英(35%)、长石(10%)、白云石(20%)、绢云母(5%)、绿泥石(5%)、岩屑(10%)、泥质(10%)、炭质(5%)组成。

(二)变质泥岩

该类岩石与硅质岩、含泥硅质岩和变质粉砂岩呈互层状产出，岩石呈深灰色，变余泥质结构，块状-板状构造，岩石主要由粘土矿物组成，其中绢云母占30%、绿泥石占20%～25%、泥质占45%，另含少量长石和菱铁矿。

(三)变质安山岩

该类岩石夹于变质泥质粉砂岩和变质泥岩中,岩石具变余斑状结构,气孔杏仁状构造,出现特征变质矿物绿泥石。

(四)变质英安岩

该类岩石夹于泥砂质复理石中,岩石具变余斑状结构、糜棱结构,透镜状构造、片状构造,出现特征变质矿物绿泥石、绢云母和极少量的黑云母。

(五)闪石片岩类

该类岩石与绿片岩类、超镁铁岩伴生,岩石类型为透闪石片岩,岩石具纤状(柱状)变晶结构,片状构造,纤状、柱状透闪石呈平行连续定向分布,局部呈放射状、束状分布,含量约80%~99%。

(六)绿片岩类

该类岩石与闪石片岩类、超镁铁岩伴生,是硝尔库勒-赛勒果勒蛇绿混杂岩中基性岩的重要物质组成。岩石类型有斜长阳起片岩、斜长绿帘阳起片岩,岩石具变余斑状结构、变余辉绿结构、鳞片粒状、纤状变晶结构,片状、眼球状、透镜状构造,绿色矿物(阳起石、绿帘石、绿泥石)含量50%~75%。

二、松藩-甘孜陆块变质岩石

测区南部库牙克断裂以南属华南板块,为松藩-甘孜地层区,石炭系西长沟组、二叠系黄羊岭组、侏罗系叶尔羌群和白垩系双伍山组广泛分布。仅西长沟组在图幅西部一带出露变质岩石,主要岩石类型为变质凝灰质砂岩、变质凝灰岩,岩石具变余凝灰结构,块状构造,新生变质矿物有绿泥石、绢云母,含量小于10%。

第四节 变质作用

图幅内昆北微陆块中蓟县系、下古生界、泥盆系、石炭系均发生了不同程度的区域热流变质作用和区域(低温)动力变质作用。蓟县系阿拉玛斯岩群为中低压低角闪岩相变质,下古生界上其汗岩组、石炭系阿羌岩组、泥盆系奇自拉夫组为低绿片岩相变质;作为昆北微陆块和昆南微陆块间板块结合带的布拉克断裂以脆韧性变形为特征;昆南微陆块哈拉米兰河岩群经历了低绿片岩相变质;苏巴什-鲸鱼湖结合带硅质岩、硅泥岩、基性火山岩、基性-超基性岩普遍发生了绿片岩相变质,巴颜喀拉前陆盆地内的石炭系西长沟组经历了次绿片岩相变质。

一、蓟县系阿拉玛斯岩群变质作用

(一)变质矿物特征

变质矿物的形成不仅受原岩成分控制,而且还受变质过程中温度、压力、化学活动流体等诸多因素的控制。阿拉玛斯岩群内变质矿物种类较多,其中具特征意义的有:黑云母(Bi)、角闪石(Hb)、铁铝榴石(Alm)、斜长石(Pl)、矽线石(Sill)、十字石(St)、白云母(Mu)、绢云母(Ser)、绿泥石(Ch)、阳起石(Act)、绿帘石(Ep)等。

1. 黑云母

黑云母是本区角闪岩相岩石中分布最广的特征变质矿物。根据黑云母的结晶程度、形态及与其他矿物间的关系,区内黑云母可分为两个形成阶段。

同构造期形成的黑云母：鳞片状、棕红色、黄棕色，常部分退变为绿泥石，部分变质成为矽线石，构成区域片理。

后构造期形成的黑云母：沿石榴石裂隙分布，细小鳞片状，裂隙垂直区域片理产状，黑云母部分退变为绿泥石。

本书提供的7个电子探针样品取自该岩组的不同岩类中，电子探针分析中的Fe^{2+}与Fe^{3+}是按剩余氧法计算而得(表4-10)。从表中可以看出，本区黑云母的镁、铁含量较高。根据古依多蒂(Guidotti等，1975)的分类(图4-4)，本区的黑云母主要落在镁黑云母和Fe^{2+}黑云母附近，所以，阿拉玛斯岩群中黑云母应属镁黑云母和Fe^{2+}黑云母。

表4-10　黑云母化学成分及计算结果表

序号	1	2	3	4	5	6	7	8
矿物名称	黑云母	黑云母	黑云母	黑云母	黑云母	黑云母	黑云母	白云母
样品编号	Xb-17	B-3013	B-1255	XXVB-42	XXVB-52	B-3005	B-3012	B-2065
单位	Jx*A*	Jx*A*	Jx*A*	Jx*A*	Jx*A*	Jx*A*	Jx*A*	Pz_1s
岩石名称	含黑云母角闪片岩	矽线石榴黑云斜长片麻岩	含石榴斜长黑云片岩	石榴矽线黑云石英片岩	矽线二云片岩	石榴矽线二云斜长片麻岩	角闪斜长片麻岩	绿泥斜长白云石英片岩
SiO_2	37.780	36.040	34.638	34.430	33.977	36.066	36.827	45.550
TiO_2	1.754	2.791	2.898	2.694	3.454	2.411	2.809	0.453
Al_2O_3	16.017	19.314	18.402	19.628	18.415	20.348	16.444	35.143
Fe_2O_3	6.093	5.519	7.510	4.211	3.422	2.785	8.004	0.000
FeO	7.552	12.307	14.148	14.986	16.501	17.108	11.719	3.556
MnO	0.105	0.091	0.034	0.062	0.123	0.101	0.193	0.046
MgO	15.337	11.138	7.656	9.532	8.738	9.031	11.958	1.280
CaO	0.458	0.017	0.001	0.001	0.001	0.036	0.001	0.001
K_2O	8.525	0.267	0.133	0.221	0.187	0.330	0.100	0.467
Na_2O	0.142	9.090	10.046	8.539	8.341	8.478	9.364	3.839
P_2O_5	0.003	0.001	0.032	0.069	0.001	0.001	0.038	0.001
合计	93.776	96.971	95.516	94.193	93.160	96.694	97.457	90.336
以O_{12}为基准的离子数								
Si	3.0964	2.9242	2.9338	2.8873	2.8979	2.9355	3.0087	3.4734
Fe^{3+}	0.0720	0.0700	0.0884	0.0500	0.0407	0.0331	0.0941	0
Fe^{2+}	0.8194	1.1234	1.3900	1.2653	1.3548	1.3009	1.1961	0.2128
Mn	0.0073	0.0062	0.0024	0.0044	0.0089	0.0069	0.0133	0.0028
Ti	0.1081	0.1703	0.1846	0.1699	0.2215	0.1476	0.1726	0.0244
Ca	0.0402	0.0015	0.0000	0.0000	0.0000	0.0031		0.0000
K	0.8914	0.9409	1.0875	0.9136	0.9076	0.8803	0.9760	0.3504
Na	0.0226	0.0419	0.0219	0.0360	0.0309	0.0521	0.0158	0.0648
Mg	1.8739	1.3472	0.9667	1.1691	1.1100	1.0957	14 56 4	0.1365
Al^{IV}	0.9036	1.0754	1.0662	1.1127	1.1021	1.0645	0.9913	0.5266
Al^{VI}	0.6435	0.7715	0.7707	0.8272	0.7490	0.8874	0.0092	2.4366
P	0.0002		0.0023	0.0049			0.0026	

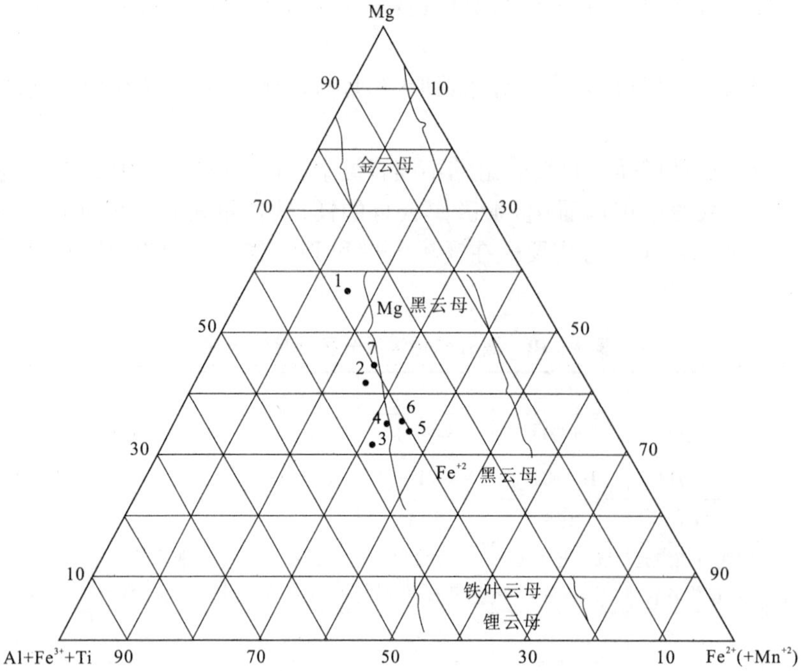

图 4-4　黑云母在三角图解上的投影

（据 Guidotti 等，1975）

据黑云母中 TiO_2 与 Fe/(Fe+Mg)之间的关系（图 4-5），得知黑云母赋存的岩石均属角闪岩相的变质程度。

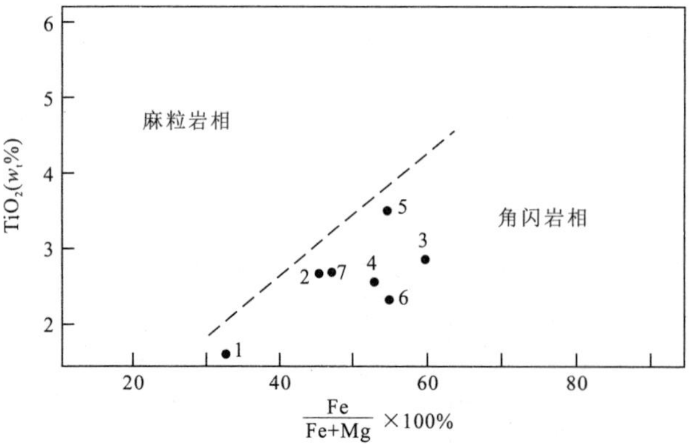

图 4-5　变质黑云母的 TiO_2-Fe/(Fe+Mg)图解

2. 角闪石

黄绿色—墨绿色、浅绿色、绿色，有时氧化铁沿其解理、裂隙分布，使其表面呈黄褐色，晶体呈柱状—长柱状，韧性变形强时呈透镜状、扁豆状，部分蚀变为阳起石，呈纤维状，淡绿色，晶体大小 0.05mm×0.15mm～0.6mm×2.5mm，部分薄片可见简单双晶。角闪石的寄主母岩主要为斜长角闪岩和黑云角闪斜长片麻岩，角闪石与黑云母、斜长石等平衡共生，定向排列构成岩石的主要面理，是区域变质角闪石的主体。有的角闪石中有石英包体出现，石英包体中还可见锆石包体。

阿拉玛斯岩群中角闪石电子探针结果（表 4-11）显示，所有的角闪石均为钙质角闪石，角闪石种类有镁-普通角闪石、阳起石质普通角闪石、含低铁韭闪石等。作为区域变质岩中的钙质角闪石，又有正副变质之分，由于产出环境不同，其化学成分必然有所不同。我们采用陈光远等编制的角闪石成因矿物族三角图解（图 4-6），在该图解中角闪石几乎全落于中一酸性成因区中。根据利克（1965）编制的角闪石 Ti-Si 变异图(图 4-7),本区角闪石均落入变质闪石区。根据萨克路特金(1968)利用角闪石中 Na+K 与 Ti 的关系,确定岩石变质相的方法,将本区的角闪石进行投图(图 4-8),样品主要落在角闪岩相和绿帘角闪岩相中,少数落于绿片岩相中。拉塞(Raase,1974)指出钙质角闪石的 Al^{VI} 和 Si 含量与区域变质的压力有明显的关系,根据他编制的钙质角闪石 Al^{VI} 对 Si 变异图(图 4-9),阿拉玛斯岩群中角闪石均在 5kb 附近及其之下,表明本区阿拉玛斯岩群低角闪岩相的变质条件属低压相系。

表 4-11　角闪石、辉石化学成分及计算结果表

序号		9	10	11	12	13	14		23	24
矿物名称		镁-普通角闪石	阳起石	阳起石质普通角闪石	镁-普通角闪石	含低铁韭闪石	角闪石		辉石	辉石
样品编号		Xb-17	B-1190	XXⅤB-41	XXⅤB-56	B-3012-②	B-3012-①		XXⅤB-41-①	XXⅤB-56-②
单位		Jx*A*	$P_{z1}s$	Jx*A*	Jx*A*	Jx*A*	Jx*A*		Jx*A*	Jx*A*
岩石名称		含黑云角闪片岩	钠长阳起片岩	角闪辉长岩	含辉石角闪斜长片麻岩	角闪斜长片麻岩	角闪斜长片麻岩		角闪辉长岩	含辉石角闪斜长片麻岩
SiO_2		48.020	54.840	51.774	45.182	40.229	43.032		51.103	51.615
TiO_2		0.346	0.025	0.218	0.963	0.318	1.411		0.082	0.085
Al_2O_3		9.403	2.515	4.423	9.853	14.618	10.781		0.718	0.722
Fe_2O_3		2.938	2.994	1.832	1.543	3.920	2.883		4.381	4.414
FeO		9.880	7.287	10.325	13.319	16.983	15.784		4.208	8.083
MnO		0.154	0.304	0.289	0.324	0.320	0.462		0.386	0.749
MgO		14.179	18.212	15.759	11.410	7.317	9.582		12.155	10.861
CaO		12.117	12.998	13.125	12.082	12.518	12.153		24.690	23.452
K_2O		0.148	0.046	0.333	0.864	1.433	1.199		0.011	0.028
Na_2O		1.265	0.153	0.490	0.862	1.499	1.214		0.193	0.235
P_2O_5		0.080	0.071	0.001	0.039	0.090	0.069		0.001	0.001
合计		98.235	99.145	98.386	96.286	98.492	98.281		97.928	99.972
以 O_{23} 为基准的离子数								以 O_6 为基准的离子数		
T	Si	6.919	7.652	7.399	6.775	6.069	6.469	Si	1.951	1.957
	Al^{IV}	1.081	0.348	0.601	1.225	1.931	1.531	Al^{IV}	0.032	0.032
C	Al^{VI}	0.515	0.065	0.143	0.515	0.666	0.378	Ti	0.002	0.002
	Ti	0.037	0.003	0.023	0.109	0.036	0.16	Fe^{3+}	0.126	0.118
	Fe^{3+}	0.111	0.228	0.214	0.078	0.478	0.25	Fe^{2+}	0.134	0.256
	Mg	3.05	3.788	3.357	2.55	1.646	2.135	Mg	0.691	0.613
	Fe^{2+}	1.288	0.916	1.217	1.749	2.11	2.061	Mn	0.012	0.024
	Mn			0.035		0.041	0.016	Ca	1.010	0.953
	Ca			0.01		0.023		K	0.001	0.001
B	Fe^{2+}	0.111	0.021		0.018			Na	0.014	0.017
	Mn	0.019	0.036		0.041		0.042	Jd	1.492	1.875
	Ca	1.871	1.943	2	1.941	2	1.958	Tit	0.237	0.244
A	Na	0.353	0.041	0.136	0.251	0.439	0.354	Di	69.627	61.779
	K	0.027	0.008	0.061	0.165	0.276	0.23	Fs	13.689	20.019
								Wo	15.943	17.173

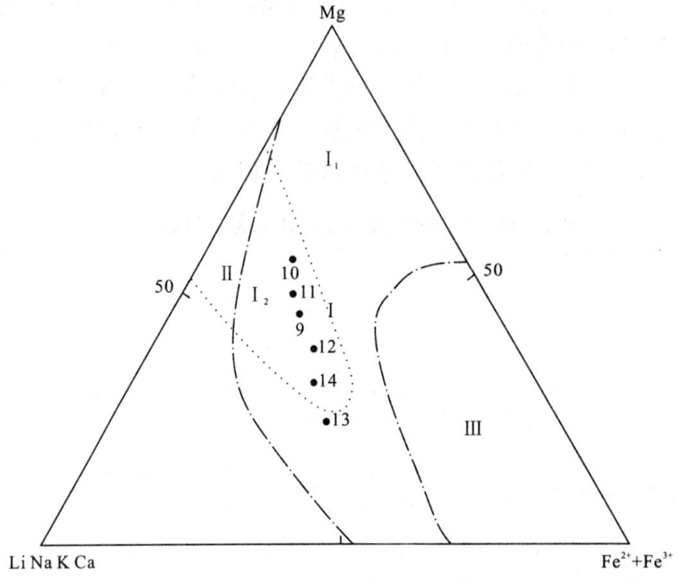

图 4-6　角闪石成因矿物族三角图解(据陈光远、薛君治,1964)

Ⅰ. 岩浆成因、区域正变质成因区超变质成因区;Ⅰ₁. 超基性—基性成因区;

Ⅰ₂. 中—酸性成因区;Ⅰ₃. 碱性成因区;Ⅱ. 接触交代成因区;Ⅲ. 区域负变质成因区

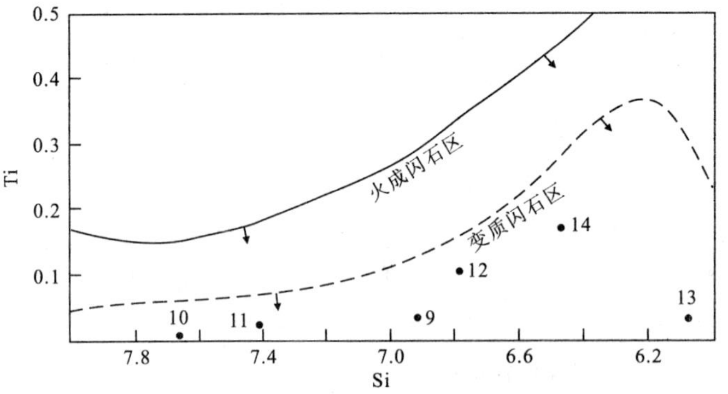

图 4-7　角闪石的 Ti—Si 变异图

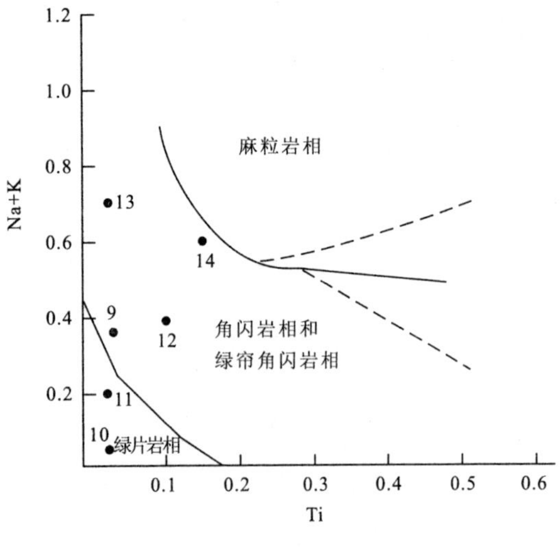

图 4-8　角闪石的(Na+K)—Ti 变异图

(据萨克路特金,1968)

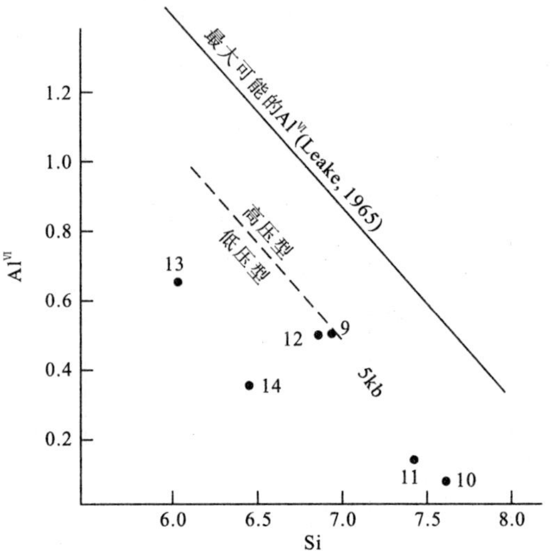

图 4-9　角闪石压力型的 Al^{VI}-Si 变异图

(据 Raase,1974)

3. 十字石

十字石也是本区低角闪岩相的特征变质矿物，但仅在一个样品中见到。晶体呈半自形柱状，淡黄色，高突起、多色性明显，大小 0.1mm×0.35mm～0.25mm×1mm。与矽线石、石榴石、黑云母、白云母、石英、金属矿物共生，属同构造产物。

4. 矽线石

矽线石也是本区低角闪岩相的特征变质矿物，在阿拉玛斯岩群中分布较广，与铁铝榴石、黑云母、白云母等矿物紧密共生。寄主母岩主要为矽线二云片岩、含矽线二云斜长片麻岩。

同构造期形成的矽线石：显微针柱状集合体、毛发状（束状集合体）、竹节状集合体的矽线石或沿黑云母、白云母解理[图 4-10(a)]，或生成于黑云母边部，显示其形成晚于黑云母，且由黑云母变质而来。有的矽线石呈石英包体（嵌晶）。与片柱状矿物一起构成岩石的片理，为同构造的产物。

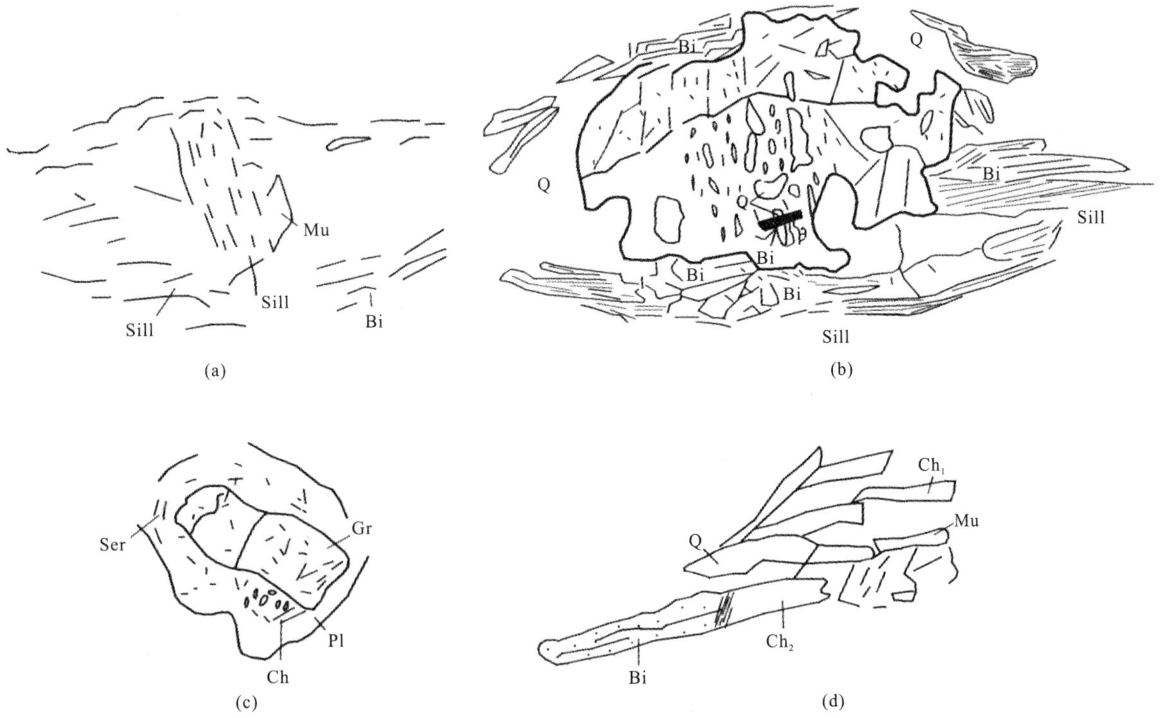

图 4-10　变质矿物特征

(a)矽线石与其他矿物的关系素描图；(b)石榴石环带素描图；(c)石榴石冠状反应边素描示意图；(d)绿泥石世代关系素描图

5. 石榴石

石榴石是阿拉玛斯岩群中的主要特征变质矿物之一。石榴石的寄主母岩主要为含石榴矽线二云片（麻）岩，颜色为深褐色至黑红色，镜下呈浅粉色，高正突起，表面常具不规则裂纹，均质体，有时具筛状变晶结构，以变斑晶产出，据其结构及与其他矿物之间的关系，可分为以下两种。

环带状石榴石：内核含密集杂乱无章的细小的石英包体[图 4-10(b)]，包体呈椭圆状或圆状；中间带含不规则较大的石英包体；边缘带几乎无包体。环带间连续过渡，属连续生长环带。这种石榴石形态显示了一个完整的变质作用过程，变质作用初期，处于相对静态环境中，晶体生长较快，中期形成于基质总体加粗期或变质作用的顶峰期，石英包体是石榴石快速生长过程中向核心聚集造成的环带特征；晚期形成的非均质化窄化边，显示变质温度的明显下降。

具“白眼圈”结构的石榴石：呈不规则状，由于受退变质作用的影响，晶体周围可见到斜长石构成的冠状反应边[图 4-10(c)]，有时被晚期片理包绕并在两端形成压力影，沿晶体裂隙被绿泥石交代，指示形成于晚期片理变形之前。

阿拉玛斯岩群中石榴石的电子探针结果(表 4-12)显示,本区的石榴石具有镁、锰含量较低,FeO 含量较高的特点,按照里克沃德(1968)提出的石榴石端元分子计算顺序进行计算,所有的石榴石均为铁铝榴石,其中铁铝榴石(Alm)分子含量为 70.31%~77.709%,平均为 75.29%;镁铝榴石(Pyr)分子含量为 10.279%~20.879%,平均为 13.38%;锰铝榴石(Spe)分子含量为 2.674%~15.732%,平均为 8.66%;钙铝榴石(Gro)分子含量为 1.915%~3.184%,平均为 2.67%。

表 4-12　石榴石化学成分及计算结果表

序号	15	16	17	18	19	20	21	22
矿物名称	铁铝榴石	铁铝榴石	铁铝榴石	铁铝榴石	铁铝榴石	铁铝榴石	铁铝榴石	铁铝榴石
样品编号	B-1255-②	B-1255-①	XXVB-42-②	XXVB-42-①	XXVB-52	B-3005	B-3013-②	B-3013-①
单位	Jx*A*	Jx*A*	Jx*A*	Jx*A*	Jx*A*	Jx*A*	Jx*A*	Jx*A*
岩石名称	含石榴斜长黑云片岩	含石榴斜长黑云片岩	石榴矽线黑云石英片岩	石榴矽线黑云石英片岩	矽线二云片岩	石榴矽线二云斜长片麻岩	矽线石榴黑云斜长片麻岩	矽线石榴黑云斜长片麻岩
SiO_2	36.363	37.396	36.609	37.085	37.921	37.389	37.931	36.325
TiO_2	0.001	0.019	0.003	0.001	0.001	0.001	0.007	0.005
Al_2O_3	20.703	21.177	21.201	21.051	20.366	21.262	21.615	21.532
FeO	33.197	33.689	33.605	34.078	30.187	33.447	33.832	32.341
MnO	3.689	4.094	4.339	4.437	6.669	3.974	1.784	1.161
MgO	2.787	2.581	3.242	3.118	2.595	2.482	4.459	5.151
CaO	0.876	0.915	0.667	0.674	1.067	1.036	1.062	0.998
K_2O	0.013	0.001	0.012	0.001	0.001	0.017	0.001	0.001
Na_2O	0.007	0.001	0.024	0.06	0.001	0.001	0.017	0.001
P_2O_5	0.011	0.036	0.041	0.146	0.022	0.001	0.041	0.051
合计	97.647	99.918	99.743	101.047	98.830	99.430	10.713	97.566
以 O_{12} 为基准的离子数								
Si	3.002 2	3.015 5	2.965 4	2.964 3	3.078 9	3.023 9	2.999 5	2.953 0
Fe^{3+}			0.012 8	0.005 4				0.006 1
Fe^{2+}	2.292 2	2.272 5	2.263 7	2.272 8	2.049 7	2.262 6	2.237 5	2.192 7
Mn	0.258 0	0.279 7	0.297 7	0.300 4	0.458 6	0.259 9	0.117 1	0.079 9
Ti		0.001 2	0.000 2				0.000 4	0.000 3
Ca	0.077 5	0.079 1	0.057 9	0.057 8	0.092 8	0.089 8	0.090 0	0.086 9
K	0.001 3		0.001 2			0.001 8		
Na	0.001 1		0.003 8	0.000 9			0.002 5	
Mg	0.343 1	0.310 3	0.391 5	0.371 6	0.314 1	0.299 2	0.525 7	0.624 2
Al	2.014 5	2.012 6	2.023 9	2.025 6	1.948 8	2.026 7	2.014 5	2.063 1
P	0.000 7	0.002 5	0.002 8	0.009 9	0.001 5		0.002 7	0.003 5
Pyr	11.547	10.548	12.948	12.353	10.774	10.279	17.698	20.879
Spe	8.684	9.506	9.846	9.988	15.732	8.928	3.942	2.674
Gro	2.609	2.688	1.915	1.919	3.184	3.084	3.029	2.907
Alm	77.160	77.258	75.291	75.740	70.310	77.709	75.330	73.540

6. 透辉石

寄主母岩主要为含透辉大理岩,无色—浅褐色,它形—半自形粒状,发育解理及聚片双晶,斜消光,干涉色二级以上,鲜艳。与方解石、微斜长石、斜长石、石英共生,局部具绿泥石化现象。

7. 斜长石

据斜长石与其他矿物间的关系，将区内斜长石可分为原生和次生两类。

原生斜长石：区内绝大多数的斜长石与构成片理、片麻理的片、柱状矿物等稳定共生，属早期变质作用的产物，为第一世代的斜长石。斜长石半自形—它形粒状、不规则状，可见聚片双晶，环带结构，绢云母化普遍，有时具黝帘石化、白云母化，大小 0.25～1.5mm。

次生斜长石：为退变质作用形成的第二世代的斜长石。发育在石榴石晶体四周由斜长石组成的白色环边（冠状反应边）构成“白眼圈”结构，是石榴石退变质产物。

据不同岩类中的斜长石化学成分及计算结果（表 4-13）并经斜长石中的 Ab、An、Or 3 个端元组分的计算，阿拉玛斯岩群中斜长石均为中长石和奥长石，奥长石的 An=18.493—22.52，中长石 An=32.039—46.761。

表 4-13　斜长石、绿泥石化学成分及计算结果表

序号	25	26	27	28	29	30	33
矿物名称	斜长石	斜长石	斜长石	斜长石	斜长石	斜长石	绿泥石
	钠长石	奥长石	中长石	奥长石	中长石	中长石	
样品编号	B-1190	B-1255-②	XXⅤB-41-②	XXⅤB-42-②	XXⅤB-56-①	B-3012-②	B-2065
单位	Pz_1s	Jx*A*	Jx*A*	Jx*A*	Jx*A*	Jx*A*	Pz_1s
岩石名称	钠长阳起片岩	含石榴斜黑云片岩	角闪辉长岩	石榴矽线黑云石英片岩	含辉石角闪斜长片麻岩	角闪斜长片麻岩	绿泥斜长白云石英片岩
SiO_2	67.838	60.825	54.924	62.805	56.354	60.094	25.454
TiO_2	0.001	0.001	0.001	0.001	0.030	0.001	0.030
Al_2O_3	20.583	24.479	27.669	23.504	28.025	25.971	22.250
FeO	0.057	0.206	0.032	0.116	0.019	0.095	20.521
Fe_2O_3							0.458
MnO	0.014	0.044	0.001	0.001	0.038	0.001	0.260
MgO	0.001	0.001	0.010	0.001	0.017	0.001	18.497
CaO	0.263	4.941	9.993	4.047	9.414	7.241	0.059
K_2O	0.053	0.207	0.067	0.057	0.062	0.188	0.004
Na_2O	9.452	9.258	6.243	9.819	6.783	8.364	0.001
P_2O_5	0.051	0.123	0.010	0.127	0.001	0.032	0.076
合计	98.313	100.103	98.950	100.478	100.743	101.988	87.610
以 O_{12} 为基准的阳离子数							以 O_{14} 为基准的阳离子数
Si	4.480 0	4.058 9	3.752 8	4.154 3	3.776 4	3.957 1	2.623 8
Fe^{3+}							0.006 6
Fe^{2+}	0.003 1	0.011 5	0.001 8	0.006 4	0.001 0	0.005 2	1.797 9
Mn	0.000 8	0.002 5			0.002 2		0.022 8
Ti					0.001 5		0.002 3
Ca	0.018 6	0.353 3	0.731 6	0.286 8	0.676 0	0.510 9	0.006 5
K	0.004 5	0.017 6	0.005 9	0.004 8	0.005 3	0.015 8	0.000 5
Na	1.210 2	1.197 8	0.827 1	1.259 2	0.881 3	1.067 9	0.000 1
Mg			0.001 0		0.001 7		2.842 5
Al	1.602 0	1.926 6	2.228 1	1.832 3	2.123 4	2.015 5	1.376 2
							1.326 9
P	0.002 8	0.006 9	0.000 6	0.007 1		0.001 8	0.006 7
Or	0.326	1.123	0.373	0.310	0.339	0.990	
Ab	98.129	76.357	52.865	81.197	56.403	66.971	
An	1.509	22.520	46.761	18.493	43.258	32.039	

8. 其他变质矿物

辉石：浅绿色，他形粒状、半自形短柱状，大小 0.1～0.5mm，碳酸盐化，蠕虫状交生(?)，与角闪石、斜长石、绿帘石、石英等共生。有的辉石退变为角闪石，只保留其假象。

白云母：母岩为二云斜长片麻岩和二云母片岩，白色、淡绿色、淡粉色，定向排列，构成区域片理，大小为 0.02mm×0.05mm～0.1mm×0.4mm。与黑云母、斜长石、石英、矽线石共生。

绿帘石：他形粒状，浅黄绿色，与斜长石、石英、黑云母平衡共生，主要分布于该套地层的北部边缘。

微斜长石：不规则粒状，具条纹双晶和格子双晶，与斜长石、黑云母、石英共生。

钾长石：有交代斜长石现象。

(二)矿物共生组合特征

不同变质矿物的出现是不同变质期和不同变质作用的具体反映，不同矿物间的交代、转变关系，反映了不同期次或同期次不同变质阶段的温度、压力条件的变化，变质矿物的共生组合是不同变质条件下的变质反应的表现，它也是确定变质作用条件最可靠的依据之一(表 4-14)。本区低角闪岩相变质的阿拉玛斯岩群变质矿物具有以下特点：

(1)岩石中普遍发育 2～3 个世代的矿物共生组合。

(2)黑云母退变为绿泥石，斜长石绢云母化现象普遍。由黑云母退变的绿泥石与其他片柱状矿物一起共同构成岩石的糜棱面理，是第二期动力变质作用的产物。

(3)石榴石的冠状反应边反映了一个降压退变的变质作用历史。

(三)变质相带划分及变质作用条件

区内低角闪岩相相当于温克勒的中级变质级，相当于十字石-矽线石带(图 4-11)，构成了阿拉玛斯岩群的主体，矽线石大量出现是划分该带的标志。常见的变质岩石有：片岩、片麻岩、斜长角闪岩和大理岩。该带出现的矿物组合如表 4-14 所示，典型矿物组合为：Ald+Sill+Pl+Q+Bi+Mu，Sill+Bi+Mu+Pl+Q，地质体北部边缘局部出现 St+Ald+Sill+Pl+Q+Bi+Mu 的组合，由于区内没出现矽线石+钾长石的矿物共生组合，所以认为阿拉玛斯岩群的变质程度为低角闪岩相。

据矿物共生组合，其中主要的变质反应为：Mu+Chl=St+Bi+Q+H_2O(P=0.4GPa，T=540℃～560℃，霍斯契克，1969)、St+Mu+Q= Sill+Bi+H_2O (P=0.2～0.55GPa，T=575℃～675℃，霍斯契克，1969)。

利用矿物对确定变质作用的温压条件已被广泛应用。矿物地质温压计利用了变质过程中主要元素在共存矿物对之间的分配关系来确定其形成的温压条件以及变质作用演化规律。对阿拉玛斯岩群低角闪岩相的变质条件利用黑云母-石榴石、角闪石-斜长石矿物对进行确定(表 4-15、表 4-16)，其变质温度为 550℃～610℃，压力约为 0.4GPa。

由变质反应和矿物对所确定的温压条件吻合程度较高，结合黑云母、角闪石矿物成分可以断定阿拉玛斯岩群的主期变质为中—低压条件下的低角闪岩相变质。

二、下古生界上其汗岩组变质作用

(一)变质矿物及其共生组合特征

岩石普遍发生区域变质作用并伴有动力变质作用，碎斑主要为斜长石、石英，斜长石具绢云母化、碳酸盐化、黝帘石化，斜长石碎斑破碎，石英具波状消光、带状消光，粒化重结晶明显。基质中大量出现洁净的钠长石，为动力变质作用同期重结晶的产物。特征变质矿物黑云母、白云母结晶粒度比阿拉玛斯岩群中的明显偏小，常为显微鳞片状，强定向分布，白云母电子探针结果(表 4-10)显示，其 SiO_2 含量为 45.55%，Al_2O_3 为 35.143%。绿泥石(表 4-13)与钠长石、绢云母等紧密共生，其 SiO_2 含量为 25.454%，Al_2O_3 为

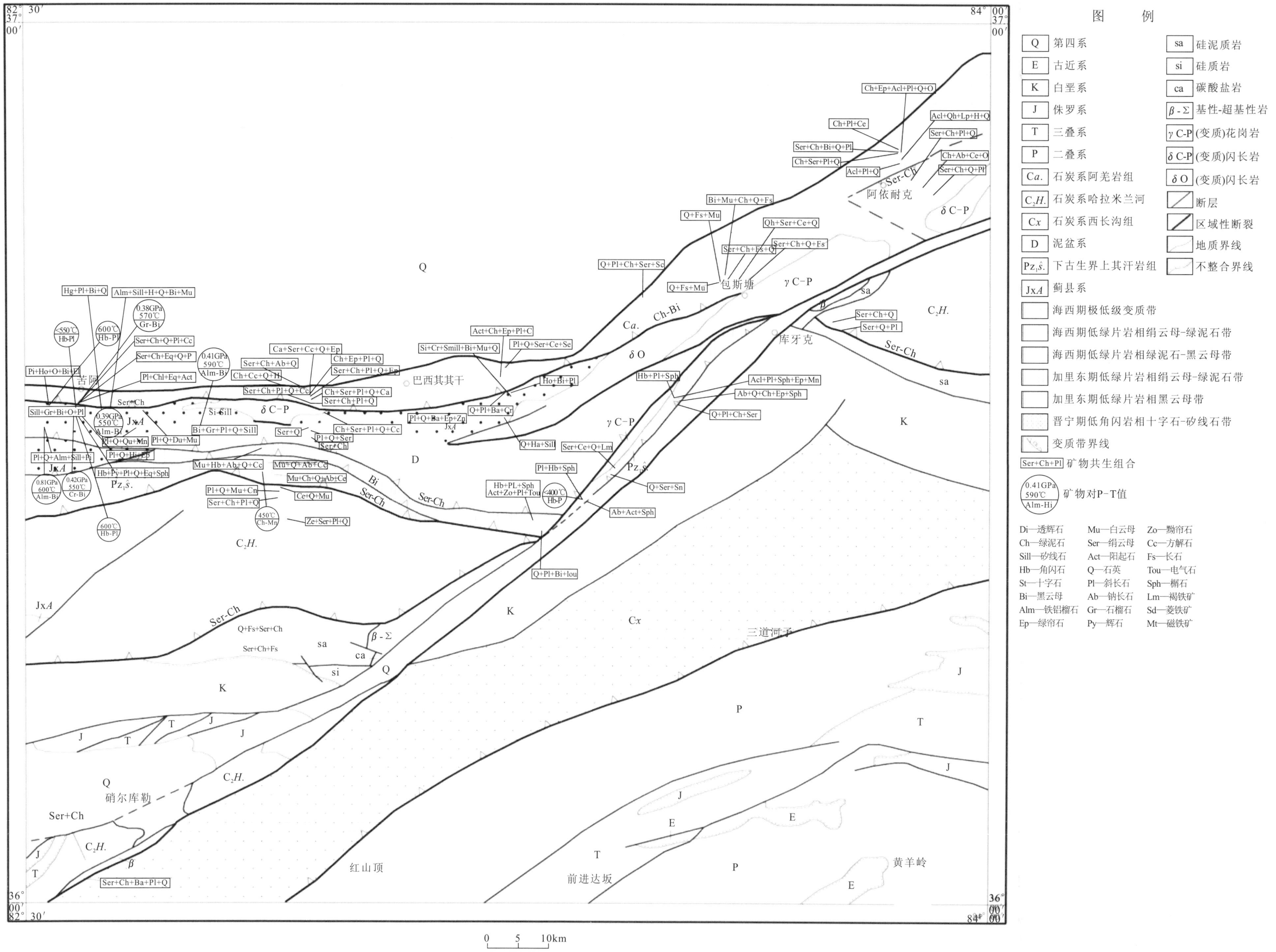
图 例
Q 第四系
E 古近系
K 白垩系
J 侏罗系
T 三叠系
P 二叠系
Ca. 石炭系阿羌岩组
C2H. 石炭系哈拉米兰河
Cx 石炭系西长沟组
D 泥盆系
Pz1ŝ. 下古生界上其汗岩组
JxA 蓟县系
海西期极低级变质带
海西期低绿片岩相绢云母-绿泥石带
海西期低绿片岩相绿泥石-黑云母带
加里东期低绿片岩相绢云母-绿泥石带
加里东期低绿片岩相黑云母带
晋宁期低角闪岩相十字石-矽线石带
变质带界线
Ser+Ch+Pl 矿物共生组合
0.41GPa 590℃ Alm-Hi 矿物对P-T值
sa 硅泥质岩
si 硅质岩
ca 碳酸盐岩
β-Σ 基性-超基性岩
γC-P (变质)花岗岩
δC-P (变质)闪长岩
δO (变质)闪长岩
断层
区域性断裂
地质界线
不整合界线
Di—透辉石
Ch—绿泥石
Sill—矽线石
Hb—角闪石
St—十字石
Bi—黑云母
Alm—铁铝榴石
Ep—绿帘石
Mu—白云母
Ser—绢云母
Act—阳起石
Q—石英
Pl—斜长石
Ab—钠长石
Gr—石榴石
Py—辉石
Zo—黝帘石
Cc—方解石
Fs—长石
Tou—电气石
Sph—榍石
Lm—褐铁矿
Sd—菱铁矿
Mt—磁铁矿
阿依耐克
包斯塘
库牙克
巴西其其干
吉阿
三道河子
硝尔库勒
红山顶
前进达坂
黄羊岭
0 5 10km

图4-11 变质相带图

表 4-14 昆北微陆块各变质相带矿物组合

变质相	变质带	矿物组合		地质体
		富钙岩石	贫钙岩石	
低角闪岩相	十字石-矽线石带	Hb+Pl+Bi+Q Pl+Hb+Q+Bi+Ep Hb+Py+Pl+Q+Ep	St+Ald+Sill+Pl+Q+Bi+Mu Bi+Ald+Pl+Q+Sill Ald+Sill+Pl+Q+Bi+Mu Pl+Q+Ald+Sill+Mu Bi+Mu+Sill+Q Pl+Q+Bi+Mi Ald+Bi+Mi+Q+Pl	蓟县系 阿拉玛斯岩群
低绿片岩相	黑云母带		Mu+Bi+Ab+Q+Cc Q+Pl+Bi+Tou(电气石)	下古生界 上其汗岩组
	绢云母-绿泥石带	Ab+Act+Sph(榍石) Act+Pl+Sph+Ep+Mt	Mu+Q+Ab+Cc Mu+Ch+Q+Ab+Cc Ser+Cc+Q+Lm(褐铁矿) Q+Ser+Sd(菱铁矿) Q+Pl+Ch+Ser Ab+Q+Ch+Ep+Sph	
低绿片岩相	绢云母-绿泥石带		Ser+Q Pl+Q+Ser Ser+Ch	泥盆系 奇自拉夫组
低绿片岩相	绢云母-绿泥石带	Act+Ch+Ep+Pl+Q	Ch+Ser+Pl+Cc Ser+Ch+Q+Pl Ch+Ser+Cc+Q Act+Pl+Q Ch+Pl+Cc Ch+Cc+Q Ch+Ab+Cc+Q Ch+Ser+Pl+Q Ser+Ch+Ep+Q+Pl Ch+Ser+Cc+Q+Ep Ser+Ch+Ab+Q Pl+Q+Ser+Cc+Sd Q+Pl+Ch+Ser+Sd Ser+Ch+Q+Fs+Ep Q+Fs+Mu Ch+Ep+Act+Pl+Q+Cc	石炭系阿羌岩组
	绿泥石-黑云母带		Pl+Ch+Ep+Act Bi+Ser+Ep+Ch+Q Bi+Mu+Ch+Q+Fs Q+Fs+Ser+Bi Ser+Ch+Bi+Q+Pl	
高绿片岩相	铁铝榴石带	Hb+Bi+Ep+Pl+Q	Pl+Q+Bi+Hb+Cc+Ep Q+Hb+Ch+Cc+Ep	

表 4-15　黑云母—石榴石矿物对温压计算结果表

样号	地质体	岩石名称	产出环境	别尔丘克,1970	格列鲍维茨基,1972	
				T(℃)	T(℃)	P(MPa)
B-1255	Jx*A*	含石榴斜长黑云片岩	低角闪岩相	610	590	0.41
XXⅤB-42	Jx*A*	石榴矽线黑云石英片岩	低角闪岩相	560	580	0.42
XXⅤB-52	Jx*A*	矽线二云片岩	低角闪岩相	580	570	0.38
B-3005	Jx*A*	石榴矽线二云斜长片麻岩	低角闪岩相	550	550	0.39
B-3013	Jx*A*	矽线石榴黑云斜长片麻岩	低角闪岩相	610	600	0.81

表 4-16　角闪石—斜长石矿物对测温结果表

样号	地质体	岩石名称	产出环境	Ca/(Ca+Na+K)			Plyusnina. L. P,1982			
				Hb	Pl	T℃	ΣAlHb	CaPl	T(℃)	P(MPa)
XXⅤB-41	Jx*A*	角闪辉长岩	低角闪岩相	0.91	0.47	<550	0.744	0.7316		
XXⅤB-56	Jx*A*	含辉石角闪斜长片麻岩	低角闪岩相	0.82	0.43	560	1.74	0.676 0		
B-3012	Jx*A*	角闪斜长片麻岩	低角闪岩相	0.74	0.32	600	1.909	0.510 9	650	220
B-1190	基性火山岩（岩片）	钠长阳起片岩	低绿片岩相	0.98	0.02	<400	0.413	0.018 6		

22.25%,FeO 为 20.521%,MgO 为 18.497%。

原岩为基性火山岩的黝帘阳起片岩、绿泥钠长片岩、钠长阳起片岩中变质矿物共生组合为(表 4-14):Act+Zo+Pl+Sph+金属矿物、Ab+Q+Ch+Ep+Sph、Ab+Act+Sph。

原岩为酸性火山岩的斜长二云石英片岩、绿泥斜长白云石英片岩中变质矿物共生组合为:Mu+Bi+Pl+Ab+Q、Mu+Ch+Ab+Q+Cc。

原岩为泥质岩石的钠长白云母片岩、方解绢云片岩中变质矿物共生组合为:Mu+Ab+Q、Ser+Cc+Q+褐铁矿。

原岩为泥砂质岩石的斜长黑云石英片岩、绢云石英片岩中变质矿物共生组合为:Q+Pl+Bi+金属矿物、Q+Pl+Ser+Cc+Ch。

(二)变质相带划分及变质作用条件

根据矿物共生组合可以确定下古生界上其汗岩组为低绿片相变质,相当于温克勒的低级变质级,包括绢云母-绿泥石带和黑云母带(图 4-11)。它与两侧不同时代、经历了不同变质历史的不同变质级别的变质岩石均以区域性大断裂相隔。

黑云母带:以黑云母的首次出现为标志,分布于该套地层的北部。常见的变质岩石有:

斜长黑云石英片岩、斜长二云石英片岩。常见的矿物共生组合如表 4-14 所示,典型矿物组合为:变质泥砂质岩中为 Q+Pl+Bi+金属矿物,变质酸性火山岩中为 Mu+Bi+Pl+Ab+Q。

绢云母-绿泥石带:以出现绿泥石、绢云母、钠长石为标志。主要岩石类型有绿泥钠长片岩、绢云石英片岩、方解绢云片岩等。出现的矿物共生组合如表 4-14 所示,典型的矿物组合贫钙岩石为 Ch+Ser+Pl+Q、Mu+Ch+Q+Ab+Cc、Ab+Q+Ch+Ep+Sph,富钙岩石为 Ab+Act+Sph(榍石)、Act+Pl+Sph+Ep+Mt。其可能的变质反应为 Mu+Chl=Bi+MgChl+Q+H_2O、SiMu +Chl= Mu +Bi+Q+H_2O。

白云母电子探针结果在 1973 年都城秋穗白云母与变质级别的关系图解上,落入十字石和十字石-矽线石带中,说明上其汗岩组的变质级别为低角闪岩相,但绿泥石-白云母矿物对测温结果表明其为低绿片岩相，温度为450℃，显然此变质温度与宏观地质特征更加吻合。

三、泥盆系奇自拉夫组变质作用

泥盆系奇自拉夫组与下伏下古生界上其汗岩组在区内为断层接触，区域上为不整合接触，属陆相磨拉石建造，是一套浅变质的沉积岩系，主要变质岩石类型有变质砾岩、变质砂岩、板岩等，出现的变质矿物为绢云母、绿泥石等(表4-14)，但矿物结晶粒度较上其汗岩组更为细小，含量也更少，所以其相当于低绿片岩相的绢云母-绿泥石带。

四、石炭系阿羌岩组变质作用

(一)主要变质矿物特征

1. 绿泥石

绿泥石多呈束状、片状集合体，呈浅绿色，具多色性，干涉色为绿灰色，有时可见异常干涉色，与钠长石、绢云母紧密共生，据与其他矿物间的关系，绿泥石的形成可分为两个世代[图4-10(d)]：

同构造期形成的绿泥石：组成岩石片理并与绢云母呈稳定共生关系，共同组成岩石片理的绿泥石，属第一世代的绿泥石。

构造期后形成的绿泥石：沿早期矿物黑云母的边缘或解理交代形成的绿泥石以及在绿泥石边缘、解理处常有磁铁矿、含钛矿物粉末存在，并呈黑云母假象的绿泥石，是退变质作用形成的第二世代绿泥石。

2. 绢云母

有两个世代的绢云母，第一世代的绢云母是与其他片柱状矿物一起构成岩石片理，第二世代的绢云母广泛分布于变质基性火山岩中的斜长石中，是斜长石蚀变的产物，结晶粒度细小，不定向，为后期蚀变产物。

3. 黑云母

黑云母结晶小，呈细小鳞片状，解理不很清楚，常与石英、斜长石、绢云母共生，沿其解理有时具绿泥石化现象。

4. 角闪石

角闪石在阿羌岩组中少量出现，主要分布于角闪绿帘黑云斜长片岩中，原岩为变质基性火山岩，角闪石呈变斑晶，不定向分布，其内部含大量基质成分的包体(斜长石、石英、黑云母等)，包体排列方向与基质矿物构成的片理一致，为后期热液变质的产物。

5. 阳起石

变质基性火山岩中，辉石斑晶被阳起石替代，呈其假象，基质中阳起石为浅绿色、浅黄绿色，显微柱状、纤维束状集合体，绕碎斑定向分布，阳起石与斜长石、绿帘石、绿泥石、方解石共生。

6. 其他变质矿物

绿帘石：产于变质粉砂岩和变质基性火山岩中，呈不规则细粒集合体，与绿泥石紧密共生。

斜长石：为钠长石，斑晶钠长石绢云母化、绿帘石化、碳酸盐化普遍，常破碎成碎斑状，其裂隙被方解石充填。基质中的长石常具钠黝帘石化。

(二)变质相带划分

阿羌岩组的变质矿物组合特征反映变质程度为低绿片岩相，相当于温克勒的低级变质级，并可进一步划分为两个变质带，即绿泥石-黑云母带和绢云母-绿泥石带(图 4－11)。

绿泥石-黑云母带：呈北东向展布于巴西其其干—包斯塘和阿依耐克北一带。该带由于泥质岩石较少，且黑云母分布零乱，时现时灭，难以划分开黑云母带和绿泥石带，故合并为绿泥石-黑云母带。常见的变质岩石有绿泥黑云石英片岩、二云石英片岩、含绿泥绿帘二云石英片岩等。常见的矿物共生组合如表 4－14 所示，典型矿物组合为：Ser＋Ch＋Bi＋Q＋Pl、Pl＋Ch＋Ep＋Act、Bi＋Ser＋Ep＋Ch＋Q。

绢云母-绿泥石带：呈近东西向分布于苦阿—巴西其其干和阿依耐克一带，变质带与地层产状基本一致。该带以不出现黑云母为特征，常见的变质岩石有：方解绿泥片岩、绢云绿泥片岩、绿泥石英片岩和绿泥阳起片岩。常见的变质矿物组合如表 4－14 所示，典型矿物组合为：Ch＋Ser＋Pl＋Cc、Ser＋Ch＋Q＋Pl、Act＋Pl＋Q、Ch＋Ep＋Act＋Pl＋Q＋Cc、Ser＋Ch＋Ep＋Q＋Pl。

五、昆南微陆块哈拉米兰河岩群变质作用

哈拉米兰河岩群变质岩系构成了昆南微陆块的主体，变质岩石类型多样，变质程度浅，出现的变质矿物主要为绢云母和绿泥石，只有在库牙克断裂带中才偶见雏晶黑云母。不同岩石中的变质矿物组合如下：

变质泥岩：Ser＋Ch＋Fs、Q＋Fs＋Ser＋Ch

菱铁矿化变质粉砂岩：Ser＋Q＋Pl

千枚岩：Pl＋Q＋Mu＋Ch、Zo＋Ser＋Pl＋Q、Ser＋Ch＋Q

大理岩：Cc＋Q＋Mu

变质中性火山岩(白云石斜长白云绿泥片岩)：Pl＋Q＋Mu＋Ch

根据变质矿物共生组合可以确定哈拉米兰河岩群的变质程度为低绿片岩相，相当于绢云母-绿泥石带。

第五节　变质作用期次划分及变质作用演化

一、变质作用期次划分

通过对变质岩和特征变质矿物、变质作用类型、构造特征及地质体之间的相互关系的研究，将本区变质作用划分为三期，即晋宁期区域动力热流变质作用一期、加里东期区域低温动力变质作用一期和海西期区域低温动力变质作用一期，其划分依据如下：

(1)中元古界蓟县系阿拉玛斯岩群经历了角闪岩相变质，混合岩化较强，是本区出露的最老地层，也是该区的褶皱基底，它与古生界呈断层接触，两者在变形样式、变质作用类型及变质程度等方面截然不同。此次工作在侵入于阿拉玛斯岩群的岩体中取得的锆石 U－Pb 同位素年龄，其时代为震旦纪，野外观察该岩体变形变质程度明显弱于围岩。

(2)昆仑造山带经历了加里东期、海西期两期造山旋回已成为不争的事实。其曼于特结合带是形成于加里东期的、分割昆北微陆块与昆南微陆块的板块缝合带，是原特提斯洋演化的产物。苏巴什结合带则是形成于海西期、分割昆南微陆块(华北板块)与松潘-甘孜地块(华南板块)的板块缝合带，是古特提斯洋(北支)演化的产物。两次洋陆转换、两次造山伴随有两期不同类型的区域变质作用。

(3)泥盆系奇自拉夫组为一套磨拉石建造，它分割了加里东期和海西期两个洋陆转化阶段，既代表了加里东造山旋回的结束，又反映了海西造山旋回的开始。下古生界上其汗岩组、石炭系阿羌岩组虽然变形变质特征相似，但其却经历了不同的变形变质作用阶段。

(4)蓟县系阿拉玛斯岩群变质岩石至少具有 2～3 个世代的矿物组合，而且早期区域动力热流变质作用受后期区域低温动力变质作用叠加改造特征明显。

二、变质作用演化

（一）晋宁期区域动力热流变质作用

晋宁期的区域变质作用与 Rodinia 超大陆的形成有关，是古陆块聚合、碰撞的表现。蓟县系阿拉玛斯岩群以一套陆源碎屑岩建造为主，夹有大理岩和火山岩，由于经历了主期的角闪岩相变质和后期绿片岩相变质、强烈韧性剪切变形作用的改造，原岩的结构构造消失殆尽，所以其原岩难以确定，根据化学成分所进行的原岩恢复结果显示，副变质的长英质岩石（石英片岩、片麻岩）其原岩为泥砂质岩石。通过对变质地层各种岩石组合的研究，结合区域地质构造分析，蓟县系阿拉玛斯岩群可能为较稳定的浅海陆棚沉积。

阿拉玛斯岩群变质岩石普遍发育 2～3 个世代的矿物组合，尤其以主期低角闪岩相变质和后期叠加的绿片岩相变质的变质矿物组合特征最为清楚。石榴石、十字石常具筛状变晶结构，包裹有石英、长石、黑云母，内外叶理关系复杂，其边部有时形成斜长石的冠状反应边，矽线石由黑云质变质而来，与黑云母、白云母及其他粒状变晶矿物共同构成主期片理，黑云母、角闪石、透辉石、石榴石普遍部分退变为绿泥石，斜长石则常退变为绢云母和钠黝帘石，绿泥石、斜长石、钠黝帘石等变质矿物所形成的第二期面理常构成与主期面理的复合面理。多世代的矿物组合及矿物转变关系不仅反映阿拉玛斯岩群主期经历了晋宁期的低角闪岩相区域动力热流变质作用，而且显示了加里东期甚至是海西期的区域变质作用。

（二）加里东期区域低温动力变质作用

1999 年贾群子等在研究西昆仑块状硫化物矿床成矿条件和进行成矿预测时，对上其汗（区内其其干萨依、下马里克一带）火山岩进行了岩石 Rb－Sr 及矿石 Pb 同位素年代学研究，将该套地层的形成时代确定为早古生代。此次工作在包斯塘变质闪长岩中获得了奥陶纪的 U－Pb 测年结果，进一步证实了区内存在加里东期原特提斯的地质演化历史。上其汗岩组中中酸性火山岩大量发育，其化学成分显示了火山弧的特征，它是早古生代昆北微陆块与昆南微陆块间洋壳俯冲、弧陆碰撞的结果，也是新元古代晚期超大陆裂解的陆块再度拼合的结果。上其汗岩组上覆的泥盆系奇自拉夫组具有磨拉石建造的特点，反映了西昆仑地区在此期间的快速隆升和成山。

上其汗岩组透入性的面理主要由变质矿物绢云母、绿泥石及粒状变晶矿物钠长石、石英及少量黑云母组成，强烈的韧性变形特征及低绿片岩相的变质矿物共生组合反映该期变质作用为区域低温动力变质作用。加里东期区域低温动力变质作用不仅使上其汗岩组发生了低绿片岩相变质，而且使得蓟县系阿拉玛斯岩群普遍发生低绿片岩相的退变质作用。

（三）海西期区域低温动力变质作用

海西期区域低温动力变质作用波及了石炭系及以前的所有地岩层，它是华南板块与华北板块俯冲、碰撞的结果，是二叠纪泛大陆形成时造山作用的重要组成部分。此次强烈的构造热事件，使得石炭纪地层普遍发生了次绿片岩相-低绿片岩相的低级变质作用，并使阿羌岩组形成了透入性的流劈理，哈拉米兰河岩群与西长沟组形成了非透入性的板劈理。

塔里木盆地南缘至昆仑山北部山前一带发育一套低绿片岩相变质、强烈韧性变形的碎屑岩-中基性火山岩-碳酸盐岩建造，由于不含化石，所以对地层时代争议较大，此次工作通过邻区的化石资料将其定为石炭系阿羌岩组，其所经历的变质作用应为海西期。对西昆仑东段大量发育的变质闪长岩，前人多将其定为海西期，但主要是经区域对比而来，区内并无测年资料，本次在其中采集了多个锆石 U－Pb 同位素测年样品，但结果尚未到，只是在苦阿侵入于蓟县系阿拉玛斯岩群的变质闪长岩中获得了石炭纪的变质年龄，说明海西期区域变质作用不仅产生了阿羌岩组的区域变质作用，而且对基底变质岩系——阿拉玛斯岩群也产生一定的退变质，但是由于其退变质的程度与加里东期相同，所以在阿拉玛斯岩群、上其汗岩组中所产生的退变质的矿物组合特征不明显。

分布于喀什塔什山一带的浅变质岩，前人曾将其划为中元古代地层，2001 年新疆地质调查院在进行化探工作时，杨万智在尼雅河上游厚层灰岩中采到了燕海扇、线纹长身贝等化石，经鉴定其时代为 C－P，经与区域上岩石组合对比，我们将其划归石炭系哈拉米兰河岩群。哈拉米兰河岩群与阿羌岩组变形变质特征相似，均为低绿片岩相变质，出现的新生变质矿物主要为绢云母和绿泥石，为绢云母-绿泥石带的产物。

西长沟组是一套经历了极低级变质作用的碎屑岩建造，碎屑中火山物质含量较高，在硝尔库勒南一带主要为变质凝灰质砂岩和凝灰岩，向东岩石中火山物质含量减少。岩石变质程度极浅，原岩结构构造清楚，砂岩的杂基和胶结物中重结晶出少量的新生绢云母、绿泥石，石英颗粒具次生加大现象。

变质矿物结晶的粒度和矿物共生组合均反映出，由北向南，石炭系阿羌岩组、哈拉米兰河岩群、西长沟组变质程度、韧性变形的强度依次降低，反映热源位于北部，这也与海西期侵入岩的分布特征相吻合。

第五章　地质构造及构造演化史

第一节　区域地质构造背景和构造单元划分

一、区域地质构造背景

调查区地处青藏高原北缘，东、西昆仑山的结合部位。华北板块和华南板块之间的主要构造单元和重要的构造结合带都通过测区(图 5－1)。该区经历了漫长的构造变动历史，原特提斯洋从震旦纪开始形成，历经早古生代初期扩张，早古生代晚期消减、俯冲并陆陆碰撞；古特提斯洋约从泥盆纪形成，于二叠纪末俯冲、碰撞，形成蛇绿岩带、混杂堆积、火山岛弧等。昆仑造山带由两条规模不等的构造结合带和其间的岛弧或陆块拼贴而成，呈明显的条状镶嵌。后期由于印度板块强烈向北碰撞，青藏高原在新生代以来快速隆升，加上相对刚性的塔里木地块阻挡并向南俯冲，原来东西向展布的昆仑造山带发生了变形和变位，造成了区内独特的构造、地貌景观(图 5－2)。

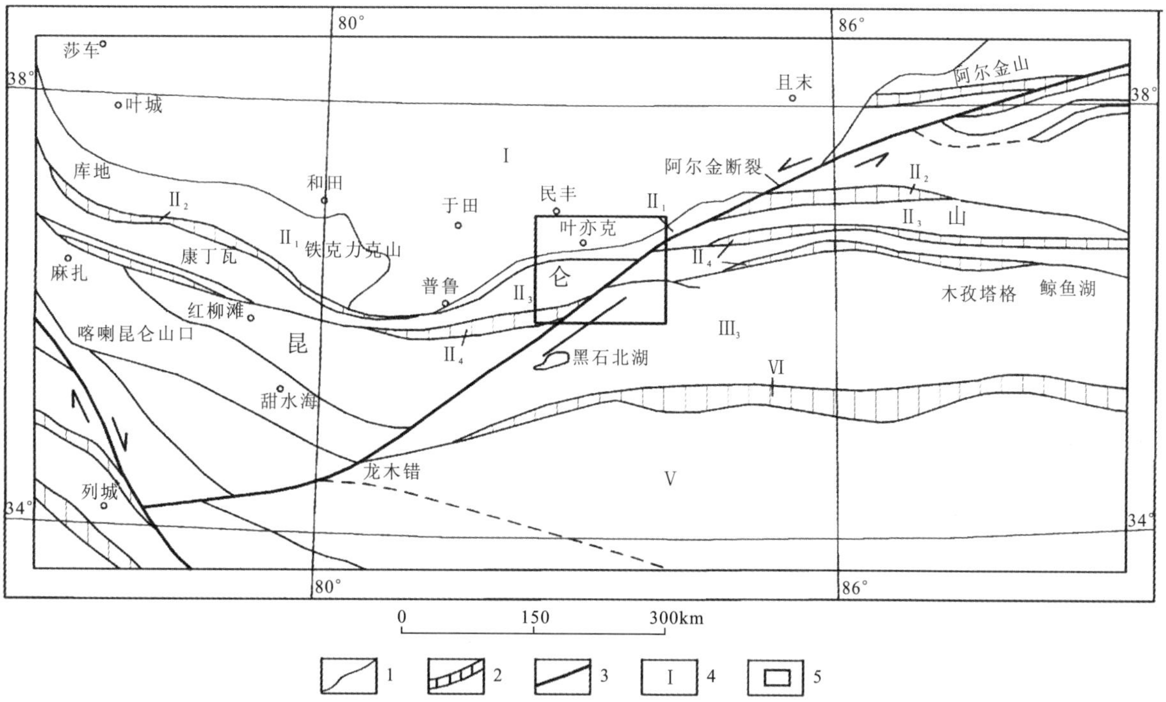

图 5－1　区域地质构造位置图

1.地质界线；2.构造结合带；3.主要断裂；4.构造单元(陆块.构造结合带)编号；5.工作区范围

Ⅰ.塔里木陆块；Ⅱ.昆仑造山带；Ⅱ$_1$.昆北微陆块；Ⅱ$_2$.其曼于特-纳赤台结合带；Ⅱ$_3$.昆南微陆块；Ⅱ$_4$.苏巴什-鲸鱼湖结合带；Ⅲ.松藩-甘孜陆块；Ⅳ.西金乌兰-金沙江结合带；Ⅴ.羌塘陆块

二、构造单元划分

在全球构造和大地构造格架研究中，大板块的边界是确定的。但在区域地质构造研究及中小比例尺地质填图中,板块构造单元划分是当前板块构造细结构研究的关键问题,也是区域地质研究中亟待解决的实际问题。

自1945年以来,有不同学派的学者对青藏高原及其邻区的大地构造单元作了划分,并在一定程度上论述了地质特征及地史演化,特别是近年来随着青藏高原地质调查工作的开展,对青藏高原北缘的地质构造特点的认识不断深化,为大地构造单元划分奠定了良好的基础。但如何运用板块构造观点来划分构造单元,至今还没有一个确定的划分准则。

板块构造学说的威尔逊旋回着重论述了大洋的形成和消亡过程。根据大陆和大洋岩石圈的不同时空结构和特性及其在构造活动、岩浆作用、沉积作用、变质作用、成矿作用及其运动学过程和动力学机制等方面的不同表现和各自的演化规律,把岩石圈构造演化分为大陆岩石圈和大洋岩石圈两种构造演化体制。这两种构造体制在演化过程中都形成一些动力学上有互相联系的构造地貌单元,但大洋岩石圈构造体制演化中形成的时空结构系统中一些构造地貌单元大多消失,仅有部分印记残存在板块结合带中,而大陆岩石圈构造体制演化形成的一些构造地貌单元保存较好。这些保存较好的和从印记中反映出来的一些构造地貌单元信息,正是我们划分大地构造单元的基础(李兴振,2000)。

根据区内的实际情况,在晋宁期前已经拼合的古老板块不再进行划分,只对新元古代以来陆间曾有大洋相隔来划分大陆板块,大陆板块和通过大洋岩石圈俯冲消减作用形成的造山带作为一级构造单元。二级构造单元的划分采取时空结构的系统性、层次性、相关性的大地构造单元划分原则,以板(陆)块结合带和夹于其间的陆块或岩浆弧作为二级构造单元,构成本区构造单元划分的基础或基本格架。次级构造单元还可进一步细分,如微陆块、岩片等(表5-1)。

表5-1　测区构造单元划分一览表

<table>
<tr><th>单元级次</th><th colspan="6">构造单元划分</th></tr>
<tr><td>Ⅰ级</td><td>华北板块</td><td colspan="4" rowspan="2">昆仑造山带</td><td>华南板块</td></tr>
<tr><td>Ⅱ级</td><td>塔里木陆块</td><td>松藩-甘孜陆块</td></tr>
<tr><td>Ⅲ级</td><td>新生代盆地</td><td>昆北微陆块</td><td>其曼于特-纳赤台结合带</td><td>昆南微陆块</td><td>苏巴什-鲸鱼湖结合带</td><td>巴颜喀拉前陆盆地</td></tr>
</table>

结合带同于缝合带或构造混杂岩带,往往由洋壳的残体和遭受强烈变形改造或构造混杂的部分过渡壳组成,混杂有多种构造环境中的沉积物及洋岛、海山和洋壳等物质。其中洋壳和下伏的上地幔物质的残片,是标志原先有洋盆存在而后消失的地带,代表早期洋壳消减的遗迹。包括另一构造体制演化的信息,表明曾有另一种构造演化体制存在。

陆块是造山带中被分割而又相对保存完整的陆壳(大陆岩石圈)块体。陆块之间的构造拼接边界一般都具有结合带的性质,因发生变形、变位而被后期韧性剪切带或区域性大断裂所取代。

第二节　构造单元基本特征

一、塔里木陆块

图幅处于塔里木陆块的南部边缘,基底建造及古生代沉积地层在区内未出露。据磁性资料显示,塔里木盆地具双层基底结构特征,由上下两套不同磁性的变质岩组成,下层航磁异常反映为磁性基岩,其时代为太古宙,一般埋深在10～20km;上层时代属元古宙,磁性不强或微弱,厚度变化在1～8km之间。中生代沉积从侏罗纪开始,中侏罗统在昆仑山前为一套含煤碎屑岩建造。区内缺失白垩纪和古近纪、新近纪沉积,区域资料显示白垩纪时期特提斯海水侵入到塔里木陆块南缘,沉积了浅海-滨海相碎屑岩建造,古近纪海水全部浸漫,沉积了高硫酸盐的泻湖、浅海、海滩交替相,富含化石。第四系(下)更新统西域组为一套粗碎屑岩,其上均为松散堆积物,新生代以来沉积的巨厚松散堆积物总厚度达4 000～5 000m。

塔里木盆地内地质构造现象在区内不明显,主要出现在盆地南部边缘,为新构造运动所产生冲断作用

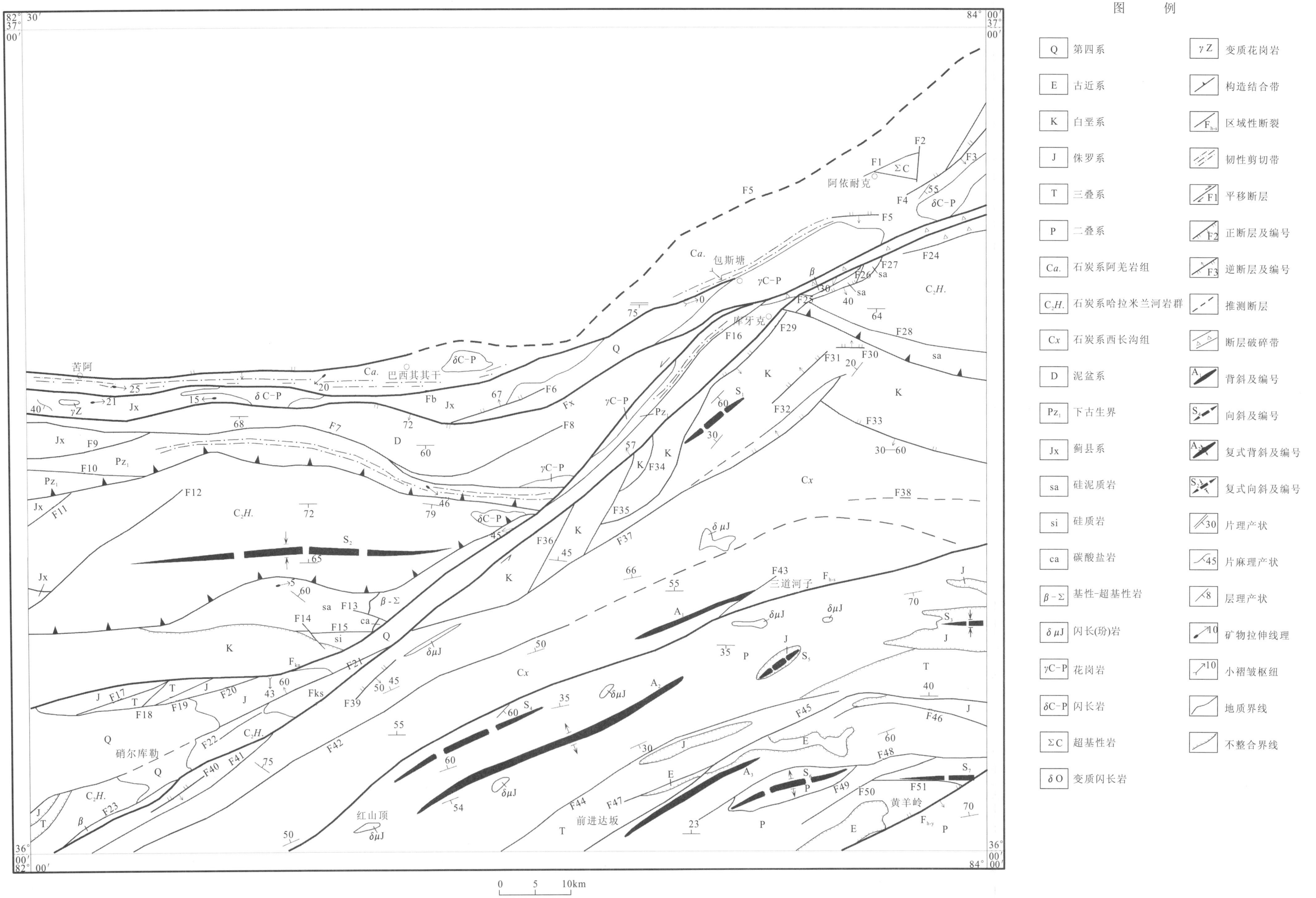
图 例
Q 第四系
E 古近系
K 白垩系
J 侏罗系
T 三叠系
P 二叠系
Ca. 石炭系阿羌岩组
C₂H. 石炭系哈拉米兰河岩群
Cx 石炭系西长沟组
D 泥盆系
Pz₁ 下古生界
Jx 蓟县系
sa 硅泥质岩
si 硅质岩
ca 碳酸盐岩
β-Σ 基性-超基性岩
δμJ 闪长(玢)岩
γC-P 花岗岩
δC-P 闪长岩
ΣC 超基性岩
δO 变质闪长岩
γZ 变质花岗岩
构造结合带
区域性断裂
韧性剪切带
平移断层
正断层及编号
逆断层及编号
推测断层
断层破碎带
背斜及编号
向斜及编号
复式背斜及编号
复式向斜及编号
片理产状
片麻理产状
层理产状
矿物拉伸线理
小褶皱枢纽
地质界线
不整合界线
阿依耐克
包斯塘
库牙克
苦阿
巴西其其干
三道河子
硝尔库勒
红山顶
前进达坂
黄羊岭
82° 30′
84° 00′
37° 00′
36° 00′
82° 00′
0 5 10km

图5-2 构造纲要图

和差异性升降所引起的河流阶地。处于昆仑山前断裂的下盘的第四系(下)更新统西域组地层强烈褶皱，褶皱轴迹为北东向，与断裂走向平行，轴面总体近于直立，两翼对称，局部褶皱倒转，轴面南倾。愈靠近断裂，褶皱愈紧闭。

二、昆仑造山带

昆仑造山带是一个复杂的造山带，区内昆仑造山带中发现两条板块结合带，即其曼于特-纳赤台结合带和苏巴什-鲸鱼湖结合带，表明造山带至少存在两期洋陆转换演化过程。苏巴什-鲸鱼湖结合带作为华北板块和华南板块的拼接边界，已逐渐为大多数学者所接受。但其曼于特-纳赤台结合带的活动规模、形成时间、俯冲形式等方面还没有确切的认识。关于区内大地构造格局及其演化特征，很多学者从不同角度对其构造演化进行了探讨。概括起来有两种认识：一种认为西昆仑和塔里木陆块基底岩系一致，原来系塔里木古陆的一部分，是元古宙时因陆缘拉张，致使古陆边缘一些陆块与古陆发生裂离，形成陆缘岛和边缘海，经多次开合而形成的造山带，属塔里木南部的活动大陆边缘构造体系，康西瓦断裂是南北不同构造域的分界线。如任纪舜(1999)认为昆仑造山带(苏巴什-鲸鱼湖结合带以北)为古亚洲造山区之昆仑-祁连-秦岭造山系的西段，属古生代造山区。姜春发(1992)称之为中央造山带，是早古生代以来经两次开裂成洋，两次俯冲碰撞、一次叠覆造山而形成的造山带。另一种认为西昆仑曾是古或原特提斯洋的一部分，其构造演化应纳入古或原特提斯构造带范畴之中，潘桂棠等(1997)将昆仑造山带纳入特提斯多弧盆系统洋陆转换演化范畴，特提斯演化划分为原特提斯阶段(Z1－S)、古特提斯阶段(D－T2)和特提斯阶段(T3－E)三个阶段。我们认为，区内以其曼于特-纳赤台结合带为界，北昆仑微陆块存在与塔里木陆块一致的基底，在其曼于特-纳赤台结合带以南，区域上未见基底岩系的出露，但昆北微陆块在元古宙末期与塔里木古陆发生裂离，与测区以西的“铁克里克隆起”性质相同，属塔里木南部的活动大陆边缘构造体系，古生代以来参与了特提斯演化，考虑到其地质体物质组成、变质变形程度、岩浆活动及区域构造等明显具有造山带特征，故仍将昆北微陆块归入昆仑造山带进行叙述。区内库牙克断裂将昆仑造山带北东向斜切，据此有人将断裂东侧称为东昆仑造山带，将西侧称为西昆仑造山带。

(一)昆仑造山带基本特征

昆仑造山带包括两个微陆块和两条结合带，从北向南依次为昆北微陆块、其曼于特-纳赤台结合带、昆南微陆块和苏巴什-鲸鱼湖结合带(图5－3)。

1. 昆北微陆块

昆北微陆块北以昆仑山前断裂与塔里木陆块相邻，南界为其曼于特-纳赤台结合带。微陆块由不同时期形成的地质体呈东西向条状拼贴而成，以新老交替出露为其空间分布特点。微陆块由蓟县系阿拉玛斯岩群构成基底，下古生界上其汗岩组由海相碎屑岩-碳酸盐岩和岛弧火山岩组成，上古生界上泥盆统奇自拉夫组红色磨拉石相砾岩不整合(?)在下伏地层之上，石炭系阿羌岩组以火山岩的大量发育为特征。除阿拉玛斯岩群为低角闪岩相变质外，其余各地质体普遍发生低绿片岩相变质，韧性变形较强烈，不同时代地层片理产状总体倾向南，倾角较陡。该单元岩浆活动十分活跃，有震旦纪花岗岩、加里东期闪长岩、海西期闪长岩-花岗岩。根据地质体的物质组成、构造变形、变质特征及形成的构造环境与时代等特点，单元内岩石地层系统从北向南又可分为北昆仑晚古生代火山弧、基底岩系、昆仑古生代岩浆弧、昆仑早古生代火山弧和晚古生代早期陆相磨拉石建造五部分，各部分之间均以断裂接触。

(1)北昆仑晚古生代火山弧

分布于图幅中部昆仑山前苦阿—包斯塘—喀尔萨依一带，北侧为塔里木盆地新生代沉积物，南侧以包斯塘断裂(F_b)为界与基底岩系蓟县系阿拉玛斯岩群相邻，发育石炭系(阿羌岩组)大陆边缘火山岩和碎屑岩-碳酸盐岩建造，呈北东东向带状分布，横贯测区，并分别延伸到区外，东西长大于130km，南北宽1～10km，面积约310km^2，叠置厚度大于1 354.2m。岩性组合从西向东变化较大，苦阿一带为变质中性—中酸性火山岩，出露最宽达2.5km；包斯塘—喀尔萨依一带为变质砂岩、粉砂岩及灰岩，绿片岩类、云母片岩类和大理岩。其构造环境为：次稳定型被动大陆边缘到非稳定型活动大陆边缘火山弧。岩石韧、脆性变形

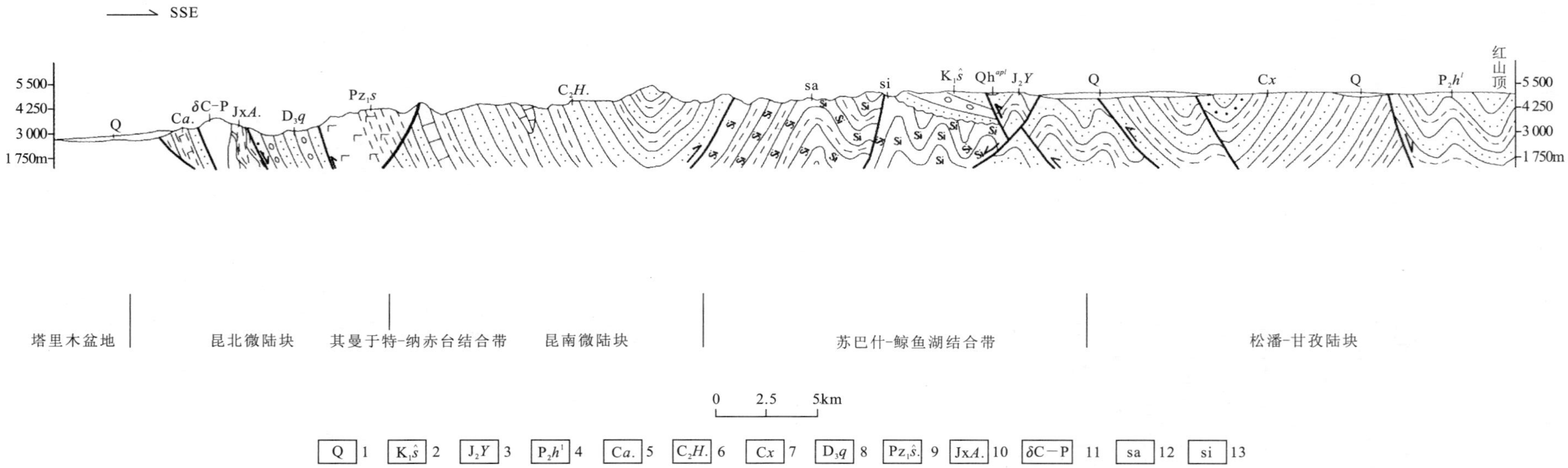

图 5-3　地质构造剖面图

1. 第四系；2. 白垩系双伍山组；3. 侏罗系叶尔羌群；4. 二叠系黄羊岭组一段；5. 石炭系阿羌岩组；6. 石炭系哈拉米兰河岩群；7. 石炭系西长沟组；8. 泥盆系奇自拉夫组；9. 下古生界上其汗岩组；10. 蓟县系阿拉玛斯岩群；11. 变质闪长岩；12. 硅泥质岩岩片；13. 硅质岩岩片

强烈，低绿片岩相变质。侵入岩主要有海西期超基性岩、闪长岩、黑云母花岗岩。

晚古生代火山弧作为外来系统逆冲于昆仑山前新生界西域组之上，断裂带以脆性特征为主，其中有以断夹块形式产出的侏罗系中下统叶尔羌群；该火山弧作为原地系统又被蓟县系阿拉玛斯岩群基底变质岩系逆冲于其上，断裂带以韧性变形为主。

北昆仑晚古生代火山弧以岩石强烈韧性变形为特征，(初)糜棱岩广泛发育，糜棱面理倾向南，褶皱构造主要表现为规模较小的剪切褶皱，褶皱形态以相似褶皱和顶厚褶皱为主。

(2)昆仑岩浆弧

昆仑岩浆弧由震旦纪花岗岩、加里东期闪长岩、海西期闪长岩-花岗岩组成，各时代花岗岩在特征上具有较明显的区别。震旦纪花岗岩类在分布上十分局限，岩性也较单一，仅见花岗岩体，在岩石化学成分上具 SiO_2 含量高，为富钾钙碱性花岗岩类，表现为同碰撞花岗岩的特点。加里东期花岗岩类分布于昆仑山前包斯塘—格子布拉克一带，出露面积较大，岩性较单一，为钙碱性岩，属于大陆弧花岗岩类。海西期的侵入岩分布在加里东期岩体的南侧，从中性—中酸性—酸性皆有分布，也是区内岩浆活动最为强烈的时期，较加里东期具有向碱性、酸性岩方向演化的趋势，其闪长岩类为 IAG、CAG 型，稀土总量低—中等，轻、重稀土分馏较前加强，以钙碱性岩为主，个别为碱性岩，属高钾钙碱性系列、钙碱性岩系列，个别为拉斑玄武岩系列，总体上钾质含量较前增高，在稀土元素方面稀土总量增高，轻、重稀土分馏增强，负铕异常明显。其中闪长岩、花岗闪长岩含有大量暗色岩石包体，主要为同源包体，包括堆晶岩和微晶闪长质包体，同时含有大量下地壳岩石包体，是岩浆混合作用的产物，带有幔源岩浆活动的印记。

各期花岗岩类岩浆的活动与区内各次构造事件有着较好的对应关系。此次工作在包斯塘一带闪长岩中获得了 444.9±2.1Ma 的 U－Pb 同位素年龄，该数据代表了岩体的侵入年龄，经大量的岩石化学资料综合分析、判断，闪长岩类就位于大陆弧的构造环境中，是原特提斯洋的洋壳向北俯冲引发地壳部分重熔产生岩浆的结果。同样，在阿依耐克、包斯塘一带侵入于石炭系地层中的海西期闪长岩、花岗岩，经综合分析同样表明其为大陆弧的构造环境，个别可能为大陆碰撞、后造山环境下的产物，从其时代和构造位置上看，均反映该期岩浆活动是古特提斯洋的洋壳向北俯冲引发地壳和地幔部分熔融上涌侵入的结果。由此可见，昆仑岩浆弧是一个复合型的岩浆弧，是原特提斯和古特提斯沟弧盆体系的岩浆弧经加里东期的形成和海西期的叠加改造而成。

(3)过渡基底

该单元北以包斯塘断裂与北昆仑晚古生代火山弧为邻，南以下马里克断裂与昆仑早古生代弧盆系分开，向东在英其格南被海西期花岗岩侵入。主要由阿拉玛斯岩群组成，呈近东西向狭长带状展布，出露最宽达 5km，出露于昆仑山前的麻特—穷萨依以南一带，另外在喀尔萨依南、喀什塔什山西北部亦有出露，面积约 350km²；阿拉玛斯岩群未见顶、底，四周多被断层截切而呈断片出露，分别与泥盆系奇自拉夫组、石炭系阿羌岩组呈断层接触，为一套低角闪岩相变质的杂岩，混合岩化、糜棱岩化较强。岩性主要为矽线二云片岩、二云片岩、石英岩、黑云变粒岩、矽线石榴黑云斜长片麻岩夹透辉石大理岩、含铁镁闪石大理岩。主要为碎屑岩—碳酸盐岩—火山岩沉积建造，厚度大于 1 338.4m，地层总体无序。对侵入于蓟县系中变质侵入体通过单颗粒锆石 U－Pb 法年龄测定，侵入年龄为 683±75Ma，时代为震旦纪，说明沉积地层时代为前震旦纪。岩石普遍遭受了角闪岩相变质，局部混合岩化作用较强，韧性变形强烈。

阿拉玛斯岩群中流劈理(片理、片麻理)发育，总体构造线方向为近东西向—北东向。内部面理置换非常强烈，大理岩及变质砾岩呈层状展布，使得局部原始层理仍然可辨，层片基本一致，产状为 185°∠70°，但多数情况片理已完全置换层理。地层中露头尺度的各种形态的剪切褶皱较为发育。

(4)昆仑早古生代弧盆系

该单元北以下马里克断裂与基底块体为界，南界为其曼于特-纳赤台结合带(布拉克断裂)，向东被库牙克断裂截切。南侧主要由早古生代岛弧型火山沉积岩系组成，为一套富含硫化物矿床的下古生界火山沉积岩系，火山岩系为钙碱质岩系，岩石组合为细碧岩(玄武岩)＋角斑岩(安山岩)＋石英角斑岩，岩石组合和火山岩地球化学特征说明其形成于岛弧火山作用的环境。北侧泥盆系奇自拉夫组为沉积于前陆盆地的陆相磨拉石建造，区域上不整合(区内为断裂)于早古生代火山沉积岩系之上。岩石普遍发生低绿片岩相变质，火山沉积岩系韧性变形强烈，发育一条宽达 1km 的韧性剪切带。

泥盆系与蓟县系阿拉玛斯岩群间为断层接触，断裂带宽数米至数十米，断面向南陡倾，上盘为泥盆系奇自拉夫组磨拉石建造，下盘为蓟县系阿拉玛斯岩群变质杂岩，显示该断裂带性质为正断层。泥盆系与下古生界间区内亦为断层接触，上其汗岩组向北逆冲于奇自拉夫组之上。下古生界上其汗岩组在布拉克以西构造线方向为近东西向，以东受库牙克断裂影响呈北东向，其中褶皱构造不很发育，主要表现为韧性剪切带，尤其是靠近布拉克断裂韧性变形更强，剪切带各种要素齐全，糜棱面理极为发育。泥盆系奇自拉夫组变形较弱，能干性较强的砂岩中发育破劈理，能干性较弱的泥质岩和泥质粉砂岩中发育透入性的板劈理，形成典型的板岩类岩石。奇自拉夫组中褶皱构造较为发育，但普遍规模较小，褶皱形态以等厚和相似褶皱为主，两翼对称、轴面直立，轴迹走向与区域构造线方向一致。

2. 其曼于特-纳赤台结合带

在区域上延伸稳定，据区域资料，西起帕米尔，经西昆仑的奥依塔格和库地，东至东昆仑的清水泉，全长1 000余km，构成北昆仑与南昆仑的构造边界。蛇绿岩以库地一带组成单元较全，下部为变形橄榄岩，主要为方辉橄榄岩及少量纯橄榄岩；上部为堆晶辉长岩、辉绿岩墙群、枕状及块状玄武岩、放射虫硅质岩。属镁质、低铝型，枕状熔岩，地球化学特征表明，属于成熟洋中脊拉斑玄武岩，超基性岩中伟晶角闪石脉的Rb－Sr年龄为865.0Ma。该结合带在本区只表现为一条大的断裂带，即布拉克断裂，该断裂构成昆北微陆块和昆南微陆块的拼接边界，断裂近东西向展布，东端交于库牙克断裂，向西与库地断裂相连，区内全长约70km。断裂以北为富含硫化物矿床的下古生界上其汗岩组火山沉积岩系，火山岩系为钙碱质岩系，岩石组合为细碧岩（玄武岩）＋角斑岩（安山岩）＋石英角斑岩，代表了一种岛弧火山作用的环境。岩石为低绿片岩相变质，变形强烈，为一大型韧性剪切带。断裂以南为石炭系哈拉米兰河岩群，为一套浅变质的碎屑岩建造、碎屑岩夹薄层碳酸盐岩建造。沿断裂在布拉克附近出露有基性—超基性岩岩片，以变质超镁铁质岩、变质镁铁质岩为主，多已变质，现今岩性为方解绿泥蛇纹石岩、黝帘阳起片岩等。该蛇绿岩带向西与库地蛇绿岩带相接，蛇绿岩代表的洋盆为在华北板块发展过程中次生的短暂的小洋盆，据西邻于田幅结合带中细粒辉长岩获得三个锆石年龄值：971.5±33Ma，代表地幔分异年龄；526Ma，代表岩体结晶年龄；432±15Ma，代表构造就位年龄，表明蛇绿岩形成时代为震旦—奥陶纪，俯冲-碰撞发生于志留纪初期。

3. 昆南微陆块

昆南微陆块在库牙克断裂两侧均有出露，北以布拉克断裂为界，南以赛勒果勒断裂为界。广泛分布石炭系哈拉米兰河岩群，主要为碳酸盐岩-碎屑岩建造，局部夹中酸性火山岩和火山碎屑岩，面积约1 535km^2。库牙克断裂东侧喀什塔什山北部一带岩性为灰黑、灰绿色白云石绢云千枚岩、绿泥绢云千枚岩、绢云石英千枚岩、绢云黝帘石千枚岩、千枚岩，夹大理岩、变质粉砂岩、变质粉砂质泥岩、变质玄武安山岩，向东其其汗萨依一带为千枚岩夹大理岩、微—中细晶白云岩。岩石普遍发生低绿片岩相变质，韧性变形较弱。库牙克断裂附近发育三叠系、侏罗系陆相沉积，不整合于石炭系之上。岩浆活动较弱，仅见海西期闪长岩，一般沿断裂带展布。构造变形主要受南北向俯冲-碰撞影响，褶皱发育，断裂活动集中于库牙克断裂附近。

哈拉米兰河岩群总体构造线方向为近东西向，层理、劈理产状向南陡倾。露头尺度的无根褶皱、“N”、“S”型褶皱发育，能干性较弱的岩层多表现为相似褶皱，而能干性较强的岩层则表现为等厚褶皱。该套地层陡立的产状、紧闭的褶皱形态都显示了强烈的挤压变形特点。

4. 苏巴什-鲸鱼湖结合带

该带在区域上从西向东经麻扎、苏巴什、花石峡、鲸鱼湖、木孜塔格延至阿尼玛卿一带，构成华北板块和华南板块的拼接边界。区内该结合带在库牙克断裂两侧东、西昆仑区都有出露，总体构成硝尔库勒-赛勒果勒蛇绿混杂岩带。该蛇绿混杂岩带由多个岩性组合特征不同的岩片组成，而每个岩片均由多个微岩片组成，岩片与岩片、岩片与微岩片、微岩片与微岩片之间均为断层接触。岩片之间的断层多以脆性为主，而且规模相对较大，总体方向为北东向；而微岩片间有时以韧性断层接触，主要表现为强片理化带，规模较小，而且无一定的方向性，平面形态呈网结状，弱变形域内原岩结构构造保留较好，强变形带内由于强烈的构造置换而形成构造片岩。

库牙克断裂西侧结合带分布于硝尔库勒一带，呈北东向延伸，结合带主要由蛇绿混杂岩组成(图 5-4)，由数个岩片组成，单个岩片规模均小，多呈透镜状产出，与围岩呈断层接触。蛇绿岩岩片(基性—超基性岩岩片)由于就位时的构造推挤和后期库牙克断裂的破坏，其岩石序列及相互关系现已保存不全，岩片只保存有蛇绿岩套“三位一体”的部分岩性，据不同岩性的空间产出位置可大致推断，其岩石序列下部为变质超镁铁质岩、辉石橄榄岩等超基性岩，中部多为变质镁铁质岩、玄武岩、变质辉绿岩、橄榄玄武岩等基性岩石，上部则为硅质岩。出露宽度最大的岩片位于看尔晒北东，其宽度大于 1 500m，由下向上包括变质橄榄岩、辉长岩、枕状熔岩和放射虫硅质岩，地幔岩透镜体化和蛇纹石化较强。大量岩石地球化学资料显示，硝尔库勒-赛勒果勒蛇绿混杂岩带的变质镁铁质岩的构造环境主要为大洋板内和岛弧，并混杂有少量洋中脊的物质；库牙克断裂以东结合带分布于图幅东部赛勒果勒一带，近东西向展布，区内出露的岩性组合有(枕状)玄武岩岩片、硅质岩岩片，向东在邻区奥依亚依拉克幅中分布有发育较为齐全的蛇绿混杂岩带。

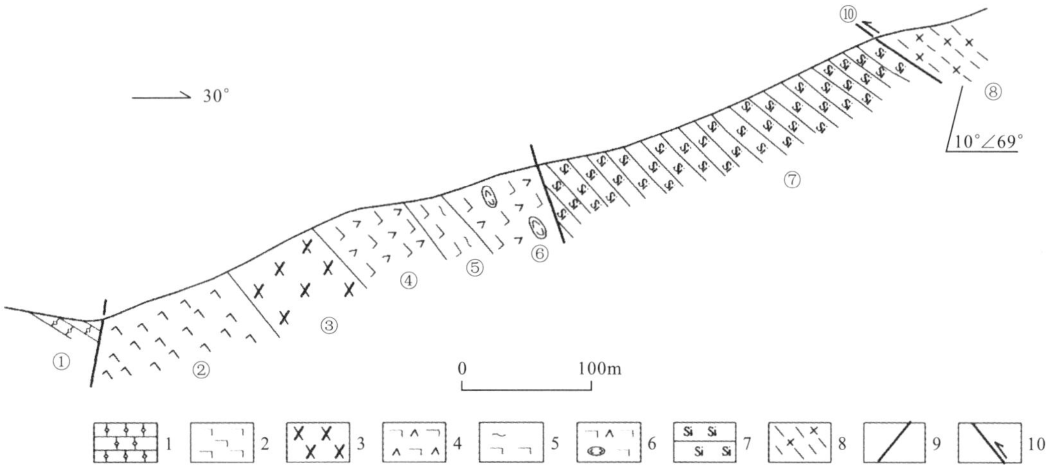

图 5-4　看尔晒蛇绿岩岩片剖面图

①结晶灰岩；②玄武岩；③变质辉绿岩；④绿泥石化玄武岩；⑤碳酸盐化玄武岩；⑥气孔状玄武岩；⑦硅质岩；⑧花岗质初糜棱岩；⑨性质不明断层；⑩逆冲断层

姜春发等(1992)根据蛇绿岩带中硅质岩含有早、中三叠世放射虫，及火山岩的 Rb-Sr 等时年龄值为 260Ma，并结合区域构造分析，认为该蛇绿岩形成于晚二叠世，可延至中二叠世。但在玛沁—甘德公路 14km 附近采获的紫红色泥质硅质岩，经冯庆来鉴定有泥盆—石炭纪放射虫和可疑的竹节石。在甘孜—理塘一带北侧，竹庆以北地区的三叠纪巴颜喀拉群硅质岩中，同样发现有早石炭世放射虫。可可西里一带也发现有早石炭世放射虫。因此，该蛇绿岩带的形成时代约为早石炭世—晚二叠世。

海西运动是形成昆仑造山带的主期构造运动，不仅形成了区域上延伸巨大的蛇绿混杂岩带和构造岩浆岩带，而且强烈的构造热事件对先期存在的地质体进行了不同程度的叠加改造。主要表现为对早期各类构造形迹的置换作用和由早期变质矿物所表现的退变质作用。对早期构造形迹的改造作用主要表现为以下两种方式：一种为构造变位，蓟县系阿拉玛斯岩群与石炭系阿羌岩组接触带附近劈理产状一致，并与接触界面产状一致，但阿拉玛斯岩群中构成透入性流劈理的片柱状矿物却仍然是角闪岩相的产物，与阿羌岩组中低绿片岩相矿物显然不同，说明阿拉玛斯岩群中透入性面理发生了构造变位；另一种是构造叠加，阿拉玛斯岩群中露头尺度的褶皱构造样式复杂，显示了多期的褶皱变形，以及由于剪切作用所形成的褶劈理、膝折等现象，也说明了海西期构造的影响。

海西运动对先存的地质体产生了强烈的影响，同时其所形成的各类构造形迹也同样受到了后期构造改造，后期改造以脆性断裂的破坏为主。展视叶亦克幅地质图明显可见，剔除库牙克断裂的影响，硝尔库勒与赛勒果勒一带出露的蛇绿混杂岩完全可以相连。由于库牙克断裂强烈的左旋运动，自布拉克向西以至区内，混杂岩带明显呈向南凸出的弧形展布，北界明显拖曳，南界与库牙克断裂截切关系清楚，硝尔库勒东该交切点与赛勒果勒附近结合带与库牙克断裂的交点完全可以对应，由此可确定库牙克断裂对苏巴什-

鲸鱼湖蛇绿混杂岩带的影响,从地质图上可直接量得其水平位移量约 80km。

(二)演化过程

昆仑造山带复杂的物质组成、变形变质特征和空间分布反映其经历了复杂的演化过程。昆北微陆块与塔里木陆块之间是否存在更古老的蛇绿混杂岩带不得而知,从微陆块中存在与塔里木陆块一致的褶皱基底的特征表明,在早古生代前昆北微陆块是塔里木古陆的组成部分,与塔里木陆块一起同属 Rodinia 超大陆的一部分。震旦纪时原特提斯洋沿塔里木古陆南缘扩张成洋壳,早古生代初原特提斯洋扩张到最大,该大洋分隔了中朝大陆和冈瓦纳大陆。奥陶纪时大洋消减,洋壳在向北的俯冲过程中形成岛弧-海沟系,微陆块所处大地构造位置由原来被动大陆边缘转化为北侧大陆的活动大陆边缘,区内下古生界火山沉积岩系为俯冲系统中的岛弧带的产物。早古生代末期塔里木和冈瓦纳大陆发生陆陆碰撞,大洋闭合,俯冲带转化为结合带,原先发育在俯冲带处的蛇绿混杂岩在碰撞时被推挤出来,形成区域上沿其曼于特-纳赤台展布的蛇绿混杂岩带。大陆碰撞引发地壳硅铝物质重熔,形成东西向展布的加里东期岩浆弧,沿碰撞带,由于挤压、剪切生热,岩浆频繁活动,导致了陆块中基底变质岩系普遍发生绿片岩相变质作用,韧性变形较强烈。晚古生代初期,碰撞之后褶皱山系强烈抬升,剥蚀作用盛行,沉积了巨厚的陆相磨拉石建造,上泥盆统奇自拉夫组厚度达 6 552m。

石炭纪开始,古特提斯洋扩张,约在石炭纪末达到最大,二叠纪时开始消减,昆南微陆块中分布的哈拉米兰河岩群代表大陆边缘活动类型沉积,石炭纪-早中二叠世活动类型沉积为南部一带出露的远洋深海硅泥质岩建造,在混杂岩中可能局部有一些相对稳定的碳酸盐岩建造,代表洋中的碳酸盐岩海山,并出现代表洋壳的蛇绿岩组合,构成苏巴什-鲸鱼湖蛇绿混杂岩带的基本组成物质。

中二叠世末,随着古特提斯洋洋壳向北俯冲、闭合,在此期间并未发生大陆碰撞(硬碰撞),而是一些微陆块增生在北侧大陆的边缘,造陆不造山(软碰撞)。碰撞的结果使前期地层形成近东西向褶皱构造,局部发育有同方向的右旋韧性走滑剪切变形带,并形成许多同碰撞花岗岩。侵入岩分布在加里东期岩浆弧的南侧,共同遭受了较强的近东西向右旋韧性走滑剪切变形,形成了广泛的片麻状构造和定向构造,出现变晶糜棱岩,构造岩的特点显示变形与其侵位结晶的时间大体相同。碰撞作用也引起广泛的低绿片岩相变质作用。

中生代之后,昆仑造山带转入陆内构造演化阶段,中新世以来快速隆升,成为雄伟的昆仑山脉。

三、松藩-甘孜陆块

调查区处于华南板块的西北缘,区内仅出露松藩-甘孜陆块西边缘。陆块的北界为苏巴什-鲸鱼湖结合带,南界位于南部黑石北湖幅,以西金乌兰-金沙江结合带与羌塘陆块相邻。

(一)沉积建造特征

基底建造在区内未出露。发育石炭纪、二叠纪、三叠纪及侏罗纪地层。石炭系西长沟组主要岩性为暗绿色—浅绿色变质凝灰质砂岩夹黄绿色泥岩或紫红色薄层状泥岩和泥质粉砂岩;二叠系黄羊岭组主要为一套灰绿色长石岩屑砂岩、钙质粉砂岩、泥岩,局部夹砾岩、硅质岩、安山岩、凝灰岩,常见富含海相动物化石的灰岩透镜体,为陆缘和陆间沉积建造,属离散陆缘的岩石组合。上三叠统卧龙岗组主要岩性有中—细粒砂岩、岩屑长石砂岩、粉砂岩、泥岩夹煤线,总厚度大于 4 028m,反映前陆边缘海盆快速充填淤满的沉积特点,显示了该陆块在这一阶段发生的转换聚敛活动。中侏罗统叶尔羌群为陆相碎屑岩建造,为与巴颜喀拉边缘海闭合有关的碰撞造山建造。上覆古近系喀什群河湖相沉积物和第四系河湖相砂砾石层。

(二)岩浆活动

侵入岩主要分布于三道河子一带,基本与库牙克断裂平行展布,其中在红山顶、黑山顶、二虎守门、看尔晒一带分布较为集中,地貌上多呈突出的小山包或尖山顶状,岩脉地表不连续,风化成串状排列的小山丘,侵入于石炭系、二叠系中。岩浆活动时间为燕山期(侏罗纪)。岩性以(变质)(石榴)闪长(玢)岩为主,根据矿物组成、结构构造可进一步划分为蚀变闪长玢岩、黑云母角闪石闪长岩、碳酸盐化闪长玢岩、石榴闪长岩，岩石普通具绿泥石化、绢云母化、碳酸盐化等。该类侵入岩受北东向的断裂构造控制特征表现较为明显，规模较大的岩体在卫星影像图上显示为突出的地貌和色调异常。

(三)构造组合特征

该陆块构造变形以一系列北东东—北东向弧形走滑斜冲断层和相应的紧闭褶皱为特征。总体具有前陆碎屑楔塑性—流动变形性质。在多梁地一带卫星影像资料显示出明显的褶皱构造形迹。褶皱的形成主要与南北向挤压应力有关，卷入褶皱的地层有二叠系、三叠系和侏罗系。按褶皱的规模、活动时间和轴迹方向可划分为两期：第一期(印支期)褶皱主要发育于二叠系和三叠系中，以规模较小的同斜褶皱为特征；第二期(燕山期)褶皱规模较大，轴迹方向为北东东向或近东西向，以开阔平缓褶皱为主。断层由西向东走向有所变化，即由北东向—北东东向—东西向。断层活动以燕山期最为强烈，部分断层现在仍在活动。

松藩-甘孜陆块的演化和古特提斯洋的发展、消亡过程密切相关。演化过程中，陆块南北两侧在不同的时期所处的地质构造背景存在有较大的差别。图幅中只出露陆块北侧部分。在石炭纪时，古特提斯洋扩张到最大程度，大约在二叠纪初期大洋开始向北俯冲、消减，二叠纪末期松藩-甘孜陆块与北侧的昆仑陆块的斜向碰撞，之后陆块北侧与昆仑陆块连为一体，进入陆内构造演化阶段。

四、区域性大断裂

大断裂多数构成构造单元或地层分区的边界，大断裂的形成演化及发展史与构造单元之间的相互作用密切相关，结合带的特征多数由大断裂而得以显示，岩浆活动集中于断裂附近，大断裂对新生代盆地沉积也具有明显的控制作用。大断裂的形成与板块的碰撞造山作用使地壳发生剧烈的形变有关，其构造底界一般是造山带地壳结构中第一个主密度界面-主构造滑脱低速层。造山带中的断裂构造是浅层地壳结构中最为重要的线性结构要素，研究断裂系的发生、发展，对认识造山带的形成和演化具有一定的实际意义。区内分布有库牙克断裂、昆仑山前逆冲断裂、包斯塘断裂、下马里克断裂等区域性大断裂。

1. 库牙克断裂

库牙克断裂是阿尔金南缘断裂向西南的延伸，是东、西昆仑的天然分界线。多年来，人们对阿尔金断裂研究得较多，而对于其西南的延伸部分，即库牙克—龙木错一段的断裂特征、位移量以及东、西昆仑主要构造形迹和地质体的对应关系等，由于受自然地理条件的限制，难以涉及，因而还存在有不同的认识。

(1)库牙克断裂与阿尔金断裂的关系

阿尔金断裂处于青藏高原北部边缘，在大地构造上具有重要的意义，被认为是解决青藏高原隆升和动力学问题的钥匙。通过地震波层析技术发现有一沿着阿尔金断裂带展布的、窄而陡的 P 波低速异常带，估算其宽度小于 40km，深度小于 140km。相邻地区的地壳和地幔都表现出高 P 波速度。根据这种分析，阿尔金断裂主要是向南高角度倾斜的，并可能切过了整个岩石圈。资料表明，沿着阿尔金断裂带发生了强烈的左行剪切，说明青藏高原北缘的变形缩短主要集中在狭窄的断裂带内，而不是大范围分布式缩短和华北板块向南俯冲。

关于阿尔金断裂的形成时间，主要有三种不同意见：一是认为自早古生代阿尔金断裂就开始活动；二是认为阿尔金断裂从海西期开始活动；三是以葛肖红等人(1999)为代表，根据断裂带对新生代盆地的控制作用和区域上侏罗纪地层沉积特征、构造动力学背景的相似性，认为阿尔金断裂从始新世晚期才开始活动。

本次工作根据野外调查资料、卫星影像显示并结合前人地质成果，认为库牙克断裂是阿尔金南缘断裂向西南的延伸，是由多条近于平行的断层组成的以走滑为主的断裂带。库牙克断裂的活动史可追溯到晚古生代，经历了韧性右行走滑、脆性左行走滑作用和堑垒式正断层系统 3 个主要变形阶段，韧性右行走滑作用发生于二叠纪，新近纪以来主要表现为脆性左行走滑作用，堑垒式正断层系统形成于更新世后期。断裂活动与晚古生代以来板块间的相互作用在时间上具有耦合性，与青藏高原处于同一构造动力学系统。

(2)断裂带特征

库牙克断裂呈北东向斜贯测区，向北东与阿尔金南缘断裂相连，向南西出图幅。区内全长 160 余 km，库牙克断裂构成东昆仑山与西昆仑山的界线。从库牙克向南西，断裂带表现为宽4～6km的狭长第四纪谷地；库牙克向北东至图边为一负地形，由基岩破碎带组成。断裂带由北东向南西有由窄变宽的趋势。沿断裂带分布有前中生代地层和基性岩、超基性岩断片及新生代断陷盆地，卫星影像清晰，宏观上表现为规模巨大的线性构造。

几何形态：库牙克断裂带主要由谷地两侧两条主干断裂（Fkn、Fks）及其与之相伴生的次级断层（F16、F19、F21等）组成（图5-2）。

Fkn断层控制了断裂带的北侧边界，断层现今表现为正断层，南东盘相对下降，主要由第四纪松散堆积物组成；北西盘相对上升，破碎带中物质组成极为复杂，涉及到的地层有下古生界变质火山-沉积岩系、石炭纪地层和三叠系卧龙岗组以及侏罗系叶尔羌群，破碎带中还混杂有大量蛇绿岩岩片和花岗岩侵入体。断层切断了（西）昆仑造山带所有先期形成的近东西向构造形迹，在平面上显示出与断裂不同时期的构造变形相对应的弧形构造。

Fks构成断裂带的南侧边界，断层面向北陡倾，较为平直。受断层影响，南侧2～3km范围内岩石均有不同程度的碎裂现象，形成碎裂岩、构造角砾岩和劈理化带等。在库牙克南侧由于断层在不同时期活动方式不同，对昆仑造山带和后期形成的松藩-甘孜陆块的影响也不一致，昆仑造山带内由东向西构造形迹到断层附近变为北西西向，松藩-甘孜陆块内原东西向的构造线在断层附近变为北东向，造成这一地段在平面几何形态上不协调的构造格局。

在两条主干边界断层的两侧，还发育有与之相伴生的次级断层。次级断层的走向一般为北东向或北北东向，规模不大，两端均被北东向断层截切限制，部分构成断裂带内不同岩片的边界。

断层北侧局部地段发育有北西向断层（F13、F14），断层较小，可能为库牙克断裂左行平移活动过程中形成的次级伴生构造。

力学性质：依据库牙克断裂带中发育的不同构造机制下产生的不同的构造形迹，可以判断出断裂带至少经历三期变形构造。第一期为近于东西向右行走滑韧性变形产生的流劈理（S1），拉伸线理为北东向的砾石定向拉长和矿物拉伸线理（L1：50°∠13°）；第二期为北东向，向北陡倾斜的左行走滑型流劈理（S2），以缓倾斜的石英拉伸线理（L2：215°～150°∠10°）为主；第三期为北东向的正滑型破劈理（S3），以中等—陡倾斜的石英、方解石擦痕线理（L3：255°∠45°）为主。

形成时代分析及力学机制的转换：据以上分析，库牙克断裂作为青藏高原北东边缘阿尔金断裂的南西段，其强烈活动阶段和变形构造类型与青藏高原北缘板块间相互作用及青藏高原第四纪以来的急剧隆升密切相关。昆仑造山带完整的东西向展布特征，表明在早古生代和晚古生代造山带的形成阶段期间，库牙克断裂还未形成。在晚古生代造山带拼贴于塔里木陆块南部边缘之后，由于扬子板块向西运动，与昆仑陆块的斜向碰撞，库牙克断裂才开始步入形成期。库牙克断裂在晚古生代晚期表现为近东西向—北东东向右行走滑韧性变形，从断裂带中该时期变形产生的构造要素和现今平面构造格局的几何形态反映，右行走滑断距约几十千米，变形层次为韧-韧脆性变形的中浅构造层次。

中生代至古近纪，为库牙克断裂构造活动相对稳定的时期。

进入新近纪之后，随着印度板块和欧亚板块强烈碰撞和新生代晚期青藏高原第四纪以来的急剧隆升，库牙克断裂发生了强烈的左行走滑，切割了侏罗纪以前所有地质体，沿断裂带造成一系列拉分断陷盆地，控制了新近系湖相沉积物的分布，沉积了一套厚约18.5m的山区河湖相碎屑岩沉积，石盐岩厚度达7.5m。结合断裂两侧构造形迹和地质体的分布，以及苏巴什-鲸鱼湖结合带南部边界的空间分布，推断库牙克断裂的左行走滑位移量约80km。

从区域上看，由于受青藏高原隆升和库牙克断裂强烈左行走滑运动的影响，相对刚性的塔里木陆块向南推挤，因而在库牙克断裂两侧，西昆仑形成向南凸出的弧形，在硝尔库勒一带，苏巴什-鲸鱼湖混杂蛇绿岩被库牙克断裂截切，沿库牙克断裂两侧断续出露有蛇绿岩岩片；东昆仑形成向北凸出的弧形，仅在区内东北角出露很少部分，其中在库牙克东原中泥盆统灰岩中发现蜓科化石，结合其岩石特征、地层结构及周围地质情况，这与库牙克断裂西侧的石炭系特征相同，应归属石炭系哈拉米兰河岩群。赛勒果勒断裂为库牙克断裂南东侧石炭纪地层的南界，据图幅东部奥依亚依拉克幅资料，断裂北侧发育蛇绿岩岩片，区域对比为苏巴什-鲸鱼湖结合带。因此在剔除库牙克断裂的影响后，可以看出东、西昆仑东西向展布的原始特征。

在更新世后期，山系的快速隆升、塔里木盆地剧烈沉降，沿库牙克断裂带发育一系列堑垒式正断层，总体表现为右旋张扭性，形成宽约4～6km的库牙克地堑，两侧破碎带宽达1～2km，局部可达5km。在开什昆南，新近系唢纳湖组石盐矿即产于该地堑内(图5-5)，两侧为三叠系卧龙岗组。结合硕尔湖的形态也反映出库牙克断裂近期表现为右旋平移，水平位移量约1km，可能是库牙克断裂强烈的左旋走滑运动之后构造松弛阶段的产物。

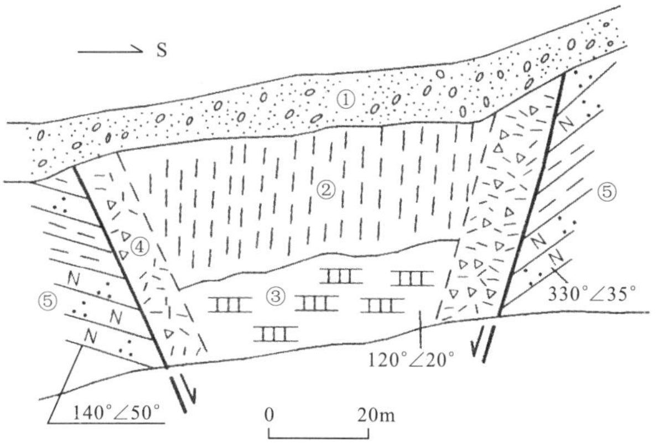

图5-5　库牙克地堑中新近系唢纳湖组石盐特征
①第四系冲洪积物；②唢纳湖组粘土；③唢纳湖组石盐层；④断裂破碎带；⑤白垩系双伍山组长石石英砂岩夹泥岩

2. 昆仑山前逆冲断裂(Fs)

昆仑山前断裂横贯全区，展布于昆仑山前，形成昆仑山基岩山体与塔里木新生代盆地的天然分界。断裂西段近东西向，由于断裂北盘持续沉降，在盆地中沉积了上新世以来巨厚的松散堆积物，地震剖面显示断面向南倾，倾角60°～70°，断层性质为逆断层。昆仑山前基岩普遍破碎，北东向张裂隙发育，在山前一带昆仑陆块的前古生界逆冲到侏罗系和新生界之上，昆仑陆块实际上就是由这一系列推覆断片所组成，并反映了该推覆带根部的面貌，这些推覆活动和昆仑山的隆升都是发生在新生代、甚至新生代晚期。断裂切割了全新世早期以前的沉积物，使昆仑山挺立于平坦的塔里木盆地的南侧。断裂东段呈北东向，由于后期松散堆积物的覆盖，使断层在向东延伸时呈隐伏状。

西昆仑山上发现的新生代晚期高钾玄武岩，是塔里木陆块俯冲到西昆仑之下，引发地幔活动的结果(邓万明，1993)。但不应就此认为华北板块向南发生了陆内俯冲。深反射地震探测资料显示，塔里木盆地南缘莫霍面由北向南逐渐加深，由45km增加到55km，由此可得出塔里木岩石圈以大约27°向青藏高原之下俯冲，并插入山下一定的距离。但是，这种俯冲的距离十分有限，进入山区之后，莫霍面反而略有抬升，塔里木盆地与昆仑 山接触处的莫霍面为52km，宽频带天然地震反演也没有得出华北板块继续往昆仑山下俯冲的证据。可以认为，青藏高原与塔里木盆地之间不是俯冲一仰冲的关系，而是大陆碰撞缩短。

3. 包斯塘断裂(Fb)

该断裂构成北侧石炭系阿羌岩组和南侧蓟县系阿拉玛斯岩群及早古生代昆仑岩浆弧的分界线。断裂呈东西向展布，在巴西其其干以东走向为北东东向，向西延伸出图幅，东端止于海西期侵入岩体，区内长约100km。断裂具有较强的韧性变形特征，为韧性断裂(韧性变形特征见后文)，沿断裂有海西期侵入体分布，韧性变形时代为晚古生代末期。在印支期断裂表现为高角度逆断层，断面向南陡倾，倾角为82°，破碎带较窄，最宽100m左右。

4. 下马里克断裂(Fx)

区内断裂近东西向延伸，巴西其其干河以西，断裂呈向北凸出的弧形；巴西其其干河以东，呈向南凸出的弧形，此现象与受北东向库牙克断裂带的走滑作用影响有关。断裂向西延伸出图幅，向东被库牙克断裂截切，全长110km。断裂北侧为蓟县系阿拉玛斯岩群，南为泥盆系奇自拉夫组，从分割北侧变质基底与南侧沉积盖层的意义来看，区内该断裂应西接柯岗断裂。断裂带两侧岩石韧性变形较强(韧性变形特征见后文)，海西期侵入体沿断层展布。断裂在印支期表现为正断层，断面南倾，倾角70°。

5. 红山顶—三道河子断裂(Fh-s)

该断裂出露于图幅的中南部红山顶—三道河子一线，向两端延伸出图幅，区内长约100km。断裂走向40°～70°不等，断面陡倾。断裂北侧为石炭系西长沟组，南侧为二叠系黄羊岭组，沿断裂带分布有燕山期闪长玢岩侵入体，多呈脉体或小岩株状，推测断裂形成于燕山期，在新构造运动中受库牙克断裂左行平移运动的影响重新活动，断裂性质早期为正断层，晚期为平移断层性质。断裂两侧地层产状陡立、杂乱，岩石破碎强烈，劈理发育，破碎带宽数十米至 2km 不等。

6. 黑石北湖-云母山断裂(Fh－y)

该断裂分布于图幅东南角，向南西延伸至邻幅黑石北湖幅云母山、黑石北湖一带，向东北出图幅。区内长约 20km。断裂破碎带宽度不等，最宽达 100m 左右，带内由强烈挤压破碎的砂岩、砾岩和泥岩碎块组成，构成挤压透镜体，胶结物多为泥质成分。该断裂走向北东东(70°)，断裂面总体倾向南东，断层面倾角 65°～75°，具逆断层性质。可见二叠系黄羊岭组逆冲于古近系喀什群之上。断层南侧为二叠系黄羊岭组二段中厚层状细粒岩屑砂岩、灰黑色泥岩，地层走向与断层走向基本一致，地层倾向南东或北西，倾角 50°～60°。断层北侧为古近系喀什群紫红色砾岩、砂岩和粘土等，地层产状为 160°∠65°。

第三节　构造形迹描述及构造变形序列

一、构造形迹描述

(一)昆仑造山带中构造组合

造山作用过程涉及到造山带及相邻区域的三维几何形态、四维时-空格局及不同时期、不同层次、不同方向的运动学特征，研究造山带空间几何形态变化过程以及确切的时间演化序列，是重塑造山带演化的根本手段。造山带的演化过程及动力学分析依赖于造山带几何形态即构造格局的正确描述，区域地质调查构造研究的一个重要方面就是要系统地识别具有内在顺序和联系的构造要素集合体，即构造组合，只有系统地研究不同世代、不同类型的构造组合，才能准确把握造山带的结构及构造演化。

昆仑造山带中发育有不同时期、不同层次的构造变形，就变形特点来看，有变形层次较深、形成时间较早的韧性变形组合及变形层次较浅、形成时间较晚的脆性变形组合；就构造线方向来看，有东西向构造、北东向构造及逆冲推覆构造等。

1. 前寒武纪韧性变形构造

发育于蓟县系阿拉玛斯岩群的中级变质岩系中，变形特点为内部面理置换非常强烈，大理岩呈层状分布，局部 S_0 与 S_1 仍然可辨，S_0 与 S_1 基本一致，产状为 185°∠70°。但多数情况 S_1 已完全置换 S_0，S_0 无法辨认，形成片岩、片麻岩等。岩石中发育有无根褶皱、平卧褶皱、倾竖褶皱(图版Ⅲ－8)等。由于后期构造的叠加、改造，岩石的片理、片麻理大多呈东西向展布，小褶皱的轴迹也近东西向，原始的构造线方位难以确定。

2. 加里东期近东西向逆冲型韧性剪切带

透入性发育于昆仑造山带下古生界上其汗岩组变质火山-沉积岩系中。在变质火山-沉积岩系中均发育有该变形组合的陡倾面理，面理多数倾向南，倾角较为陡立，多在 50°左右，构造岩主要类型为构造片岩、糜棱岩等，面理上矿物拉伸线理普遍且清晰，与面理的倾向方向一致。宏观剪切标志也较为发育，主要有“σ”型旋转碎斑系、多米诺骨牌构造，指示右行走滑韧性变形特征。

3. 海西早期近东西向左旋韧性走滑变形组合

透入性发育于昆仑造山带古生界浅变质岩系中，海西期花岗岩中也常见这一变形组合。主干韧性剪切带发育于昆仑造山带南北两侧，北侧韧性剪切带分布于苦阿—巴西其其干—包斯塘一线，呈近东西走向展布；南侧韧性变形主要出露于库牙克断裂北侧，由于后期脆性变形的强烈改造，韧性剪切带呈北东向断续分布，褶皱构造极为发育。

(1)苦阿-巴西其其干-包斯塘韧性剪切带

1)宏观构造特征

位于下石炭统火山-沉积岩系与蓟县系阿拉玛斯岩群的接触部位，近东西向展布，延伸长约100km，宽达200～500m。由于强烈的韧性剪切变形作用，平面上不同岩石组合呈菱形网络状沿东西走向展布，不同岩石组合内部和边界也都显示遭受了强烈的韧性剪切变形作用，形成大量的钙质糜棱岩、千糜岩、构造片岩及千枚状板岩等不同类型的构造岩。其中以碳酸盐岩和变质钙质泥岩系变形最强，前者形成钙质糜棱岩，后者形成千糜岩、构造片岩、千枚状板岩。各种运动学标志明显，见有S-C组构、多米诺骨牌构造、旋转碎斑系、不对称构造透镜体及不对称剪切褶皱等，均显示了左旋韧性走滑运动特征(图版Ⅳ-4、5、6、7、8，图5-5至图5-7)。

2)构造岩和显微构造特点

剪切带中岩石普遍发生变形，由于原岩性质和所处构造部位的不同，形成的构造岩类型也不一致，其特征如下：

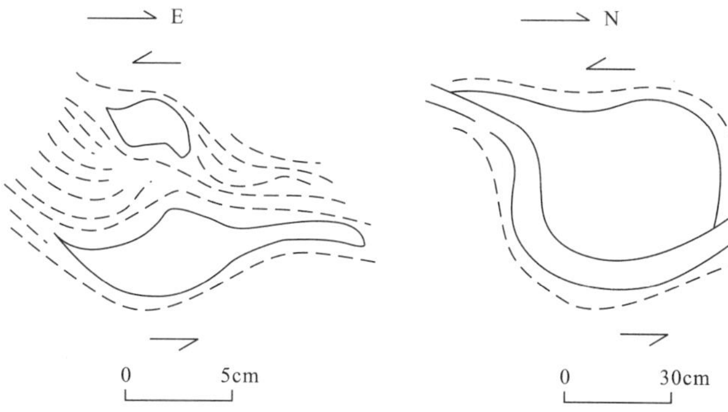

图5-6　民丰县煤矿南东蓟县系阿拉玛斯岩群眼球状片麻岩中长英质碎斑"σ"型旋转素描图

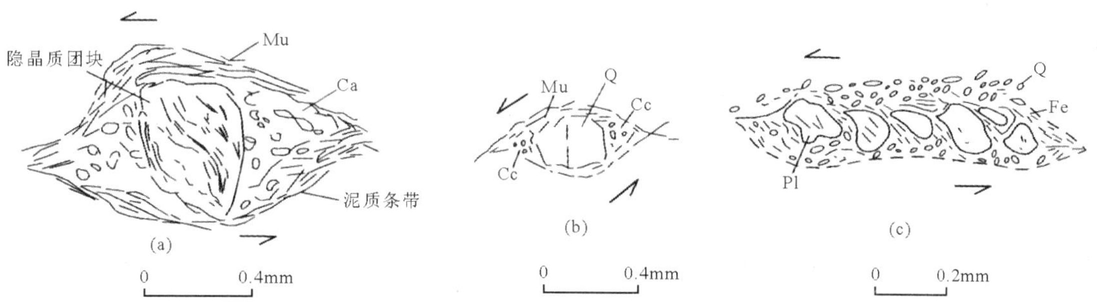

图5-7　石炭系阿羌岩组中显微构造素描图

(a)细粒二云母方解石片岩中压力影构造；(b)碳酸盐化绢云石英片岩中压力影构造；(c)绢云石英片岩中多米诺骨牌构造

千枚岩：原岩主要为泥岩、砂质泥岩，变形变质之后形成千枚岩，岩石片状矿物为绿泥石、绢云母；粒状矿物为石英、长石、方解石，具定向排列。

构造片岩：剪切带中构造岩大多数为构造片岩，岩石中片状矿物为绿泥石、绢云母、白云母，呈定向排列，眼球状、透镜状构造发育，可见压力影、旋转现象(3号剖面B10)。石英晶体具波状消光(3号剖面B43)、拉长现象，其集合体多呈条带状、透镜状。长石具拉长现象，呈扁条状平行于构造面分布。片状、条纹状、条带状及褶皱构造发育，显微条带状构造的浅色条带由绿泥石、绢云母、碳酸盐矿物及长英质矿物组成，暗色条带由铁质组成，彼此相间排列分布。岩石揉皱构造也较发育，褶皱呈尖棱状，沿轴面发生膝折现象(3号剖面B36)。

初糜棱岩：原岩一般为长英质侵入岩，残斑由斜长石、石英组成，呈不规则状、透镜状、眼球状，斜长石、石英亚颗粒化，石英普遍具波状消光现象。糜棱物质约占10%，片状矿物白云母、黑云母在长英质矿物中呈不连续分布，构成片麻状构造，显示韧性流动构造。

糜棱岩：岩石呈糜棱结构发育，由碎斑和糜棱基质组成。碎斑为石英、长石和碳酸盐矿物集合体，占30%，呈眼球状、透镜状、不规则状分布于细碎的矿物基质中，碎斑裂纹发育，多被绢云母充填，呈网脉状，石英普遍具波状消光；基质约占70%，基质矿物围绕残斑定向分布。

3)变形温压条件分析

根据对苦阿-巴西其其干-包斯塘韧性剪切带中构造岩的显微构造变形组合和变形新生矿物组合特征，显示出岩石经历了中低压低绿片岩相变质变形的温压条件。

4)形成时代及构造背景

左行走滑韧性变形影响的最新地层为石炭纪地层，未影响到三叠系卧龙岗组。因此可以认为东西向左旋韧性走滑变形发生于二叠纪中期，属于晚海西运动的产物。

在苦阿-巴西其其干-包斯塘韧性剪切带的两侧还发育有大量火山弧岩浆岩，岩石类型为变质闪长岩。这些岩体与剪切带平行分布，其边部具有明显的韧性剪切变形特征，发育近东西向透入性叶理，形成弱片麻状构造，其中的闪长质暗色包体被强烈定向拉长，变形向岩体内部逐渐减弱，岩浆岩形成时代基本上也可反映韧性剪切变形发生的时代，也说明变形发生于海西晚期。

结合区域构造分析，该期构造变形可能是在海西运动晚期扬子板块向西运动，最终关闭了古特提斯洋(北支)，扬子板块与昆仑陆块斜向碰撞的结果。

(2)北东向韧性变形构造组合

北东向韧性剪切构造仅在库牙克断裂北侧断续发育。主要影响下古生界上其汗岩组变质岩系，平行于韧性剪切带展布的同构造花岗岩边部也具有明显的韧性剪切变形特征。由于受后期库牙克断裂脆性变形的强烈改造，韧性剪切带不连续，以看尔赛—库牙克一带保存较好。在开什昆附近，形成出露宽度达300m左右的强变形带。变形带中可见到石炭系灰岩遭受了强烈的韧性变形，构造岩有结晶灰岩、钙质白云母片岩、花岗质初糜棱岩、糜棱岩等，特征如下：

结晶灰岩：岩石由泥粉晶方解石组成，由于重结晶作用，局部颗粒增大，分布不均匀。

钙质白云母片岩：岩石主要由片状矿物白云母及粒状矿物长石、石英、方解石组成，具粒状鳞片变晶结构，片状构造，显微眼球状构造。石英普遍具波状消光现象，与斜长石、方解石颗粒一起与片状矿物白云母构成眼球状构造。

花岗质初糜棱岩：岩石具糜棱结构，碎裂构造，显微定向构造。碎斑由长石和石英组成，长石为碎裂状，绢云母化强烈，呈残体，具变形双晶、边缘粒化等现象；石英具波状消光、亚颗粒化、压扁拉长等现象。碎基由石英、长石、绢云母等矿物组成，呈条纹状、条带状断续定向分布，显示一定的韧性流动现象。

糜棱岩：岩石具糜棱结构，千枚状构造，显微眼球状构造。碎斑中长石普遍发育聚片双晶，可见波状消光、亚颗粒化、变形双晶、压力影等现象；石英具波状消光、亚颗粒化，普遍压扁拉长，定向分布；白云母呈片状、透镜状。碎基中绢云母及长英质矿物定向明显，构成千枚状构造，且与碎斑一起构成显微眼球状构造。变形带中变质钙质含砾中粗粒石英砂岩和变质砾岩韧性变形明显(图版Ⅳ-2、3)，变质砂岩胶结物中方解石均已结晶为粒状、长柱状和片状，泥质部分也析出泥铁质条带，白云母片晶沿其长轴大致定向排列。石英颗粒普遍具波状消光、碎裂、压力影等现象。变质砾岩中砾石发生强烈的韧性拉长，并发育有“σ”型旋转碎斑系、S-C组构。变形带中褶皱构造也极为发育(图5-8)。显微构造砾石变形特征显示出右行走滑变形性质。

变形带中还散布有大量的蛇绿岩岩片，主要岩性有橄辉岩、玄武岩、变质辉绿岩和硅质岩等，大多发育韧性变形构造，蛇纹石化较强烈。

开什昆一带，虽有两条实测剖面控制，因无化石依据，地层时代暂归早古生代，但不排除有晚古生代物质存在的可能。结合区域地质构造特征，初步认为此次变形作用即是库牙克断裂的形成阶段。

4. 印支-燕山期叠瓦状逆冲推覆构造

这一变形组合影响广泛，构造活动一般在不同地质体的边界部位活动，形成的断裂常常构成微陆块或微陆块内部不同地质体、构造单元的分界线，表现为区域性大断裂，如前述昆仑山前断裂、包斯塘断裂、下

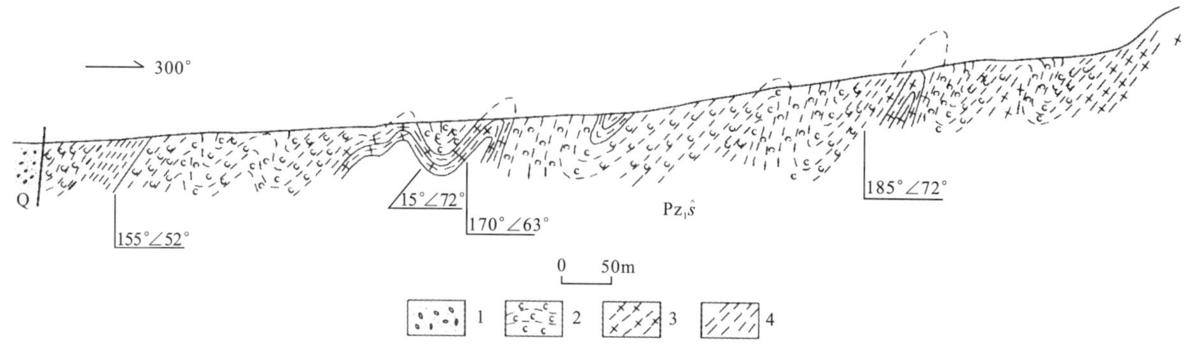

图 5-8　开什昆北东韧性剪切带中褶皱构造剖面图

1. 砂砾石层；2. 炭质千枚岩；3. 花岗质初糜棱岩；4. 糜棱岩

马里克断裂、布拉克断裂等区域性大断裂，是昆仑造山带最主要的一期构造。在昆仑山前苦阿附近，在石炭纪地层中连续发育有数条产状一致的断层，断层走向北东东向，断层面倾向南东，倾角 60°左右(图 5-9)。该期断裂活动对先期形成的韧性剪切变形带有一定的破坏作用，早期形成的构造岩，如构造片岩、千枚岩及糜棱岩等，均不同程度地叠加有该期脆性变形作用产生的碎裂构造，岩石中裂隙发育，被石英、方解石等充填，宽 0.2～1.0mm 不等，在苦阿南糜棱岩中可见裂隙与早期形成的构造面夹角为 65°。

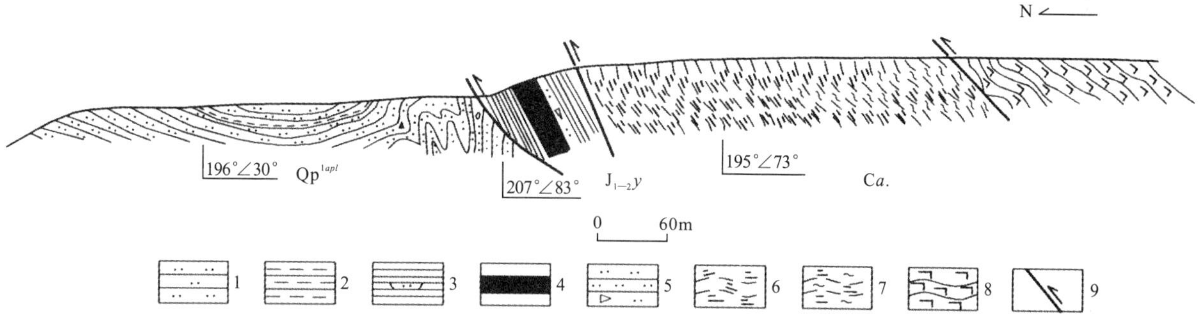

图 5-9　尼雅河逆冲断裂系统构造剖面图

1. 粉砂岩；2. 泥岩；3. 页岩夹砂岩透镜体；4. 煤；5. 含岩屑粉砂岩；6. 绢云绿泥千枚岩；7. 绿泥千枚岩；8. 变质基性岩；9. 逆断层；Qp^{1apl}. 更新统西域组；J_2Y. 侏罗系叶尔羌群；Ca.. 石炭系阿羌岩组

5. 喜马拉雅期北东向脆性左旋走滑变形

该期构造活动集中反映在切割昆仑造山带的库牙克断裂带上，断裂带基本上是沿先期断裂的再活动，形成规模宏大的库牙克谷地。断裂带走向北东，断面陡倾，由同方向平行展布的数条断层组成，受断裂影响，破碎带宽度达 5～6km。构造角砾岩和劈理化带发育，断面上见有近水平的擦痕。不对称构造透镜体、擦痕等均显示其为左旋走滑运动。

6. 喜马拉雅期滑脱型脆性破裂变形组合

该期构造变形组合在区内分布广泛，但规模一般较小，以破裂面的形式弥散于岩石中，破裂面的产状多数低角度倾向北，沿破裂发育北倾的擦痕，显示向北滑脱。个别发生错动，但断距一般不大(图 5-10)。在图幅西南部硝尔库勒湖的形态反映该期构造变形沿库牙克断裂可能发育右旋平移活动，水平位移量约 1km。

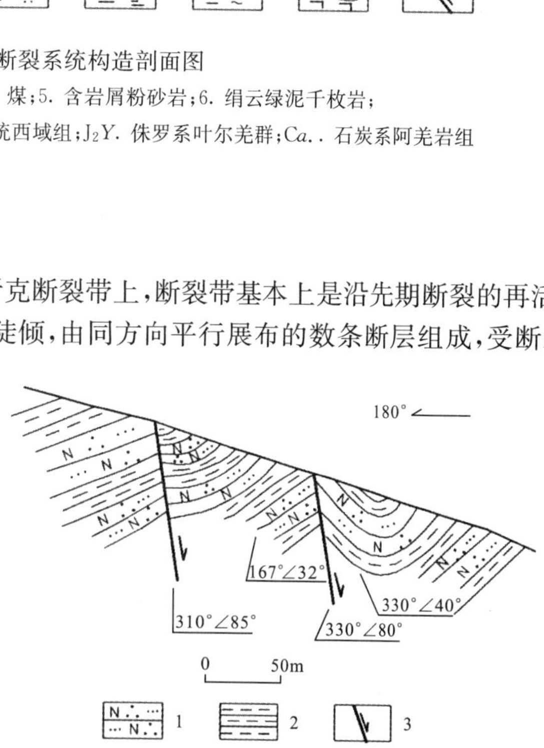

图 5-10　库牙克南白垩系双伍山组中小型正断层

1. 长石石英砂岩；2. 泥岩；3. 正断层

(二)松藩-甘孜陆块内构造组合特征

1. 褶皱构造

陆块内褶皱构造发育，在多梁地一带卫星影像资料显示出明显的褶皱构造形迹。褶皱的形成主要与南北向挤压应力有关，卷入褶皱的地层有二叠系、三叠系和侏罗系。按褶皱的规模、活动时间和轴迹方向可划分为两期：第一期(印支期)褶皱主要发育于二叠系和三叠系中，以规模较小的同斜褶皱为特征；第二期(燕山期)褶皱规模较大，轴迹方向为北东东向或近东西向，以开阔平缓褶皱为主。褶皱特征如表5-2所示。

表5-2　褶皱构造特征表

编号	褶皱名称	褶皱特征	延伸长度(km)	宽度(km)
S_1	乌孜塔克向斜	褶皱地层为白垩系双伍山组，岩性为浅肉红色长石石英砂岩与灰黑色泥岩。褶皱北东向展布，地层倾角北西翼较陡，南东翼较缓。两翼地层产状分别为：130°∠60°、340°∠45°，两翼夹角77°。枢纽产状50°∠17°，轴面产状320°∠90°，直立倾伏褶皱。两翼地层中发育次级背向斜构造及破劈理。北西翼地层被断层切割，褶皱形成与库牙克断裂左行运动有关	10.0	4.0
S_2	柳什塔格向斜	褶皱发育于石炭系哈拉米兰河岩群中，东西向展布。受后期构造运动改造，南翼被库牙克断裂截切，北翼地层产状总体南倾，倾角大于60°，南翼地层被改造程度稍強，产状总体北倾。两翼地层中发育次级褶皱	50.0	10.0
S_3	白沙梁东复式向斜	褶皱地层为侏罗系叶尔羌群，与下伏三叠系卧龙岗组及二叠系黄羊岭组呈角度不整合接触。复式向斜包括三个向斜、两个背斜。北翼地层倾角均大于南翼。两翼夹角为106°，为开阔褶皱，向东扬起。影像特征为向斜谷，向东延出图幅，西延被剥蚀。枢纽产状83°∠2°，轴面产状354°∠77°，为歪斜水平褶皱	6.5	2.5
S_4	卡拉东向斜	褶皱发育于二叠系黄羊岭组一段中。两翼地层产状倾角为45°～70°，轴迹弯曲，走向北东，北西翼被断层切割，断裂走向与轴面走向大致平行。枢纽倾向不稳定，倾角16°～32°，轴面产状330°∠89°，为直立倾伏褶皱	23.0	6.0
S_5	三道河子向斜	褶皱地层为侏罗系叶尔羌群灰黑色泥岩、含砾粗砂岩，角度不整合于二叠系黄羊岭组之上。向斜呈北东55°方向展布，两翼产状分别为140°∠15°、310°∠50°，两翼夹角126°，为平缓褶皱。褶皱影像特征为向斜谷，为明显的向斜构造。该向斜向北东延伸受后期构造运动改造，轴面偏向北东东，总体为歪斜水平褶皱	8.0	1.7
S_6	多梁地向斜	褶皱发育于二叠系黄羊岭组二段中，呈北东东向展布。向南西西扬起，被第四系覆盖，褶皱形迹不清晰。两翼与相邻地层均为断层接触，南东翼边界平直，走向北东70°，北西边界略呈向北北西凸的弧形。两翼产状为：330°∠30°、136°∠30°，两翼夹角120°，为开阔褶皱，两翼地层顺走向发育大量褶曲。枢纽产状53°∠3°，轴面直立	16.5	4.5
S_7	黄羊岭向斜	褶皱地层为二叠系黄羊岭组二段，东西向展布，两翼产状：355°∠85°、175°∠85°，两翼夹角45°，东延出图幅，西延被断裂截切。该向斜与多梁地向斜原可能为一连续向斜，被断裂分割成两段。枢纽产状85°∠0°，轴面产状355°∠73°	10.0	2.0
A_1	三道河子背斜	褶皱地层为石炭系西长沟组岩屑长石砂岩与灰黑色泥岩，背斜走向北东，北东延伸被断裂截切，南西延伸被第四系覆盖。两翼产状为：330°∠45°、150°∠45°，两翼夹角为90°。枢纽产状60°∠0°，轴面直立，为直立水平褶皱，南东翼被断裂切割，两翼发育次级褶皱	18.0	5.0
A_2	卡拉东复式背斜	发育于二叠系黄羊岭组一段中，轴迹总体呈北东向，两翼产状分别为：330°～0°∠50°、190°∠38°。背斜核部主要由泥岩组成，向两侧砂岩逐渐增多。地貌特征较为平坦	42.0	7
A_3	黄羊岭背斜	褶皱地层为二叠系黄羊岭组一段，岩性为泥岩，钙质泥岩夹含砾长石岩屑砂岩、砾岩，偶夹硅质岩透镜体及凝灰质砂岩，背斜北西、南东各存在一向斜，轴向与该背斜一致。背斜走向上地貌特征与两侧向斜地貌相比为负地形	23.0	4.0

(1)印支期褶皱特征

主要发育于二叠系黄羊岭群和三叠系卧龙岗组中，褶皱规模不大，大多为紧闭倒转和倾竖同斜褶皱(图5-11)。该期褶皱与逆冲断裂活动关系密切，一般发生于断裂带附近，与逆冲断裂共同构成褶皱-冲断组合，表现出脆韧性变形特征，该期褶皱活动使二叠系和三叠系地层横向缩短，厚度明显增大，可能为后来整个青藏高原高出其他地区地壳厚度提供了物质基础。

图 5－11 三道河子南东三叠系卧龙岗组褶皱特征

(2)燕山期褶皱特征

与印支期褶皱相比，燕山期褶皱沿走向上延伸稳定，以开阔平缓褶皱为主，最明显的区别是侏罗系和白垩系参与了该期褶皱活动，在区内普遍发育。褶皱在地形地貌上反映也非常明显，一般规律是向斜构成凸起的山梁，背斜成为低凹的谷地，且向斜核部多为砂岩组成，背斜则以泥岩为主。发育较为完整的褶皱构造有：

多梁地向斜(S_6)：位于图幅东南部多梁地一带，褶皱地层由二叠系黄羊岭群二段中厚层状含砾粗砂岩和灰黑色泥岩组成，在卫星影像图上褶皱形迹十分明显。褶皱两侧为北东东向断层截切限制。两翼地层发育大量顺走向的次级小型背向斜，构成多梁地复向斜。该复向斜呈北东—南西向展布，轴迹走向 53°，总体向北东端扬起。复向斜北西翼由一系列次级背向斜组成，产状多较平缓，向斜较为紧闭，背斜较开阔，地层倾角 25°～45°；南东翼地层倾角变化较大，可能与断层活动有关，局部地段地层倒转(图 5－12)。

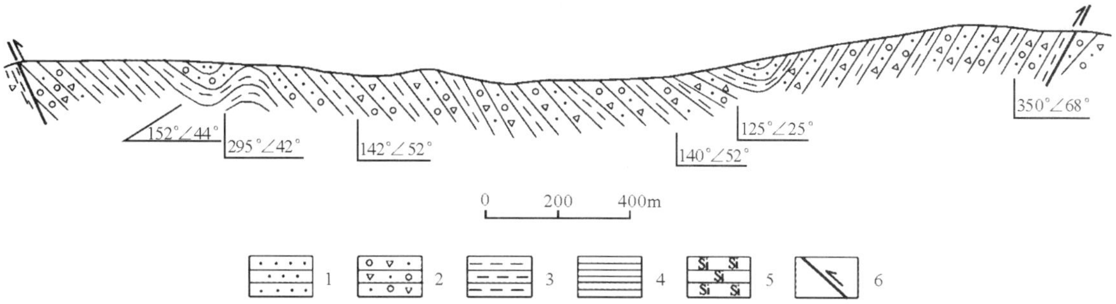

图 5－12 多梁地黄羊岭组二段褶皱构造剖面图

1. 粗砂岩；2. 含砾岩屑粗砂岩；3. 泥岩；4. 页岩；5. 硅质岩；6. 逆断层

白沙梁东复式向斜(S_3)：该复式向斜出露于图幅的东部，轴迹走向 85°，向西端扬起，区内长度 15km，向东延伸出图幅。复式向斜核部为侏罗系叶尔羌群组成，两侧地层为三叠系卧龙岗组，叶尔羌群不整合于卧龙岗组之上。

三道河子向斜(S_5)：出露于图幅南部三道河子南东，轴迹走向 45°，轴面产状为 133°∠77°，枢纽倾向南西，近水平。向斜延伸长度 8km 左右，宽度约 1.7km，向两端扬起。卫星影像图上向斜特征明显，形态完整。向斜核部为侏罗系叶尔羌群组成，两翼地层为二叠系黄羊岭群二段。

2. 断裂构造

松潘-甘孜陆块内断裂构造形态主要与库牙克断裂活动影响有关，东部断裂走向为近东西向，向西在靠近库牙克断裂时方向改变为北东向。断裂活动时代主要为印支期和燕山期，新构造运动除北部边缘受库牙克断裂影响较强外，陆块内部活动构造不甚发育。断裂性质一般以逆冲断层和平移断层为主，主要断裂特征如下：

赛羊滩断裂：断裂出露于图幅的南部无水湖—赛羊滩一带，库牙克断裂的南东侧，向西大部分地段与库牙克断裂平行展布，向东断裂走向转变为近东西向—北西西向，卫星影像图上线性特征较明显。区内长度为125km，向南西出图幅。断裂两侧地层均为石炭系西长沟组，在向阳沟一带，断面产状为175°∠65°，两侧岩性均为灰黄色、灰绿色石英细砂岩，但地层产状相反，北西侧地层产状：175°∠65°，南东侧地层产状：5°∠45°。破碎带不宽，一般为3～5m，局部最宽20m左右。破碎带由以强烈劈理化带相隔的断层角砾岩组成，表现出压扭性特征。向西在硝尔库勒南侧，断层走向为70°左右，破碎带宽3m，带内挤压破碎现象强烈，砂岩、脉石英等能干岩性构成构造透镜体，断面陡倾，北西侧岩性为暗绿色细粒长石石英砂岩，地层产状：185°∠72°；南东侧为深灰色中粒长石石英砂岩，地层产状：195°∠56°。断层西段多处被第四纪残坡积物覆盖，在地貌上呈负地形。据以上分析，可以看出该断层为压性逆断层。

前进达板断裂：出露于图幅的南东部，卫星影像图上线性特征十分明显。断裂在区内延伸约70km，向两侧出图幅。断裂北侧为三叠系卧龙岗组，南侧为二叠系黄羊岭组，沿断裂带分布有古近系喀什群。

二、构造变形序列

加里东运动和海西运动形成了昆仑造山带，造山带中形成于不同构造环境的地质体经历了复杂的变形过程。蓟县系和下古生界火山沉积岩系在早古生代末期的加里东运动中发生了由南向北的韧性剪切（推覆）变形作用，并发生低角闪岩相区域动力热流变质作用。晚古生代末期的海西运动是造山带中影响最大的一次构造运动，形成了昆仑造山带的基本构造格架。在区内分布的两条规模较大的韧性剪切带就是该期构造运动的产物，发生了低绿片岩相区域变质作用，岩浆活动强烈。

中生代早期开始，昆仑造山带与两侧陆块均表现为脆性变形特征。主要构造变形时期为印支期、燕山期和新构造运动，断裂特征如表5-3、表5-4、表5-5所示。印支期主要表现为南北向的水平挤压，造成区内地层横向缩短，使新老地质体相互叠置，地壳厚度明显增大，以形成逆冲断裂和紧密褶皱为特征，构造形迹总体为近东西向。燕山期基本上仍处于南北向挤压状态，是前期构造的继续，断层仍以逆冲断层为主，褶皱构造主要发生于地壳的表部，以开阔宽缓褶皱为主。新构造运动造成区内快速隆升，以垂直运动为主，前期形成的断裂重新活动，由于松藩-甘孜陆块被向东挤出，断层性质发生了变化，原来近东西向的断层方向转变为北东向，且以左行走滑构造为主要特征。叶亦克幅构造变形序列如表5-6所示。

表5-3　北东向断裂构造特征表

编号	地理位置	断面产状(°)			规模		断层特征	性质	时代
		走向	倾向	倾角	长度(km)	宽度(m)			
F1	阿依耐克东	80	170	23	9.5		为石炭系阿羌岩组与超基性岩岩片的分界断裂。北西侧为石炭系阿羌岩组，南东侧为超基性岩岩片。被F2切断	逆断层	印支期
F2	斯给所艾肯南		80		4		断裂西侧为超基性岩岩片，东侧为石炭系阿羌岩组。该断裂将F1断裂错开，说明其形成晚于F1断裂	平移断层	燕山期
F3	琼斯给	30			9.5		发育于石炭系阿羌岩组、海西期超基性岩岩片中。向南西延伸与F4交汇，北东延出图幅。断裂在航片上为线性影像，地貌上为负地形	平移断层	喜马拉雅期
F4	阔希拉希—干门能卡铺一线	60	145	83	>12	15～20	两盘地层均为石炭系阿羌岩组。地貌上为负地形，带内见断层泥及变质粉砂岩透镜体	正断层	喜马拉雅期
F5	喀尔萨依村南	85	175	20	>6		破碎带内岩石破碎强烈，多为断层泥，少量角砾。可见变质闪长岩逆冲于西域组砾岩之上	逆断层	喜马拉雅期
F6	土格曼巴西南	75	345	67	13		发育于蓟县系与海西期花岗闪长岩接触带附近。北西侧为蓟县系含矽线二云片岩、灰白色大理岩。南东侧为 $\gamma\delta_4^2$ 花岗闪长岩、角闪花岗闪长岩	正断层	海西期

续表 5-3

编号	地理位置	断面产状(°)			规模		断层特征	性质	时代
		走向	倾向	倾角	长度(km)	宽度(m)			
F7	阿克苏塔格—柳什塔格一线		160	55	85		该断裂总体近东西向展布，具体走向可分为三段。西段走向东西，略向南凸，两侧地层为泥盆系与蓟县系，断裂还切割了海西期花岗闪长岩；中段走向北西290°；东段走向近东西，两侧地层为下古生界与泥盆系。断裂在走向上的弯曲可能与库牙克断裂运动方向变化有关	韧性逆断层	海西期
F8	柳什塔格北	70	70	53	34	0.5	海西期细粒黑云苏长岩逆冲于泥盆系变质砂岩之上。破碎带宽50cm，带内充填角砾及断层泥，发育高岭土化，砂岩层理扭动强烈，形成小型背向斜	逆断层	燕山期
F 11	苦阿南	55			7.5		为蓟县系阿拉玛斯岩群与石炭系哈拉米兰河岩群分界断裂	逆断层	海西期
F 12	吕什塔格雪山北	65			32		发育于石炭系哈拉米兰河岩群中，影像特征为明显的线性断层谷，沿走向发育水系。断裂向南西延伸出图幅		
F 16	库牙克南西	65	155	84	40	>6	影像图中断裂线性特征明显，构成库牙克断裂带的北部边界。发育于下古生界初糜棱岩、绢云石英片岩中，岩石破碎成角砾状	平移断层	喜马拉雅期
F 17	硝尔库勒北	70			16	60	为白垩系双伍山组与侏罗系叶尔羌群的分界断裂，破碎带处地层产状近于直立，破碎带宽大于60m，岩石轻微破碎，岩层断续相连被断层泥包绕。与库牙克断裂呈20°相交，属库牙克断裂的伴生断裂	张性正断裂	喜马拉雅期
F 18	硝尔库勒北	50			4.5		断裂发育于白垩系双伍山组中。影像显示断裂呈谷地延伸。向北东与苏巴什-鲸鱼湖结合带相交，向南东被第四系冲洪积物覆盖	张性正断裂	喜马拉雅期
F 19	半天沟北西	65	155	80	22.5	200	北西盘为白垩系长石石英砂岩，南东盘为侏罗系叶尔羌群粉砂岩夹粉砂质泥页岩。带内地层产状杂乱，岩石破碎。属库牙克断裂的伴生断裂	张性正断层	喜马拉雅期
F 20	半天沟北	75			11		发育于侏罗系叶尔羌群，影像特征为断层谷。断裂带中见5～10cm的地裂缝雁行排列，为活动断裂。属库牙克断裂的伴生断裂	张性正断层	喜马拉雅期
F 21	硝尔库勒北	68	340	60	50	6	发育于石炭系哈拉米兰河岩群、侏罗系叶尔羌群及白垩系双伍山组地层中，断层北西为第四系冲积、湖积物和侏罗系叶尔羌群。位于库牙克断裂带中，向南西延伸出图幅。形成于喜马拉雅期，现代仍在活动	左行平移断层	喜马拉雅期
F 22	黄羊沟北	60	155	70	7.5		发育于石炭系哈拉米兰河岩群变质泥质砂岩中，两侧地层产状杂乱。影像线性特征明显。位于库牙克断裂带中	平移断层	喜马拉雅期
F 23	硝尔库勒南	50			11.5		发育于石炭系哈拉米兰河岩群中。具明显的线性影像特征。地貌特征亦显示断裂的存在。位于库牙克断裂带中	平移断层	喜马拉雅期
F 24	萨那拉克南西	85	175	75～80	13	70	发育于石炭系哈拉米兰河岩群灰岩、泥岩中。破碎带内为构造透镜体及断层泥、小碎块，断面呈舒缓波状，擦痕、阶步发育，擦痕产状：80°∠30°。两侧地层产状杂乱。地貌上南侧地势较北侧陡峻	平移逆断层	喜马拉雅期
F 25	玻柯尔玛南东	60			10		发育于苏巴什-鲸鱼湖结合带基性—超基性岩岩片与硅泥质岩岩片间	逆断层	海西期
F 26	拉黑里北西	20	110	40	3	30	发育于两个碳酸盐岩岩片间。北西侧地层层理发育，形成牵引褶皱，地层产状为：155°∠55°、330°∠80°、179°∠60°，南东侧岩性为灰黄色砂屑灰岩，层理不明显。破碎带内以断层泥为主。地貌上南东侧岩层形成大陡坎	逆断层	海西期
F 27	切克里克西	20～70	南东	80	13	150	发育于石炭系哈拉米兰河岩群与碳酸盐岩岩片分界处。断裂带内主要为断层泥和角砾，断层泥为灰岩与泥岩，疏松易碎。断裂呈弧形展布，两端延伸均与库牙克断裂带相交	平移断层	喜马拉雅期

续表 5-3

编号	地理位置	断面产状(°)			规模		断层特征	性质	时代
		走向	倾向	倾角	长度(km)	宽度(m)			
F 29	乌孜塔克西南	北东	150	70	38	100	断裂发育于白垩系双伍山组长石石英砂岩与泥岩中，发育反阶步、擦痕，构造透镜体发生右行旋转。断层平面展布形态为“S”型，北东段平直，走向 50°，南西段呈弧形	右行平移	喜马拉雅期
F 31	乌孜塔格南东	60	330	85	>15	5	发育于白垩系双伍山组长石石英砂岩中。破碎带窄，两侧岩石中发育一对共轭节理，产状为 315°∠82°、210°∠85°；断裂走向与库牙克断裂走向一致	平移断层	喜马拉雅期
F 32	革命达板北东	60～75	135	70	约 70	60m	断裂发育于白垩系双伍山组石英砂岩中。影像图上线性特征明显。断裂走向与库牙克断裂走向一致	平移断裂	喜马拉雅期
F 34	以色克阿特赛南西	北东			约 18	约 50	发育于白垩系双伍山组岩屑长石砂岩夹粉砂质泥岩中。影像呈弧形，被 F 35断裂错开。库牙克断裂的伴生断裂，其性质为左行平移断裂	平移断裂	喜马拉雅期
F 35	革命达板北东	33			约 15		遥感影像图上该断裂形迹明显。发育于白垩系双伍山组中。为库牙克断裂的伴生断裂	张性正断层	喜马拉雅期
F 36	革命达板北西	20	110	80	约 15	3～5	发育于白垩系双伍山组含黄铁矿钙质泥岩与钙质泥岩夹灰岩、碳质泥岩、粉砂岩中。规模较小，库牙克断裂的伴生断裂，与库牙克断裂交角约 20°。断裂向北东延伸与库牙克断裂交汇，向南西延伸被 F 37截断	张性正断层	喜马拉雅期
F 37	革命达板北西	60—北东东	135	70	约 70		发育于石炭系西长沟组凝灰质砂岩、凝灰岩夹少量白云岩，与白垩系双伍山组石英砂岩夹粉砂质页岩分界。影像特征为线性延伸的断裂谷。属库牙克断裂伴生断裂	平移断裂	喜马拉雅期
F 39	库麻特西	45	135	50	7.7	150	发育于石炭系西长沟组岩屑砂岩、泥岩中，断裂破碎带为一深切河谷，带内发育断层泥、断层角砾等。库牙克断裂的伴生断裂	正断层	喜马拉雅期
F 40	向阳沟南	56	南东		10.7	80	发育于石炭系西长沟组岩屑砂岩、泥岩中，岩层因挤压强烈褶曲。位于库牙克断裂带中。北东延伸被第四系冲洪积物覆盖	逆平移断层	喜马拉雅期
F 41	硝尔库勒南	65	165	51	>31	>30	断层南东地层为二叠系黄羊岭组一段，北西为石炭系哈拉米兰河岩群。带内挤压破碎强烈，断面上见擦痕，擦痕倾伏角约 7°，指示上盘向 291°方向位移	逆平移断层	喜马拉雅期
F 42	赛羊滩北西	65～290	175	65	约 125	20～500	发育于二叠系黄羊岭组一段长石石英砂岩中。地貌上为负地形，破碎带内挤压破碎强烈，构造透镜体和强片理化带相间排列，断层发育数条平行断面。断层南西段走向北东 70°，北东段呈向北凸的弧形，走向由 65°渐变为北西 290°	压性逆断层	喜马拉雅期
F 43	三道河子北东	55			10	100	发育于石炭系西长沟组中，具有明显的线性影像特征。与 F_{h-s}夹角为 10°，断裂具左行特征。两侧岩性及产状不同，破碎带被掩盖	张性正断层	喜马拉雅期
F 44	前进达板北西—三道河子南东	45～75			56	200	破碎带内岩石为岩屑长石砂岩、泥岩、页岩，岩石中可见石英细脉无规律穿插。为断面南倾的逆断层，可见三叠系卧龙岗组岩屑石英砂岩逆冲于古近系喀什群红层之上	逆断层	喜马拉雅期
F 45	黄羊岭北	58～95			67.5		发育于三叠系卧龙岗组、侏罗系叶尔羌群与古近系喀什群地层中，断裂带为负地形。据走向分为两段：东段走向 90°，长 18km，向东延出图幅，破碎带宽 200m，被覆盖严重，地表为岩石碎块，北侧为三叠系卧龙岗组，南侧为侏罗系叶尔羌群；西段走向 58°，长 49.5km，破碎带不发育，两侧为喀什群和三叠系卧龙岗组		
F 46	黄羊岭北	60～105			24	100	断裂发育于侏罗系叶尔羌群与二叠系黄羊岭组二段分界处，影像图中显示断裂呈线延伸。实地观测断裂覆盖严重，仅在地表见到角砾。断裂向南东延伸出图幅，呈向北凸的弧形展布。叶尔羌群岩性为岩屑砂岩、砾岩，黄羊岭组为碎裂状灰岩	推测正断层	燕山期

续表 5-3

编号	地理位置	断面产状(°)			规模		断层特征	性质	时代
		走向	倾向	倾角	长度(km)	宽度(m)			
F 47	死驼达板北东	58	180		21		断层在地貌上呈直线延伸，破碎带不发育。北西侧为三叠系卧龙岗组，地势高峻；南东侧二叠系黄羊岭组一段，地势平缓	高角度逆断层	喜马拉雅期
F 48	多梁地-黄羊岭一线	60～90	南—南东		48	200	断裂切割二叠系黄羊岭组一段、二段及侏罗系叶尔羌群地层。经历了燕山期脆韧性变形和喜马拉雅期脆性破碎两个阶段。燕山期伴随多梁地向斜的形成沿一段与二段界面发生韧脆性变形，地层层理发生揉皱。喜马拉雅期伴随高原抬升发生脆性变形，擦痕 270°∠50°，岩石轻微破碎，断裂走向弯曲呈弧形。向东延伸出图幅	韧脆性逆断层	燕山期至喜马拉雅期
F 49	多梁地东	50～70	北西		12		断裂切割多梁地褶皱翼部。断裂北西侧为黄羊岭组二段，地势陡峻，南东侧为黄羊岭组一段，地形较为平缓，断裂与多梁地向斜同时形成于燕山期，后期重新活动	逆断层	燕山期
F 50	黄羊岭南	45～70			21		发育于黄羊岭组中，两侧岩性色调差异分明。断裂影像显示为断层谷	平移断层	喜马拉雅期

表 5-4　北西向断裂构造特征表

编号	地理位置	断面产状(°)			规模		断层特征	性质	时代
		走向	倾向	倾角	长度(km)	宽度(m)			
F 13	看来嗯塔格北	285			5	20	发育于苏巴什-鲸鱼湖结合带内，为基性—超基性岩岩片与碳酸盐岩片的分界断裂。	逆断层	海西期
F 14	昂格提勒克库勒北西	310	90	60	10	3	发育于白垩系双伍山组及苏巴什—鲸鱼湖结合带内硅质岩岩片与硅泥质岩岩片中，断面紧闭，破碎带窄	压扭性逆断层	喜马拉雅期
F 28	赛勒果勒南东	280	190	80	22	20	发育于石炭系哈拉米兰河岩群与碳酸盐岩片接触带上。断裂向南东延伸出图幅。两侧节理发育。南西侧地层中发育紧闭褶皱，北东侧地层形成宽缓背斜	逆断层	海西期
F 33	乌孜塔格南东	285	195	30～60	25		发育于白垩系双伍山组与石炭系西长沟组分界处	逆断层	燕山期

表 5-5　东西向断裂构造特征表

编号	地理位置	断面产状(°)			规模		断层特征	性质	时代
		走向	倾向	倾角	长度(km)	宽度(m)			
F 9	麻特南	70～90			18		北西侧为蓟县系阿拉玛斯岩群，南东侧下古生界分界。影像图上线性特征十分明显，发育断层崖及断层谷		
F 10	麻特南	90			17		发育于下古生界中。卫星影像上线性特征十分明显，性质不明，推测断层		
F 15	昂歌库勒西	90			10		发育于苏巴什—鲸鱼湖结合带中硅质岩岩片与碳酸盐岩片分界上，未见断层面及破碎带	逆断层	海西期
F 30	赛勒果勒南	90	0	70	3	20	发育于白垩系双伍山组砂岩、泥岩中。带内见高岭土化、褐铁矿化和断层泉。两侧地层产状差异明显，北侧层理产状：245°∠32°，南侧地层产状：165°∠25°、146°∠21°。南侧岩石中发育三组节理，产状为：275°∠85°、30°∠85°、320°∠63°，前两组为共轭节理，切过后者	正断层	燕山期
F 38	三道河子北东	90	南				发育于石炭系西长沟组中。影像图中断裂呈线性延伸，断面紧闭。向东延伸出图幅	逆断层	燕山期
F 51	多梁地东	90～110	北	40	16.5		北侧为黄羊岭组二段，南侧为黄羊岭组一段。地貌上断裂带为地貌分界，北侧地势较南侧陡峻。向南东延伸出图幅	逆断层	燕山期

表 5-6　主要构造变形序列简表

<table>
<tr><th colspan="2">时代</th><th>变形特征</th><th>沉积建造</th><th>侵入活动</th><th>变质作用</th><th>地壳运动</th><th>演化阶段</th></tr>
<tr><td rowspan="3">新生代</td><td>Q</td><td>逆冲推覆断层系、地震裂隙及鼓包，河流阶地、夷平面</td><td>西域组砾岩及松散堆积物</td><td></td><td rowspan="3"></td><td rowspan="3">喜马拉雅运动</td><td rowspan="2">高原隆升阶段</td></tr>
<tr><td>N</td><td>高原隆升，左旋走滑断裂拉分盆地</td><td>唢纳湖组湖相沉积</td><td></td></tr>
<tr><td>E</td><td>褶皱-逆冲断裂</td><td>喀什群山间盆地沉积</td><td></td><td rowspan="3">陆内调整阶段</td></tr>
<tr><td rowspan="2">中生代</td><td>K—J</td><td>冲断-褶皱构造，逆冲断裂，大型北东向开阔宽缓褶皱</td><td>侏罗系叶尔羌群山间盆地沉积、白垩系双伍山组</td><td>（石榴）闪长玢岩</td><td></td><td>燕山运动</td></tr>
<tr><td>T</td><td>板块碰撞，大型逆冲推覆断裂，产生大量层内斜歪-倒转褶皱</td><td>卧龙岗组磨拉石建造</td><td></td><td></td><td>印支运动</td></tr>
<tr><td rowspan="3">晚古生代</td><td>P</td><td>古特提斯洋洋壳向北俯冲，形成蛇绿混杂岩带，断裂、褶皱发育。近东向左旋韧性剪切变形，褶皱构造发育</td><td>黄羊岭组被动陆缘沉积</td><td rowspan="2">花岗岩
闪长岩
斜长岩
辉绿玢岩
超基性岩</td><td rowspan="2">低绿片岩相变质</td><td rowspan="3">海西运动</td><td rowspan="5">洋陆转换阶段</td></tr>
<tr><td>C</td><td>古特提斯洋洋壳扩张，蛇绿岩形成</td><td>阿羌岩组火山弧建造，哈拉米兰河岩群碎屑岩-碳酸盐岩建造，西长沟组火山碎屑岩建造</td></tr>
<tr><td>D</td><td>古特提斯洋裂解阶段，原特提斯洋关闭，陆陆碰撞</td><td>奇自拉夫组陆相磨拉石建造</td><td></td><td rowspan="2">低绿片岩相变质</td></tr>
<tr><td rowspan="3">早古生代—新元古代</td><td>Pz_1</td><td>原特提斯洋消减、俯冲，形成蛇绿混杂岩带，近东西向逆冲型韧性剪切变形、同斜倒转褶皱</td><td>上其汗岩组火山岩建造</td><td>闪长岩（奥陶纪）</td><td rowspan="2">加里东运动</td></tr>
<tr><td>Z</td><td>原特提斯洋裂解阶段面理置换，形成无根褶皱、平卧褶皱、膝折等现象，并产生新一期片理(S_1)</td><td></td><td>花岗岩（震旦纪）</td><td rowspan="2">低角闪岩相变质</td></tr>
<tr><td>Pt_3</td><td>同斜倒转褶皱，并产生面理置换</td><td>阿拉玛斯岩群碎屑岩-碳酸盐岩建造</td><td></td><td>晋宁运动</td><td>基底形成阶段</td></tr>
</table>

第四节　新构造运动

新构造运动，顾名思义，是地球历史中最近期间的构造运动，对现代地形地貌、生态环境的形成起到了重要的作用。新构造运动影响了最近期间的各种其他地质作用，也将先前已形成的地质体和构造加以变化和改造。因此，研究和正确评价新构造运动，对解决与人类社会发展有密切关系的许多实际问题，如重大工程的稳定性评估、土地和资源的有效开发利用、地震和火山等灾害的预报和减灾，以及人类生存环境的变化等都具有重要的意义(陈智梁，1999)。是区域地质调查不可缺少的重要内容。

图幅位于世界屋脊青藏高原的北缘，新生代前青藏高原北缘经历了复杂的地质发展史，新生代以来又作为青藏高原的北部动力边界经历了挤压、逆冲、走滑和伸展及山地崛起等一系列重大地质事件。新构造运动在区内表现十分显著，总体上表现在上新世以来欧亚板块和印度板块强烈碰撞，昆仑山系急剧隆升和塔里木盆地剧烈沉降为主导运动方式。造就了抬升山系遭受剥蚀和断陷盆地接受碎屑堆积以及完整的山麓冲洪积体系。一系列深大断裂呈阶梯状持续活动，形成了图幅北部塔里木盆地与南部昆仑山脊在南北向数十千米内相对高差达 4 000 余米的特殊地貌景观，盆地与山体在气候、生物诸方面差异悬殊，这些无不与新构造运动密切相关。

新构造运动的时限不确定，不同地区新构造运动的起始时限不同，一般以区内现代地貌特征开始形成为准。区域地质资料表明，青藏高原在始新世—中新世地壳运动基本上是以南北向的大规模缩短为主，而高原大幅度隆升主要是中新世以来地质构造作用的产物，同时出现了各种板内变形构造，自然环境也发生了巨大的变化。因此，本区新构造运动的起始时限定为中新世。

一、新构造运动特征及分区

根据新构造运动统一的构造应力场产生的不同构造组合样式及其在空间上的分布关系，区内可分为近东西向和北东向两组不同方向的构造组合，其中近东西向构造带一般是已存在的断裂等构造形迹在新构造运动中重新活动，同时也伴生有新的构造现象产生，但其规模较小，主要表现为挤压冲断-褶皱构造组合，是高原隆升前期由于挤压作用地壳呈南北向水平缩短时的产物。北东向构造带在区内表现为规模巨大的左行走滑系统，为新构造运动后期高原大幅度隆升时的产物。据区内新构造运动特征，以昆仑山前逆冲断裂为界，研究区可划分为两个新构造分区：塔里木盆地和昆仑山区，其中昆仑山区以北东向库牙克断裂又可分为东昆仑区和西昆仑区。

1. 塔里木盆地

塔里木盆地是发育于华北地台上的一个大型断陷盆地。本区位于盆地南部边缘，区内出露面积为 5 060.5km^2。盆地在新构造运动中相对下降，本区处于盆地边缘坳陷过渡区，因而新构造运动表现最强烈。仅上新世以来，该过渡带沉降幅度就超过了 4 000m。

区内昆仑山前低山及山麓地带分布有下更新统西域组，为山麓磨拉石堆积，其中发育有走向近东西向的开阔平缓褶皱(图 5-13)。

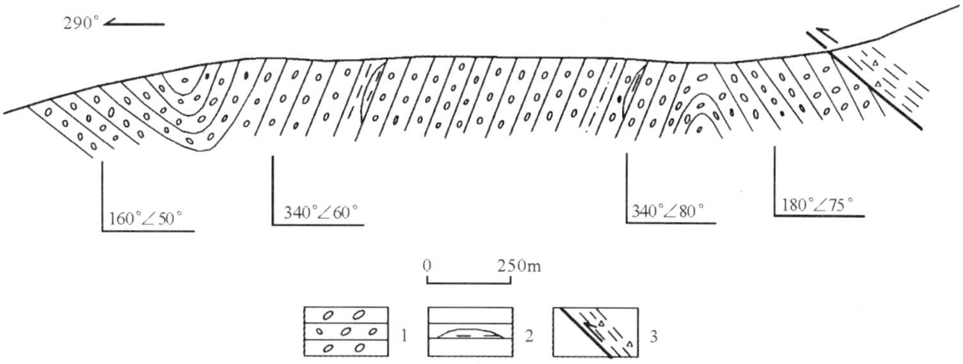

图 5-13 格子布拉克(下)更新统西域组构造剖面图

1. 砾岩；2. 粉砂质泥岩透镜体；3. 逆断层及破碎带

另外，同在昆仑山前逆冲断裂中，可见石炭系变质地层逆冲到侏罗系叶尔羌群及第四纪地层之上，断裂带较宽，断裂面向南西方向倾斜，反映作为青藏高原北界的昆仑山体，在强大的印度板块向北推挤力的作用下，参与到整个青藏高原由南向北的水平移动之中。同时，也可看出塔里木地块在高原隆升过程中存在向南俯冲作用，但据有关资料，塔里木地块向南俯冲的程度有限。

2. 昆仑山区

图幅位于东、西昆仑山区的结合部位，库牙克断裂北东向斜贯测区，将走向东西的昆仑山脉一分为二，区内东、西昆仑区新构造特征也不尽相同。

西昆仑区：西昆仑区北界为昆仑山前逆冲断裂，南东侧以库牙克断裂与东昆仑区相隔。在新构造运动中由于南北向挤压力的持续作用，北部为相对刚性的塔里木地块所阻挡，而南东侧有隆升过程中产生的库牙克断裂的限制，西昆仑区在区内形成了西宽东窄的地质地貌景观。区内原走向东西的地质体和构造线无一例外地为库牙克断裂截切，“收敛”于库牙克断裂之上，形成向南凸出的弧形。原有的东西向断裂在新构造运动中均有不同程度的重新活动。随着山体的不断隆升，昆仑山脊高出盆地 4 000m，同时，岩石的风化、剥蚀作用也异常强烈。

东昆仑区：东昆仑区在地貌上总体较为平坦，地形上无大的起伏，海拔一般为 3 500～5 000m。区内在新构造运动中产生的断裂构造较发育，但断层的断距一般不大，多数为 2～15m。形成走向北东东向的小型断陷盆地。湖泊数量少，规模小。

二、山体隆升的分期及时间约束

不同学者从不同角度、采用不同方法获得青藏高原不同时期的隆升高度。尽管隆升的时间过程存在一定的差异，但是对青藏高原隆升起始时间和起始高度结论基本一致。青藏高原及其周边山体的构造隆升主要发生在 20Ma 以来，是在始新世正常地壳结构的基础上演化成现今的“似盆状”异常地壳结构。

据肖序常等(1998)研究，青藏高原隆升可分为四个阶段：①白垩纪—始新世慢速隆升期，60～25Ma，隆升速率在 0.012～0.31mm/a 之间；②中新世—上新世为中等速率隆升期，25～3Ma，隆升速率在 0.13～2.05mm/a 之间；③更新世至全新世为快速隆升期，隆升速率在 1.6～5.35mm/a 之间；④近期(0.5Ma 以来)为极快速隆升期，隆升速率为 45mm/a。

关于青藏高原在第三纪以来高度的变化目前也有各种观点，国内外学者有不同看法，主要的观点有 8 种(图 5-14)。目前比较流行的为第 7 种观点，即施雅风等(1998)把新构造运动总结为三期。第一期始新世(40Ma)，以印度板块和欧亚板块碰撞为标志。第二期中新世中期(20Ma)，是新构造运动中最主要的一期。第三期时限为 3.4～1.7Ma，青藏高原大幅度隆升。并把第三期单独划出，而且限定新构造运动仅仅就是这一幕。本次工作，我们通过实际资料，结合前人的工作成果，对山体隆升的时间作以下分析。

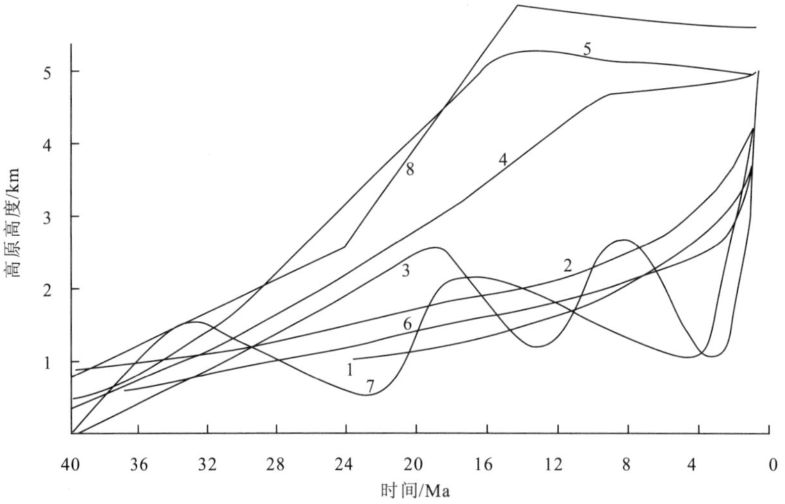

图 5-14　青藏高原不同时期的隆升高度观点示意图

(据刘燊等，2001)

1. Mericier 等(1987)青藏高原北部高度变化曲线；2. Mericier(1987)青藏高原南部高度变化曲线；3. 沈显杰(1986)青藏高原高度变化曲线；4. Harrrison 等(1992)青藏高原高度变化曲线；5. Coleman 等(1995)青藏高原高度变化曲线；6. 李廷栋等(1990)青藏高原高度变化曲线；7. 施雅风等(1998)青藏高原高度变化曲线；8. Fielding(1997)青藏高原高度变化曲线

1. 夷平面

研究表明，青藏高原有两级夷平面，一级夷平面海拔高度大多在 5 500m 以上，由于该夷平面时代较老，经差异运动和后期剥蚀已变化很大，特别是冰川和冰缘作用的改造，使原有的风化壳及其他沉积与微地貌保存甚少，主要分布于大山脉的顶部，保存面积较小，这级夷平面被称为山顶夷平面，该夷平面时代为渐新世(38～25Ma)；第二期夷平面分布较广，一般出现在各大河流的源头及河流之间的分水岭，构成青藏高原和外围山地的主体，海拔高度大多为 4 500～5 000m，切削了早第三纪沉积物，是现代地形地貌起始的基础，因此称之为主夷平面，推测其形成时间为中新世中晚期(15～7Ma)。根据地貌学的一般原理，夷平面形成时的海拔高度应接近于海平面，一般只有几百米，以此为起点可估计青藏高原的隆升速率和高原的高程。两期夷平面的形成表明，青藏高原的形成经历了三次抬升和两次夷平，即三大成山旋回。第一和第二次抬升分别发生于 42～38Ma 和 28～18Ma，地面高程曾一度达到 2 000m，在 38～26Ma 和 18～3.6Ma 期间，地壳长期稳定，强烈的剥蚀、夷平又使地面高程降至 1 000m 以下，第三次抬升始于 3.6～3.4Ma，一直延续到现在，青藏高原抬升了 4 000m 以上。

2. 磨拉石建造

根据昆仑山北坡山前和塔里木盆地内上新统和下更新统在岩性和岩相上存在的巨大差异，可以反映出与喜马拉雅山区一致，昆仑山的强烈上升始于上新世末—第四纪初。昆仑山前上新统的阿图什组主要由紫红色和棕黄色的粉砂岩和细砂岩组成，属山麓河流及湖盆沉积，总厚度达 2 000～3 000m，岩性均一，与西藏地区广泛分布的含三趾马动物群化石的上新统几乎完全一样，是上新世夷平面的相关沉积，表明当时昆仑山和塔里木盆地之间的地势比较和缓，地壳相对稳定。而下更新统的西域组砾岩几乎全部由半胶结的棕黄色巨厚砾岩及粗砂岩组成，广泛分布于昆仑山前，为典型的磨拉石堆积，总厚度大于 2 000m，在民丰南 80km、海拔高度 3 000m 的格子布拉克一带，下更新统西域组岩性以砾岩为主，夹含砾砂岩和灰红色亚粘土，砾石砾径一般 40cm×50cm，最大可达 60cm×80cm，砾石成层性很好，层理十分明显，磨圆度及分选中等，透镜状的砂岩层具有大型交错层理，即使粗大的砾石也是排列有序，是典型的山麓洪水堆积，从上新统到下更新统地层呈整合沉积关系，但下更新统地层的产状有明显变化。由北向南，倾角由缓变陡，由 50°逐渐变为 70°～80°。西域组砾岩在砾石成分上的变化也可反映山体的隆升时限，砾岩砾石成分以灰岩、砂岩为主，没有出现昆仑山区现今大面积分布的花岗岩砾石成分，反映在西域组沉积时，花岗岩还未剥蚀出露于地表。西域组砾岩成分和产状上的变化，反映了上新世末—第四纪初昆仑山区的强烈上升，显然是昆仑山和塔里木盆地之间急剧增大的地势差异造成的。

对昆仑山北坡尼雅河一带的多级阶地的松散堆积物进行了光释光年龄（OSL）分析，结果如图 5－15 所示，反映区内昆仑山的隆起成山主要发生于更新世早期。

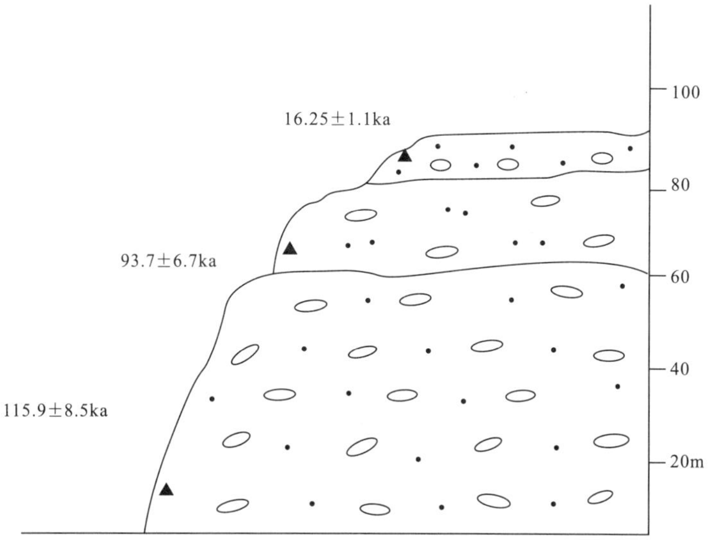

图 5－15　尼雅河阶地及形成年代示意图

3. 河流阶地

在库牙克一带第四系上更新统—全新统河流阶地中进行光释光年龄取样分析，结果如图 5－16、表 5－7 所示，河流阶地的发育情况反映早更新世以来昆仑山脉的间歇性快速隆升。

表 5－7　库牙克第四纪上更新统—河流阶地形成年龄结果表

编号	1	2	3	4	5	6	7
取样地点	一级阶地	二级阶地	三级阶地	四级阶地	五级阶地	六级阶地	七级阶地
阶地高度(m)	1	2.5	6.5	9	17.5	38	82
OSL 年龄(ka)	2.7±0.2	1.7±0.1	8.6±0.7	9.1±0.7	5.4±0.4	12.1±0.8	68.4±5.2

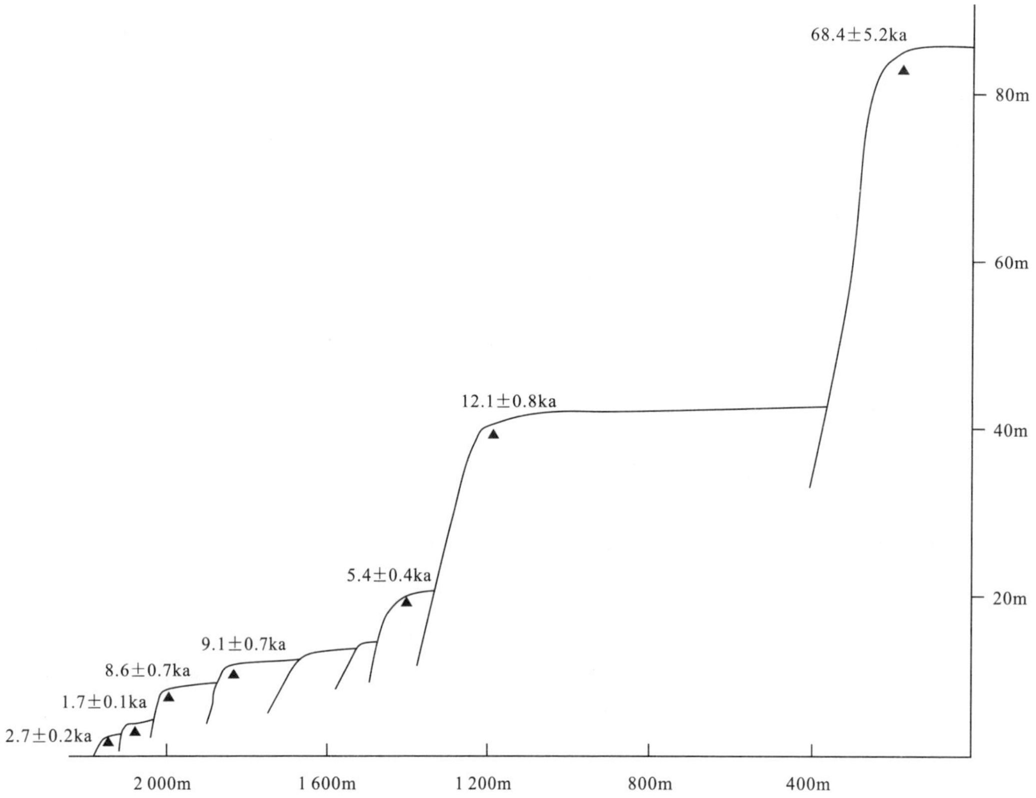

图 5-16　库牙克第四纪河流阶地及形成年代示意图

昆仑造山带位于青藏高原北缘，同青藏高原主体一样，具有多层地壳结构特征，并普遍出现壳内低速层，地壳厚度是华北及华南地区的 2 倍以上。其形成可能与地壳的横向挤压缩短及幔源物质的底侵作用有关，随着底侵作用增强，地壳厚度加大，岩石圈厚度则越趋于减薄，说明该区已进入岩石圈拆沉作用阶段。

4. 地壳厚度变化

塔里木盆地的发展演化明显受板块边缘活动的控制，与周缘造山带的形成、发展密切相关。昆仑山与塔里木盆地接触边缘地区为一条向南凸出的弧形重力梯度带，由北向南梯度逐渐增大，总体趋势呈北西—近东西向分布，反映了该区可能是一条地壳或上地幔内部的构造变异带。盆地内侧异常轴向为近东西向，地壳厚度为 53～54km，层状结构明显，层厚度横向变化不大，界面产状较一致，地壳中部未见明显低速层存在，表明塔里木盆地处于相对稳定的构造环境。而昆仑地区深部构造轮廓总体呈“凹”字形展布，由北向南地壳厚度由 50km 增至 62km，较塔里木盆地的地壳厚度大 10km 左右。莫霍面大致以 8°的倾角向南逐渐加深。

5. 地壳密度变化

塔里木盆地的地壳密度结构成层性好，密度值高于昆仑造山带。塔里木下地壳（35～45km）密度的变化范围 2.96～3.15g/cm^3；中地壳（25～35km）较厚，分为两层：下层（30～35km）的密度变化范围是 2.89～2.96g/cm^3，上层（25～30km）则为 2.84～2.88g/cm^3；上地壳（10～25km）的密度变化范围在 2.78～2.84g/cm^{3}之间。塔里木盆地的沉积盖层较厚，特别是在区内盆地南端的斜坡处达十几千米，盖层的密度变化为：从地表处的 2.0g/cm^3 到基底顶部的 2.6g/cm^3。与昆仑造山带地壳结构密度相比，塔里木盆地的地壳内部结构中不存在低密度层。

昆仑造山带与塔里木盆地相比要复杂得多，主要是由于昆仑北与塔里木南缘碰撞造成的。模拟结果证实了塔里木以较陡的角度向昆仑下俯冲，与向北俯冲的印度板块在昆仑北缘相撞。在塔里木盆地与昆仑山的碰撞接触带中，存在一个倒三角形的壳体并分为两层，下层（36～45km）密度为 2.88g/cm³，上层（23～36km）密度为 2.85g/cm³，恰好位于莫霍面隆起的上方。昆仑南缘地壳在纵向上则较为简单且具有很好的成层性，下地壳（48～71km）的密度为 2.98～3.00g/cm³，中地壳（25～48km）密度在 2.91～2.925g/cm³之间，上地壳（0～18km）分为两层，上层密度为 2.59～2.65g/cm³，下层密度不大于 2.79g/cm³。昆仑造山带在中上地壳间（16～25km）存在高导层，密度范围在 2.66～2.69g/cm³ 之间（张良臣等，2000）。

同时，盆地与昆仑造山带之间也是一条均衡异常急剧变化带，与该区深部构造变异相带相对应，表明均衡异常变化的地段，地壳厚度的陡变以及岩石中密度的横向变化都可能部分地与均衡调整力作用有关。昆仑山区下地壳增厚明显，显示出山区地壳深部受挤压缩短的构造环境，塔里木盆地的刚性程度大于昆仑山区，盆地主要表现为弯曲变形，缩短增厚不明显；山区则主要表现为缩短增厚变形，且上地壳以逆冲叠置增厚为主，下地壳以缩短增厚为主。昆仑地区频繁发生的地震活动也说明该区的地壳运动远没有达到均衡补偿程度，地壳正处于剧烈的均衡调整过程中。但该区因受印度板块向北与欧亚板块相互挤压作用，挤压构造力大于均衡调整力，而使昆仑区地壳总体趋势保持上升，并沿大陆内部的脆弱地带发生向塔里木的仰冲，根据大地测量结果，迄今昆仑山体仍以 15～20mm/a 的速度向塔里木之上推覆，从而造成地下质量过剩，出现正均衡异常。因仰冲过程不断进行，致使盆地西南部在前陆构造负荷的影响下，地壳弯曲下沉，沉积加厚并插入地幔层，造成质量亏损出现负均衡异常。并推断塔里木陆块向南部昆仑山下潜没了 80km。

昆仑山与塔里木盆地的接触边缘地带，除表现为地壳厚度的急剧变化、频繁的地震活动和强烈的地形差异外，还广泛发育以强烈褶皱和逆冲断层活动为主要构造特征的陆内变形。该区逆冲推覆构造发育，由南向北，老新地层依次叠覆，局部地段存在山体向盆地逆冲，造成地层倒转。

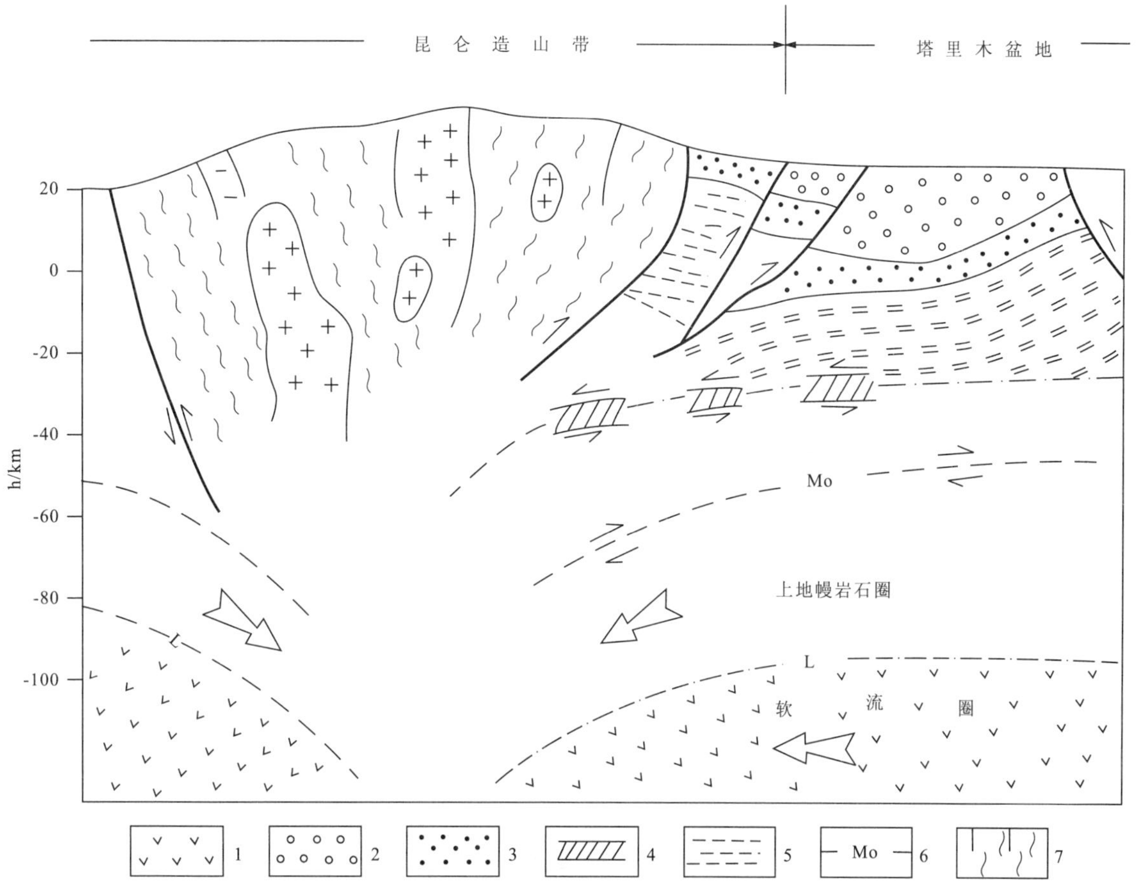

图 5-17　塔里木与西昆仑之间陆内俯冲模式图

（据石彦等，1999）

1. 软流圈；2. 中新生界；3. 古生界；4. 低阻层；5. 基底中上地壳；6. 莫霍面；7. 变质岩系

据以上分析，可以认为昆仑山体与塔里木陆块之间具有陆内俯冲模式(图5-17)的特征。陆内俯冲带的形成与该区所经历的多期构造变形有关，它可能受海西一印支期的早期构造格局控制。新生代尤其是始新世—渐新世，印度板块与欧亚板块汇聚碰撞，导致新的造山作用，所产生的挤压应力远大于特提斯洋壳向亚洲板块之下俯冲时产生的侧压力。这一强大的主压力场，一方面使昆仑地壳不均衡增厚和横向强烈缩短，导致褶皱山系形成。另一方面，在挤压构造背景下，塔里木陆块的刚性基底呈现出向软地层下冲趋势，并沿大陆内部的脆弱地带发生了大陆岩石圈的陆内俯冲作用，从而使塔里木陆块大陆岩石发生壳幔拆离，并向南产生一定规模的消减，这样塔里木陆块本身才不被抬升，从而使青藏高原(包括昆仑山)产生整体向上的抬升运动。由于二者接触带的地壳深部存在陆内俯冲的构造关系，从而在地壳浅部形成了盆地边缘褶皱冲断山系，同时受前陆冲断带的构造负荷影响，沉积负荷以及因陆内俯冲和壳幔拆离而形成的地壳叠加的加积负载的共同作用，使塔里木陆块大陆岩石圈发生弹性变形，岩石圈挠曲、下沉，沿昆仑山前形成不对称的塔西南中新生代前陆盆地和广泛发育的逆冲推覆构造格局(石彦等，1999)。

6. 造山带地幔动力学分析

近南北向的挤压力一方面来自印度板块向北的推挤，另一方面来自岩石圈根带下沉的拖力。汇聚碰撞作用造成造山带岩石圈水平方向缩短，垂向增厚。增厚的岩石圈根带向下深入地幔，会产生拖力，吸引板块向造山带下汇聚，对造山带形成挤压力。并且，数值模拟研究表明(Zang and Bott，2000)，如果增厚的岩石圈根部偏离造山带中央部位(上下非对称)，偏向盆地的一侧，则岩石圈根部在向下的拖带过程中推动造山带向盆地逆冲，在山前形成深坳陷。

昆仑造山带中出露第四纪火山岩，表明造山带岩石圈内存在伸展构造。伸展构造产生的机制可能来自增厚地壳的均衡反弹作用。另一个原因可能是岩石圈根部的断离而引发的地幔动力学过程。软流圈地幔对流引起的高密度的增厚岩石圈根部很容易插入低密度的软流圈，断离后引起软流圈地幔小尺度对流，为岩浆活动提供了条件。

7. 盆山耦合分析

自上新世以来，青藏高原地区南北宽已由3 300km缩短为1 200～1 400km，减少了近2/3，地壳厚度增加了一倍。同时，上新世时期青藏高原海拔高度仅1 000m左右，因此上新世以来青藏高原的地壳增厚和抬升应该是同步进行的。综合塔里木盆地及邻区的地质地球物理资料分析表明：塔里木盆地的地壳结构与昆仑山地区明显不同，主要反映在塔里木具有地壳厚度薄及地幔盖层厚的特点。它符合地球上盆地与山脉的莫霍面埋深的总体规律，即盆地区莫霍面隆起，高山区莫霍面下降。造山作用在岩石圈上部和下部表现出不同的形式。在20Ma以来，在印度板块向北推挤下，西昆仑上地壳通过向北的推覆逆冲，增厚造山。而其下的岩石圈向北俯冲，与塔里木岩石圈汇聚增厚，增厚的岩石圈根带产生向下的拖力，形成使岩石圈继续汇聚主导的挤压作用力，导致山前盆地下降，接受巨厚的沉积(张良臣等，2000)。

在中国西部的盆山格局中，山脉隆升扮演着重要的角色，盆地形成则为被动的。首先由于地壳受区域挤压应力的影响，缩短、增厚和逆掩滑脱产生两断夹一隆式的抬升，经过均衡调整，使地幔下拗形成山根，同时隆起的山脉遭受剥蚀，剥蚀物充填于相邻的拗陷中，拗陷进一步下沉又造成均衡调整，使拗陷处地幔(软流圈)相对上升(王泽利等，2001)。

8. 火山活动、地震特征

新生代火山活动在区内没有发现，但在邻幅黑石北湖幅黑石北湖、于田幅阿羌一带均有新近纪—中更新世中基性火山岩的喷发活动。火山活动时间在9.23～0.06Ma之间。

2001年11月14日昆仑山库赛湖地震(Ms8.1)发生在青藏高原北部东昆仑断裂带库赛湖段上，发震断层具有高速率左旋滑动的基本特征，晚更新世以来的平均滑动速率达(14.8±2.4)mm/a，地震地表破碎带宽度300m，显示出纯剪切走滑的破裂特征，最大左旋水平位移6m，受地震影响或重力效应引起的次生破裂带宽度达2km。库赛湖地震地表破裂的左旋走滑特征表明，青藏高原物质确实存在着向东的滑移或流动(徐锡伟等，2002)。

第五节　地质构造演化史

处于我国西部核心构造部位的青藏高原北缘经历了多期造山作用，地壳结构复杂，不同构造单元的地质发展史明显不同，如前所述，塔里木陆块和昆仑造山带的地壳结构存在重大的差异，必然有着不同的地质发展史。

据区域资料，塔里木陆块的基底存在双层结构，深部基底由古元古界以前的深变质岩组成，上部基底由古—中元古代以来变质变形的火山-沉积建造构成。震旦纪以来基本为稳定的沉积盖层。

昆仑造山带除昆北微陆块中存在蓟县系以外，区内未见基底岩系的出露，而以广泛发育巨厚的活动类型沉积和代表洋壳残片的蛇绿岩建造为特点。它位于华北板块和华南板块之间，至少从震旦纪就开始在原始陆壳的基础上分裂扩张形成洋壳，成为原特提斯大洋的一部分，期间在早古生代后期出现过较大规模的拼合，在泥盆纪—石炭纪时又再度分裂，进入古特提斯洋的演化范畴，直至古生代末期才逐渐形成统一的陆壳。中生代时期除昆仑造山带南缘仍为特提斯洋影响之外，塔里木陆块和昆仑造山带都进入了陆内演化阶段，新生代以来受到欧亚板块和印度板块碰撞的强大后陆效应的影响，陆块间发生了剧烈的构造变动、叠置和改造，属于早期古板块体制的构造成分和岩石单元，在陆一陆碰撞和后造山阶段发生了移置或再定位，显然现今的位置不代表原始构造位置，本节试图运用板块构造分析与后造山期变形分析相结合的方法，简要阐述青藏高原北缘的构造演化史。

调查区构造演化过程可分为基底形成阶段、洋陆转化阶段、板内造山阶段。

一、基底形成阶段

由于图幅范围所限，基底岩系在区内出露甚少，且时代尚不确定，基底形成阶段只能作简单的分析。

区内昆北微陆块出露的阿拉玛斯岩群为一套经历了低角闪岩相变质、强烈韧性变形的碎屑岩、碳酸盐岩和少量基性火山岩建造，局部混合岩化作用强烈。主要岩性为含榴矽线二云斜长片麻岩夹斜长角闪岩、大理岩、石英岩。其形成时代为中元古代，历经至少两次区域变质作用，其内发育一条韧性剪切带，构造岩石类型有初糜棱岩、糜棱岩。从沉积特征上看，阿拉玛斯岩群已经是大陆地壳上相对稳定的浅海一陆棚沉积为主了，表明这时稳定的古塔里木陆块已经形成。古塔里木陆块最终形成是青白口纪末的晋宁运动，晋宁运动使中、新元古代地层普遍遭到低角闪岩相的变质并伴有混合岩化作用。

从以上分析推断，塔里木陆块基底与华北板块的基底特征存在明显差异，而更接近于具双层基底结构的扬子板块。震旦纪—早古生代的稳定沉积盖层特征与华北板块一致，表明晋宁运动使扬子、塔里木、华北等陆块连为一体，成为 Rodinia 超大陆的一部分，塔里木陆块基底演化阶段结束，从震旦纪开始，进入陆壳开裂、洋壳扩张和洋陆并存的洋陆转换演化阶段。

二、洋陆转化阶段

洋陆转化过程在造山带演化过程中占主导地位，也是对造山带进行四维裂解拼合复原研究的基本内容。洋陆转化过程与岩石圈最基本的两类构造运动形式，即收缩作用和拉伸作用相对应。拉伸作用造成地壳开裂、伸展和陆壳减薄，当拉伸作用强、持续时间长时，开裂可达岩石圈地幔，形成大型坳陷盆地、裂陷槽和洋盆；而收缩作用则使洋壳俯冲消减，陆壳褶皱、叠覆和缩短，岩石圈演化过程实质上是收缩作用和拉伸作用反复交替或多次重复发生的过程，有人称之为多旋回作用(黄汲清等，1980)或开合作用(姜春发等，1992)。洋陆转化过程一般经历大陆裂解—大洋或多岛洋形成—大洋收缩俯冲消减—大陆或陆块碰撞多个阶段。不同阶段形成的物质组成、构造样式、岩浆活动、变质作用特征等诸方面各具特色，是研究造山带洋陆转化过程必须了解的基本内容。

昆仑造山带复杂的物质组成、变形变质特征和空间分布反映其经历了复杂的演化过程，通过对蛇绿岩、与俯冲作用有关的岛弧火山作用、与碰撞作用相应的构造变形、变质及岩浆作用研究，昆仑造山带的洋陆转化过程可分为以下几个阶段(图 5-18)。

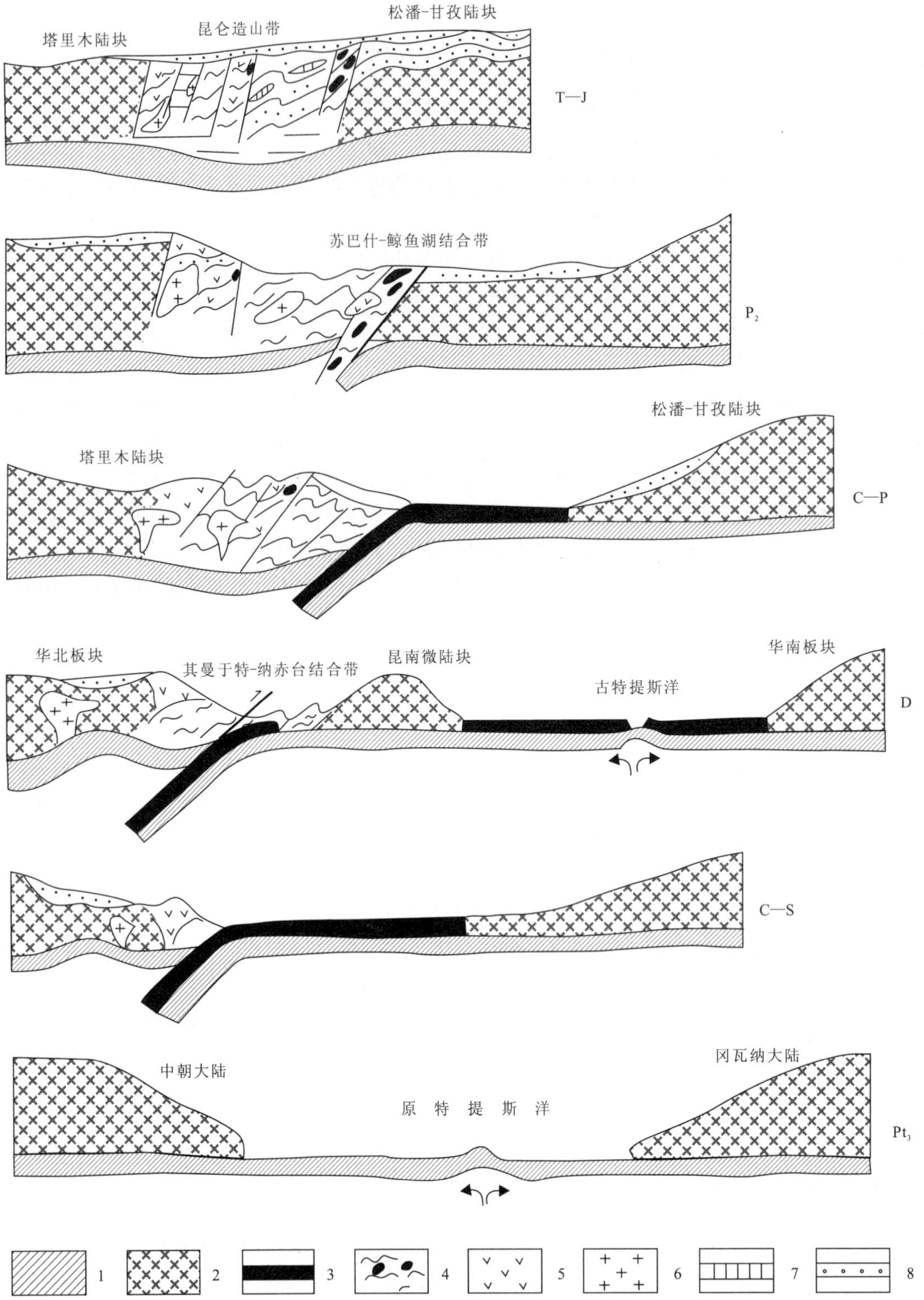

图 5-18　昆仑造山带演化示意图

1. 地幔；2. 陆壳；3. 洋壳；4. 蛇绿混杂岩带；5. 火山岩；6. 侵入岩；7. 碳酸盐岩；8. 沉积盖层

(一)震旦纪—早古生代洋陆转化阶段(原特提斯阶段)

从昆仑陆块中存在与塔里木陆块一致的褶皱基底的特征表明，在震旦纪前昆仑陆块是塔里木古陆的组成部分，与塔里木陆块一起为 Rodinia 超大陆的一部分。

震旦纪时原特提斯洋沿塔里木古陆南缘扩张成洋壳，早古生代初到最大程度，该大洋分隔了中朝大陆和冈瓦纳大陆。

奥陶纪时原特提斯大洋消减，洋壳在向北的俯冲过程中形成岛弧—海沟系，昆北微陆块所处大地构造位置由原来被动大陆边缘转化为北侧大陆的活动大陆边缘，区内下古生界火山沉积岩系为俯冲系统中岛弧带的产物，火山沉积岩系的地质特征、地球化学特征均表明其形成于岛弧环境。早古生代末期塔里木和昆仑陆块发生陆陆碰撞，大洋闭合，俯冲带转化为结合带，原先发育在俯冲带处的蛇绿混杂岩在碰撞时被推挤出来，沿布拉克断裂带展布的蛇绿岩岩片为洋盆的残片，形成区域上沿其曼于特—纳赤台的蛇绿混杂岩带。大陆碰撞引发地壳硅铝物质重熔，形成东西向展布的加里东期岩浆弧，在昆北微陆块中有较多的大陆弧花岗岩类，本次工作从昆北微陆块包斯塘一带闪长玢岩中获得锆石 U－Pb 年龄值为 443±55～444.9±2.1Ma。岩石地球化学特征表明，岩浆系列与洋壳俯冲作用有关，代表洋壳俯冲过程中活动大陆边缘弧岩石组合。该岩浆岩带与其曼于特—纳赤台的蛇绿混杂岩带相伴生，说明该区在早古生代确实发生过俯冲作用。由于挤压、剪切生热，岩浆频繁活动，导致了陆块中沿碰撞带基底岩系普遍发生低绿片岩相变质作用，韧性变形、褶皱变形作用较强烈。

晚古生代初期，昆南微陆块增生于塔里木陆块南缘，碰撞之后褶皱山系强烈抬升，昆仑大部分地区洋壳转化为陆壳(姜春发，1992)。泥盆纪时期，全区基本上处于隆起状态，剥蚀作用盛行，沉积了巨厚的陆相磨拉石建造，在其曼于特—纳赤台蛇绿混杂岩带的北侧出露大面积的泥盆系奇自拉夫组紫红色陆相磨拉石，上泥盆统奇自拉夫组厚度达 6 552m，形成于弧后前陆盆地。

以上特征表明，泥盆纪晚期昆仑已成大陆并到了极限。据古地磁研究资料，这一阶段塔里木陆块曾长距离由南向北漂移，主要原因是古特提斯洋扩张使昆仑一带形成强大的俯冲挤压作用。联系到天山、祁连山、柴达木以及准噶尔等地区沉积和化石特征，到泥盆纪末期，各陆块已联成统一的“泥盆纪板块”(姜春发，1992；黄汲清等，1990；肖序常等，1990)。

(二)泥盆纪—三叠纪(古特提斯阶段)

晚古生代初，昆仑地区重新裂解分化，进入新一轮的洋陆转换阶段。昆仑造山带的岩浆作用、变形变质作用和古特提斯洋盆的裂解、扩张和汇聚作用在时间上具有耦合性。位于亚洲古陆和冈瓦纳古陆间的古特提斯洋盆可分为南、北两支，依次位于羌塘陆块(冈瓦纳古陆)、松藩-甘孜陆块和昆仑陆块间。位于松藩-甘孜陆块和昆仑陆块间北支洋盆的裂解、扩张和消减、闭合的时间为中泥盆世—早二叠世，洋壳的俯冲极性为由南向北。

中泥盆世，沿大红柳滩—苏巴什—硝尔库勒—赛勒果勒—东昆南一带大陆壳发生裂解，古特提斯洋扩张，形成一东西长、南北宽的大洋，分割了北侧的华北板块和南侧的华南板块。库牙克断裂两侧多处分布的苏巴什-鲸鱼湖结合带中的超基性岩、基性火山岩、硅质岩岩片等，代表当时洋壳的残片。

古特提斯洋约在石炭纪达到最大，石炭纪之后，古特提斯洋壳向北俯冲消减，在昆仑陆块北缘发育火山岛弧，物质反映为分布于山前苦阿一带的变质中性、中酸性火山岩。塔里木陆块南缘可能是一个弧后裂陷盆地，在包斯塘—喀尔萨依一带出露有变质碎屑岩、碳酸盐岩和蒸发盐岩，沉积厚度达 1 500m，总体上是沉积在稳定克拉通内所形成的凹陷盆地，地层的分布也反映了一个向东开口的盆地面貌。昆南微陆块中分布的哈拉米兰河岩群代表大陆边缘活动类型沉积，为一套从北向南由浅变深的碎屑岩夹薄层碳酸盐岩、火山岩建造，主要岩性为灰绿—灰黑色变质粉砂岩、砂岩、灰黑色泥岩夹薄层灰岩、白云岩、大理岩，厚度大于 5 000m。

在库牙克断裂两侧出现增生俯冲杂岩，在混杂岩中可能局部有一些相对稳定的碳酸盐岩建造代表洋中的碳酸盐岩海山，并出现代表洋壳的蛇绿岩组合，形成苏巴什-鲸鱼湖蛇绿混杂岩带，沿库牙克断裂带展布的硝尔库勒—看尔晒一带的蛇绿岩岩片为洋壳的残片。地球化学特征表明，蛇绿岩中的玄武岩多为大洋拉斑玄武岩，也出现洋岛型玄武岩，反映晚古生代昆仑地区的裂解程度较大，是古特提斯洋的一部分。

中二叠世末的海西运动，是昆仑地区的一次重要构造转折，古特提斯洋洋壳消亡，但并未发生大陆碰撞(硬碰撞)，而是一些微陆块增生在北侧大陆的边缘，造陆不造山(软碰撞)。松藩-甘孜陆块和昆仑陆块发生联为一体、洋盆闭合、陆块之间运动形式为南北向的软碰撞，从而造成昆仑陆块内的地层形成近东西向右旋韧性走滑剪切变形带，局部发育有同方向的褶皱构造。同时发育海西—印支期巨大花岗岩岩基，属与碰撞作用相应的同碰撞花岗岩，昆北微陆块中分布有大量的海西期花岗岩，侵入岩分布在原加里东期岩浆弧的南侧，共同遭受了较强的近东西向右旋韧性走滑剪切变形，形成了广泛的片麻状构造和定向构造，出现变晶糜棱岩，构造岩的特点显示变形与其侵位结晶的时间大体相同。碰撞作用也引起广泛的低绿片岩相变质作用。

随着板块边缘的进一步挤压调整，到晚古生代末期，随着苏巴什-鲸鱼湖结合带所代表的古特提斯洋洋盆的闭合，华南板块与北方欧亚大陆碰撞，形成了一个统一的北方欧亚大陆，海水从其上退出，开始了板内构造变形发展的新阶段。

三、板内造山阶段

三叠纪之后，随着扬子板块向西运动，古特提斯大洋（北支）关闭，松藩—甘孜陆块和昆仑造山带与华北板块连为一体，全部进入了陆内演化阶段。

青藏高原在侏罗纪以来发生了一系列重大地质事件，侏罗纪—早白垩世特提斯洋盆扩张、晚白垩世以来印度板块和欧亚板块强烈碰撞和新生代晚期青藏高原急剧隆升，区内均可见到与其相对应的沉积活动、变形变质作用、逆冲和走滑等事件。

晚三叠纪全区已进入稳定的陆内构造发展阶段，三叠系上统卧龙岗组陆相沉积物，不整合在前期地层之上。

昆仑造山带隆升成为山系主要是新生代以来新构造运动的产物。山系的隆升大致可分为两个阶段，即周期性间歇隆升运动阶段和快速隆升阶段。

周期性间歇隆升运动阶段大约从古新世开始，从古地貌中保存最老的夷平面显示，至渐新世末曾一度达到海拔 2 000m 左右的高度。之后又出现沉降，据第二级夷平面显示，在新近纪中新世时期，由于长期的地壳稳定和强烈的夷平，当时昆仑山系的海拔高度大约下降至 1 000m 以下，形成了一系列断陷湖盆，从新近纪—早更新世湖盆的分布和沉积特征看，昆仑山脉还未形成。进入上新世以来，间歇隆升运动的周期缩短，夷平面快速解体，至晚更新世（1.2Ma），河流相沉积出现，表明湖泊历史的结束，昆仑山脉开始进入快速隆升阶段。

南北向的持续挤压，由于受到相对刚性的塔里木陆块的阻挡，使昆仑山脉急剧隆升，导致地壳内部产生差异性运动，高原物质向南东有挤出的态势。库牙克断裂强烈活动，在区内将东西向展布的昆仑造山带斜切截断，发生强烈的左旋走滑运动，切割了侏罗纪以前所有地质体和东西向展布的构造形迹，沿断裂带造成一系列拉分断陷盆地，在库牙克西部一带沉积了一套厚约 18.5m 的山区河流碎屑沉积，其中石盐厚度达 7m。断裂总体表现为左旋张扭性，至今形成宽约 4～6km 的库牙克地堑。昆仑山系强烈隆升，塔里木盆地则强烈沉陷，形成了巨厚的粗碎屑磨拉石沉积。与此同时，在主要来自南侧青藏高原挤压力的作用下，区内北部山前一带形成了一系列倒向盆地的推覆构造。

山脉的急剧隆升，盆地的强烈下陷，引发了一系列重大的环境问题，地表河流系统发生了重大调整，气候由冷温转变为冷干，荒漠化日趋严重。

第六章　经济地质

第一节　矿产资源概况

区内矿产资源较丰富，种类较多，但规模较小，且多集中于图幅中部的昆仑山区，由于交通极其不便、自然地理环境恶劣，所以研究程度较低。截止目前，测区发现各类矿产共15种，其中燃料矿产1种(煤)，矿点1处；金属矿产4种(铁、铜、铅、金)，其中矿床1个，矿点4个，矿化点17个；非金属矿产9种(白云岩、萤石、黄铁矿、盐、芒硝、硼、白云母、石棉、硬石膏)，其中矿床3个，矿点5个，矿化点8个；温泉1处。

一、燃料矿产

区内唯一的燃料矿产——煤，位于民丰县南70km尼雅河东岸、塔里木盆地南缘断裂带中，含煤地层为侏罗系中统叶尔羌群，煤系地层受断层破坏严重，全为透镜状及鸡窝状煤层，煤岩类型为混合亮煤，煤有1～3层，厚1～5m，属沼泽沉积型成因。1962年和田地质大队曾对该煤矿进行过普查评价，求得地质储量为1.95万t。该矿曾由民丰县开采，但目前煤矿已停采。

二、金属矿产

本区已发现的金属矿产，按其工业用途可归为三类，分别为黑色金属矿产(矿点1个、矿化点1个)、有色金属矿产(矿床1个、矿化点10个、矿化线索2处)、贵金属矿产(矿点3个、矿化点6个)。

(一)黑色金属矿产

有磁铁矿、镜铁矿矿点、矿化点各1个。

1. 苦阿磁铁矿矿点

该矿点位于民丰县苦阿村南东1.85km处，地理坐标：X：4 049 248；Y：14 642 866；H：3 157m。产于石炭系阿羌岩组绿泥石英片岩中。矿石矿物主要为磁铁矿，脉石矿物为石英、绿泥石。

本次工作见两个矿体，1号矿体长50m，宽5m；2号矿体长40m，宽5m。矿体呈脉状、透镜状产出。取样三个：Au 0.25～1.88g/t，Cu 0.169%，Fe 52.02%。

2. 布拉克镜铁矿矿化点

该矿点位于民丰县布拉克北，东经83°17′30″，北纬36°27′05″，在长达8km的花岗岩中有断续矿化，厚度1～2cm，矿石矿物为镜铁矿，为中高温热液充填型成因。1971年新疆地矿局第一区调大队在进行1∶20万区域地质矿产调查时作了普查评价，认为规模太小而无开采价值。

(二)有色金属矿产

区内已发现有色金属矿产2种，其中铜矿床1个、矿化点9个，铅矿化点1个。

1. 铜矿

(1)民丰县上其汗铜-锌型块状硫化物矿床

矿区位于民丰县城南约 90km 处，1959—1961 年和田地质队对其进行了初步勘查，得出该矿床为中低温充填交代成因和属小型含铜黄铁矿矿床的认识和结论。1995 年地质矿产部定向科研项目“西昆仑块状硫化物型铜(多金属)矿床成矿条件及找矿预测研究”项目组对这一矿床进行了详细研究。矿体产于下古生界上其汗岩组海相火山岩系内，含矿岩系主要为由细碧岩、石英角斑岩、酸性凝灰岩、大理岩、炭质千枚岩组成的火山-沉积岩系，厚度大于 500m。矿体呈似层状赋存于酸性凝灰岩中，矿体长约 520m，厚 3.72～16.23m，平均厚度 8.19m。矿石矿物主要为黄铁矿，其次是黄铜矿、磁黄铁矿、闪锌矿及微量毒砂等；脉石矿物主要为石英、方解石、绢云母、绿泥石等；次生矿物有褐铁矿、锌铜绿矾、铁矾、胆矾、黄钾铁矾、自然硫等。矿石构造主要有块状构造、浸染状构造、条带浸染构造、角砾状构造等。矿石结构主要有他形粒状结构，其次为半自形至自形粒状结构、填隙结构等。矿石类型较简单，自然类型以原生硫化物矿石为主，少量氧化物矿石出露在地表及近地表，矿体氧化带的深度一般为 10～20m。铜品位 0.31%～3.6%，锌品位 0.52%～3.48%，硫品位 8.1%～46.81%，求得 C2 级铜储量为 2 249t，为小型矿床。

(2)矿化点

铜矿化点特征如表 6-1 所示。

表 6-1　铜矿化点一览表

名称	位 置	矿化点地质	矿石	规模	成因类型	备注
恰哈沟上游铜矿矿化点	东经 82°41′00″ 北纬 36°29′00″	产于下古生界上其汗岩组绿色、红色钙质石英砂岩中。矿石矿物呈星点状分布于石英砂岩中	以黄铜矿为主，孔雀石、黄铁矿次之。脉石矿物有方解石	矿化范围 长×宽＝50m×20m，矿化贫，规模小	沉积变质型	1961 年原和田地质大队在矿点检查中作了普查评价
克孜力赛铜矿矿化点	东经 83°00′00″ 北纬 36°22′37″	产于石炭系的硅质灰岩中，铜呈浸染状矿化显示	孔雀石为主	矿化范围很小，长 5m，宽 0.1 m	热液浸染型	
阿克苏铜矿矿化点	东经 83°00′00″ 北纬 36°33′20″	产于石炭系的钙质片岩破碎带内的石英脉中，星点及浸染状矿化	以蓝铜矿为主，次为孔雀石、黄铜矿、黄铁矿，铜含量 0.3%～8.2%	矿脉长 6～7m，宽 4～20m。规模小	热液石英脉型	1960 年和田地质大队 1：20 万区调时矿检
牙拉克铜矿矿化点	东经 83°27′00″ 北纬 36°32′00″	产于变质花岗岩中，矿石矿物呈星点状、浸染状	斑铜矿、黄铜矿、孔雀石等，含铜品位 0.7%	在 2km 长脉体内均有星散状矿化	热液浸染型	
阿克苏西铜矿矿化点	东经 83°27′43″ 北纬 36°32′15″	矿化石英脉产于上泥盆统奇自拉夫组破碎的灰白色砂岩之中	铜蓝、孔雀石及辉铜矿。铜(Cu)2.43%、铅(Pb)0.038%	长 20m，宽 1.2～2m，矿化断续延长	热液石英脉型	1971 年第一区调大队作库牙克幅 1：20 万区调时普查检查
羊布拉克铜矿矿化点	东经 83°33′50″ 北纬 36°37′30″	产于海西期花岗岩与变质基性火山岩的侵入接触带上	斑铜矿、黄铜矿、孔雀石及黄铁矿，铜品位 1.12%	脉长 30m，宽 3m 的地段有矿化，规模小	热液浸染型	
库牙克西铜矿矿化点	东经 83°35′50″ 北纬 36°39′15″	含铜矿脉产在变质基性火山岩的裂隙中	以铜矿为主，次有黄铁矿、钒钛铁矿及钛铁矿等，含铜 0.15%	脉长 5m，厚 0.1～0.2m，规模小	热液浸染型	
牙拉克南铜矿矿化点	东经 83°27′48″ 北纬 36°29′35″	产于长石石英砂岩之中，铜为星点状贫矿化	以黄铜矿为主，次有孔雀石及黄铁矿，含铜品位 0.21%	数平方米内有星点状铜矿化，规模小	沉积型	
哈恩木代牙铜矿矿化点	东经 83°42′40″ 北纬 36°34′21″	产于白垩系双伍山组钙质粉砂岩、砂岩裂隙的石英脉中	以黄铜矿、孔雀石为主，伴生黄铁矿及褐铁矿，含铜品位 0.67%	脉长 5m，厚 0.15m，规模小	热液石英脉型	

本次地质工作在云机里克哈恩木代牙，地理坐标为东经 83°46′30″，北纬 36°38′00″处白垩系双伍山组地层中见含铜石英砂岩转石。矿石矿物以孔雀石为主，含铜品位 0.78%；在新疆民丰县二虎守门南西 5569 高地(地理坐标：*X*：3 996 285；*Y*：14 701 032；*H*：5 500m)黑云母角闪石闪长岩中发现孔雀石化，含铜品位 0.030 8%，该处铜品位虽低，但该矿化的发现为在三道河子岩浆岩带上寻找斑岩型铜矿提供了重要找矿线索。

(3)成矿地质条件和远景预测

昆仑山造山带经历了加里东、海西两个构造旋回的造山作用，构造岩浆活动强烈，是重要的成矿远景区，目前区内在该带上已发现的矿(化)点，综合前人资料及本次工作成果，区内共圈出两个铜多金属成矿远景区。

下马里克-上其汗铜多金属成矿远景区：位于民丰县城南东约 80km 处的柳什塔格北坡，地处其曼于特-纳赤台结合带上其汗早古生代岛弧带东段、库牙克断裂西侧，面积约 301km²。出露地层为下古生界上其汗岩组海相火山沉积岩系，发育以酸性火山岩为主的细碧岩-角斑岩-石英角斑岩建造。东西向上其汗断裂横贯该区中部，局部有石炭—二叠纪斜长花岗岩、花岗岩岩株、岩枝侵入。区内上其汗铜锌矿床呈似层状产于上其汗群上部，受酸性火山岩控制，容矿岩石为石英角斑岩、石英角斑质凝灰岩。铜、锌黄铁矿层厚 3.72～13.87m，具有双层结构，成矿元素组合为铜-锌-硫(金)。除上其汗矿床外，该区内尚有 5 处块状硫化物铜多金属矿点分布在上其汗矿区及外围。在区内各水系中发现多处锌、铜、铅、金、砷的水系沉积物异常和金、铜等矿物重砂异常。该区地处早古生代岛弧环境，以酸性火山岩为主的细碧石英角斑岩系广泛发育，铜多金属矿化、蚀变普遍，化探异常明显，成矿条件十分有利。该区目前地质工作程度尚低，铜多金属资源潜力大，是寻找大中型块状硫化物锌、铜矿床十分有利的远景区。

小沙勒铜成矿远景区：位于民丰县城南 56km 处的柳什塔格北缘，昆北微陆块的东端、昆仑山前断裂南侧，次级断裂发育，褶皱强烈，面积约为 255km²。出露地层为石炭系阿羌岩组变质火山沉积岩系。石炭系呈宽约 2km 的长条状分布在苦阿—叶亦克山前地带，其中有小面积海西期石英闪长岩、花岗岩侵入。在中酸性火山岩中产有小沙勒含铜磁黄铁矿矿点和叶亦克南黄铁矿矿点。矿化及矿体呈似层状沿蚀变带断续延伸，出露矿体厚度较小。区内已发现 Zn、Cu、Hg、Sb、Pb、Au、Ag 等元素的水系沉积物化探异常，已有黄铁矿化和组合化探异常显示，具有形成块状硫化物矿床的条件。

2. 铅矿

目前仅发现矿化点 1 个，位于库牙克南西约 10km，地理坐标：X：4 052 145；Y：14 731 300；H：3 577m。含方铅矿石英脉产于白垩系双伍山组中，石英脉宽约 15cm，延伸长度不详，矿石矿物主要为方铅矿，脉石矿物为石英。围岩岩性为浅紫红色砂岩与泥岩互层，砂岩一般厚约 40cm，泥岩厚约 3～10cm。在矿脉中拣块取样，分析结果如表 6-2 所示。

表 6-2　库牙克南西铅矿化点化学分析结果表

分析编号	送样编号	ω(Au、Ag)/10^{-6}，ω(B)/10^{-2}				
		Au	Ag	Cu	Pb	Zn
100344	JS-225	0.05	6.0	0.003	3.90	0.004
100345	JS-226	0.05	24.0	0.025	13.00	0.003

注：由地质矿产部山西省中心实验室测试。

根据《矿产工业要求参考手册》，铅矿的工业品位为 0.7%～1.0%，Ag 的边界品位为 40～50g/t，该点上样品 Pb 的品位已达工业品位，Ag 的品位达不到边界品位，但 Ag 可作伴生元素综合提取利用。根据目前资料分析，该点具有进一步工作价值。

(三)贵金属矿产

区内发现贵金属矿产主要为金。

1. 岩金

目前发现矿化点 4 个。

(1)苦阿南金矿化点

矿化点位于苦阿 163°方向 1.85km 处，地理坐标：X：4 049 248；Y：14 642 866；H：3 157m。矿化点赋存的地层为石炭系阿羌岩组，岩性为以绿泥石英片岩为主，岩石具磁铁矿化、褐铁矿化、黄铁矿化和铜矿化，矿化带宽约 20m，走向北西。在矿化带中拣块取样，分析结果如表 6-3 所示。

表 6-3　苦阿南金矿化点化学分析结果表

分析编号	送样编号	ω(Au)/10^{-6},ω(B)/10^{-2}		
		Au	Cu	Fe
100340	Js-303	0.25	0.169	
100337	Js-304	1.88		52.02
100338	Js-305	1.65		

注:由地质矿产部山西省中心实验室测试。

根据《矿产工业要求参考手册》,岩金的边界品位一般为 1～2g/t,工业品位为 3～5g/t,304、305 号样品含金较高,已达边界品位,但达不到工业品位。由于地表露头有限,所以地表控制程度不够,需进行详细评价。

(2)巴西其其干西黄铁矿化、金矿化点

矿化点位于巴西其其干 256°方向 7.65km 处,地理坐标:X:4 050 843;Y:14 680 613;H:3 032m。矿化点赋存地层为石炭系阿羌岩组,岩性为绿灰色绿泥绢云片岩,岩石具粒状鳞片变晶结构,片状构造,主要矿物成分为绢云母、绿泥石。顺片理穿插有碳酸盐脉、石英脉,碳酸盐脉宽约 0.5～1mm,石英脉宽约 1cm。片岩韧性变形较强,发育有鞘褶皱。绿泥绢云片岩中具黄铁矿化,拣块取样分析结果如表 6-4 所示。

表 6-4　巴西其其干西黄铁矿化、金矿化点化学分析结果表

分析编号	送样编号	ω(Au)/10^{-6},ω(B)/10^{-2}			
		Au	Cu	Fe	S
100348	Js-3001	0.10	0.008	6.98	2.48

注:由地质矿产部山西省中心实验室检测。

(3)包斯塘金矿化点

包斯塘金矿化点是本次工作测制Ⅲ号剖面时发现的,矿点位于包斯塘附近。地层为石炭系阿羌岩组,岩性为变质粉砂岩、绿泥石千枚岩,其中有宽约 10cm 的石英脉,走向 165°,近于直立,石英脉较破碎,并具褐铁矿化,拣块取样经地质矿产部山西省实验室检测后,结果为 1.1g/t,根据《矿产工业要求参考手册》,岩金已达边界品位,但其厚度较小。据此点南约 30m 处,又见多条石英脉,宽度仅有 1cm,其中未见矿化;据此点南约 3km 处,绿泥片岩中有小断层,其中具褐铁矿化和少量铜矿化,宽约 10cm,呈透镜状,Au 含量为 0.04g/t。

此矿化点位于昆仑构造岩浆岩带中,脆韧性变形强烈,侵入岩很发育,火山岩也较发育,应为成矿有利地段,沿此带区域上有多个矿化点,包斯塘金矿化点为在此地段寻找贵金属矿产提供了重要的找矿线索。

(4)萨那拉克金矿化点

金矿化点位于萨那拉克附近,是本次工作测制Ⅱ号剖面时发现的。总体位于库牙克断裂带中,地层为石炭系哈拉米兰河岩群。ⅡJs-1、ⅡJs-3、ⅡJs-4 号样品位于剖面第 7 层,为黄褐色碎裂岩,角砾成分为泥岩、页岩和少量灰岩,泥(页)岩角砾混杂,具褐铁矿化、金矿化,褐铁矿化呈数厘米至十几厘米的条带状、透镜状。ⅡJs-2 号样品位于第 3 层,亦为黄褐色角砾岩,角砾成分为千枚岩化泥(页)岩,其中发育数厘米至十几厘米的条带。样品分析结果如表 6-5 所示。

此矿化点金含量较低,为 0.04～0.05g/t,仅能为后人在此地区开展地质矿产工作时提供找矿线索。值得注意的是,库牙克断裂中虽然康赛音一带有砂金矿点,但前人资料显示该断裂带中无原生矿化线索,所以今后还应加强对库牙克断裂中岩金矿化的寻找和研究。

2. 砂金

区内共发现砂金矿点 3 个、矿化点 2 个(详见表 6-6)。

表 6-5　萨那拉克金矿化点化学分析结果表

分析编号	送样编号	ω(Au)/10^{-6}
		Au
100174	ⅡJs-1	0.05
100175	ⅡJs-2	0.04
100176	ⅡJs-3	0.04
100177	ⅡJs-4	0.10

注:由地矿部山西省中心实验室检测。

表 6-6　砂金矿化点一览表

名称	位置	矿化点地质	矿石	规模	成因	评价及意见
苦牙克小湖砂金矿化点	东经 83°06′30″ 北纬 36°17′48″	分布于基岩冲刷面与第四系砾石层的不整合面上	缺品位资料	不详	冲积阶地型	1960 年和田地质大队作观察描述
包斯塘北砂金矿化点	东经 83°35′00″～83°35′15″ 北纬 36°42′00″～36°42′40″	第四系更新统砂砾石层与下更新统西域组砾岩的接触面上	缺品位资料	不详	冲积阶地型	1960 年和田地质大队作观察描述

(1)上其汗河谷砂金矿点

位于民丰县上其汗河谷中,可分为上其汗冰沟口及上其汗土达坂两个小矿点。该矿点属河谷冲洪积阶地型砂金矿。

沿上其汗河谷断续发育着Ⅰ～Ⅲ级基座阶地。含金层分布在Ⅱ、Ⅲ 级阶地砂砾石层中,Ⅲ 级阶地含金砂砾层厚 0.50～1m,自然金多呈片状,片大,但极不稳定,金多富集在阶地基座面上。Ⅱ级阶地有含金层三层,厚度均在 0.3～0.50m,较稳定,但自然金含量低且粒度小。1960 年和田地质大队在普查评价时投入了浅井工程。各工程含金品位、含金层厚度和地质储量如表 6-7 所示。

表 6-7　上其汗砂金矿品位储量表

储量级别	C_2 级		表外	
矿点名	上其汗	冰沟口	冰沟口	土达坂
工程号	WP_1	WP_2	WP_3	WP_4
含金层厚度(m)	0.75	0.80	0.80	0.70
含金层品位(g/t)	11.978	16.667	1.437	0.227 9
总面积(m^2)	1 500	4 200	1 600	3 250
采空面积(m^2)	3	24	9	4
体重(t/m^3)	1.8	1.8	1.8	1.8
地质储量(kg)	24.207	100.126	3.292	0.931
合计	124.333kg		4.223kg	

(2)康赛音砂金矿点

1960 年由和田地质大队在 1∶20 万路线地质找矿中做了普查检查。矿点位于民丰县库牙克西的康赛音附近,包含康赛音西沟、康赛音半截沟、康赛音金矿沟、康赛音金矿东沟等 4 个小点。砂金矿成因为洪积阶地型。各点含金层主要赋存于Ⅰ、Ⅱ阶级地砂砾石层下部及其与基岩的不整合接触面上。含金层厚度 0.30～0.50m,埋深一般 1～2m,最深 5m。砂金矿体以断续不规则条带状、鸡窝状富集于含金砂砾石层中,砂金品位变化较大。4 个小点划分的 5 个矿段,砂金品位分别为:10.288g/t、8.316g/t、5.991g/t、3.963g/t 和 11.810g/t。分段计算的砂金地质储量分别为 172.22kg、37.23kg、83.50kg、20.40kg 及

92.40kg。合计砂金地质储量为405.75kg。

(3)苏乎拉克砂金矿点

矿点位于民丰县城南35km的尼雅河东岸约5km处。该矿点有百年以上采金史,清朝即有"大金厂"之称,史料记载历史上年产砂金二千两,矿区内有采金老井两千余口,呈近南北向集中分布。现在仍有数十人个体采金。

该矿点处于昆仑山前冲洪积扇的上端。矿区南北长10～15km,东西宽3km以上。出露地层全为第四系:地表为风积砂土层,厚10～40m,之下为60m至近100m厚的更新统冲洪积砂砾层,砾石粒径一般小于20cm,具压紧半固结特点。砂砾层中下部及基底—下更新统西域组的不整合接触面上,分别有1～3层含金层,厚度一般不足1m,最厚1.50m。底部含金层薄但较稳定,中下部含金层变化较大。含金层埋深在60m以下。1960年和田地质大队根据三口老井的含金品位(0.28～1.143g/t),计算了厚度0.50～1.20m三层含金层的砂金地质储量为110.724kg。

3. 帕西木金成矿远景区

矿区位于乌鲁克赛煤矿以南。靶区东西长12km,南北宽11km,面积130km^2。区内主要出露蓟县系及泥盆系地层,发育有碎屑岩建造、碳酸盐岩建造及火山岩建造。其岩石普遍具绢云母化、绿帘石化,部分地段出现一些碳酸盐蚀变。

该区金的背景值3.86ppb,1985年新疆地矿局和田地质大队在测制恰哈提莎衣地球化学剖面中发现1个汞的原生异常点,汞含量85ppb。水系沉积物测量中发现有3个金的次生异常,其中2个为中等强度金单元素异常;另1个为金、铋复合异常,含金量最高9.2ppb,最低2ppb。值得指出,该区北面的山前洪积扇上端有苏乎拉克砂金矿,采金历史悠久,指示着山区水系的上游地区应有原生金矿的存在。

三、非金属矿产

非金属矿产,按矿物原料的用途可归为四类:冶金及辅助原料矿产(矿化点及矿化线索各1处)、化工原料矿产(矿床2个、矿点4个、矿化点6个)、工业制造原料矿产(矿床1个、矿化点1个)、建筑及水泥材料矿产(矿点1个)。

(一)冶金及辅助原料矿产

该类矿产有白云岩和萤石两种。

1. 白云岩矿化点

矿点位于民丰县城东南,包斯塘和玉孜塔克之间。民丰县城至包斯塘约130km,为行车极困难的简易公路,包斯塘到矿点6km为人行小路,交通困难。

矿点地处库牙克大断裂南侧,出露地层为石炭系的碳酸盐岩沉积,主要为白云质大理岩和白云岩。该矿出露长度1 000～1 200m,宽150m左右。矿石呈白色、质佳,经岩矿鉴定含白云石在98%以上,含少量金云母。1960年由和田地质大队在1∶20万路线地质简测中发现。

2. 萤石矿

本次工作在包斯塘东南约5km的细粒花岗闪长岩中发现有萤石矿矿化线索。萤石含量10%～15%,规模不详。

(二)化工原料矿产

该类矿产有黄铁矿、盐、芒硝及硼矿等。这些矿产按成因可分为沉积型和热液型两类。

1. 黄铁矿

区内有矿床1个、矿点3个(详见表6-8)、矿化点6个(详见表6-9)。

表 6－8　黄铁矿矿点一览表

名称	位置	矿点地质	矿石	规模	成因类型	备注
小莎勒磁黄铁矿点	东经 82°58′30″ 北纬 36°30′30″	矿区出露地层为下古生界角闪黑云石英片岩，夹绿泥绢云石英片岩，片理中有大量石英脉贯入并有星点状磁铁矿分布，为主要含矿层位。矿体附近的岩层普遍有绢云母化及绿泥石化蚀变	矿石有浸染状、块状。主要矿物有磁黄铁矿、黄铁矿、黄铜矿、磁铁矿	有 3 个小矿体，均为透镜体。西矿体：长 250m，厚 0.6m；中矿体：长 30m，厚 0.6m；东矿体：长 20m，厚 0.5m。计算储量为21 875t	高温热液浸染交代型	1960 年和田地质大队普查检查
上其汗矿区西黄铁矿点	东经 83°05′00″ 北纬 36°23′30″	该矿产于石炭系哈拉米兰河岩群石英绢云片岩中，矿体以透镜状夹于片岩中	矿石分块状和浸染状两种。主要矿物为黄铁矿	3 个小透镜体，长 5m 左右，平均厚度＜0.5m。3 个样硫品位 10.25%～25.40%，估算地质储量 400t	热液浸染交代型	仅具找矿意义
乌孜塔格黄铁矿点	东经 83°16′ 北纬 36°15′	产在库牙克大断裂南侧的石炭系西长沟组的硅质板岩及灰色钙质云母片岩中	矿石为致密块状。主要矿物为黄铁矿	矿体分布于河流两岸：西岸 4 条似层状矿体，长 60m，总厚 0.5m；东岸 2 条，长 15～20m，平均厚度 1.2m，估计含硫品位 40%，地质储量 0.5 万 t		1960 年由和田地质大队踏勘检查

表 6－9　黄铁矿矿化点一览表

名称	位置	矿化点地质	矿石	规模	成因类型	备注
琼艾及磁黄铁矿矿化点	东经 83°44′ 北纬 36°44′50″	产于石炭系阿羌岩组的绿泥石英片岩中	以磁黄铁矿为主	规模太小	热液型	1961 年和田地质大队普查评价
布拉克巴什黄铁矿矿化点	东经 83°14′30″ 北纬 36°25′30″	产于下古生界浅变质岩系中，矿化见于绢云母石英片岩中	以黄铁矿为主，脉石矿物：绿帘石及透闪石	透镜体小，面积 100×11m²	热液浸染型	
康赛音黄铁矿矿化点	东经 83°06′43″ 北纬 36°22′15″	产于石炭系哈拉米兰河岩群的白云母石英片岩中	以黄铁矿为主	矿化面积：100×3.5m²	热液浸染型	1972 年第一区调大队 1：20 万区调矿检
上其汗矿区 7km 含铜磁黄铁矿矿化点	东经 83°01′ 北纬 36°24′	产于石炭系哈拉米兰河岩群的绿泥石英片岩中	磁黄铁矿、黄铜矿、黄铁矿等含硫 16.86%～22.27%	规模太小	热液浸染型	1960 年和田地质大队普查评价
上其汗矿区西部含多金属黄铁矿矿化点	东经 83°00′30″ 北纬 36°24′21″	产于石炭系哈拉米兰河岩群黑色炭质千枚岩、绢云母石英片岩及大理岩中	黄铁矿。伴生有黄铜矿、方铅矿、闪锌矿等	4 条小脉长 20m 以内，厚度 0.1～0.3m	热液浸染型	
下马里克黄铁矿矿化点	东经 82°52′49″ 北纬 36°30′47″	产于下古生界绿泥石英片岩中，矿体以层状夹于片岩中	矿石主要为浸染状，个别为星点状。主要矿物为黄铁矿。含硫 0.38%～8.34%	可见数条矿脉，最宽者可达 500m	热液浸染型	本次工作发现

上其汗黄铁矿矿床：前面在铜—锌硫化物矿床中已叙述。和田地质队求得 C1 级储量 445 450.74t，C2 级 746 791.06t。C1＋C2 级为 119 万 t，属小型矿床。

2. 盐矿

区内仅发现矿点 1 处。

库牙克西盐矿点：位于库牙克南西约 8km 的山沟破碎带内。地理坐标：X：4 052 818；Y：14 732 696；H：3 435m。盐矿赋存地层为新近系中新统喷纳湖组，该组以断夹块的形式产出于库牙克断裂带中。喷纳湖组地层主要岩性为紫红色含砾泥岩、盐岩。盐矿体呈透镜状，长 29m，厚 1.3～7.4m。盐矿为深灰色含泥质团块状盐岩，细粒结构，块状构造。石盐为他形粒状，粒度一般为 0.8～1.2mm，最大为 2.5mm。结晶盐含量 90%～95%，硬石膏及方解石含量 1%～2%，泥粉砂微量。1985 年和田第十地质大队作了检查评价，并求得盐岩矿石地质储量 0.78 万 t。本次工作在其中取样 2 个，NaCl 含量 41.55%～43.40%。其中有害组分 As 0.000 2%、Hg 0.016×10^{-6}、Pb 0.03%，Pb 含量远远大于允许值 0.000 5%。

3. 芒硝和硼矿

硝尔库勒小型芒硝、硼矿床：位于民丰县硝尔库勒附近，距民丰县城直线距离约 190km。硝尔库勒是周围被高山环绕封闭的湖盆地，四周水流注入湖内，在湖边沉积了第四系山麓碎屑堆积层。仅在湖盆中心形成了湖相沉积层。除湖边现代地表及洪水沉积的细砂粉砂薄层外，由外向里依次为：①沼泽相：分布于湖水边缘，含碳酸盐类，下部为淤泥；②湖泊边缘相：湖边有少量砂质浮泥，表层有少量白色盐霜；③新盐沉积层：在卤水周围，表层有 3～10cm 厚的芒硝，下部为淤泥；④黄土芒硝混合层：近湖边处，层内往往以芒硝为主，厚 2.5m 左右；⑤含芒硝粘土层夹含硼层：该层大部分为优质无水芒硝，粘土中含芒硝巨晶，为硝尔库勒矿床主要含矿层，厚 0.5～2.5m；粘土、亚粘土淤泥，厚 2～4.5m。

湖内矿层可分为液体和固体两部分。液体矿：湖水因蒸发量较大，含盐浓度高，据化学分析结果，水中氯化钠高且稳定，含硼不高但稳定，碳酸钠低且不稳定；固体盐层：形成大小不等的透镜状盐矿体，离地表近，表层有喀斯特地貌特征。新盐层厚 0.5～0.1m。在较稳定的大透镜状矿体中，含硼最丰富。

矿石有芒硝-无水芒硝-粘土类及芒硝-硼淤泥类。芒硝呈中粗粒状，巨晶少，硫酸钠含量一般在 50%以下，而且硼含量较低。在含杂质、半透明细粒为主的芒硝层内，含硫酸钠 60%以上，含硼也富。硼以 B_2O_3 赋存，据 180 个化学样成果，含硼在 0.5%以上者占 15%～20%，0.5%以下者占 70%左右。因而硼分布广，较贫，最高品位 5.92%，低者仅 0.032%。含硼层中未见硼矿物，厚 0.5～1.5m，最厚 3.7m，最薄 0.5m 左右。

该矿为现代盐湖芒硝、硼矿。1960 年和田地质大队作过普查评价，计算硫酸钠矿石储量 C1＋C2 级 11.58 万 t，三氧化二硼 C2 级 7 990t，属小型规模。

（三）工业制造原料矿产

该类矿产有云母、石棉两种。

1. 大莎勒白云母矿矿化点

地理坐标：东经 83°01′30″，北纬 36°32′30″。矿化点产于蓟县系阿拉玛斯岩群的片麻岩、片岩中，矿石矿物以白云母为主伴生有电气石，白云母质量差，矿化以小巢状产出。

2. 阿帕中型石棉矿床

该矿床位于且末县与民丰县交界附近，地理坐标：东经 83°54′10″，北纬 36°49′30″。石棉矿为镁质超基性岩型的石棉矿床，属横纤维石棉亚类。阿帕超基性岩体位于阿尔金断隆西南端，围岩为石炭系阿羌岩组碎屑岩。超基性岩均发生程度不同的蛇纹石化，石棉矿产于超基性岩—蛇纹岩脉中，石棉等级 A—Ⅲ级 5.7%，A—Ⅴ级 26.4%，Ⅳ—Ⅶ级 73.6%，计算石棉储量 C 级 15.8 万 t，D 级 143.5 万 t，地质储量 204 万 t，合计储量 363.5 万 t，属中型石棉矿床，该矿曾由新疆第三地质大队评价。现正在开采中。

（四）建筑及水泥材料矿产

区内有克孜尔沟上源硬石膏矿点 1 处，位于布拉克巴什附近克孜尔沟上源，东经 83°17′33″，北纬 36°26′14″。矿点产于泥盆系上统奇自拉夫组地层中，矿层厚 22.9m，其下为砾岩夹砂岩薄层，其上为含石膏条带的紫红色页岩和不等粒长石石英砂岩。矿层为纯白色和黄白色薄层状硬石膏层，无夹层。一个化学样分析结果：酸不溶物 2.55%，H_2O 12.13%，SO_3 48.23%，K_2O 0.03%，Na_2O 0.03%，CaO 35%。从化学成分上看，硫酸钙大于 65%，有害成分低，对于建筑用石膏和水泥用石膏，均符合工业要求。

第二节　水资源概况

区内水资源由大气降水、冰川、地表径流、地下水及温泉构成。工作区南部的昆仑中高山区为主要水源供给区，地表水总体由南向北汇聚。

一、大气降水

区内属于温带大陆性干旱气候，大气降水偏少。大气降水自北部的沙漠边缘向南部的昆仑山区，随着海拔的升高呈现明显的递增趋势，显示垂直分带的特点。年降雨量为30.5mm，山前丘陵地带年平均降水量在70～110mm，昆仑山区年平均降水量一般大于300mm。

二、冰川

图幅南部喀什塔什山的主脊是区内冰川的分布地区。区内冰川不很发育，面积较小，属山岳冰川。冰川资源是巨大的淡水资源和天然固体水库，也是滋润绿洲的生命之源。冰川每年以大量的冰川融水补给河流，一般占河流总流量的47%～70%。

三、地表径流

区内水系发源于昆仑山区，自昆仑山区由南向北汇聚，最终消失于塔里木盆地内的塔克拉玛干沙漠，属于内流自产水系。河水流量受冰川融水补给量的影响，其流量变化的季节性、时节性明显。发源于现代冰川的水系，河水流量一般较大，多年变化小，水量、水质稳定，可供开发利用，是下游绿洲赖以生存的水资源。

区内有5条内陆河，为尼雅河、其其汗河、叶亦克河、牙通古斯河、安迪尔河，年径流量共5.759亿m^3。尼雅河是主要的河流，发源于南部的吕什塔克冰川，横切昆仑山，往北流经西部的尼雅绿洲，消失于尼雅遗址以南的沙漠之中，年径流量1.819亿m^3，季节性强，75%的水量集中于6～8月，最大流量$330m^3/s$，最小流量$1m^3/s$，冬季结冰断流。该河河床狭窄、河谷深切，两岸悬崖绝壁高达100m至300m；其其汗河发源于昆仑山北坡，以融雪为源至阿依塔克后折转东北，经其其汗河流向萨勒吾则克乡，消失于鱼湖西南的胡杨灌木丛林中，年径流量0.738亿m^3，季节性特强，流量的80%以上集中于5～8月，其他月份在萨勒吾则克乡断流，阿依塔克处的最大流量$54.1m^3/s$，最小流量$0.05m^3/s$；叶亦克河发源于昆仑山北坡，以融雪为源，出叶亦克山口后折转东北与玉鲁坤布拉格山溪相汇，在萨勒吾则克乡西南注入其其汗河，年径流量0.589亿m^3，季节性特强，85%水量集中于5～8月，其余月份下游断流，最大流量$95.5m^3/s$，最小流量$0.05m^3/s$；牙通古斯河发源于昆仑山南坡，东流至库也克进入吐浪吾加峡谷，经大完吐至阿克塔什，部分由萨勒吾则克乡引用，余水继续北流经牙通古斯兰干流向安迪儿乡所在地牙通古斯，消失于牙通古斯北部沙漠之中，年径流量0.456亿m^3，夏洪冬萎，最大流量$121m^3/s$，最小流量$0.07m^3/s$；安迪尔河上游又称波斯塘托合拉克河，发源于且末县昆仑山北坡，为民丰、且末两县的分界河，自东向西流向喀尔赛北转弯向北经康托卡依和安迪尔兰干流向安迪尔牧场，消失于安迪牧场东北的沙漠之中，年径流量1.43亿m^3。该河中游为积沙所阻，河床较高，除洪水期可以通过外，秋季流水渗入地下，冬季再从下游溢出，秋季最小流量$1.0m^3/s$，冬季潜水溢出，流量达$3\sim4m^3/s$。

地表水的质量取决于水质类型及含沙量，一般的变化规律是在水的源头地附近，水的pH值及矿化度较低，水质优良；随着河流的延伸，河水蒸发浓缩和沿途矿物质的混入，水质变差，矿化度增高。于田山前克里雅河的水化学类型为HCO_3-SO_4-Na型水，矿化度0.45g/L。

四、地下水

区内地下水资源较为丰富，潜水面埋深一般仅为3～10m，局部1～3m。山区为基岩裂隙水，倾斜平原以砂砾石层孔隙水为主，细土平原以砂层孔隙水为主夹承压水。在平原区，一般有两层承压水，含水层厚150～200m。倾斜平原的含水层为砂砾石层；细土平原的含水层为细砂、粉砂及粘土互层。

五、温泉

工作区内发现温泉1处，即库牙克南温泉。位于库牙克南5km之大沟中，为一处泉群，分布面积20×300m^2，单泉涌水量0.1L/s，为淡黄色，微咸，有腥味，含粉砂及钙华沉淀物，水柱高0.2～1m。个别涌出红色含铁物质，并有大量气泡，水温20℃～30℃。温泉出露于白垩系双伍山组厚层状灰色石英砂岩、粉砂岩互层地层中，而其南部受北东向断裂控制，因此泉水有承压性。4号水样分析结果为氯化物重碳酸钠钙水。pH值6.79，属酸性。但应指出，温泉中K^+离子含量比淡水泉高出60倍。U含量为5.20×10^{-6} g/L。推测为化学热所致成温泉。

区内的水资源较为丰富，但是水资源综合利用水平较低，地下水、冰川水尚末开发利用。所以，区内水资源的综合开发利用前景还较为广阔，尤其是水力资源的开发还有一定潜力。

第三节　旅游资源概况

区内旅游资源较为充足，重要的旅游景点资源主要分布在民丰县城附近的绿洲周围和南部的昆仑山区。其中，绿洲附近的景点资源大部分可归属为人文景观资源类型，昆仑山区的旅游景点则以自然景观资源类型为主。

一、人文景观旅游资源

民丰古称“尼雅”，西连古于闻，东接古楼兰，是古丝绸之路西域三十六国之一的“精绝国”所在地。民丰县历史悠久，民风古朴，环境独特，旅游景点多达20多处。

1. 尼雅古城遗址

该遗址距县城约140km，地处县城正北沙漠腹地，系汉晋时期距今约1 800年的“精绝国”所在地。随着世远年湮，风蚀、流沙移动、河流变迁，“精绝国”早已被黄沙湮没。直到20世纪初，即1901年，英国探险家斯坦因首次发现了尼雅古城，尼雅古城及尼雅文化立即轰动了全世界，尼雅古城被西方学者誉为“东方的庞贝”，也有人称之为“沙漠中的梦幻城市”。古城内埋古物，集四大文明于一体，是世界上罕见的原生态文化保存完好的文物群。唐代西行取经的高僧玄奘称此地为尼壤城，后经几次搬迁，移居现址(清代称尼雅，民国时称尼雅庄)。1944年建县定名为民丰县。尼雅遗址文物遍地，古墓房舍至今保存完好，遗址南北长约27km，东西宽约8km，为新疆现存古遗址规模最大、文物最多、级别最高的国家级重点文物保护单位。出土的文物除国内收藏以外，英国、俄国、印度等国家博物馆视为珍品陈列。这些文物对研究古西域的政治、经济、文化和社会发展史具有极其重要的价值。

2. 安迪尔古城堡

安迪尔位于县城东北180km的沙漠腹地，有两个古城。

夏央塔克古城：距县城约201km，位于安迪尔牧场东北17km处。今城墙、庙宇和佛塔尚存，陶片等遗物随处可见。直径200m左右，圆形城房屋遗址犹存。

阿克阔其卡古城：距县城约195km，位于安迪尔牧场西北15km处。整个古城呈椭圆形，直径不足150m。至今城门、城墙、房屋、羊圈尚存。

3. 大麻扎(墓地)

伊玛木加帕尔沙迪克麻扎，又称“大麻扎”，位于县城北90km的尼雅乡卡巴克阿斯干村以北5km处。相传十世纪，喀拉汗王朝征服于闻李氏王朝的最后一战就发生于此，战事激烈，伊斯兰首领——穆罕默德第五代重孙伊玛木加帕尔沙迪克战死于此地。12世纪在此建寺纪念。现为南疆主要的伊斯兰教圣地之一。现大麻扎已成为南北疆穆斯林群众心目中的圣地，也是民丰县的主要旅游胜地。

4. “八·一八”康赛水电站

水电站位于县城西47km的昆仑山麓。“八·一八”水利工程号称民丰县“生命工程”，是民丰人民向昆仑山要水要电而创造的一个奇迹。1966年6月18日开工，在昆仑山奋战5年，打洞7 120m，终于引下昆仑冰川雪水。之后又利用水位的高落差建成了康赛水电站，康赛水电站使人民生活发生了质的飞跃。“八·一八”精神现已成为民丰精神的象征，康赛水电站是民丰县重要的爱国主义教育和传统教育的基地。

5. 尼雅文物馆

尼雅文物馆是以悠久历史、深厚文化为主线，集实物陈列、图片见证、文字表述为一体的综合性展览馆，在著名学者、日本友人小岛康誉的大力捐助下，于1999年1月建成，占地面积1 000m^2。在600m^2的主展厅内设立了反映民丰50年发展的图片室、国家级重点保护地（尼雅、安迪尔遗址）出土的文物及其图片室、民族风情生活用品室、“八·一八”水利工程所用劳动工具及图片室、中央和自治区领导视察民丰县纪念照图片室、介绍天然药用植物红柳管花肉苁蓉图片室六大展厅。

二、自然景观旅游资源

自然景观的旅游景点主要有渔湖、古树等。

1. 渔湖

位于县城东北41km处、“315”国道两侧，由五片水面组成，形成一道弯曲条形水面，全湖面积3 700亩。由于历史上的大地震造成地壳裂缝后形成了这块低洼地带，再加上泉水、河水汇合以及地下水的上升，形成天然湖泊。渔湖四周芦苇丛生，风景如画，水面平稳，环境优雅。湖中有天鹅、海鸥、野鸭等野生飞鸟，又有鲤鱼、鲫鱼、虾、草鱼、新疆白鱼等游鱼。

2. 古树

绿洲古杨树：距县城3km，位于尼雅乡托皮村沙丘边，树高27.5m，直径3.8m，树龄约300余年。

绿洲小叶白腊树：距县城8km，位于若克雅乡吐孜勒克库木村沙区边，树高23m，直径2.8m，树龄约200年。

绿洲古胡杨树：距县城西北180km的安迪尔牧场分场沙区怀抱中，树高37m，树直径6.5m，树龄约800余年。

沙漠古胡杨树：位于沙漠公路4km处，路沿石标志以东沙漠600m处，树形似一匹卧着的骆驼，树高5m，直径约5m，树龄约500年。

三、旅游资源评价

从各旅游景区的地理环境、交通位置以及开发后可能带来的社会效益和经济效益衡量，渔湖风景区具有明显的开发优势。该景区具有度假休息、避暑观光、体育锻炼等旅游功能，但是作为景观资源的观赏功能还显得不足，还应适当增添一些必要的人工景点，使其更加具有观赏性和艺术性。

考古旅游方面，尼雅古城遗址是一个有潜力的旅游资源。在丝绸之路古道上的楼兰、尼雅及古精绝国等遗址，历史上曾屡次遭受到列强的浩劫而面目全非。近年来，随着考古工作的发展，尼雅古城遗址必将给当地旅游业带来新的生机。

第四节　环境地质概况

区内较为突出的环境地质问题有昆仑山冰川面积缩小、部分河流干涸以及土地的荒漠化和与之相对应的土地沼泽化。由于该地区经济较为落后，工业欠发达和当地政府生态环境保护意识较强，人类活动引起的环境问题较少，所存在的环境问题大都属于环境水文或环境工程地质方面的问题。影响环境变化的主要地质因素有新构造运动与隐伏断裂、河流的袭夺以及天然固沙屏障的破坏等。

环境地质问题的改善应以治理和预防土地沙漠化为主要内容，治理土地沙漠化常用的有效方法为生物固沙技术。沙漠化治理必须首先堵塞住流沙入侵的风口，建立以胡杨林为主的防护林带，同时为防护林带及植被提供可靠的水源保障。

昆仑山冰川退缩和平原区土地的沙漠化、沼泽化是区内存在的主要环境地质问题，它们也是地质历史长期演化的结果，其综合治理或恢复的难度也就相应较大。从环境保护的角度出发，应更加珍惜和爱护日益减少的淡水资源，尽量减小环境污染，在地质条件较好的地段修筑水库，为提高和改善人民生活与经济的可持续发展创造良好的环境条件。

第七章　结束语

叶亦克幅 1∶25 万区域地质调查，历经三年的野外地质调查及室内资料综合整理，通过项目全体人员的共同努力，充分应用了现代地质新理论、新方法及青藏高原基础地质研究的新成果，并根据《1∶25 万区域地质调查要求(暂行)》和任务书、总体设计要求，进行了大量的野外地质调查和系统的室内综合整理及繁杂的数据处理，全面完成了预期任务，并经不断归纳、分析、研究、总结，在前人工作的基础上有新发现、新认识，取得了新成果，尤其是在对苏巴什-鲸鱼湖结合带的研究方面取得了突破性的进展，大幅度提高了区域地质研究程度。

本项目的完成得益于许多单位的大力协助，在此表示诚挚的谢意，尤其要感谢的是：中国地质调查局、西安地质矿产研究所、乌鲁木齐工作总站、拉萨工作总站、成都地质矿产研究所、新疆自治区第一区调大队、贵州省地质调查院、陕西省地质调查院等。

一、工作成果

(一)地层古生物

(1)利用板块结合带及大断裂对图幅进行了地层区的划分，完整地建立了测区的地层系统，共修正、厘定群级单位 4 个，组级单位 9 个，段级单位 2 个，对第四系松散堆积物进行了成因类型的划分。

(2)对区内沉积地层进行了岩石地层单位划分，分别对每个岩石地层单位的地层特征、岩性特征、部分地层的基本层序进行了调查研究，同时对沉积环境和构造环境进行了初步分析。根椐化石资料、同位素年龄资料、横向地层对比资料等，对地层的时代归属进行了讨论。

(3)将昆仑山北麓原长城系赛拉加兹塔格岩群，根据岩性、岩性组合特征、变形和变质特征及与邻区化石资料，厘定为石炭系阿羌岩组；将区内中西部柳什塔格山北部大面积出露的原蓟县系阿拉玛斯岩群，分别厘定为泥盆系奇自拉夫组、石炭系哈拉米兰河岩群；将柳什塔格山南部原泥盆系奇自拉夫组厘定为石炭系哈拉米兰河岩群，原二叠系杜瓦组厘定为白垩系双伍山组；将东北部包斯塘—阿依耐克一带原蓟县系阿拉玛斯岩群、石炭系托库孜达坂群，均厘定为石炭系并命名为阿羌岩组；将中南部库牙克断裂以南原泥盆系布拉克巴什群、石炭系托库孜达坂群、石炭系帕斯群，分别厘定、命名为石炭系哈拉米兰河岩群、石炭系西长沟组和白垩系双伍山组。

(4)区内发现了两条蛇绿混杂岩带。将蛇绿混杂岩(地层)从原蓟县系阿拉玛斯岩群、泥盆系布拉克巴什群等地层系统中剔除出来，分别归属区域上其曼于特-纳赤台结合带和苏巴什-鲸鱼湖结合带。并根椐特殊岩石地层的划分方法，将布拉克蛇绿混杂岩(其曼于特-纳赤台蛇绿混杂岩)划分为基性—超基性岩，将硝尔库勒-赛勒果勒蛇绿混杂岩(苏巴什-鲸鱼湖蛇绿混杂岩)进一步划分为基性—超基性岩、基性岩、硅质岩、硅泥质岩、复理石、碳酸盐岩等。

(5)在侏罗系叶尔羌群、二叠系黄羊岭组、石炭系哈拉米兰河岩群、西长沟组等地层中采集到了大量的生物化石，为地层时代的厘定提供了依据。

(二)岩浆岩

(1)在对区内基性—超基性岩研究方面有新发现和新认识。在野外详细填图和系统采集样品进行室内研究的基础上，新发现两条分别隶属于苏巴什-鲸鱼湖蛇绿混杂岩带和其曼于特-纳赤台蛇绿混杂岩带的板块结合带，并认为苏巴什-鲸鱼湖蛇绿岩产出于大洋板内和岛弧，个别为洋中脊的构造环境，镁铁质岩多为橄榄拉斑玄武岩，个别为石英拉斑玄武岩，镁铁质岩微量元素 MORB 标准化蛛网图与大西洋洋中脊玄武岩极为相似。稀土元素方面，超镁铁质岩和球粒陨石含量较为接近，其稀土元素球粒陨石标准化曲线呈平坦型，镁铁质岩的稀土元素含量特征表现为两种形式：一种具轻、重稀土弱分馏，其曲线型式呈略向右倾斜的平缓型曲线，其特征与洋岛碱性玄武岩相似；另一种为平坦的曲线型式，其特征与岛弧拉斑玄武岩或洋中脊玄武岩相似。通过地质特征、岩石特征、岩石化学特征、岩石地球化学特征的对比研究，认为昆仑山前阿依耐克一带的超基性岩具侵入成因，与蛇绿混杂岩组合中的超基性岩在地球化学特征上具有较明显的区别。在包斯塘一带新发现变质辉绿玢岩和格子布拉克斜长岩。

(2)对幅内的中酸性侵入岩依据产出构造位置的差异，将其划分、归并为两个岩浆岩带，即昆仑山构造岩浆岩带、三道河子岩浆岩带；并根据侵入岩的同位素年龄、接触关系等，划分为震旦纪花岗岩、加里东期奥陶纪闪长岩、海西期花岗岩类、燕山期侏罗纪闪长岩等。

(3)通过室内对各类样品的分析研究，系统总结了区内各期侵入岩的地质特征、岩石特征、岩石化学特征、岩石地球化学特征，探讨了各时代中酸性侵入岩产出的构造环境和形成时代。

(4)通过研究认为区内各期花岗岩类岩浆的活动与区内各次构造事件有着较好的对应关系。此次工作在包斯塘一带闪长岩中获得了444.9±2.1Ma的U－Pb同位素年龄，该数据代表了岩体的侵入年龄，经大量的岩石化学资料综合分析、判断，闪长岩类就位于大陆弧的构造环境中，是原特提斯洋的洋壳(其曼于特蛇绿岩)向北俯冲于昆北地块南缘引发地壳部分重熔产生岩浆的结果。同样，在区内阿依耐克、包斯塘一带的海西期花岗岩类为大陆弧的构造环境，个别可能为大陆碰撞、后造山环境下的产物，从其时代和构造位置上看，均反映了该期岩浆活动是古特提斯洋的洋壳(苏巴什-鲸鱼湖蛇绿岩)向北俯冲于昆南地块之下引发地壳和地幔部分熔融上涌侵入的产物，海西期花岗岩类的各种构造环境的出现也显示了昆北地块和昆南地块之间不同演化阶段的岩浆响应。三道河子一带的闪长玢岩侵入于二叠系地层中，表明其可能为燕山期的岩浆活动，从其构造环境判别结果来看，不同方法虽有差别，分别为大陆弧、大陆碰撞花岗岩类，但从区域地质构造背景来看，大陆弧的可能性较大。不论是哪种环境，都与古特提斯洋(南支)发展演化关系密切，是其洋壳向北俯冲、碰撞的结果。区内中酸性侵入岩的系统研究为重塑本区的构造演化提供了依据。

(5)对区内分布的加里东期和海西期火山岩从地质特征、岩石特征、岩石地球化学特征等各个方面进行了较深入的研究，并认为加里东期上其汗—布拉克一带下古生代界上其汗岩组中的火山岩产出于岛弧构造环境，海西期苦阿—巴西其其干一带阿羌岩组中的火山岩产出于陆缘火山弧构造环境中。

(三)变质岩

(1)对区内不同地质单元内各类变质岩石特征进行了系统总结，利用变余组构及岩石化学进行了原岩恢复。对特征变质矿物的世代、光性特征及化学成分进行了研究，确定了变质作用的类型、期次，探讨了温压条件。此次工作重点对蓟县系阿拉玛斯岩群的变质作用进行了研究，利用大量的电子探针资料较准确地厘定了其变质作用的温压条件。

(2)将区内变质作用期次划分为三期，分别为晋宁期区域动力热流变质作用(低角闪岩相)、加里东期区域低温动力变质作用(低绿片岩相)和海西期区域低温动力变质作用(低绿片岩相)。将低角闪岩相区划归为十字石-矽线石带，将低绿片岩相区划分为黑云母和绢云母-绿泥石带。

(四)构造

(1)利用两条蛇绿混杂岩带和昆仑山前大断裂将本区的地质构造单元进行了合理划分，在此基础上，总结了各地质构造单元的特征，建立了地质构造演化序列，探讨了地质构造发展历史。

(2)通过对两条蛇绿混杂岩带的识别和厘定，结合形成于不同构造环境下的地质体的综合分析，认为昆仑造山带的形成是早古生代和晚古生代两次洋陆转化、碰撞造山的结果。原特提斯大洋历经震旦纪裂解、寒武纪—奥陶纪扩张、志留纪消减俯冲至泥盆纪大洋关闭并发生陆陆碰撞演化阶段，每个演化阶段在区内均有其特定构造环境下形成的地质体，裂解、扩张期产生的蛇绿岩、花岗岩，俯冲阶段的上其汗岩组岛弧火山岩、加里东期陆缘岩浆弧，碰撞阶段的奇自拉夫组陆相磨拉石建造，记录了原特提斯大洋完整的演化过程。古特提斯大洋从(中)晚泥盆世裂解，石炭纪初扩张，石炭纪末—二叠纪初消减、俯冲，二叠纪末碰撞，相对应的物质记录为硝尔库勒—看来嗯塔格一带的蛇绿岩残片，昆仑山前阿羌岩组岛弧火山岩、海西期岩浆弧，哈拉米兰河岩群弧前盆地沉积建造等，未见碰撞阶段的磨拉石建造，为软碰撞（陆缘增生）。中生代初华北板块和华南板块已连为一体，昆仑造山带形成，从此进入陆内构造演化阶段。

（3）认为库牙克断裂是阿尔金南缘断裂向西南的延伸，是由多条近于平行的断层组成的以走滑为主的断裂带。库牙克断裂的活动史可追溯到晚古生代，经历了韧性右行走滑作用、脆性左行走滑作用和堑垒式正断层系统三个主要变形阶段，韧性右行走滑作用发生于二叠纪末，新近纪以来主要表现为脆性左行走滑作用，堑垒式正断层系统形成于更新世后期。库牙克断裂北东向斜切昆仑造山带，二叠纪末在造山带中形成北东向（右行）韧性剪切带；新近纪初期为较大规模的左行走滑运动，使断裂两侧造山带地质体和构造形迹左行位移80km左右。

（4）区内印支期主要形成紧闭褶皱和逆冲断裂，燕山期构造以形成开阔的背向斜为特征，新构造运动是区内最为重要的构造阶段，在高原内部发生大规模左行走滑运动，昆仑山前一带则表现为逆冲推覆构造活动。

（五）矿产

对区内各种矿产资料进行了系统的收集和总结。此次工作新发现各类矿（化）点7处，分别为磁铁矿点1处、铅矿化点1处、岩金矿化点4处、黄铁矿矿化点1处；矿化线索3处，其中铜矿化线索2处、萤石矿化线索1处。

二、存在的问题及建议

（1）区内喀什塔什山、三道河子北等地坡陡、沟窄、水急，难以通行，工作程度相对较低。

（2）由于工作性质、时间的限制，本次工作在矿产方面工作量投入较少。建议在下马里克—上其汗、小沙勒一带开展以寻找铜多金属的矿产调查工作。

主要参考文献

程裕淇. 中国区域地质概论[M]. 北京:地质出版社,1994
崔军文等. 阿尔金断裂系[M]. 北京:地质出版社,1999
单文琅、宋鸿林、傅昭仁等. 构造变形分析的理论、方法和实践[M]. 武汉:中国地质大学出版社,1991
邓万明. 青藏高原北部新生代板内火山岩. 北京:地质出版社,1998
地质矿产部青藏高原地质文集编委会. 青藏高原地质文集[C](1至17期). 北京:地质出版社,1999
都城秋穗. 变质作用及变质带[M]. 北京:地质出版社,1979
房立民、杨振声等. 变质岩区1∶5万区域地质填图方法指南[M]. 武汉:中国地质大学出版社,1991
冯本智、周裕文等. 新疆库鲁克塔格地区前震旦纪地质与贵重、有色金属矿床[M]. 北京:地质出版社,1995
冯庆来、叶玫. 造山带区域地层学研究的理论、方法与实例剖析[M]. 武汉:中国地质大学出版社,2000
冯增昭. 碳酸盐岩岩相古地理学[M]. 北京:石油工业出版社,1989
傅昭仁、蔡学林. 变质岩区构造地质学[M]. 北京:地质出版社,1996
高秉璋等. 花岗岩类区1∶5万区域地质填图方法指南[M]. 武汉:中国地质大学出版社,1991
H·G·F温克勒. 变质岩成因[M]. 北京:科学出版社,1980
贾群子等. 西昆仑块体硫化物矿床形成条件和成矿预测[M]. 北京:地质出版社,1999
姜春发等. 昆仑开合构造[M]. 北京:地质出版社,1992
姜春发等. 中央造山带开合构造[M]. 北京:地质出版社,2000
解习农、李思田. 陆相盆地层序研究[J]. 地质科技情报,1993,(1),22~26
金性春. 板块构造学基础[M]. 上海:上海科学技术出版社,1987
林景仟. 岩浆岩成因导论[M]. 北京:地质出版社,1987
刘宝珺、曾允孚. 岩相古地理基础和工作方法[M]. 北京:地质出版社,1985
刘和甫. 伸展构造及其反转作用[M]. 北京:地学前缘. 1995,(2),1~2
刘岫峰. 沉积岩实验室研究方法[M]. 北京:地质出版社,1990
刘增乾、徐宪等. 青藏高原大地构造与形成演化[M]. 北京:地质出版社,1990
路凤香. 地幔岩石学[M]. 武汉:中国地质大学出版社,1989
马托埃,M. 孙坦译. 地壳变形[M]. 北京:地质出版社,1984
梅冥相. 碳酸盐旋回与层序[M]. 贵阳:贵洲科技出版社,1995
孟祥化等. 沉积盆地与建造层序[M]. 北京:地质出版社,1993
牛树银、罗殿文等. 幔枝构造及其成矿规律[M]. 北京:地质出版社,1996
潘桂棠等. 东特提斯地质构造形成演化[M]. 北京:地质出版社,1997
潘良云等. 陆相红色盆地冲积扇体的岩相和成因类型——以赣西北三都红盆为例[J]. 中国区域地质,1997,(4):337~347
P·亨德森. 稀土元素地球化学[M]. 北京:地质出版社,1989
钱祥麟. 大陆岩石圈板内地壳增厚的构造演化基本模式[M]. 北京:地质出版社,1994
邱家骧、林景仟. 岩石化学[M]. 北京:地质出版社,1991
全国地层委员会. 中国区域年代地层(地质年代)表说明书[M]. 北京:地质出版社,2002
任纪舜等. 中国大地构造及其演化[M]. 北京:地质出版社,1980
石彦等. 塔里木盆地深部地质构造和盖层构造分析[M]. 北京:地质出版社,1999
宋鸿林. 构造动力学中的显微构造研究[M]. 武汉:中国地质大学出版社,1983
孙永传、李蕙生. 碎屑岩沉积相和沉积环境[M]. 北京:地质出版社,1986
王成善、刘志飞. 西藏日喀则弧前盆地与雅鲁藏布江缝合带[M]. 北京:地质出版社,1999
王根厚、周详等. 西藏他念他翁山链构造变形及其演化[M]. 北京:地质出版社,1996
王仁民. 变质岩岩石学[M]. 北京:地质出版社,1989
王仁民等. 变质原岩图解判别法[M]. 北京:地质出版社,1987

王泽利. 青藏高原北缘深部地壳结构特征及其形成机制探讨[J]. 世界地质. 2002
西藏自治区地质矿产局. 西藏自治区区域地质志[M]. 北京:地质出版社,1982
肖庆辉、邓晋福等. 花岗岩研究思维与方法[M]. 北京:地质出版社,2002
肖庆辉译,马万钧校. 国外变质岩区构造研究方法(专辑)[M]. 北京:地质出版社,1981
新疆维吾尔自治区地质矿产局. 全国地层多重划分对比研究新疆维吾尔自治区岩石地层[M]. 武汉:中国地质大学出版社,1995
新疆维吾尔自治区地质矿产局. 新疆维吾尔自治区区域地质志[M]. 北京:地质出版社,1983
许志琴、任玉峰等. 造山带地质填图[M]. 北京:地质出版社,1998
许志琴. 地壳变形与显微构造[M]. 北京:地质出版社,1984
许志琴等. 中国主要大陆山链韧性剪切带及动力学[M]. 北京:地质出版社,1997
杨巍然、杨森楠等. 造山带结构与演化的现代理论和研究方法[M]. 武汉:中国地质大学出版社,2002
姚华舟. 造山带区调填图综合地层学实践[M]. 武汉:中国地质大学出版社,1994
姚培毅. 青藏高原北部生物古地理[M]. 北京:地质出版社,1999
叶叔华、马宗晋等. 青藏高原岩石圈现今变动与动力学[M]. 北京:地震出版社,2001
于学政、邓晋福、罗照华. 青藏高原隆升与东昆仑地区金矿遥感地质研究[M]. 北京:地质出版社,1999
张二朋、顾其昌、郑文林. 全国地层多重划分对比研究西北区区域地层[M]. 武汉:中国地质大学出版社,1995
张光亚. 塔里木古生代克拉通盆地形成演化与油气[M]. 北京:地质出版社,2000
张儒瑗、丛柏林. 矿物温度计和矿物压力计[M]. 北京:地质出版社,1983
郑巧荣. 由电子探针分析值计算 Fe^{3+} 和 Fe^{2+}[J]. 矿物学报. 1983(1)
郑荣才等. 陆相盆地基准面旋回的级次划分和研究意义[M]. 武汉:科学出版社,2001
郑亚东、常志忠. 岩石有限应变测量及韧性剪切带[M]. 北京:地质出版社,1985
中国地质调查局同位素地球化学开放研究实验室. 同位素地质年代学方法原理及应用[A]. 湖北宜昌,2001
中国地质科学院. 喜马拉雅岩石圈构造演化总论[M]. 北京:地质出版社,1998
中国地质科学院成都地质研究所. 青藏高原及邻区地质图及说明书[M]. 北京:地质出版社,2005
中国地质科学院地质研究所译. 特提斯构造带地质学[M]. 北京:地质出版社,1983
中国国土资源航空物探遥感中心. 青藏高原中西部航磁调查[M]. 北京:地质出版社,2001
中国科学院青藏高原综合科考队. 喀喇昆仑山—昆仑山冰川与环境[M]. 北京:科学出版社,1998
中国科学院青藏高原综合科考队. 喀喇昆仑山—昆仑山古生物[M]. 北京:科学出版社,1998
中国科学院青藏高原综合科考队. 喀喇昆仑山—昆仑山自然地理[M]. 北京:科学出版社,1998
钟增球. 剪切带的流体—岩石相互作用[J]. 地学前缘. 1996,3,3~4,209~215
周洪瑞、王志强等. 华北地台南部中新元古界层序地层研究[M]. 北京:地质出版社,1999
朱志澄、宋鸿林等. 构造地质学[M]. 武汉:中国地质大学出版社,1990

图版说明及图版

图版Ⅰ

1. 泥盆系奇自拉夫组砂岩中发育的双向交错层理
2. 泥盆系奇自拉夫组砂岩中发育的不对称波痕
3. 泥盆系奇自拉夫组砂岩中发育的不对称波痕
4. 泥盆系奇自拉夫组局部地层结构及层片关系
5. 黄羊岭一带三叠系卧龙岗组砂岩中发育的砂岩球
6. 黄羊岭一带三叠系卧龙岗组砂岩中发育的小型楔状交错层理
7. 黄羊岭北侏罗系叶尔羌群中的叠锥灰岩(叠锥构造)
8. 黄羊岭北侏罗系叶尔羌群粉砂岩中夹的介壳层

图版Ⅱ

1. 黄羊岭北侏罗系叶尔羌群白色含砾岩屑石英砂岩中发育的楔状交错层理
2. 黄羊岭北侏罗系叶尔羌群灰白色中粗粒岩屑石英砂岩中发育的楔状交错层理
3. 黄羊岭北西侏罗系叶尔羌群黑色粉砂岩中的硅化木
4. 赛勒果勒白垩系双伍山组砂岩中发育的大型单斜交错层理
5. 赛勒果勒白垩系双伍山组砂岩层面上发育的不对称波痕
6. 库牙克白垩系双伍山组砂岩层面上发育的流水波痕
7. 赛勒果勒蛇绿混杂岩中的灰岩砾岩
8. 赛勒果勒蛇绿混杂岩中的灰岩砾岩

图版Ⅲ

1. 赛勒果勒蛇绿混杂岩中硅质岩与泥岩组成的韵律变化
2. 赛勒果勒蛇绿混杂岩中砂岩层面上发育的沟模、槽模
3. 格子布拉克奥陶纪变质闪长岩中的黑云母集合体
4. 格子布拉克奥陶纪变质闪长岩中的黑云母集合体
5. 格子布拉克奥陶纪变质闪长岩中发育的条带状构造
6. 格子布拉克奥陶纪变质闪长岩与包体、花岗岩脉的接触关系
7. 包斯塘石炭系—二叠系花岗岩体中的暗色细粒包体
8. 蓟县系阿拉玛斯岩群中的紧闭褶皱

图版Ⅳ

1. 开什昆一带下古生界变质砾岩变形特征
2. 开什昆一带下古生界变质砾岩变形特征
3. 开什昆一带下古生界变质砾岩变形特征
4. 包斯塘一带石炭系阿羌岩组中的紧闭褶皱
5. 包斯塘一带石炭系阿羌岩组中的紧闭褶皱
6. 包斯塘一带石炭系阿羌岩组绢云石英片岩中的石香肠构造
7. 包斯塘一带石炭系阿羌岩组绢云绿泥片岩中的皱纹线理
8. 赛勒果勒石炭系哈拉米兰河岩群中的紧闭褶皱

图版 I

图版Ⅱ

图版Ⅲ

图版Ⅳ